KB062717

이것이 우리의 마지막 팬데믹이 되려면

이것이 우리의 마지막 팬데믹이 되려면
바이러스의 위협에서 인류를 구할 전염병 대응 시스템

초판 1쇄 펴낸날 2020년 12월 18일

지은이 조너선 퀵
옮긴이 김한영
펴낸이 이건복
펴낸곳 동녘사이언스

전무 정낙윤
주간 곽종구
책임편집 김혜윤
편집 구형민 정경윤 강혜란 박소연
마케팅 권지원
관리 서숙희 이주원

등록 제406-2004-000024호 2004년 10월 21일
주소 (10881) 경기도 파주시 회동길 77-26
전화 영업 031-955-3000 편집 031-955-3005 **전송** 031-955-3009
블로그 www.dongnyok.com **전자우편** editor@dongnyok.com
인쇄·제본 새한문화사 **라미네이팅** 북웨어 **종이** 한서지업사

ISBN 978-89-90247-76-6 (03470)

• 잘못 만들어진 책은 바꿔드립니다.
• 책값은 뒤표지에 쓰여 있습니다.
• 이 도서의 국립중앙도서관 출판시도서목록(CIP)은 e-CIP홈페이지(http://www.nl.go.kr/ecip)와 국가자료공동목록시스템(http://www.nl.go.kr/kolisnet)에서 이용하실 수 있습니다.
(CIP제어번호: CIP2020050416)

The End of Epidemics

조너선 퀵
지음

김한영
옮김

이것이 우리의 마지막 팬데믹이 되려면

바이러스의 위협에서 인류를 구할 전염병 대응 시스템

일러두기

* 단행본, 잡지, 일간지는《 》로, 논문, 영화, TV 프로그램, 라디오 방송 등은 〈 〉로 표기했다.
* 원주는 후주로, 옮긴이 주는 각주로 처리했다.
* 본문에서 달러는 따로 명시하지 않는 경우 미국 달러를 뜻한다.
* 본문에서 볼드체는 저자가 강조한 부분이다.
* 이 책에 나오는 정보와 각 바이러스의 주요 발발, 특징, 임상 증상, 예방, 치료법 등의 추가 자료는 홈페이지 www.endofepidemics.com에서 확인할 수 있다.

이 책에 쏟아진 찬사

조너선 퀵은 전염병 대응 시스템에 관한 대한 풍부한 경험과 깊은 전문성을 쌓아온 세계 최고의 전문가 중 한 명이다. 이 책에는 그가 40년간 열정을 쏟으며 연구해온 전염병 대응에 관한 최선의 해결책이 담겨 있다. 이 실용적인 솔루션 덕분에 우리는 희망을 품을 수 있게 됐다. — 폴 파머(하버드 의과대학원 국제보건·사회의학부 교수)

"전염병은 인류의 건강을 위협하고 경제와 사회를 뒤흔든다는 점에서 전쟁과 자연재해 못지않게 위력적이다. 이 책은 우리가 과거로부터 배움을 얻는다면 전염병을 더 잘 극복하는 세계로 나아갈 수 있음을 보여준다. 문제는 시간이다. 신속하게 행동해야 한다." — 제러미 패러(전염병 전문가, 웰컴트러스트 이사)

"조너선 퀵은 세계 보건을 이끄는 명망 있는 지도자다. 개혁과 신기술에 초점을 맞춘 그의 이야기는 세계적인 유행병을 예방하고 인류의 생명을 구하는데 필수적이다." — 라지프 샤(록펠러 재단 회장)

"매혹적인 책이다. 세계적으로 유행병 감염률이 매우 높은 나라들에서 수십 년 동안 일한 경험을 바탕으로 조너선 퀵은 치명적인 미생물로부터 인류를 구하기 위해서는 무엇보다 과학과 공공보건을 발전시켜야 한다고 주장한다." — 데이비드 헤이만(런던 전염병역학보건대학교 교수)

"팬데믹이 몰고 올 위험에 대하여 풍부한 증거를 토대로 흥미롭게 풀어낸 이야기. 에이즈, 에볼라 등과 최전선에서 싸우고 돌아온 세계 보건의 최고 전문가가 풍부한 역사적 사실과 수십 년의 경험을 교직하여 팬데믹의 위험성을 경고한다." — 아리엘 파블로스 멘데스(전 미국국제개발처 세계보건국장)

"조너선 퀵은 통찰이 넘치면서도 누구나 읽을 수 있는 필치로 치명적인 천연두와 에볼라를 비롯한 현대 전염병의 발자취를 추적하고, 그런 질병이 우리의 삶과 세계에 어떻게 극적인 변화를 일으키는지를 탐구한다. 그는 우리가 직면하고 있는 비극적인 재앙을 해부하는 것에 그치지 않고 한 걸음 더 나아가 인간의 부주의가 사회, 경제, 보건에 몰고 올 파국을 막으려면 어떻게 대처해야 하는지에 초점을 맞춘다. 각국의 정부, 국제기구, 민간 부문, 시민 사회는 유의해야 한다. 지금부터 대비하고 계획을 세우지 않는다면, 미래에 소중한 돈과 생명으로 대가를 치르게 될 것이다." — 케니스 버나드(해군 소장, 조지 부시와 빌 클린턴 대통령 시절 생물방어 및 보건안보 수석보좌관)

차례

약어 설명

• ACLU	American Civil Liberties Union	미국시민자유연맹
• ACT UP	AIDS Coalition to Unleash Power	권력해방을위한에이즈연대
• ADDO	Accredited Drug Dispensing Outlet	승인약제조점
• AIDS	Acquired Immune Deficiency Syndrome	후천성면역결핍증
• BSE	Bovine Spongiform Encephalopathy	소해면상뇌병증
• BSL	Biosafety Level	생물안전 레벨
• CAFO	Concentrated Animal Feeding Operations	집중가축사육시설
• CDC	Centers for Disease Control and Prevention	미국질병통제예방센터
• DDT	Dichlorodiphenyltrichloroethane	디클로로디페닐트리클로로에탄
• EIS	Epidemic Intelligence Service	전염병정보서비스
• FAO	Food and Agriculture Organization of the United Nations	유엔식량농업기구
• G7	Group of 7	서방7개국정상회담
• G20	Group of 20	주요20개국정상회담
• GDP	Gross Domestic Product	국내 총생산
• GHSA	Global Health Security Agenda	세계보건안보구상
• GPHIN	Global Public Health Intelligence Network	세계공중보건정보네트워크
• GRID	Gay Related Immune Deficiency	동성애자관련면역결핍증
• HIV	Human Immunodeficiency Virus	인간면역결핍바이러스
• IHR	International Health Regulation	국제보건규약
• ISIS	Islamic State in Iraq and Syria	이슬람국가
• MERS	Middle East Respiratory Syndrome	중동호흡기증후군

• MBM	Meat and Bone Meal	육골분 사료
• MMR	Measles · Mumps · Rubella	홍역 · 볼거리 · 풍진
• MRSA	Methicillin-Resistant Staphylococcus Aureus	메티실린내성황색포도상구균
• MSF	Medecins Sans Frontieres (Doctors Without Borders)	국경없는의사회
• MSH	Management Sciences for Health	보건관리과학
• NERC	National Ebola Response Center	전국에볼라대응센터
• NGO	Nongovernmental Organization	비정부기구
• NIH	National Institutes of Health	미국국립보건원
• PEF	Pandemic Emergency Financing	팬데믹긴급자금조달
• PEPFAR	President's Emergency Plan for AIDS Relief	에이즈구호대통령비상계획
• PHEIC	Public Health Emergency of International Concern	국제공중보건비상사태
• SARS	Severe Acute Respiratory Syndrome	중증급성호흡기증후군
• SMAC	Social Mobilization Action Consortium	사회동원행동협회
• TAC	Treatment Action Campaign	치료행동캠페인
• UNAIDS	Joint United Nations Programme on HIV/AIDS	유엔HIV/에이즈공동계획
• UNICEF	United Nations Children's Fund	유엔아동기금
• USAID	United States Agency for International Development	미국국제개발처
• USDA	U.S. Department of Agriculture	미국농무부
• vCJD	Creutzfeldt-Jakob disease	크로이츠펠트-야콥병(광우병)
• WHO	World Health Organization	세계보건기구

한국어판 서문

코로나19 이전으로 되돌아갈 수 있을까?

이건 디스토피아적인 악몽이며, 당장 내일 일어날 수 있다. 통제를 벗어난 팬데믹이 공중보건 체계를 압도하고, 1년 이내에 수백만 명의 목숨을 앗아간다. 비즈니스와 산업이 서서히 멈춘다. 감염에 대한 두려움이 여행, 관광, 무역, 금융기관, 고용, 국가의 공급망을 짓누름에 따라 미국 국내총생산의 10분의 1, 최대 3조 달러가 증발한다. 아이들은 학교에 가지 않는다. 소문이 돌고, 이웃이 이웃에게 죄를 뒤집어씌운다. 위기가 닥치면 항상 가장 큰 충격을 받는 가난한 실업자 수백만 명이 살아남기 위해 절도와 폭력에 의존한다. 심지어 미국에서도 굶주리는 사람이 속출한다. 살아남은 자들의 삶은 온통 엉망이다.

마지막 작별 인사조차 못하는 쓸쓸한 이별

나는 2018년에 5장 서문으로 위의 글을 썼다. 그땐 불과 2년 뒤에 1918 스페인 독감 이후로 가장 치명적인 팬데믹이자 대공황 이후로 가장 잔인한 경제적 격변이 찾아오리라고는 상상조차 하지 못했다. 마치 하룻밤 사이에 천지개벽이 일어난 듯, 신종 코로나바이러스 SARS-CoV-2• 가 우리의 일상생활을 극적으로 변화시켰다. 이 신종 바이러스의 확산을 늦추기 위해, 즉 '그래프 곡선을 둔화시키기 위해' 우리는 10명 이상의 모임을 피하고, 마스크를 쓴 채 다른 사람과 6피트(1.8미터) 간격을 유지해야 한다. 이 바이러스는 장 보는 마트에서부터 노래방과 운동 시설, 종교 시설에 이르기까지 모든 것을 감염시킨다. 노인들은 손주를 안을 수 없고, 언제쯤이나 마음껏 안아볼 수 있을지도 알지 못한다. 노년의 부부는 함께 시간을 보내고 싶어 하지만 많은 이들이 배우자를 집중치료실로 떠나보낸다. 학교마저 문을 닫아 아이들은 운동을 하거나 친구를 만나지 못한다.

근무일은 낯익은 얼굴과 낯선 얼굴이 화면을 가득 채운 화상회의의 연속이 된다. 집에서 근무하는 부모들은 업무 보랴, 아이들 원격 수업 도우랴 눈코 뜰 새가 없다. 사회생활은 기기가 있는 이들에 한해 스마트폰과 컴퓨터에서 이루어진다. 여가생활은 테이크아웃한 음식, 페이스북이 제공하는 콘서트, 미술전시, 퀴즈, 보드게임으로 채워진다.

• 2019년 12월 중국 후베이성 우한시에서 처음 발견된 급성 바이러스성 호흡기 질환. 국제바이러스 분류위원회는 2020년 2월 11일에 이 바이러스를 SARS-CoV-2라고 명명했다. 외피가 돌기로 둘러싸인 왕관(Corona) 모양이라 코로나바이러스라는 이름이 붙었다.

이 바이러스는 처음이기 때문에 우리는 면역력을 획득하지 못했다. 백신 후보가 기록적으로 100종을 넘어섰지만, 안전하고 효과적인 백신은 2021년 중반이 되어야 상용화될 듯하다. 그동안 우리가 믿을 것은 사람 간 전염을 피하는 것뿐이다. 그에 따라 많은 나라 사람들이 2~3개월 동안 격리에 들어가 아파트와 집에서 고립된 생활을 했다. 심한 타격을 입은 대도시에서는 야외에서 산책하는 것도 금지되었다. 한편 집 없는 사람을 위한 시민단체들은 노숙자들이 안전하게 쉴 곳을 급히 찾아다녔다. 위험한 폐쇄공간에서 죄수와 억류자를 석방하라는 시위가 일어났다. 요양시설에 있는 노인들은 이 바이러스로 치명적인 합병증을 얻을 수 있어, 사랑하는 아들딸에게 창밖으로 손을 흔들어 인사할 수밖에 없다. 이따금 병원이 COVID-19• 환자로 가득 차서 병상과 산소호흡기가 부족하다는 무서운 이야기가 뉴스를 가득 채운다. 장례식장과 화장장이 수요를 따라가지 못한다. 감염 때문에 가족들이 작별 인사도 하지 못하고 사랑하는 사람을 떠나보낸다.

세계 경제는 강한 충격을 받았다. 이동 제한령이 내려진 동안 경제활동은 급격히 위축되어 거의 모든 부문의 기업이 문을 닫아야 했다. 엄청난 수의 사람이 직업을 잃거나 무급휴직에 들어갔다. 예금이나 주식을 소유한 운 좋은 사람도 그들의 사회적 안전망이 사라지는 것을 지켜보았다. 수백만 명이 실업급여를 신청하고, 푸드뱅크 앞에 줄을 섰다.

관광과 서비스 산업은 특히 더 강한 타격을 받았다. 국내 여행과 국

• 세계보건기구가 2020년 2월 12일 발표한 SARS-CoV-2의 공식 명칭. 'CO'는 코로나(Corona), 'VI'는 바이러스(Virus), 'D'는 질환(Disease), '19'는 바이러스 발병이 처음 보고된 2019년을 의미한다. 한국에서는 코로나19라는 명칭을 사용한다.

제 여행이 한 나라에서 다른 나라로 바이러스를 옮기자 항공사들은 날개를 접었다. 크루즈선은 병든 승객을 내려놓지 못하고 항구 앞바다에 머물러 있다. 몇십 년 동안 땀과 노동으로 레스토랑을 일군 주인들은 다시 문을 열 수 있을지, 심지어 살아남을 수나 있을지 모른다며 한숨짓는다. 2020년 일본에서 열릴 예정이었던 하계올림픽은 연기되었지만, 취소될 가능성이 높아졌다. 팬들은 스포츠에 목이 말라 비디오게임, 재방송, 심지어 구슬 경기 놀이에 관심을 돌린다.

경제가 어려워지고 두려움, 불확실, 파산의 징조, 심지어 굶주림이 수면 위로 떠오르자 각 분야의 지도자, 재계 임원, 국민이 이동 제한을 풀라고 압박하기 시작했다. 이 시점에서 이동 제한 해제는 시기상조이며 지역 확산이 급증할 수 있어 더 많은 생명이 위험할 수 있지만, 압력은 더욱 거세진다. 이동 제한에 반대하는 무력시위가 정부 건물 앞에서 발발했다. 하지만 최전선을 지키는 필수 노동자들, 이를테면 마트 점원, 택배 기사, 트럭 운전사, 의사와 간호사들은 몸과 마음이 탈진하고, 때로는 마스크, 장갑, 손 소독제 같은 개인 보호 장비가 부족한데도 맡은 일을 해나갔다. 많은 필수 노동자가 사망했다. 도움이 되길 바라는 마음으로 집에 있는 사람들은 재봉틀에서 먼지를 털어내고 낡은 티셔츠를 잘라 마스크를 만들었다. 술집들이 몇 달째 문을 닫자 주류 공장들은 손 소독제 생산으로 전환하여 간신히 가동을 유지했다.

이 모든 것이 우리 삶에 짙은 그늘을 드리웠다. 우리의 나날은 초현실적이며, 마치 어느 낯선 종말론적 소설에 들어와 사는 듯 느껴진다. 경제 혼란이 우리 삶에 미치는 충격은 10년간 지속될 것이다.

하지만 기억은 평생 가고, 우리는 생전 처음 맞닥뜨리는 기본적인 질문에 직면할 것이다. 우리 삶은 정상으로 돌아갈 수 있을까? 코로나바이러스가 남아 있는 상태에서 새로운 '정상'이란 무엇일까? 내가 상상하는 대로 결혼할 수 있을까? 내 손녀를 다시 안아볼 수 있을까? 머리를 자를 수 있을까? 라이브 음악을 들을 수 있을까?

2020년 전반에 몇 주 동안 이동 제한을 실시한 뒤에도 세계적으로 감염자와 사망자 수가 계속 증가하자 전 세계 나라들은 안전하게 이동 제한을 풀고 일터와 지역사회를 예전처럼 유지할 최선의 전략을 짜내기 시작했다. 새로운 바이러스가 전 세계 구석구석까지 도달한 상태지만, 전염병학자들은 아직도 그 바이러스의 미묘한 행동과 그것이 야기하는 증상들을 캐고 있다.

코로나19에 대응하는 일곱 가지 행동 원칙

2019년 말에 출현한 신종 코로나바이러스와 COVID-19 전염병은 즉시 내가 예상하고 두려워한 모든 것이 되었지만, 앞으로도 우리에게 예기치 못한 고통을 차례로 안겨줄 것이다.

SARS-CoV-2는 전형적인 팬데믹 병원균이다. 이 호흡기 바이러스는 사람에서 사람으로 쉽게 전파되고, 인간에게 후천성 면역력이 없으며, 수천에서 수백만의 목숨을 앗아갈 정도로 치명적이지만, 아주 치명적이진 않아서 다른 많은 사람에게 퍼져나간 뒤에야 숙주로 삼았던 인간을 쓰러뜨린다. 코로나바이러스는 1918 스페인 독감 같은 치명적인 인플루엔자 변종과 함께 잠재적 팬데믹 목록에서 높은 자리를 차지한다.

새로운 인간 팬데믹의 4분의 3이 그렇듯, COVID-19는 바이러스가 동물에서 인간으로 흘러넘친 사건의 결과다. 인간에게 바이러스를 전파한 야생의 중간 숙주로서 박쥐가 가장 유력하다. 천산갑(나뭇잎처럼 생긴 날카로운 갑옷을 두른, 아르마딜로 같은 포유동물)도 중간 숙주일 가능성이 있지만, 아직 입증되진 않았다.

최초의 보고들은 중국 우한의 화난華南 수산물 도매시장을 전염병의 발원지로 보았다. COVID-19의 첫 확진자 41명 중 27명이 화난 시장에 직접 노출되었지만, 최초 환자(페이션트 제로Patient Zero)는 그렇지 않았다. 발원지가 어디든 간에 '중국의 시카고'라고도 불리는 우한이 이 신종 코로나바이러스의 '슈퍼 전파자'인 건 분명하다. 우한은 중국 중부의 정치·경제적 중심지일 뿐 아니라 사람이 가장 붐비는 도시로, 다른 대도시로 이어지는 큰 고속도로와 철도가 수십 개에 이른다.

2019년 12월 27일 우한의 보건 공무원들은 최초의 공식 발표에서 원인 미상의 폐렴 환자가 27명 발생했다고 밝혔다. 2020년 1월 7일에 중국 당국은 신종 코로나바이러스가 확인되었다고 발표했으며, 사흘 뒤 그 유전자 서열을 온라인에 게재했다. 이후 6개월에 걸쳐 팬데믹이 전 세계로 확산했다. 코로나바이러스 관련 하루 사망자 수에 기초할 때, 이 팬데믹은 먼저 아시아에서, 이후 3월 초에 유럽에서, 4월 중순에 미국에서 최고점에 도달했다. 6월 초가 되어 서반구에 선선한 바람이 불 때 라틴아메리카, 카리브해, 인도에서 신규 환자와 사망자가 늘어나기 시작했다.

이 바이러스는 방심할 수 없는 의외의 특성이 가득하다. 2003년 사스SARS, 중증급성호흡기증후군와 2012년 메르스MERS, 중동호흡기증후군에 이어

COVID-19는 세 번째로 지구를 누빈 치명적인 코로나바이러스다. 사례를 하나씩 들여다보면 사스나 메르스만큼 치명적이진 않지만, COVID-19의 유난한 특성은 오랜 입원 치료가 필요한 호흡기 합병증 환자를 많이 만들어내 집중치료 병동을 부수고 이탈리아에서 뉴욕으로 도망간다는 것이다. 이 바이러스는 최대 14일까지 잠복기를 거친 뒤에 증상이 나타나며, 그동안 보유자가 본인도 모르게 바이러스를 전파할 수 있다. 더욱 골치 아픈 것은, 감염된 사람의 최대 50퍼센트 정도가 아무 증상도 보이지 않은 채 바이러스를 전파할 수 있다는 점이다.

COVID-19 같은 신종 팬데믹 바이러스는 언제라도 발생할 수 있지만, 이 정도로 크게 번지는 것은 막을 수 있었다고 확신한다. 이렇게 되진 않았어야 했다. 대규모 전염병과 팬데믹이 휩쓸고 간 지난 세기를 주의 깊게 분석해보면, 가장 중요한 교훈 두 가지가 떠오른다.

첫째, 에볼라 같은 기존의 질병이 주기적으로 돌아올 뿐 아니라, COVID-19 같은 새로운 전염병이 언제든 발발할 수 있다는 것이다. 둘째, 국지적인 소규모 발발, 에볼라처럼 한 지역을 초토화하는 전염병, 그리고 COVID-19처럼 전 세계를 공포에 떨게 하는 팬데믹의 차이는 대부분 인간 행동, 더 정확하게는 행동하지 않는 데서 나온다는 것이다. 이 책에서 나는 국지적 발발이 끓어 넘쳐 팬데믹이 되는 것을 막아주는 일곱 가지 결정적인 행동을 지난 100년의 사례를 곁들여 묘사하고 예증할 것이다. 나는 그 일곱 가지 분야에서 우리가 신종 코로나바이러스에 어떻게 대응해야 하는지를 짤막하게 소개하고자 한다.

지도자는 집에 불이 난 것처럼 행동하라. 지도자가 긴급하고 단호하고 용감하게 행동한다면, 치명적인 바이러스 적군을 물리칠 수 있다. 중국에서 신종 바이러스가 출현했다는 보고에, WHOWorld Health Organization, 세계보건기구는 2020년 1월 20일에 비상사태 전문위원단을 꾸리겠다고 발표했다. 그 직후인 1월 30일에 WHO 사무총장은 국제 공중보건 비상사태를 선포했다.

2020년 3월 11일에 사무총장은 한 걸음 더 나아가 COVID-19를 세계적 팬데믹으로 분류했다. COVID-19의 위협을 이렇게 명확히 알렸음에도 많은 나라의 지도자들이 무방비 상태에서 놀란 눈을 치켜뜨고 바라보기만 할 뿐 대응을 미루고 있었다. 정부들은 검사 장비, 개인 보호 장구, 산소호흡기, 병상을 제때 확보하지 않았다. 이동 제한이나 사회적 거리 두기 같은 조처를 시행하지 않고 미룬 탓에 애꿎은 국민들이 더 많이 희생되었다.

실제로 몇몇 세계 지도자들은 이 팬데믹 앞에서 거만하기 짝이 없는 태도를 취했다. 도널드 트럼프Donald Trump 대통령은 코로나바이러스가 별것 아니라고 손사래를 치다가 뒤늦게 전쟁을 선포하는 등 양극단을 오가며 흔들리는 모습을 보였다. 그는 백악관 직원들이 양성으로 판명되었음에도 카메라 앞에서 마스크를 쓰지 않았다.• 한편 브라질의 자이르 보우소나루Jair Bolsonaro 대통령은 COVID-19가 '가벼운 독감'에 불과하다고 주장했다.••

이와 대조적으로 2020년 1월에 WHO가 비상사태를 선포하자 호주,

• 그 후 2020년 10월 2일, 트럼프 대통령은 신종 코로나바이러스 확진 판정을 받았다.
•• 보우소나루 대통령은 2020년 7월 7일 신종 코로나바이러스 확진 판정을 받았다.

독일, 뉴질랜드, 싱가포르, 한국은 며칠이나 몇 주 이내에 신속한 행동에 돌입하여 이 새로운 침입자와 싸울 방법을 총동원했다. 그 나라들은 이동 제한과 대규모 검사 같은 신속한 행동과 단호한 리더십을 통해 감염 곡선을 평탄하게 하거나 심지어 아래로 끌어내렸다.

2020년 6월 호주의 사망자 수는 100여 명(2020년 12월 현재 약 900명)으로, 인구에 대비하여 다른 고소득 국가에 비하면 대단히 낮은 수치였다. 평론가들은 스콧 모리슨Scott Morrison 총리의 대응법이 성공적이었다고 평가한다. 그는 대응의 중심에 보건 공무원을 세우고, 코로나바이러스 내각을 초당적으로 구성하고, 노조와 협력하고, 실업급여를 높였다.

국가와 전 세계에 회복력 있는 보건 체계를 구축하라. 나라마다 공중보건 체계를 확고히 하고 국제기구를 튼튼히 하는 것은 우리 모두의 보건안보에 필수적이다. 2005년에 감염병 전문가 마이클 오스터홀름Michael Osterholm은 《포린 어페어스Foreign Affairs》의 기사를 통해 "펜데믹 인플루엔자가 등장하면 그에 대한 반응으로 하룻밤 사이에 세계가 뒤바뀔 것"이라고 경고했다. 그가 글 마무리에 제시한 예측은 기본적으로 2020년에 들어맞는다. 그는 이렇게 덧붙였다. "지금은 인류 역사의 결정적인 시점이다. 다음 팬데믹에 대비할 시간이 줄어들고 있다. 우리는 당장 결단력과 목적의식을 갖고 행동해야 한다."

이때는 15년 전이었지만 그때나 지금이나 전 세계 병원들은 코로나 팬데믹 같은 상황에 준비되어 있지 않다. 2020년 3월에 CNN 인터뷰에서 오스터홀름은 미국 보건 체계는 준비가 되었다기보다는 더 나빠졌다고 말했다. 그리고 다음과 같이 지적했다. "미국 보건 체계는 그 어느 때보다 더 얄팍해졌다. 초과설비가 전혀 없다. 공중보건 재정은 이 정부 아래서 삭감되었다."

그 결과는 현장에서 여실히 드러나고 있다. 예를 들어, 코로나바이러스를 검사할 수 있는 장비가 부족한 데다 실험 주문이 쌓여 있던 탓에 보건 공무원들은 이 바이러스가 미국에 들어온 시기를 어림짐작으로 알아내야 했다. 처음에는 필수 인력과 중환자에 한해서만 검사를 실시했다. COVID-19 증상을 보인 많은 사람이 검사를 받지 못했다. 병원은 수용 한계를 초과하지 않으려고 사람들에게 집에서 14일 동안 자가 격리를 한 뒤 심하게 아프면 병원에 오라고 안내했다. 그 결과 처음 몇 주 동안 공식적으로 집계된 환자 수는 실제로 존재한 환자 수보다 훨씬 낮았고, 이것이 무증상 감염과 맞물려 지역사회 확산을 악화시켰다. 미국을 비롯한 여러 나라에서 검사와 접촉자 추적은 바이러스 봉쇄에 필요한 수준에 여전히 못 미친다.

적극적인 예방을 장려하라. 문제의 전염병이 무엇이냐에 따라 발생과 확산을 막는 효과적인 수단은 개인의 위생 습관, 백신, 모기 퇴치, 그 밖의 예방 수단이다.

COVID-19를 막을 최고의 장기적인 수단은 안전하고, 효율적이고, 저렴하고, 누구나 이용할 수 있는 백신일 것이다. 인구의 높은 비율이 예방접종이나 항체 형성으로 면역력을 갖게 되면 전염병을 막을 수 있다. COVID-19의 경우 집단면역의 적정 비율은 60~70퍼센트로 추정된다. 인구의 5~10퍼센트가 COVID-19에 걸린 적이 있어 면역력을 갖고 있다고 가정할 때, 집단면역에 도달하려면 45억에서 50억 개라는 엄청난 양의 백신이 필요하다.

입증된 백신이 나올 때까지 이 코로나바이러스에 맞설 수 있는 우리의 기본 무기는 '집단행동'이다. 2미터 간격 유지하기, 마스크 쓰기, 자주 손 씻기, 붐비는 장소에 오래 머물지 않기, 바이러스에 노출되었을 때 자가 격리하기 등이다. 자의든 의무로든 이렇게 집단행동을 함으로써 어떤 나라들과 미국의 몇 개 주는 그래프 곡선을 평평하게 했을 뿐 아니라, 신규 환자와 사망자 수를 크게 줄일 수 있었다.

인류는 코로나바이러스의 확산을 막기 위해 빠르고 광범위한 변화를 겪어야만 했다. 하지만 놀랍게도 철저한 이동 제한을 실시한 많은 도시에서 사람들은 대부분 정부 시책에 따르고 협조하면서 올바른 행동을 하고자 했다. 사람들은 집에 머물러 있었다. 그리고 발코니에서 노래를 부르며 이웃과 하나가 되었다. 사람들은 대형마트 앞에서 마스크를 쓰고 줄을 서서 가게가 권장 인원을 초과하지 않도록 입장 순서를 기다렸다. 사람들은 예방 차원에서 여행 계획을 미루고, 생일 파티나 결혼식 같은 중요한 행사를 취소했다.

진실하고 우호적이고 따뜻하게 소통하라. 질병과 싸울 가장 좋은 도구는 믿을 수 있는 소통, 주의 깊은 경청, 주민 참여다. 객관적 사실에 기초한 지속적인 알림은 불확실하고, 두렵고, 불안한 환경의 팬데믹으로부터 승리를 빼앗아오는 데 필수적이다. 무엇보다 그런 알림은 소문, 비난, 불신, 공황을 잠재우는 데도 극히 중요하다. 지금까지 우리가 이 팬데믹과의 싸움에 커뮤니케이션을 얼마나 성공적으로 활용할 수 있었는가는 문화, 정치, 리더십 방식에 달려 있었다. 명확하고 따뜻하면서도 단호한 커뮤니케이션은 대중의 신뢰를 얻고 예방 수칙을 따르게 한다.

독일의 COVID-19 치명률은 프랑스, 이탈리아, 스페인, 영국에 비해 현저히 낮은 수준을 유지하고 있다. 독일 수상 앙겔라 메르켈Angela Merkel은 양자화학의 박사 학위를 취득한 과학자답게 팬데믹 위기에서 어려운 상황을 잘 헤쳐 나가고 있다. 메르켈은 데이터에 기초한 바이러스 정보를 국민에게 제공하고, 자신과 주변의 전문가 그룹이 무엇을 알고 무엇을 모르는지를 투명하게 공개한다. 이 믿을 만한 커뮤니케이션에 힘입어 독일 국민은 바이러스를 늦추고 사망률을 낮춰주는 수단들을 깊이 신뢰하고 기꺼이 실천한다.

팬데믹 커뮤니케이션에 이렇게 접근하는 방식과 코로나는 단지 '가벼운 감기'라고 공언한 브라질 보우소나루 대통령이나 더 황당한 말을 내뱉은 트럼프 대통령의 방식을 비교해보라. 트럼프는 "언젠가 코로나는 기적처럼 사라질 것"이라는 말을 대중 앞에서 15차례 이상 되풀이했다.

전략학 국제학 연구소Center for Strategic and International Studies의 인터뷰에서 작가 겸 팬데믹 사학자 존 배리John M. Barry는 팬데믹의 대표 격인 1918 스페인 독감을 조사하면서 알게 된 중요한 진실을 이렇게 표현했다. "권력자들은 진실을 말해야 한다."

효과적인 커뮤니케이션은 쉬운 일이 아니며, 새로운 정보가 유입되어 공중보건에 관한 권장 사항이 변하거나 국가나 관할구역에 따라 가이드라인이 다를 땐 특히 더 어렵다. 마스크 쓰기라는 애매한 주제를 예로 들어보자. 2002~2003년에 사스를 해결한 뒤로 아시아의 여러 나라에서는 마스크 쓰기가 하나의 문화로 자리 잡았다. 일본, 싱가포르, 대만, 한국에서는 마스크를 쓰는 것이 사회적으로 바람직하다. 따라서 이들 나라의 정부는 별다른 저항에 부딪히지 않고 마스크 쓰기를 시행할 수 있었다. 인도도 마찬가지였다. 코로나바이러스가 전 세계로 퍼져나갈 때 인도를 여행하던 미국 여성은 봉쇄령이 시행되기 전에 마지막 비행기에 올랐다. 다시 미국 땅을 밟은 그녀가 친구에게 보낸 첫 문자는 이것이었다. "마스크는 어디로 갔지? 왜 사람들이 마스크를 안 쓰는 거야?"

미국에서는 개인 보호 장비가 부족해질 것을 우려한 나머지 처음에는 사람들에게 마스크를 쓰지 말라고 말했다. 미국 의무총감, 제롬 애덤스Jerome Adams는 "마스크 사지 마!"라는 말을 트위터에 올리기도 했다. 시간이 지나자 CDCCenters for Disease Control and Prevention, 질병통제예방센터가 슬며시 어조를 바꿨다. 주지사들과 미국 기업들 그리고 서양 국가들은 바이러스를 다른 사람에게 옮기지 않도록 마스크를 쓰라고 권장하거나 요구하기 시작했고, 특히 무증상 감염자는 자기도 모르게 바이러스를 전파할 수 있다고 강조했다. 미국에서는 혼란스러운 메시지의 여파로 마스크를 쓰는 사람과 쓰지 않는 사람이 선명하게 갈라졌다. 그 결과 착용자와 미착용자가 화를 내며 다투고, 마스크 쓰기를 부끄러워하고, 가게의 규칙을 따라 달라고 번거롭게 지적하는 일이 일어나고 있다.

획기적인 혁신을 추구하라. 새로운 수단으로 전염병을 예방, 통제, 제거하기 위해서는 획기적인 혁신이 필요하다. 이 팬데믹이 시작된 뒤로 아주 짧은 기간에 우리는 그런 혁신들을 발명했다. 중국 과학자들은 코로나바이러스의 유전체를 즉시 해독하고 그 결과를 모든 나라에 공개했다. 에든버러대학교의 바이러스 진화 전문가 앤드루 램버트Andren Lambert는 그 일이 '전례가 없고 도저히 믿을 수 없는' 업적이라고 평했다. 그가 2014년에 에볼라 유전체를 해독할 때는 그보다 훨씬 오래 걸렸다.

코로나바이러스가 분리되자 몇 달 안에 백신 후보가 수십 종 확인되었다. 2020년 중반까지 10종이 넘는 백신이 인간을 대상으로 임상시험에 들어갔다. 백신의 개발, 생산, 배포 과정을 신속히 처리하는 로드맵도 개발되었다. 이 로드맵을 실행하면 에볼라 백신 개발에 걸린 5년이란 시간이 18개월로 줄어들 것이다.

신속하고 정확한 진단법에서도 획기적 혁신을 기대할 수 있다. 사회적 거리 두기, 마스크 쓰기, 손 씻기, 그 밖의 개인적 위생을 철저히 해도 전염병은 어느 틈엔가 재발한다. COVID-19처럼 바이러스가 급속히 확산할 때 조기 발견은 환자 수, 사망자 수, 경기 침체를 크게 줄여준다. 그러기 위해서는 코로나바이러스 검사와 함께 공중보건 감시, 환자 치료, 의료 인력에 관한 구체적인 계획안이 필요하다. 집단적 환경(예를 들어 요양원이나 교도소), 학교, 도시의 밀집 지역, 그 밖의 환경에서 검사를 시행할 수 있는지는 질병 출현율과 지역 상황에 따라 결정할 필요가 있다.

10분에서 30분 안에 한 명씩, 간단하고 정확하고 저렴하게 현장에서 검사하는 기술이 나온다면 그런 검사에 큰 도움이 될 것이다. COVID-19 감염자와 접촉했다고 해도 결과를 기다리는 불편과 비용이 사라질 것이다. 노출 위험이 큰 직업군에서 일하는 최전방 노동자와 관련자들이 자신의 가족과 동료들을 더 잘 보호하게 될 것이다.

현명한 투자로 생명을 구하라. 1년에 75억 달러에서 150억 달러(지구상의 모든 개인에게 1달러에서 2달러)를 예방과 대비에 더 투자한다면, 수많은 인명을 구할 뿐더러 긴급 비용과 경기 침체를 완화하여 몇 배의 이익을 회수할 수 있다.

푼돈 아끼기는 노후 대비에는 칭찬할 만한 방법이지만, 병원균과 팬데믹에 맞서 싸울 때는 효과적인 전략이 아니다. 병원 예산이 빠듯해지고 긴급상황에 대한 준비가 느슨해진 사이에 의료용품과 직원 침상이 부족해지고 일관된 계획과 완화책도 사라져버렸다. 이제 우리는 보편독감 백신과 효과적인 치료제 개발 같은 특수 분야에 더 많이 투자해야 한다. 의료용품을 더 많이 비축해야 하고, 만일의 사태에 대비하여 병원에 여유 공간을 마련해야 한다.

세계보건안보구상을 통해 투자가 이루어진 덕에 우간다와 에티오피아를 포함한 여러 나라의 전염병 대응이 개선되었다. 국립의학아카데미 사무국과 미래세계보건위기는 〈세계 안보의 방치된 차원: 감염병 위기를 극복하기 위한 프레임워크(2016)〉에서 투자의 명분을 분명히 밝힌다.

"적어도 지금까지 드러난 정책의 결과를 봤을 때 지구 공동체는 팬데믹이 인간의 생명과 삶에 가하는 위험을 대단히 과소평가해왔다. 그런 위협을 막고 대응하는 일에 투여되는 재원은 위험의 규모에 비해 완전히 부적절해 보인다. 팬데믹의 가능성과 잠재적 충격을 정확히 추산하기는 불가능하지만, 투자를 늘려야 할 이유를 분명하게 입증하는 건 어렵지 않다. 인류가 직면한 위기 가운데 팬데믹의 규모로 생명을 위협하는 건 극히 드물다."

종을 울려 지도자를 깨워라. 대중을 동원하여 지역, 국가, 세계 지도자들의 어깨 위에 우리의 생명과 지역사회와 경제를 올려놓는 일에는 시민 활동가와 사회 운동이 필수적이다. 2014년 에볼라 위기 이후로, 전염병과 팬데믹을 걱정하는 국내 및 국제단체가 많이 출현했다. 그런 단체 가운데 하나로, 세계보건기구와 세계은행이 공동으로 소집하는 GPMB세계준비감시위원회가 있다. 정치 지도자들, 기관장과 세계적인 전문가들로 구성된 이 위원회는 보건의 성과를 통해 전염병 발발과 그 밖의 비상사태에 준비하고 대응하는 정책 입안자들과 세계의 능력을 독자적이고 포괄적으로 평가하여 제시한다. 요컨대, GPMB는 더 안전한 세계로 나아가는 로드맵을 그린다. 하지만 이런 단체들이 증가했음에도 파괴적인 전염병을 예방하고 그에 대비하는 통일된 사회 운동은 아직 출현하지 않았다.

지금 이 순간을 기억하라

COVID-19가 발생한 뒤로 나는 텔레비전, 라디오, 신문 인터뷰에서 다음과 같은 질문을 받았다. "우리가 이번 사태로 교훈을 얻을까요?", "다음엔 더 잘 준비되어 있을까요?" 내 답변은 간단하다. "기억하세요. 이 순간을 기억하세요. 가족이나 근무계획이 갑자기 사라졌을 때의 느낌을 기억하세요. 불확실, 불안, 강한 두려움이 파도처럼 밀려와 당신과 당신의 가족, 이웃, 직장 동료를 덮치던 것을 기억하세요. 아픈 사람과 죽은 사람들을 기억하세요. 잃어버린 것을 기억하세요. 그리고 이렇게

까지는 안 돼야 했던 것을 기억하세요."

우리 인간에겐 창의성과 끈기, 인내와 신념이 있기에 우리는 COVID-19를 물리치리라고 나는 확신한다. 안전하고 효율적이고 널리 이용할 수 있는 백신이 나와 그 순간이 더 빨리 찾아올지, 아니면 더 많은 혼란과 죽음과 경기 침체가 이어지다 느지막이 찾아올지는 시간이 말해줄 것이다. 어쨌든 COVID-19는 지나갈 것이다.

우리가 이 순간을 기억하고 다음 팬데믹이 세계를 뒤흔들 때 그에 대비하고 막아낼 것인지에 대해서는 그만큼 확신하진 않는다. 우리의 문을 다시 열고, 경제의 모든 물꼭지를 틀고, 세계로 완전히 복귀했을 때 우리는 다시 안이함에 빠질까? 아니면 인류를 지키는 데 필요한 것들을 기억하고 실천할까?

강한 리더십, 회복력 있는 보건 체계, 적극적인 예방, 효과적인 커뮤니케이션, 획기적인 혁신, 영리한 투자, 그리고 의식 있는 시민인 여러분이 있다면 이 세계는 인플루엔자, 코로나바이러스, 또는 미지의 어떤 바이러스로부터 훨씬 더 안전해질 것이다.

과학자들과 공중보건 공무원들은 세계를 더 안전하게 지키는 법을 알고 있다. 세계를 더 안전하게 지키는 비용은 COVID-19 같은 팬데믹에 치르는 비용에 비하면 정말 적은 돈에 불과하다. 우리는 더 강한 리더십, 헌신적인 운동, 충분한 자원을 통해 그 일을 더욱 앞당길 필요가 있다.

프롤로그

어떻게 해야 다음 킬러 바이러스로부터 인류를 구할 수 있을까?

서아프리카에서 에볼라Ebola가 맹위를 떨치고 있을 때 나는 두려운 마음으로 우리 의료진과 회의를 하고 난 뒤 스스로에게 이렇게 물었다. "어떻게 해야 이 치명적인 전염병을 막을 수 있을까?" 새로운 팬데믹이 발발하면 세계적으로 3억 명 이상이 목숨을 잃는다. 또한 전 세계 GDP가 5퍼센트 내지 10퍼센트 하락한다. 새로운 전염병은 언제든 발생할 수 있다. 하지만 의사이자 세계 보건 전문가로서 나는 이 책에 제시한 처방을 잘 지키면 현대 공중보건을 이끄는 사람들의 힘으로 그런 전염병이 폭발적으로 확산하여 수천 혹은 수백만의 목숨을 앗아가는 참극을 충분히 예방할 수 있다고 믿는다.

공중보건 분야에서 35년 동안 일하던 중 그때보다 더 놀라고 당혹한 적이 없었다. 나도 그렇고 동료들도 그렇고 지금까지 단 한 번도 본 적이 없는 재앙이 지구를 덮치고 있었다. 세계 곳곳의 의료진들이 두려워하는 것을 보면서 나는 이 위기를 투명하게 공개하고, 솔직하고 침착하게 대화를 나눠야만 한다고 생각했다.

2014년 10월 9일, 비 내리는 목요일 아침이었다. 나는 100명이 가득 들어찬 교실 크기의 회의장에서 내가 이끄는 세계 보건 비영리단체, MSH Management Sciences for Health, 보건관리과학의 화상회의를 주재하고 있었다. 보스턴 인근의 본사에서 일하는 직원 500여 명과 아프리카, 아시아, 라틴아메리카의 지사에서 일하는 직원들이 우리의 다양한 통신 장치 주위에 모여 귀를 쫑긋 세우고 경청하고 있었다. 모두 서아프리카 현장의 의료팀들이 보낸 무시무시한 보고를 읽거나 들어서 알고 있었다. 바로 그곳에서 에볼라 바이러스가 통제에서 벗어나 우리의 사랑하는 동료들을 포함하여 수천 명의 사람들에게 마지막 선고를 내리고 있었다. 이 순간 에볼라가 창궐하고 있는 라이베리아 현장에서 몇몇 팀원이 다음과 같이 보고하고 있었다.

"치료 시설은 환자로 들끓고 있습니다. 의료 시스템이 완전히 멈춰섰습니다. 의료진과 환자들은 완전히 겁에 질려 있습니다. 환자들은 지역 보건소에 가지 않으려 합니다. 보건소를 장례식장으로 여기기 때문입니다. 시체들이 거리에 방치되어 있습니다." 여성들은 간호사나 조산사의 도움 없이 아기를 낳고 있었다. 말라리아 환자들까지 치료를 받지 못해 사망자 수가 늘고 있었다. 가족이 죽으면 떠난 이를 사랑스럽게 어루만지며 헝겊으로 감싸는 것이 이곳의 오랜 전통이었지만, 비닐로 된 우주복을 입어 외계인처럼 보이는 낯선 사람들이 찾아와 서로 껴안거나, 악수하거나, 사랑하는 사람을 만지지 말라고 주민들에게 지시하고 있었다.

"당장 우리 의료진이 위험한데 왜 거기 있어야 하죠?" 내 근처에 앉아 있는 어떤 사람이 물었다.

너무 당연한 질문이었다. 우리는 다음 사태도 궁금했다. 지구의 모든 오지에서 MSH가 활동하고 있지만, 다음에는 에볼라가 어디에서 고개를 들고 뛰쳐나올까? 미국에서 처음 발병한 에볼라 환자, 토머스 던컨Thomas Duncan이 바로 전날 댈러스에 있는 텍사스헬스프레스비테리언 병원에서 사망했다. 다음은 어느 도시일까? 파리? 도쿄? 모스크바? 멕시코시티? 우리가 앉아 있는 바로 여기, 보스턴? 증상은 며칠 동안 나타나지 않았다. 서아프리카에서 일했던 사람들이 감염된 것도 모른 채 우리 사무실로 돌아오고 있을지도 몰랐다.

특히 위험 지역에 있는 우리 직원들이 걱정스러웠다. 불굴의 정신으로 버티고 있는 영국인 동료, 이안 슬리니Ian Sliney는 예방조치를 철저히 하곤 있지만 그래도 걱정스럽다고 솔직히 인정했다. 이안과 다른 사람들에게 무슨 말을 할 수 있을까? 이안을 비롯한 수백 명은 최전선에서 가장 먼저 전염병과 싸워온 진정한 영웅이었다. 그들은 수시로 자신의 체온을 재고 손과 발, 팔, 그 밖의 모든 것을 소독약에 절이다시피 하고 있었다.

내가 말했다. "아마 그곳은 두려움이 만연해 있을 겁니다. 여러분들도 그렇겠죠. 하지만 우리는 양심상 손을 뗄 수가 없습니다." 그런 뒤 나는 나이지리아의 직원인 니니올라 솔레예Niniola Soleye가 보내온 편지를 읽었다. 니니올라의 이모는 의사였는데, 에볼라의 확산을 막기 위해 싸우다 목숨을 잃었다. 그녀는 이렇게 썼다. "이모가 그렇게 되어 가슴이 찢어질 듯합니다. 하지만 내가 열과 성을 다해 인명을 구하는 조직에 속해 있다는 사실에 위안을 느끼고 있습니다." 나는 그녀의 편지가 모두에게 작은 위안이 되기를 바랐다.

그 회의에서 우리는 한목소리로 '어떻게?'라는 중요한 질문을 제기했다. 어떻게 이 공포를 멈춰 세울 수 있을까? 조직을 더 잘 운영하고, 소통과 지역사회 활동과 리더십을 개선하고, 자금을 확충하고, 세계적 참여를 증진하면? 무엇을 하든 우리의 사명은 세계 보건을 좀먹는 지식과 행동의 균열을 메워 생명을 구하는 것이다. 하지만 에볼라가 창궐하는 지금 우리는 그 깊은 균열을 바라만 보고 있었다. 아는 것이 없으니 어떤 조처가 필요한지도 알 수가 없었다. 전문가로서 우리는 환자를 치료하고 질병 확산을 막을 수 있는 경험을 총동원하여 최선을 다하고 있었지만, 우리의 노력은 마치 쓰나미 속에서 자맥질하는 것 같았다.

회의가 끝난 뒤 나는 스스로에게 다른 중요한 질문을 던지기 시작했다. 왜일까? 왜 세계보건기구가 세계 공중보건의 위기를 선언하기까지 몇 달이나 걸렸을까? 1976년에 에볼라 바이러스가 발견된 뒤로 20차례 넘게 이 병이 유행했음에도 왜 백신이 나오지 않았을까? 왜 질병통제예방센터 소장과 텍사스 주지사는 국민이 이 가공할 질병으로부터 안전하다고 주장했을까? 하지만 그로부터 며칠 뒤 텍사스의 한 병원에서는 방역망을 뚫고 서아프리카에서 감염된 채 입국한 남자에게 간호사 2명이 감염되어 도시 전체가 에볼라의 위험 아래 놓이지 않았는가?

나는 에이즈AIDS, 후천성면역결핍증, 조류독감, 사스, 그 밖의 전염병들이 어떻게 발발하는지에 관하여 내가 직접 경험한 것과 동료를 통해 알게 된 것들을 숙고해보기 시작했다. 또한 미래에 찾아올 전염병의 규모와 충격에 관한 믿을 만한 시나리오들을 연구했다. 파고들수록 두려움이 나를 압도했다.

나는 무엇이 두려웠을까? 그것은 물론, '빌 게이츠Bill Gates와 그의 팀이 예견했듯이 5000만 명의 목숨을 앗아간 1918 스페인 독감 유행병과 같은 전염병이 오늘날 다시 발발할 수 있으며, 일단 발발하면 단 200일 만에 3300만 명이 숨을 거둘 수 있다는 것이다.[1] 이는 지난 40년 동안 에이즈로 사망한 사람과 거의 같은 숫자다. 뱅크오브아메리카/메릴린치Bank of America/Merrill Lynch의 평가는 훨씬 더 소름 끼쳤다. 팬데믹의 위험이 인류 역사상 어느 때보다 높으며, 극심한 팬데믹이 발발하면 3000만 명 이상이 목숨을 잃고, 세계 경제가 최대 3조 5000억 달러까지 타격을 입을 수 있다는 것이다.[2]

팬데믹이 퍼지기 전에 국지적인 발발을 막는 법을 우리는 이미 알고 있다. 하지만 과거를 돌이켜 보면 우리는 번번이 인간의 약점인 두려움, 자만, 안이함, 오만, 부정, 사리사욕에 덜미를 잡혀 전염병을 만들어내거나 악화시키거나 늑장으로 대응했다. 나는 자문해보았다, 왜 이런 일이 계속 되풀이될까?

하지만 나는 또한 우리가 지혜를 모아 우리 인간의 약점을 어떻게 극복해왔는지를 알고 있다. 역사적으로 대통령에서 극빈자에 이르기까지 지성과 온정을 겸비한 사람들이 옳은 일을 해왔다는 것을. 나는 동료들과 긴밀히 협력하여 천연두를 박멸하고 에이즈를 죽음의 병에서 치료할 수 있는 병으로 바꿔놓은 사람들은 물론이고, 2000년대 말에 조류독감을 봉쇄한 사람들, 2014~2015년에 에볼라가 서아프리카에서 유행하기 이전에 아프리카에서 20여 차례나 에볼라 발발을 막아낸 사람들의 성공 사례를 연구해왔다. 개인적인 관찰과 경험에 비추어 나는 불가능한 일을 해내는 것이 가능하다고 굳게 믿는다.

1961년 5월, 내가 어린아이였을 때 케네디John F. Kennedy 대통령은 “인간이 달에 착륙한 뒤 안전하게 지구로 귀환하는 목표를 10년 이내에 이루겠다”고 국민에게 약속했다. 이후 8년 동안 나는 다른 수백만 아이들처럼 우주 비행의 모든 것에 점점 더 깊이 빠져들었다. 1969년 7월 20일, 다른 모든 사람이 그렇듯 나 역시 경외감에 사로잡혔다. 인류 역사상 처음으로 달 표면에 발을 디딘 아폴로 11호의 우주비행사 닐 암스트롱Neil Armstrong이 다음과 같은 유명한 소식을 지구로 보낸 것이다. “이것은 한 인간에게는 작은 발걸음이지만, 인류에게는 엄청난 도약이다.”

1961년에 케네디 대통령이 그의 목표를 선언할 때만 해도 세 명의 우주비행사를 아폴로 11호에 태워 달에 보낼 수 있는 과학기술은 존재하지 않았다. 나중에 닐 암스트롱이 밝혔듯이, 계획을 수립하고 기술을 혁신하고 실험을 하는 긴 세월 동안 NASA미국항공우주국의 기술자들과 과학자들은 넘을 수 없는 잔인한 벽에 거듭 부딪혔다. 그럴 때면 임무를 중단해야 할지 모른다는 생각이 고개를 들었다. 하지만 우주선 발사가 실패로 끝날 것처럼 보일 때마다 “우리는 달에 갈 것”이라는 단호한 말이 위에서 내려왔다. 기술자들과 과학자들은 다시 복귀해서 불가능한 일을 새롭게 구상하고, 끝내 임무를 완수했다.

이와 반대로 지도자가 체념에 빠져 어깨를 움츠리면 아무 일도 일어나지 않는다. WHO 사무총장 마르콜리노 칸다우Marcolino Candau 박사는 생애 대부분을 공중보건에 몸을 바치는 동안에도 천연두 박멸은 불가능하다고 믿었다. 어쨌든 천연두는 최소 3000년 동안 존재해왔고 사망률 또한 30퍼센트에 이를 정도로 치명적이었다. 아마 그런 이유로 WHO가 마침내 1966년에 천연두 박멸에 착수했을 때 칸다우 박사의 조국인 브라질은 서반구에서 유일하게 WHO의 사업에 적극적으로 합류하지 않았다. 전 세계 보건 지도자들이 세계에서 천연두를 영원히 몰아내기로 결심하기까지 15년이 걸렸다. 하지만 일단 그렇게 하기로 결심하자 천형과도 같았던 천연두는 불과 10여 년 만에 박멸되었다.[3]

2003년 4월 말 사스라는 신종 호흡기 질병이 한창 유행할 때였다. 기자들이 당시 CDC를 이끌고 있던 제프리 코플란Jeffrey Koplan 박사에게 홍콩에서 사스가 근절될 수 있느냐고 물었다. 박사는 만일 그렇게 된다면 깜짝 놀랄 거라고 대답했다. 그런 뒤 "현실적으로 우리가 바랄 수 있는 건 사스와 바이러스 확산을 억제하고 최소화하는 것뿐"이라고 덧붙였다.[4] 그로부터 불과 두 달 뒤 홍콩은 사스가 박멸되었음을 선언했다. 토론토, 베이징, 타이완보다 이른 시점이었다.

이 책에서 나는 사례와 증거를 통해 전염병 예방에 기본이 되는 7가지 행동 원칙을 수립하고자 한다. (1)모든 차원에서 대담한 리더십을 확고히 하라. (2)탄력적인 의료 시스템을 구축하라. (3)질병에 맞서는 세 가지 전선(예방, 발견, 대응)을 강화하라. (4)정확하고 시기적절하게 보도하라. (5)현명하고 새로운 기술 혁신에 투자하라. (6)전염병이 유행하기 전에 질병을 막을 수 있도록 돈을 현명하게 써라. (7)시민 행동을 조직하고 동원하라. 나는 이런 행동 원칙의 어떤 조합이 10년 이내에 나타나리라고 확신한다. 이 일곱 가지 힘이 하나로 결합할 때 우리는 전염병이 없는 세계로 나아갈 것이다.

그럼에도 위험한 미생물은 항상 존재할 테고, 수십 또는 수백 명의 목숨을 앗아가는 소규모 발발은 계속될 것이다. 하지만 우리가 사람을 달에 보내고 천연두를 박멸하고 에이즈 대응처럼 역사상 가장 큰 보건

의료 시스템을 가동할 수 있었다면, 분명 이런저런 전염병도 충분히 퇴치할 수 있다.

사람을 달에 보내는 것은 불가능하다는 회의론에 맞서 케네디는 이렇게 말했다. "우리는 달에 가겠다고 결심한다. 우리가 10년 이내에 달에 가겠다고 결심하거나 그 밖의 일을 하겠다고 결심하는 것은 그 일이 쉬워서가 아니라 어렵기 때문이다." 지난 번 전염병을 이 세계의 마지막 전염병으로 만들겠다는 목표를 정하고 매진하는 일은 당연히 어렵다. 우리가 전염병을 종식할 수 없다고 믿는 회의론자들에게 나는 이렇게 말하고 싶다. "불가능한 일이 가능하다고 상상해봅시다. 그리고 그 일이 실현되게 합시다." 인류는 뒷짐 지고 유유자적할 여유가 없기 때문이다.

나는 희망을 본다. 40년 동안 세계를 돌아다니며 보건에 힘쓴 경험을 통해서다. 의과대학 3학년일 때 나는 라틴아메리카, 아프리카, 아시아, 서태평양을 여행하면서 의료 서비스가 부족한 가난한 나라에 현대 의학을 지원하는 선구적인 노력들을 상세히 기록했다. 오클라호마주 탈리히나에 있는 미국공중보건서비스 병원에서 가정의로 일할 때에는 아기를 받고, 뱀에게 물린 상처와 총상을 치료했다. 제네바 소재 WHO 본부에서 국장으로 일할 때는 에이즈 치료제를 포함하여 양질의 필수 의약품을 널리 보급하는 일을 했다. 보건관리과학에서 학장 겸 CEO로 일할 때부터 선임연구원으로 일하고 있는 지금까지 나는 세계 각국이 튼튼한 의료 시스템을 구축하도록 현지 지도자들을 설득하는 일을 병행해왔다.

나는 여행을 할 때마다 항상 극심한 고통을 목격했지만, 또한 공중보건의 재앙을 극복하고자 하는 단합된 노력이 얼마나 놀라운 결과로 이어지는지를 보곤 했다. 가정의로 일할 때는 자녀, 사랑하는 부모, 형제를 잃은 가족이 가슴 깊이 경험하는 인간적 고통을 눈으로 직접 목격했다. 하지만 국가 공무원, 공중보건 전문가, 사회활동가, 평범한 시민들이 에이즈, 산모 사망, 막을 수 있는 소아 질환 등 세계 보건의 위험 요인을 막고자 행동에 나설 때 그 나라 전체에 놀라운 결과가 퍼져나가는 것 또한 목격했다. 이 책을 쓰게 된 동기는 두 가지다. 하나는 사람들이 도움의 손길을 받지 못해 고통받는 것에 대한 나의 개인적 슬픔이고, 다른 하나는 우리의 노력으로 사람을 살릴 때마다 느끼는 강렬한 기쁨이다. 이 책에서 나는 너무나도 인간적인 실수들 때문에 질병이 기세 좋게 번져나갈 때 어떤 일이 벌어지는지를 묘사하고, 다른 사람들의 영웅적인 행동이 어떻게 바이러스를 늦추거나 차단하는지를 설명할 것이다. 또한 진보적인 관점을 채택하면 우리가 에볼라, 지카Zika, 유행성 인플루엔자를 막을 수 있다고 제안할 것이다.

MSH의 전 직원 화상회의가 끝났을 때 라이베리아의 호텔 방에서 이안 슬리니가 다시금 발언했다. 피곤하지만 다부진 그의 목소리가 그날 우리가 들은 마지막 목소리였다. "신께서 우리에게 행운을 주시길." 그가 말했다. "우리가 반드시 이 문제를 이겨내기를."

이 책을 통해 나는 우리가 모두 힘을 합쳐 반드시 이 문제를 이겨내기를 진심으로 희망한다.

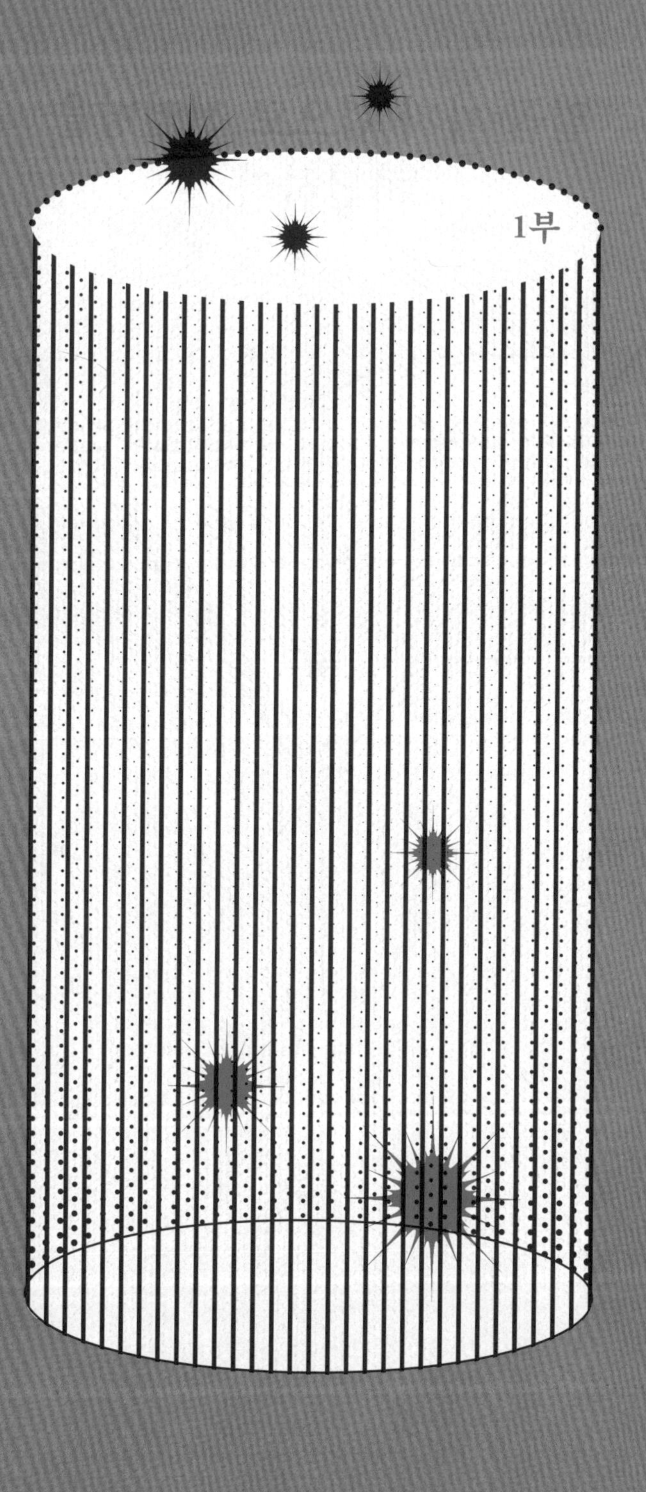

팬데믹 위협

1장

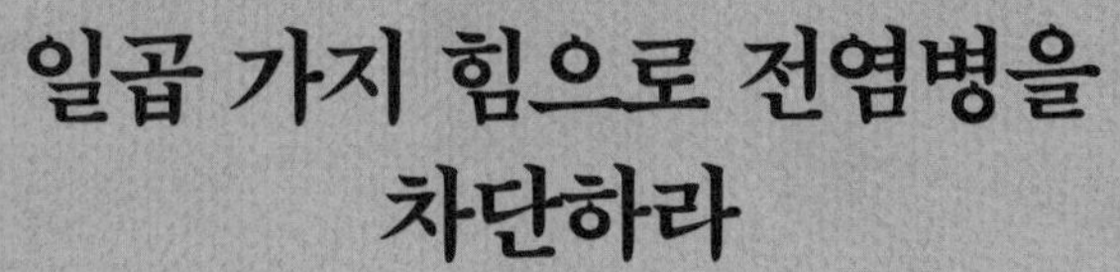

일곱 가지 힘으로 전염병을 차단하라

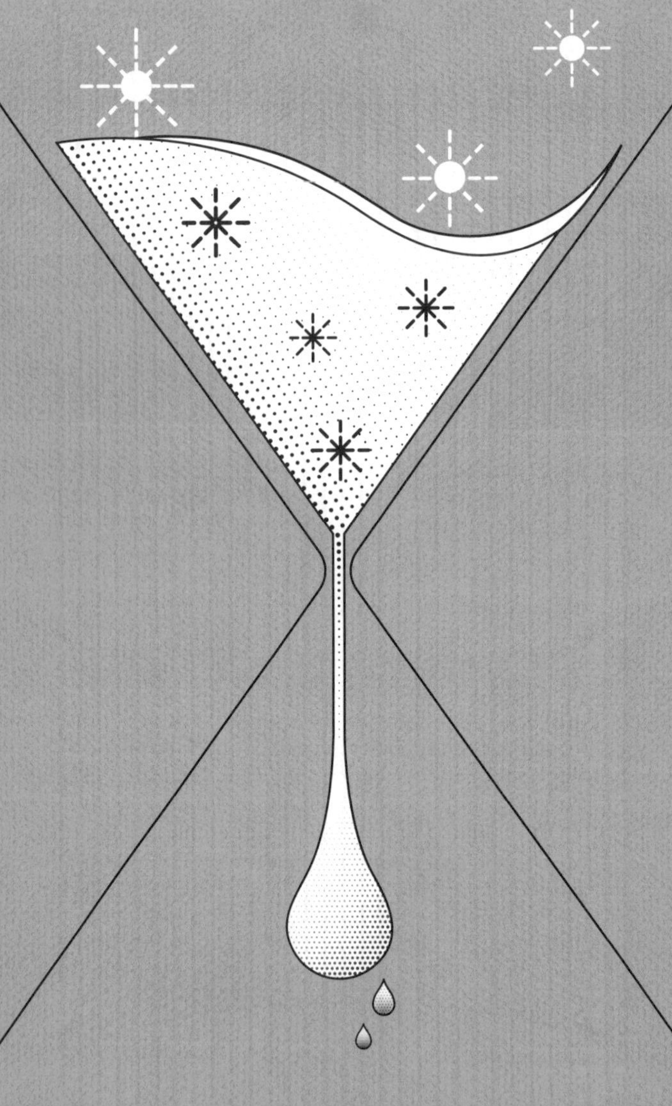

100여 년 동안 전염병에 대처하면서 입증된
일곱 가지 구체적인 행동으로 대응한다면 우리는 전염병을 끝낼 수 있다.

“

전염병은 건강과 재정에 엄청난 영향을 미치지만, 두려움, 부정, 공황, 자족감, 오만, 사리사욕 같은 인간의 결점이 더해지면 그 영향은 더욱 커진다. 반면에 전염병에 맞서 내가 ‘일곱 가지 힘’이라고 명명한 구체적인 행동을 채택하면 우리는 전염병을 막을 수 있다. (1)모든 차원에서 대담한 리더십을 확고히 하라. (2)탄력적인 의료 시스템을 구축하라. (3)질병에 맞서는 세 가지 전선(예방, 발견, 대응)을 강화하라. (4)정확하고 시기적절하게 보도하라. (5)현명하고 새로운 기술 혁신에 투자하라. (6)전염병이 유행하기 전에 질병을 막을 수 있도록 돈을 현명하게 써라. (7)시민 행동을 조직하고 동원하라.

”

내가 전염병 예측에 관해 첫 수업을 들은 것은 스물 네 살 때인 1975년이었다. 뉴욕주 북부에 있는 로체스터대학교 의과 2학년이었던 나는 젊은 교수 스티브 쿠니츠Steve Kunitz 박사가 해준 이야기들에 푹 빠지고 말았다. 그의 이야기는 미국 남서부에서 몇 년마다 기승을 부리는 선페스트•

• 흑사병의 대부분을 차지하는 병형으로, 전신의 림프절이 감염되어 부어오르는 특징이 있다.

의 예측 인자들에 관해 그가 연구한 내용이었다. "흑사병이 유럽 인구의 절반을 죽이고 아시아와 아프리카를 휩쓸어 세계적으로 약 5000만 명의 목숨을 앗아갔지. 그로부터 600년이 흐른 지금 남서부의 아메리카 원주민과 그 밖의 사람들 사이에서 이 소름 끼치는 질병이 산발적으로 발발했다." 쿠니츠가 말했다. "병에 걸린 사람들은 복통, 출혈, 사지 흑변 같은 끔찍하면서도 전형적으로 나타나는 증상을 호소했지. 자, 문제를 하나 내겠다. 아메리카 원주민들은 어떻게 페스트에 감염되고 있었을까?"

"쥐에 붙어사는 벼룩이요." 누군가가 말했다.

"절반은 맞았다." 교수가 대답했다. "그 병은 벼룩이 옮기지만, 쥐벼룩은 아니야."

"그럼 개벼룩?" 다른 학생이 작게 말했다.

"거의 맞았다." 교수가 말했다. "프레리도그•의 벼룩이 개의 몸으로 갈아타는 거야. 원주민 가족은 개를 10마리까지 키웠지. 개들은 종종 프레리도그를 사냥했는데 그 와중에 벼룩이 옮은 거란다."

궁금증은 사라지지 않았다. 그렇다면 인간 페스트의 주범은 무엇일까?

쿠니츠 교수는 유능한 과학자였다. 그는 동료 한 명과 함께 애리조나 주 나바호 보호구역을 방문했다. 그리고 다음 전염병이 유행할 때 자연이 어떤 신호를 보내는지를 알아내기 위해 현지 주민들을 인터뷰하기 시작했다. 주민들은 죽은 프레리도그 더미('집단사한 것들')에 단서가 있을지 모른다고 말했다.

수업 중에 우리 학생들은 페스트의 원인이 예르시니아 페스티스

• 북미 대초원에 사는 다람쥣과 동물.

Yersinia Pestis 박테리아라는 걸 알게 되었다. 페스트균이라고도 하는 이 세균은 일단 쥐를 비롯한 작은 설치류(남서부의 프레리도그도 그런 설치류 중 하나다)에서 벼룩으로 이동하고, 벼룩이 우리를 깨물 때 사람으로 이동한다. 프레리도그를 감염시킨 벼룩은 중국에서 증기선을 타고 들어온 쥐에서 퍼졌는데, 중국에서는 1860년대에 흑사병이 유행했다. 여러 세대를 거치면서 감염된 벼룩들이 배에 살던 곰쥐에게서 샌프란시스코의 다람쥐에게로 퍼졌고, 그런 뒤 미국 남서부로 퍼져나갔다. 쿠니츠와 그의 동료는 중요한 사실을 발견했다. 그 지역의 개들이 수시로 프레리도그와 거기 사는 벼룩과 접촉하는데도 눈에 띄게 아픈 경우가 거의 없던 것이다.

혹시 개들은 그저 약하게만 앓고, 앓는 동안 그 병에 대한 항체를 갖게 되는 건 아닐까 하고 쿠니츠는 생각했다. 그렇다면 개들이 광견병 백신을 맞으러 병원에 왔을 때 혈액 샘플을 채취하라고 수의사들에게 요청한다면 그 가능성을 시험해볼 수 있지 않을까? 페스트 항체를 가진 개의 비율이 높다면 머지않아 인간 페스트가 유행할 거라는 지표가 되지 않을까? "두 가설이 다 옳았다"고 교수가 말했다. "그때부터 개를 정기적으로 검사해서 인간 페스트의 조기 경보 신호로 사용한 거지."

쿠니츠는 조사를 통해 위의 두 가지 가설을 모두 확인했다. 곧 공중보건 공무원들은 해마다 애완견 개체군의 항체를 조사하기 시작했다. 항체를 가진 개의 비율이 높을 때 공중보건 관리자들은 지역 라디오와 텔레비전을 통해 경보를 발했으며, 벼룩에 물리지 않고 페스트 증상을 알아볼 수 있도록 교육 프로그램을 강화했다. 몇 가지가 바뀌긴 했지만(가정견이 아닌 코요테의 혈액을 채취하는 등), 이 방법은 오늘날까지 계속되고 있다.

나는 이 의학계의 셜록 홈즈에게 깊이 감동했다. 나는 전염병이 어떻게 수백 년 동안 동물 '숙주'에게서 인간에게로 뛰어올라 수십 명, 수천 명, 수백만 명을 죽음으로 몰고 가는지에 대해 아무것도 모르고 있었다. 또한 여러 해가 지난 뒤 내가 전염병을 초기에 막는 힘든 일을 하리라고는 꿈에도 생각하지 못했다.

죽음의 질병에 관한 세 가지 이야기

한 세기 전에 세계 인구의 3분의 1을 병들게 한 1918 스페인 독감은 이제는 한결 약해진 계절성 독감으로 존재한다. 새로운 전염병이 유행하면 어떤 일이 벌어지는지를 잠깐 살펴보기 위해 20세기의 근대성이 세계를 호령하고 1차 세계대전이 마무리되던 순간으로 되돌아가 보자.

임상 보고와 유전체 연구에 기초하여 오늘날 과학자들은 독감 바이러스가 1918~1919년 팬데믹으로 발전하기 이전에 오랫동안 각국의 군대 안에서 돌고 있었다고 확신한다.[1] 모든 독감 바이러스가 그렇듯 스페인 독감도 돌연변이를 했다. 서부 전선의 참호에서 그 독감은 그에 대한 면역성이 없는 데다가 춥고, 지저분하고, 눅눅한 조건에서 살아가는 사람들을 서서히 장악했다. 그런 뒤 바이러스는 먼 항구 도시에서 갑자기 출현했다. 시에라리온의 프리타운, 프랑스의 브레스트, 매사추세츠주의 보스턴에서.[2]

미국에서 스페인 독감이 처음으로 사람을 침범한 것은 1918년 여름, 필라델피아에서였다. 미국인들은 하루속히 전쟁이 끝나 살아남은 아버지와 아들이 돌아오기를 고대하고 있었다. 200만에 달하는 필라델피아 시민 중 많은 사람이 극장으로 몰려가 보드빌*, 연극, 행사와 연주회를 구경하고 중간중간에 기침도 교환했다. 스페인 사람 800만 명이 '스페인 독감'이라는 생소한 병 때문에 앓다가 죽어가고 있다는 사실이나, 보스턴 사람들이 그와 같은 상황으로 가고 있다는 사실에는 아무도 주의를 기울이지 않았다. 경보기는 조용했다.

하지만 가을이 시작될 무렵 독감은 이미 기침을 타고 도시 전체로 퍼져나간 뒤였다. 기침은 발열과 폐렴으로 발전했으며, 중증 환자는 폐와 장기의 손상으로 호흡이 곤란해지고 몸이 끔찍하게도 짙푸르게 변했다. 10월 4일까지 필라델피아에서 새로운 환자는 636명이었고, 사망자는 139명이었다. 하지만 일주일도 지나지 않아 새로운 환자는 5531명이라는 놀라운 숫자로 증가했다. 그러자 공무원들은 시내에 있는 보드빌 무대와 극장, 술집, 학교, 교회를 모두 폐쇄했다. 독감이 기승을 부리는 동안 필라델피아의 의사들은 대부분 유럽에 가서 병사들을 치료하고 있었다. 남아 있는 의료 종사자의 다수가 독감에 전염됐다. 가장 흔한 치료제는 위스키였는데, 독할수록 좋았다. 하지만 위스키가 바닥나자 구매자들은 광란에 빠져 약국 선반을 싹쓸이했다. 의약품 공급이 턱없이 부족했다. 약장수들은 향유를 바르거나 '머니언스 포 포Munyon's Paw Paw'**로 빚은 알약을 복용하라고 환자들을 유혹했다.

그달 중순에 이르자 자녀를 돌보기 힘들 정도로 아픈 부모들이 속출

* 노래·춤·만담·곡예 등을 섞은 쇼.

** 발효시킨 파파야즙.

했다. 병원이 가득 차는 바람에 병기 공장에 침대를 놓기 시작했다. 의료진을 돕기 위해 자원봉사자들이 왔지만, 사망자를 나르는 것 외에는 할 수 있는 일이 거의 없었다. 사망자가 너무 빨리 늘어나는 바람에 검시관 사무실은 사망진단서를 제때 발급하지 못했다. 흑사병이 돌던 14세기 유럽의 어느 악몽에서처럼, 자원봉사자들은 말이 끄는 마차를 몰고 거리를 돌며 "시체를 밖으로 내놓으세요!"라고 외쳤다. 필라델피아의 공동묘지 관리자들은 부지딩 가격을 50퍼센트니 올려, 사랑하는 사람을 방치하지 않고 그의 무덤을 직접 파는 것이 무슨 특권이라도 되는 양 15달러라는 터무니없는 가격을 부과했다.

거리에서는 작은 여자아이들이 무시무시한 노래를 부르며 줄넘기를 했다.

"작은 새를 길렀지, 새 이름은 엔자.
내가 문을 열자, 엔자가 날아들었지(in flew Enza)."[3]

1918 스페인 독감이 물러가기까지 필라델피아에서 1만 3000명이 사망하고, 세계적으로 5000만 명에서 1억 명이 사망했다. 역사상 가장 치명적인 독감이었다.

* *

개탄 듀가스Gaëtan Dugas는 무려 2500여 명과 섹스를 했다고 주장하는 잘 생기고 매력적인 에어캐나다 승무원이었다. 오랫동안 전염병학자들

한 세기 동안 발발한 치명적인 전염병

지난 100년 동안 유행한 가장 치명적인 바이러스성 병원균은 인플루엔자와 HIV/에이즈였다.

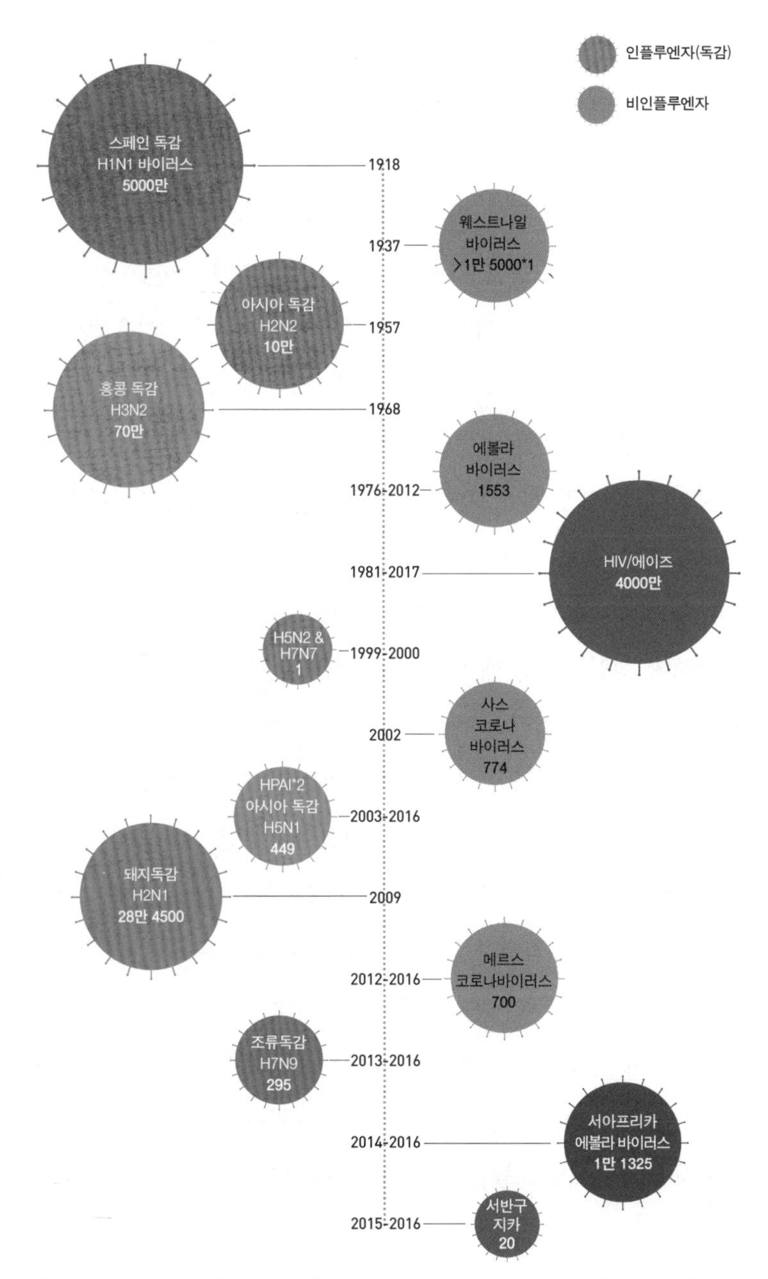

출처: Bean A, Baker M, Stewart C 외. Studying immunity to zoonotic diseases in the natural host—keeping it real. *Nature Reviews: Immunology* 2013; 13:851-61.

은 바로 그가 에이즈 팬더믹의 '최초 감염자Patient Zero'라고 생각했다. 초기 연구자들은 그가 아프리카에 있을 때 에이즈에 걸렸다고 믿었다. 1987년에 랜디 실츠Randy Shilts는 에이즈 역사에 관한 책에서, 듀가스가 진단을 받은 후에도 경솔하게 무방비 섹스를 해서 에이즈를 퍼뜨린 사람이라고 묘사했다. 듀가스는 1984년에 병으로 사망했다.[4]

전염병이 흔히 그렇듯이 에이즈가 퍼질 때도 처음 20년은 이 20세기 흑사병의 기원을 두고 음모 이론들이 극성을 부렸다. 어떤 이는 천연두 예방접종 때문이라 하고, 어떤 이는 침팬지 생체 조직을 이용해서 만든 소아마비 백신 때문이라 했으며, 또 어떤 이는 에이즈가 정부에서 개발한 대량학살 무기이며 흑인이나 게이 사회에 시범적으로 사용되고 있다고 주장했다. 하지만 지난 10년간 이뤄진 유전자 추적으로 수수께끼가 풀렸다. 과학자들은 지난 세기에 아프리카에서 SIVSimian Immunodeficiency Virus, 원숭이면역결핍바이러스가 영장류에서 인간에게로 '종간 점프Species Jumps'를 다섯 차례나 성공적으로 해냈기 때문이라는 증거를 발견했다. '성공적'이라는 말은 SIV 바이러스가 빠른 변이를 통해 HIVHuman Immunodeficiency Virus, 인체면역결핍바이러스로 바뀌어 사람의 몸에서 성장하고 번식할 수 있게 되었다는 뜻이다. 최초의 종간 점프는 1910년경 카메룬 남동부에서 일어났다. HIV 바이러스의 생물학을 들여다보면 그것이 침팬지에게서 왔음을 알 수 있다. 누군가가 침팬지를 먹거나 '부시미트Bushmeat, 야생동물 고기'로 팔기 위해 죽였을 테고, 결국 이것이 에이즈 팬데믹의 불씨가 되었을 것이다.

카메룬에서 처음으로 인간을 감염시킨 뒤 HIV 바이러스는 상하강을 따라(아마 강 근처에 살거나 강을 따라 여행하는 사람들 간의 성 접촉을 통해) 붐비는 도시 레오폴드빌(오늘날 콩고민주공화국의 킨샤사)로 퍼져 내려갔다.

이후 수십 년 동안 레오폴드빌은 팬데믹이 서서히 무르익어가는 온실이 되었다.[5] 벨기에의 식민 통치가 끝난 뒤였던 1960년대 초에 HIV 바이러스는 콩고에서 아이티로 퍼져나갔다. 아프리카에서 식민 정부를 위해 일하다 돌아온 아이티 사람들을 통해서였을 것이다. 1970년경에 단 한 명의 감염자 또는 기증된 혈장을 담는 용기를 통해 에이즈 바이러스는 아이티에서 미국으로, 미국에서 다시 유럽으로 전파되었다.

개탄 듀가스는 분명 에이즈 확산에 일조했을 것이다. 하지만 최초 감염자는 아니었다. 그가 에이즈에 감염되었을 당시 HIV 바이러스는 북아메리카에 당도해 있었다. 에이즈는 아프리카에서 50여 년 동안 거의 주목받지 못한 채 잔불로 남아 연기를 피웠으며, 그러던 중 한 변종이 아이티를 통해 서양 국가로 들어오고, 다른 변종들은 아프리카에서 아시아와 그 밖의 지역으로 전파되었다. 2014년까지 HIV 바이러스는 7800만에 가까운 사람에게 감염되었다.[6]

* *

최근에 서아프리카에서 유행한 에볼라도 시작은 동물이었다. 2013년 12월 말에 에밀 우아무노Emile Ouamouno라는 두 살 된 아이는 속이 빈 나무에 들어가서 곤충을 먹고 사는 박쥐를 잡아채고 찌르면서 놀았다. 아이는 곧 심하게 앓다가 숨을 거뒀다. 기니, 라이베리아, 시에라리온이 만나는 거대한 열대우림 근처의 작은 기니 마을이었다. 가족은 전통적인 예법을 다해 어린아이의 죽음을 애도했는데, 특히 죽은 아이를 껴안고 입을 맞추는 전통이 포함되어 있었다.[7]

그때까지 아프리카에서 에볼라가 22번 발발했는데, 매번 다 성공적으로 억제된 터였다. 어느 경우에도 담당 건수Caselaod•가 425명을 넘지 않았고, 사망자도 거의 50명 아래였다. 서아프리카에서 발발하기 몇 달 전만 해도 전문가들은 에볼라가 이미 끝난 일이라고 선언했다. 너무 빨리 소진돼서 멀리까지는 번지지 않을 거라 예상한 것이다.

하지만 어린 에밀이 죽은 뒤 몇 주 지나지 않아 아이를 죽인 에볼라 바이러스는 폭발적으로 늘어나 세 나라에서 유행하기 시작했다. 2015년 말까지 거의 3만 명이 감염되고, 1만 1000명 이상이 사망했다. 아프리카 외에도 영국, 프랑스, 독일, 이탈리아, 네덜란드, 노르웨이, 스페인, 스위스, 미국에서 감염자가 나왔다.[8] 에볼라에 관한 통념이 무참히 깨진 순간이었다.

＊＊

파국적인 질병에 관한 이 세 가지 이야기, 그리고 이 책에서 다룰 다른 이야기들을 통해 우리는 페스트, 에이즈, 독감, 에볼라 바이러스 같은 미생물이 동물에서 사람으로 종간 점프를 할 때 살인적인 질병이 어떻게 발발하고 사람들 사이로 어떻게 퍼져나가는지를 구체적으로 보게 된다. 팬데믹으로 발전할 수 있는 새로운 전염병은 대부분 동물-사람의 종간 점프에서 발생한다. 또한 전염병은 인간에게 면역력이 없거나 부족한 바이러스, 박테리아, 여타 미생물에 우리가 노출될 때 발생한다.

• 의료진이 일정 기간에 돌봐야 하는 환자의 수.

오랫동안 천연두를 앓아온 유럽인들이 신세계 토착민에게 그 병을 전파하여 거의 전멸시킨 예가 대표적이다. 마지막으로 인플루엔자의 경우처럼 전염병은 인간이 면역력을 갖추었음에도 미생물 자체가 변이를 일으킬 때 발생하기도 한다.

전염병이라는 거대한 위협

이 세계 어딘가에서는 위험한 바이러스가 새, 박쥐, 원숭이, 돼지의 혈류에서 부글부글 요동치며 사람에게 점프할 준비를 하고 있다. 그 위험이 어떤 영향을 미칠지 짐작하기는 쉽지 않다. 몇 주나 몇 달 안에 우리의 가족을 포함하여 수백만 명을 몰살시킬 힘이 잠재해 있기 때문이다. 그에 비하면 ISIS(이라크와 시리아의 이슬람 국가), 지상전, 심지어 대도시 원폭 투하마저도 상대적으로 약해 보인다.

새로운 전염병은 경고 한마디 없이 팬데믹으로 발전할 수 있다. 정의를 내리자면, '발발Outbreak'은 한 지방에 국한된 수백 명, 가끔 수천 명을 감염시키는 전염병을 가리키고, '전염병Epidemic'은 보통 수준을 초과하는 질병이나 감염을 가리키며, '팬데믹Pandemic'은 국경을 넘어 아주 넓은 지역으로 퍼져나가 수천이나 수백만 명을 감염시키는 것을 말한다. 전염병은 미네소타의 대규모 축산 농장이나 박쥐가 서식하는 케냐의 코끼리 동굴• 등 감염된 동물이 사람과 접촉할 수 있는 곳이면 어디서나 발발할

• 코끼리 형상을 한 힌두교 신 가네샤를 모시는 동굴.

수 있다. 그런 전염병은 1918 스페인 독감처럼 우리가 아는 수백 종의 유해 미생물 가운데 하나일 수도 있고, 2003년에 중국에서 전 세계로 퍼져나간 사스 바이러스처럼 완전히 새로운 것일 수도 있다. 공기매개의 바이러스가 일단 사람에게 감염되면 감염된 그 한 사람에게서 일주일 내에 2만 5000명에게로 퍼져나갈 수 있고, 한 달 이내에 70만 명 이상에게 퍼질 수 있으며, 3달 이내에 전 세계 모든 대도시로 퍼져나갈 수 있다. 그리고 6개월이 지나면 3억 명 이상을 감염시키고, 3000만 명 이상을 죽일 수 있다.

이 이야기는 불안을 조장하는 공상과학도, 공포를 퍼뜨리는 타블로이드판 기사도 아니다. 이건 감염병 전문가들과 질병 모델 전문가들이 함께 서술한 몇 가지 시나리오 중 신빙성이 매우 높고, 결코 최악이 아닌 하나의 시나리오다. 빌 게이츠에게 물어보자. 그는 컴퓨터 시뮬레이션을 통해 질병의 확산을 예측하는 그룹에 자금을 대고 있다. 〈복스Vox〉와 인터뷰할 때 게이츠는 이렇게 말했다. "에볼라가 유행할 때 한 가지 사실을 알게 되었습니다. 우리가 에볼라보다 더 잘 감염되고 더 빠르게 퍼질 수 있는 심각한 전염병에 대처할 준비가 안 되어 있다는 걸 말입니다. 이건 엄청난 비극으로 이어질 크나큰 위험입니다. 1년에 1000만 명 이상이 죽을 가능성이 매우 크기 때문이죠." 게이츠는 그가 살아 있을 때 끔찍한 전염병이 돌 확률을 '낮게 잡아 50퍼센트'로 계산했다. 게이츠의 모델로 추산할 때, 위험한 바이러스가 차, 비행기, 배, 기차를 통해 이동한 뒤 밀집한 도시에서 빠르게 퍼진다면 단 200일 만에 3300만여 명이 목숨을 잃을 수 있다.[9] 그런 재앙의 모습을 그려보고자 한다면, 1918년에 필라델피아에서 유행한 병이 그때보다 훨씬 큰 규모로 전 세계에서 또다시 유행한다고 상상하면 된다. 우리가 사는 세계는 좀비 영화에서처럼 추레하고 피폐한 생존자들이 살아남기 위해 투쟁하는 황무지일 것이다.

지난 세기에 천연두는 3억에서 5억 명의 목숨을 앗아갔다. 1918 스페인 독감은 2년에 걸쳐 5000만 명에서 1억 명을 죽였고, 에이즈는 1981년 처음 확인되고부터 4억 명의 목숨을 앗아갔다. 스페인 독감은 아직도 전 세계에서 해마다 50만 명을 희생시킨다. 서아프리카 에볼라는 1만 1000여 명의 목숨을 앗아갔는데, 이는 그때까지 22차례 발발한 에볼라 사망자의 총합보다 7배 많은 숫자다. 하지만 대규모 죽음만이 우리를 위협하는 건 아니다. 초기 감염에서 살아난 사람들에게 전염병은 저마다 독특한 손상과 장애를 남긴다. 천연두에 감염된 사람들은 특징적이고 때로는 기괴해 보이는 흉터와 함께 실명, 사지 기형, 여타 장애를 갖게 되었다. 평생 안고 가야 하는 에이즈와 그 치료제의 부작용은 뇌에서 뼈에 이르기까지 우리 몸의 거의 모든 계통에 악영향을 미친다.

새로운 전염병이 출현하면 그 병을 인식하거나, 전파되는 방식을 파악하거나, 적절한 보호 수단을 갖추기 전에 많은 의료 종사자들이 사망한다. 스페인 독감, 에이즈, 사스, 에볼라도 발발 초기에 그런 비극이 일어났다. 전쟁이 나면 부상보다 질병으로 더 많은 사람이 쓰러지듯이, 전염병이 돌면 그 병 자체보다는 일상적인 의료가 마비되어 더 많은 사람이 희생된다. 의료 종사자들이 응급 센터로 몰리고 그로 인해 의료 시설이 문을 닫기도 하므로 예방접종, 급성 질환, 인공 분만 같은 공공 의료 서비스가 평소와 같지 않을 수 있다.

마지막으로, 전염병이 돌면 가정, 지역사회, 기업, 국가의 재정과 경제에 천문학적인 비용이 발생한다. 5장에서 살펴보겠지만 그런 팬데믹은 전 세계 주식시장을 강타해서 수백만 생존자들의 생계와 자산을 먹어치운다. 아메리카/메릴린치 은행이 2014년에 발표한 〈세계 팬데믹 지침서Global Pandemic Primer〉의 저자들은 "심각하고 장기적인 팬데믹이 지구를 휩쓴다면 첫 해에 전 세계 GDP가 5~10퍼센트 하락할 것"이라고 말한다.[10] 세계여행관광기구와 옥스퍼드 경제학과의 추산에 따르면, 세계적인 팬데믹 시나리오가 펼쳐지면 전 산업 부문에 걸쳐 나타나는 일출효과•를 포함하여 그 비용은 2008년 금융위기 때의 규모보다 훨씬 큰 3조 5000만 달러에 이를 거라고 한다.[11]

해마다 세계는 조류독감, HIV와 에이즈, 말라리아, 소아마비 같은 전염병을 통제하고 에볼라 같은 새로운 위협에 대응하느라 500억 달러 이상을 소비한다. 준비, 예방접종, 긴급 대응을 위한 직접 비용 외에도 여행, 물류, 관광, 금융시장, 여타 경제활동의 붕괴로 간접 비용이 발생한다. 전문가들이 추산할 때마다 이 간접적 손실은 직접 비용과 대등하거나 대개 그보다 더 크게 나와서, 전염병이 유행할 때 드는 총비용은 연간 1000억 달러에 이른다. 요컨대, 빌 게이츠가 상상하는 팬데믹이 아니더라도, 우리가 근본적으로 진로를 바꾸지 않는다면 향후 10년 동안 전염병 때문에 써야 할 비용은 1조 달러에 이른다고 예상할 수 있다.

과학자들은 그것이 어떤 미생물인지, 어디서 튀어나올지, 혹은 그것이 공기로, 접촉으로, 체액으로, 아니면 이들의 조합으로 퍼져나가는지 알지 못하지만, 전염병이 지진과 비슷하다는 것은 알고 있다. 과학자들

• 경제활동에 직접 참가하지 않은 사람들에게 미치는 경제활동의 효과.

은 해마다 지구 곳곳에서 새로운 소규모 지진이 수십 차례 발생하는 것을 보고 '큰 지진'이 오고 있음을 예견한다. 어떤 이들은 다음 팬데믹이 올 때가 됐다고 말한다. 감사하게도 대부분의 전염병이 의료보건 팀의 빠른 대응에 가로막혀 중도에서 소멸한다.

* *

내가 이 책을 쓰는 이유는 두렵기 때문만은 아니다. 한편으로는 화가 치밀기 때문이다. 많은 지도자, 경제학자, 과학자들이 믿는 바와 같이, 팬데믹이 전 세계를 누빌 때 엄청난 비용을 쏟아붓기보다는 아주 작은 비용으로 파국적인 전염병을 미리 차단할 수 있다. 과학과 공중보건이 눈부시게 발전하고 우리가 전염병과 싸우면서 값진 성과를 거뒀음에도 지금까지 세계는 국소적인 발발이 화산처럼 분화하여 큰 재앙으로 번지는 것을 막지 못했다. 우리가 던지는 질문은 명백하다. **왜 우리는 다음에 발발할 전염병이 세계적 재앙으로 확대되지 않도록 필요한 모든 자원을 효율적으로 사용하지 않고 있는가?**

이에 대한 답은 우울하리만치 단순하다. 우리는 전염병의 위협과 직접 맞서 싸우기보다는 우리 자신의 편견 뒤에 숨는다. 소규모 전염병이 폭발을 일으켜 지구적 팬데믹이 되는 것은 인간의 행동이나 나태함 때문이다. 우리 인간은 우리 자신의 심리적, 정치적, 사회적 약점에 희생되는 경우가 너무 빈번하다. 태초 이래로 효과적인 예방과 대응을 가로막거나 지연시킨 인간의 약점들을 하나씩 살펴보자.

두려움. 우리는 모두 죽음을 두려워한다. 그리고 전염병이 두려워지면 그에 대한 반응으로 다른 누군가를 탓하고 싶어 한다. 위협이 고개를 들 때마다 우리는 그 탓을 우리가 아닌 남들에게 돌린다. 1918 스페인 독감이 발발했을 때 미국인들은 '훈족'[•]을 비난했다. 에이즈가 유행했을 때는 남성 동성애자를 비난했다. 우리는 그 병에 걸린 사람을 응징하고 싶어 한다. 그들만의 특징 때문에 저주를 받은 거라고 가정하는 것이다. 정치 지도자, 사업가, 대중에게 악영향을 미치고 가장 잘 전염되는 행동 반응은 실제 사건을 훨씬 초과하는 공포심이다. 겁먹은 사람은 뉴스를 과도하게 개인화해서 받아들이고, 근심을 키운다. 두려움이란 위험이 임박했을 때 우리를 조심시키도록 진화한 경고 체계로, 동물의 경우와 똑같다. 두려움이 우리의 이성을 유린하게 하면 훨씬 더 끔찍한 상황이 우리 앞에 펼쳐진다.

부정, 안이함, 자만. 우리 인간은 터무니없이 오만하다. 눈앞의 증거를 믿을 수 없을 때 우리는 자신의 개인적 세계관에서 나온 갖가지 대처 행동으로 교묘히 숨어든다. 우리는 바로 앞에서 우리를 노려보고 있는 문제가 지금 일어나고 있지 않거나, 이곳에서 혹은 우리에게 절대로 일어나지 않을 거라 믿기로 한다(또는 적어도 그런 척을 한다). 부정은 더 명확한 심리학적 이름을 갖고 있다. 바로 '정상화 편향Normalcy Bias'이다. 유럽 사람들이 나치 점령군 앞에서 얼어붙은 채 서 있었고, 필라델피아 사람들이 1918년에 유럽과 보스턴에서 넘어온 독감의 위험 징후를 무시

• 독일인을 경멸적으로 가리키던 말.

했던 것처럼, 최악의 상황이 펼쳐지고 있는 동안에도 많은 사람이 예방책을 취하지 않는다. 부정은 종종 최상부에서 시작된다. 정치 지도자들이나 공중보건 책임자들이 눈앞의 현실을 무시하는 것이다. 아이러니하게도 부정은 전염병과 싸울 때 필요한 신뢰를 은밀히 훼손한다. 그리고 마지막 전염병이 지나갈 때 자족감에 빠진다. 우리는 "이것 봐, 난 병에 안 걸렸어!"라고 생각한다. 자족과도 관련이 있는 오만(오만Hubris은 자부심Pride에 해당하는 고대 그리스어다)은 우리가 질병을 다룰 줄 모르면서도 다룰 줄 안다고 생각하는 교만한 믿음이다. 또한 우리가 적시에 완벽한 백신을 개발할 것이고, 과학기술이 우리를 구해줄 테니 기초적인 예방에 시간과 돈을 낭비할 필요가 없다고 믿는 것이다.

경제적 이기심. 제약회사들이 개발할 수도 있으나 가난한 사람들이 약값을 감당할 수 없다는 이유로 얼마나 많은 백신 개발이 백지화되는가? 정부와 지도자들은 얼마나 여러 번 예산이 없다고 주장하는가? 축산 공장의 하수구에는 질병이 가득한데, 얼마나 많은 정치인이 거기서 끓어오르고 있는 위협을 못 본 체하고 농산 기업의 돈으로 주머니를 채우는가? 문제의 핵심은 탐욕이다. 돈과 인간의 생명을 맞바꾼다면 누가 용서할 수 있겠는가?

우리가 질병 발발에 더 영리하게 대처하지 못하고, 과학자, 의료 종사자, 각계각층의 지도자, 일반 국민을 결집하기 위해 할 수 있는 모든 일을 하지 못한다면, 인간은 날개가 묶인 오리처럼 손쉬운 표적이 될 것이다. 우리가 우리 인간의 약점을 이해하지 못한다면, 그리고 그런 약점에도 불구하고 수많은 사람의 삶과 생명을 지키기 위해 최선을 다하지 않는다면 어떻게 될까? 무책임을 넘어서 범죄 행위가 될 것이다.

일곱 가지 힘에서 싹트는 희망

어떻게 하면 전염병을 끝낼 수 있을까? 나는 이 책에서 나와 함께 몇 가지 이야기를 이해해달라고 여러분에게 요청할 것이다. 천연두를 박멸한 이야기, 세계를 언제라도 초토화할 수 있는 독감의 위협, 에이즈가 야기하는 인간적·경제적 파탄, 사스를 신속하게 봉쇄한 이야기, 서아프리카에서 에볼라가 발발했을 때 사람들이 보여준 눈물겨운 초기 대응 등을 말이다. 어떤 이야기는 행복한 결말이고, 어떤 이야기는 그렇지 않다. 이 책에서 나는 인간에게 장애, 실명, 영구적 불행, 죽음을 안겨 온 사악하기 짝이 없는 미생물들에 관해 이야기할 것이다. 하지만 또한 영웅적인 사람들이 어떻게 치명적인 미생물과 인간의 약점을 동시에 극복하여 가망 없는 싸움에서 승리했는지를 보여주고자 한다.

특히 나는 우리가 일곱 가지 힘을 갖추었을 때 전염병을 영원히 끝낼 수 있다는 것을 보여줄 것이다. 독자 여러분은 용감한 사람들이 실천한 중요한 행동들을 보면서, 우리가 실제로 일곱 가지 힘을 통해 주요 전염병들을 충분히 막아낼 수 있음을 알게 될 것이다. 또한 지구상의 모든 개인에게 연간 1달러 미만의 돈을 쓴다면 다음에 발발할 국지적 질병이 빌 게이츠의 악몽으로 발전하지 않게 할 수 있다는 것도 말이다. 그 비용은 미국인이 해마다 비디오게임에 쓰는 돈의 절반도 되지 않고, 빌 게이츠가 가진 순자산의 극히 일부분에 지나지 않는다. 그 돈은 처음 10년 동안 병의 존재를 부정하면서 잠자리를 했던 사람들 때문에 결국 통제를 벗어나 현재 세계적인 유행병이 된 에이즈에 매년 들어가는 비용보다 훨씬 적은 금액이다. 그리고 그 돈은 팬데믹이 발발했을 때 세계가 긴급 대응과 경제 회복에 쏟아붓는 비용에 비하면 아무것도 아니다. 그 투자 기금이 있다면 우리는 혁신적인 예방책을 지원하고, 전염병을 통제할 수 있도록 개발도상국의 의료 시스템을 강화하며, 미생물이 침입하지 못하도록 긴급 대응을 튼튼히 할 수 있다.

일곱 가지 힘은 3단계 과정을 통해 모습을 드러냈다. 첫째, 나는 천연두, 인플루엔자, 에이즈, 사스, 에볼라를 심층 분석했다. 이 다섯 전염병을 선택한 이유는 그 병들이 지난 100년 동안 모두 5억여 명의 목숨을 앗아갔기 때문이고, 각자 다른 종류의 전염병을 대표하기 때문이다.•

둘째, 인터뷰, 강연, 출판물을 통해 나는 수십 명에 달하는 정책 입안자, 정치 지도자, 공중보건 전문가, 연구과학자, 현장 역학자, 최일선 의료진의 전문 지식을 확보했다. 이 책을 쓰기 위해 조사하는 과정에서 나는 아프리카 마을의 추장에서부터 WHO 사무총장에 이르기까지 모든 사람에게 물었다. "다음 전염병이 발발하는 것을 막기 위해 우리는 개인과 집단 차원에서 무엇을 해야 할까? 요컨대 우리는 어떻게 지난번 전염병을 이 세계의 마지막 전염병이 되게 할 수 있을까?"

마지막으로 나는 그 모든 정보를 합쳐 일곱 가지 힘, 즉 일곱 차원의

• 온라인 www.endofepidemics.com의 부록에는 각 질병의 주요 발발, 특징, 임상 증상, 예방, 치료법이 설명되어 있다.

중요한 행동 수칙을 만들었다.

1. **집이 불타고 있는 것처럼 지도하라.** 전염병에 직면했을 때 공중보건을 이끄는 지도자는 어떻게 해야 할까? 소방관들이 불타는 건물에 뛰어들어가는 것처럼 공중보건 책임자들은 신속하고 단호하게 그리고 정치적 이해가 아니라 과학적 증거에 기초해서 행동해야 한다. 최고 지도자들은 편협한 이해보다 국민의 이익을 중요시해야 한다. 우리가 전염병을 끝내고자 한다면 전 세계의 대통령, 수상, 사회 지도자들은 국민에게 이 목표를 반드시 이루겠다고 맹세해야 한다.

2. **회복력 있는 체계, 세계적인 보안.** 일국의 튼튼한 공중보건 체계는 예방과 대비의 초석이다. 각국 정부, 민간 부문, 지역사회, 종교 단체들은 힘을 모아 질병과 싸울 때 엄청난 성공을 거둬왔다. 최빈국을 지원해서 성공적인 방어망을 구축할 때는 강력한 국제기구와 비정부기구가 필수적이다.

3. **적극적인 예방, 항시적 준비.** 스스로 건강을 지키는 자가 관리 습관, 예방접종, 모기 퇴치에 힘쓴다면 주요 전염병을 막을 수 있다. 모든 수준의 감시를 통해 질병을 조기에 발견하는 것과, 신속한 대응을 통해 환자를 치료하고, 전파를 차단하고, 일상의 의료 서비스를 유지하는 것도 중요하다.

4. **생명을 위협하는 가짜뉴스, 적시에 빛을 발하는 진실.** 인간이 전염병과 대면하면 두려움, 비난, 소문과 음모 이론, 방역 당국에 대한 불신, 공포가 동시에 고개를 든다. 이런 이유로 지역 차원에서 정직하고 투명한 커뮤니케이션을 통해 신뢰를 확립하고 유지하는 것이 무엇보다 중요하다. 전염병 통제의 중심에 헬스커뮤니케이션•이 있다는 점은 역사가 우리에게 끊임없이 일러주는 진실이다. 지방정부와 중앙정부, 국제기구, 지역사회, 신문과 방송, 소셜미디어에서 일하는 전문 커뮤니케이션 팀은 진실을 앞세워 소문과 싸워야 한다.

5. **획기적인 혁신, 협력적인 변화.** 새로운 바이러스를 확인하고 사람에게 옮는 것을 차단하는 일에 혁신적 기술을 적용하고 있는 과학자들을 최대한 지원하고, 현장에서 확산의 싹을 제거하기 위해 노력하고 있는 사람들을 도와야 한다. 낡은 방식을 계속 사용해서는 안 된다. 우리는 병을 빨리 진단하고 즉시 치료할 수 있도록 연구개발을 개선해야 한다. 그리고 새로운 백신을 발견하고, 백신을 더 많이 만들고, 더 효과적인 배포 방법을 생각해내야 한다.

6. **현명한 투자가 생명을 살린다.** 팬데믹이 전 세계로 퍼져나가 심각한 수준이 되면 여행, 관광, 무역, 금융기관, 고용, 전체적인

• 의료 관리 영역에서 활동하는 다양한 주체들이 그들의 공중을 대상으로 행하는 PR 활동. (최정화, 김동석, 《헬스케어 PR의 이해》, 소화, 2012).

공급망이 무너지는 것만으로도 최대 2조 5000억 달러의 손실이 발생한다. 하지만 무게로 환산하자면, 1그램의 예방으로 팬데믹을 퇴치할 때 그 가치는 1킬로그램의 치료와 맞먹는다. 향후 20년 동안 시기에 맞춰 올바른 예방과 대응 수단에 연 75억 달러씩(전 세계 모든 개인에게 한 사람당 1년에 1달러씩)을 더 투자한다면 전염병의 위험을 크게 줄일 수 있고, 들어간 비용보다 훨씬 큰 보상을 얻게 된다.

전염병을 막는 일곱 가지 힘

우리는 일곱 가지 구체적인 행동으로 파국적인 전염병을 막을 수 있다.

1. 집이 불타고 있을 때처럼 지도하라.	긴급하고 단호하고 용기 있게 대처할 때 지도자는 바이러스라는 지독한 적을 물리칠 수 있다.
2. 건강한 체계, 세계적인 보안.	일국의 공중보건 체계가 튼튼하고 국제기구가 강력하다면 모두의 건강을 지킬 수 있다.
3. 적극적인 예방, 항시적 준비.	백신, 모기 퇴치, 여타 방법을 통해 우리는 치명적인 병이 퍼지기 전에 전염을 차단할 수 있다. 항시적 준비는 생명을 구한다.
4. 위험한 가짜뉴스, 적시에 빛을 발하는 진실.	믿을 수 있는 커뮤니케이션, 주의 깊은 경청, 주민 참여는 전염병과 싸우고 소문, 비난, 불신, 공포를 잠재울 수 있는 최고의 무기다.
5. 획기적인 혁신, 협력적인 변화.	획기적인 혁신으로 새로운 수단들이 생겨나면 전염병 위협을 예방, 통제, 제거할 수 있다.
6. 현명한 투자가 생명을 살린다.	지구상의 모든 개인에게 단 1달러씩을 투자하면 많은 생명을 살리고 응급 비용을 낮춰, 경제 붕괴를 완화할 수 있다.
7. 종을 울려 지도자를 깨워라.	시민 활동가와 사회 운동 단체들은 국민을 움직이고 지도자들에게 압력을 넣어야 한다.

7. 종을 울려 지도자를 깨워라. 능력, 실적, 자원을 추적하여 지방, 국가, 국제 사회에 알리고 지도자를 깨워라. 시민과 이해 당사자들이 할 일은 이것이다. 믿을 수 있는 과학, 강한 지도력, 헌신적인 지지가 하나로 묶일 때, 우리는 끊임없이 경종을 울리고 스포트라이트를 비추면서 앞으로 나아갈 수 있다.

불가능을 상상하고, 그 상상을 실현하라

"죽음과 세금만큼이나 확실한 것이 역병이다." 사스가 한창 유행하던 2003년, 명망 있는 《영국 의학 저널British Medical Journal》 3월호에 실린 어느 저자의 한탄이다. 심지어 루이 파스퇴르Louis Pasteur•도 다음과 같이 지적했다. "미생물은 항상 최후의 말을 남긴다."••

새로운 전염병이 세계를 휩쓴다고 예상하면 그야말로 소름이 돋는다. 하지만 이 책은 궁극적으로 희망을 이야기할 것이다. 이 책에는 과거와 현재에 수많은 영웅이 질병과 죽음의 전파를 차단하기 위해 용감히 싸워 승리한 이야기들이 담겨 있다. 또한 일곱 가지 행동 수칙을 확고히 지키면 우리도 미래에 전염병을 충분히 예방하고 종식할 수 있음을 자세히 보여줄 것이다.

나는 우리가 불가능해 보이는 이 목표를 성취할 수 있다고 믿어 의심

• 백신을 발명한 프랑스의 화학자이자 미생물학자.
•• 기존의 항생제가 듣지 않는 다른 미생물로의 변이를 뜻한다.

치 않는다. 나는 왜 이렇게 확신할까? 통찰력 있는 지도자들이 불가능한 일을 상상하고 그 상상을 현실로 바꿀 때 어떤 일이 일어나는지를 두 눈으로 봐왔기 때문이다. 에이즈를 생각해보자. 2000년에 이 전염병은 이미 북반구에서는 빠른 속도로 관리 가능한 만성질환이 되고 있었으며, 그에 따라 사망률이 극적으로 떨어지고 HIV 감염자의 평균 수명이 극적으로 증가하고 있었다. 하지만 아프리카에서는 여전히 사망 선고였으며, 대부분의 저소득 국가에서도 사정은 마찬가지였다. 하지만 그로부터 10년 동안 광범위하게 펼쳐진 대규모 예방 캠페인과 노력은 새로운 감염의 물결을 돌려 세웠고, 그와 더불어 아프리카에서 치료받는 사람의 수는 2000년 5만 명 이하에서 2010년 500만 명으로 100배 증가했다.

만일 2000년 1월에 당신이 전 세계 보건 담당자들이 모인 자리에서 향후 10년에 걸쳐 일어난 발전에 대해 묘사했다면 많은 사람이 이렇게 얘기했을 것이다. "불가능합니다. 적어도 내가 아는 이 세계에서는 말이죠." 그렇게 의심하는 사람 중에 당시 미국국제개발청장이었던 앤드루 내치어스Andrew Natsios가 있었다. 내치어스는 치료 확대를 위한 미국의 지원에 반대하면서, 에이즈에 걸린 아프리카 사람들에게 치료제 복용법이 너무 복잡하다고 주장했다. 그 사람들은 시계에 익숙하지 않고 그래서 언제 약을 먹어야 할지를 잘 잊기 때문이라는 것이다.[12] 또한 에이즈 치료의 장벽으로는 터무니없는 가격(약값만 1인당 연간 1만 달러 이상이었다), 인색하기 짝이 없는 기금 투자, 부족한 진단 시설, 대규모 치료를 위한 시스템 미비를 이유로 들 수 있었다.

2000년에 우리가 전 세계 보건학 교수들과 에이즈 치료에 대해 벌였던 논쟁 그리고 2010년에 우리가 느꼈던 성취감을 나는 똑똑히 기억한다. 그 10년 사이에 생각할 수 없는 일이 우리 눈앞에서 현실이 되었다. 활동가, HIV와 에이즈로 고생하는 사람들, 보건 관리자, 정치 지도자들이 굳게 뭉쳐 세계적인 운동을 벌였고, 장벽을 하나하나 극복해가며 공중보건 역사상 가장 큰 치료 프로그램을 확립하여 내치어스를 비롯한 회의론자들이 틀렸음을 입증했다. 그 경험으로 '불가능'이란 말과 전염병을 막기 위해 우리가 어디까지 할 수 있는지에 대한 나의 생각은 완전히 변했다.

지역에서 불가피하게 질병이 발발하면 그것이 결국 수천 내지 수백만 명을 죽이는 전염병으로 확산할 것이라는 생각에 나는 동의하지 않는다. 우리는 천연두를 박멸하고, 에이즈의 경우처럼 공중보건 역사상 가장 큰 치료 시스템을 가동하고, 사스를 추적해서 멈춰 세우고, 해마다 수백 건의 발발을 차단해왔다. 그렇다면, 당연히 일곱 가지 힘을 이용해서 파국적인 전염병을 끝낼 수도 있다.

이 책은 주로 우리가 취할 수 있는 유익한 행동들을 다룰 것이다. 하지만 단테의 베르길리우스•처럼 나는 우리가 함께 더 행복한 문에 이르기 전에 먼저 여러분을 질병이라는 불구덩이 속으로 인도해야 한다. 앞으로 마주할 것들을 이해하기 위해서는, 다음 세 챕터에서 바이러스와 인간의 모습을 한 진짜 적이 누구인지를 신중하게 가릴 필요가 있다.

• 단테의 《신곡》에서 길을 안내하는 시인.

2장

야생동물: 에볼라, 에이즈, 지카가 우리에게 주는 교훈

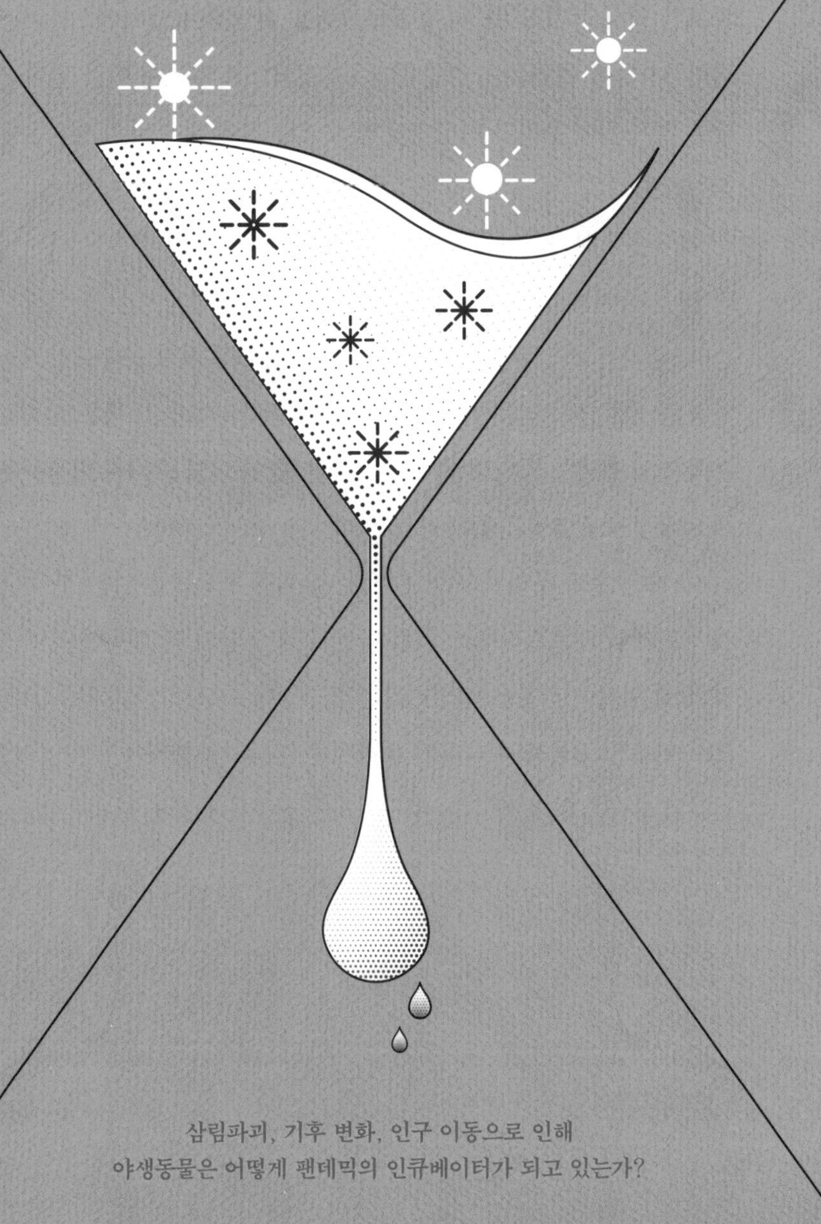

삼림파괴, 기후 변화, 인구 이동으로 인해
야생동물은 어떻게 팬데믹의 인큐베이터가 되고 있는가?

“

우리 인간은 우리가 특별하다고 생각하지만, 킬러 바이러스에게는 박쥐와 비비나 매한가지다. 에이즈 같은 바이러스가 한때 조용히 잠복해 있던 야생동물의 혈액에서 뛰쳐나오면 우리가 정복할 수 없는 팬데믹으로 순식간에 폭발하여 전 세계 수백만 명을 죽일 수 있다. 질병을 옮기는 동물이 사람에게 먹히거나 사람을 물었을 때 사스, 에볼라, 지카 같은 바이러스가 기지를 구축한다. 우리 인간의 이기적인 행동이 매 단계에서 위험을 키운다. 브라질 농부가 소를 키울 목적으로 숲을 태울 때마다 질병은 점점 더 가까워진다. 또한 모든 나라가 탐욕스럽게 화석 연료를 소비하여 지구 온난화를 앞당기는 사이에 모기처럼 질병을 옮기는 생물이 더 쉽게 창궐한다.

”

나는 아내와 세 딸과 함께 인도네시아에서는 간식으로 뱀장어를 먹고, 아프리카에서는 구운 가젤 고기, 악어 스튜, 낙타 바비큐, 바삭하게 튀긴 모파인 애벌레를 먹었다. 내가 이름을 아는 건 이 정도다. 아마도 우리는 전 세계를 돌아다니면서 정체불명의 동물을 숱하게 먹었을 것이다. 생각만 해도 몸서리난다. 콜레라, 간염, 광견병, 티푸스, 황열병, 뇌수막염에 대한 면역력이 없었다면 우리의 면역계는 질병과 싸워 이기지 못했을 것이다. 분명 누구 하나는 이상한 것을 먹은 탓으로 굉장히 아프거나 심지어 목숨을 잃었을 것이다. 혹은 전부 그랬을지도 모르고.

미국이나 유럽보다 상대적으로 빈곤한 나라에서 살수록 바이러스성 질환에 걸릴 위험이 급격히 높아진다. 좋은 의료 서비스를 이용할 수 없는 데다, 가난한 입장에서는 동물성 단백질이라면 가리지 않고 먹어야 하기 때문이다. 인간이 야생동물을 죽일 때면 그 동물의 감염된 피나 배설물이 인간에게로 건너가 처참한 결과를 낳을 수 있다. 조금도 놀랄 일이 아니다. 피는 새로운 바이러스의 포근한 안식처로, 인간의 피는 박쥐나 비비의 혈액과 똑같이 포근하고 자양분이 넘치는 곳이기 때문이다.

모든 포유동물은 동물매개감염 병원균들에게 친절하기 이를 데 없는 숙주다. 2000년 이후로 새로운 인간 전염병의 75퍼센트가 동물에서 유래했으며, 그 대다수가 야생동물에서 비롯했다. 림프절 페스트 같은 박테리아는 뉴멕시코의 프레리도그를 감염시키는 벼룩의 몸에 100년 이상이나 숨어 지낸다. 라임병은 진드기를 통해 인간에게 옮겨 탈 준비를 하고서 쥐나 사슴의 몸에서 번성한다. 에볼라와 지카 바이러스는 원숭이의 혈액을 타고 돌아다닌다. 두 바이러스는 동물을 종종 죽이지만, 사람들은 감염된 동물의 고기를 통해서나 벼룩, 진드기, 모기처럼 무는 매개동물을 통해 그 병이 인간에게 옮기 전까지는 별로 관심을 기울이지 않는다. 결국 많은 사람이 병들고 죽을 때에야 우리는 관심을 기울이기 시작하지만, 대개는 너무 늦을 뿐이다.

에볼라, 에이즈, 지카 전염병을 통해 우리는 아프리카 정글에 숨어 있던 바이러스와 인간의 나태, 부정, 무지가 어떤 경로로 우리의 안이한 세계를 지옥으로 만들 수 있는지를 여실히 보게 된다.

박쥐 전염병, 에볼라

습하고 울창한 서아프리카 열대우림, 이곳의 가난한 주민들은 레스토랑에 앉아 미국 농무부가 검사한 맛있는 등심살을 주문할 수 없다. 다행히 치킨이나 염소 스튜는 먹을 수 있다. 하지만 그런 고기도 많지 않기 때문에, 동물성 단백질을 섭취할 수 있는 다음 선택지는 부시미트다. 운이 좋은 날에는 원숭이나 다람쥐를 포획하고, 그렇지 않으면 정글의 깊은 지역에서 넘어온 박쥐 떼를 사냥해서 떨어뜨린다. 주민들은 박쥐 고기를 토막 낸 뒤 뿌리채소와 섞어 향긋한 스튜를 만든다. 그게 아니면 시장에서 노점 상인이 모닥불에 구워 파는 박쥐 고기를 구입할 수도 있다. 그런 고기에는 털 그을린 냄새가 잔뜩 배어 있다.[1]

아프리카 정글의 오지 마을들과 마찬가지로 기니 남부의 작은 숲속 마을 멜리안두 역시 부시미트를 사냥하기에 좋은 곳이다. 특히 이곳에는 크기가 거의 까마귀만한 자유꼬리박쥐가 서식한다. 엷은 황갈색을 띤 이 동물은 여인네들이 빨래하는 강 근처 거대한 나무에 무리를 짓고 산다. 이 나무의 뿌리는 굽은 모양으로 거대하게 자라 속이 빈 커다란 동굴을 형성하는데, 아이들에겐 정말 좋은 놀이터다.

두 살 된 남자아이 에밀 우아무노가 나무에서 죽은 박쥐를 움켜잡거나 찔러 떨어뜨릴 때 혈액이나 구아노• 입자 몇 개가 아이의 손에 달라붙었을 테고, 걸음마 하는 아이들이 흔히 그러듯 에밀도 저도 모르게 손가락을 입에 넣었을 것이다.[2] 이내 아이는 심하게 아프고 괴로워했다.

• 동물의 배설물이 응고, 퇴적되어 만들어진 물질.

고열과 인후염이 찾아오고, 구토가 멈추지 않았으며, 액체에 가까운 검은 변이 흘러나왔다. 임신한 어머니는 아이를 할머니 집에 데리고 갔지만 에밀의 증세는 더 악화되었다. 에밀의 땀과 토사물, 혈액과 변을 통해 병균이 보호자들에게까지 흘러 들어갔다. 며칠이 지나자 에밀의 몸에서 내출혈이 일어나고 패혈성 쇼크가 시작되었다. 곧이어 체내 장기가 완전히 멈추고 아이는 숨을 거뒀다.[3] 에밀의 가족은 종교적인 장례 관습에 따라 죽은 아이의 몸을 씻고 어루만지고 입을 맞췄다. 장례를 잘못 치르면 에밀의 영혼에는 고통이, 가족에겐 병이 찾아온다고 믿어서였다.[4]

하지만 고통과 병은 다른 길로 찾아왔다. 에밀의 몸은 치명적인 에볼라 바이러스로 가득 차 있었다. 산 사람보다 죽은 사람의 몸에 바이러스가 훨씬 더 많이 존재한다.[5] 한 살 터울의 누나, 임신한 어머니, 할머니도 며칠 만에 사망했다. 그때부터 본격적으로 도미노가 쓰러지기 시작했다. 에볼라 바이러스는 몇 주 동안 숙주의 몸에서 잠복하는데, 이는 에밀의 가족이 많은 사람과 접촉하여 그들을 감염시키기에 충분한 시간이었다. 서아프리카에서 에볼라는 처음 나타난 병이 아니었지만, 한 달 가까이 그 지역 병원들은 콜레라, 말라리아 또는 라사열과 아주 흡사한 질병이 나타났다고 보고했다. 그 지역에 에볼라 바이러스가 존재한다는 사실조차 몰랐던 현지 의사들과 보건 종사자들은 엉뚱한 진단을 내렸다. 발발 후 석 달이 흐른 3월 중순이 돼서야 국경없는의사회Medecins Sans Frontieres, MSF 제네바 본부의 의료 조사관들은 눈앞에 있는 것이 에볼라, 그중에서도 치명적인 종임을 밝혀냈다.

기니에서 라이베리아와 시에라리온으로 병이 번지는 동안 각 나라의 방역 당국은 바이러스의 습격에 완전히 무방비한 상태였다. 놀랄 일이 아니었다. 서아프리카는 오랜 내전으로 의료 시스템이 말살되다시피 한 곳이었다. 평온이 찾아온 뒤에도 말라리아 희생자를 처리하는 일이나 산모를 돕는 일처럼 비교적 일상적인 의료마저도 쉽게 이루어지지 않았다. 얼마 지나지 않아 에볼라에 걸린 환자의 수가 전 세계에서 온 용감한 의료 종사자들을 압도했다. 일은 고단하고 끝이 없었다. 의료진들은 고통받는 환자를 치료하고자 했으나 당사자의 면역계가 질병과 싸워 이길 정도로 강하기만을 바라면서 환자를 격리하고 수분 공급을 하는 것 외에는 아무것도 제공할 수가 없었다. 의료 종사자들에겐 분명 지옥에서 고투하는 것처럼 느껴졌으리라. 환자를 돌보는 사람들은 불타는 아프리카의 태양 아래서 뜨거운 비닐 방호복을 입어야 했으며, 그런 상태에서 그들 자신이 금방 탈수 상태에 빠져 질병에 더 취약해지곤 했다. 전시보다 더 힘들었다고 어떤 이들은 토로했다.[6] 한 종사자는 '단테의 한 장면'이었다고 말했다.[7]

2014년 4월, 프랑스계 캐나다인으로 소아과 의사이자 MSF 국제회장인 조앤 리우Joanne Liu가 WHO에 긴급한 경고문을 보냈다. "WHO의 총장인 마거릿 챈Margaret Chan을 처음 만났을 때 나는 이렇게 말했습니다. '뭔가 조처를 해야 합니다! 우린 대단히 걱정스럽습니다!' 하지만 챈은 상황이 그렇게 비관적이진 않다고 말하더군요." 4월이 지나 5월이 다 가도록 소강상태가 지속되었다. 아픈 사람들이 숨어 있었기 때문이다.[8] 하지만 6월이 되자 MSF는 당황했다. 한 벨기에 신문에서 이 사태를 기사화했고, 소셜미디어가 그걸 실어날랐다.

4개월이 더 흐른 뒤에야 WHO는 국제 보건 위기를 선언했다. 에밀이 죽은 날로부터 꼬박 8개월이 흐른 뒤였다.[9] 한편 세계은행World Bank은 초기에 에볼라 대응을 위한 대규모 재정 지원을 약속했지만, 자금을 빠르고 효과적으로 전달하기에는 그 자체 시스템이 너무 번거로웠다.[10] 결국 원조국인 미국, 영국, 프랑스는 개별 국가에게 지원금과 과학 인력을 보냈고, 그렇게 해서 광범위한 대규모 대응은 일대일 방식으로 분해되고 말았다.

2014년 6월 중순에 MSF 의사들은 이 질병이 통제에서 완전히 벗어났다고 선언했다. 의료 종사자들이 무수히 죽는 바람에 몇몇 지역에서는 감염자를 돌볼 사람이 완전히 사라지기도 했다. 매일 MSF 의사들과 자원봉사자들은 차를 몰고 마을로 달려가 병자들을 싣고 격리 센터로 데려갔다. 격리 센터라고 해 봐야 오렌지색 플라스틱 담장을 허리 높이로 두르고 위에다 흰색 방수포를 친 이상한 건물이었다. 하지만 주민들은 정작 거기 가서 에볼라에 걸릴 수 있다거나 MSF 의사들이 그들의 피를 훔치거나 장기를 빼가는 것 아니냐면서 센터에 가기를 두려워했다.[11] 의료진은 머리끝에서 발끝까지 비닐로 된 옷을 입은 상태에서도 환자들을 안심시키는 소리를 낼 순 있었지만, 두 눈만 간신히 보이는 그들 모습은 외계인처럼 무섭고 위협적이었다. 당연히 주민들은 의료진을 피했다. 다른 소문도 무성했다. 핫라인에 전화를 건 사람들은 기니 대통령이 선거를 연기할 요량으로 발발을 조장했다고 믿었다. 어느 종교 지도자는 이 전염병이 흰 뱀의 죽음 때문이라고 말했다.[12]

* *

세계가 위기를 의식한 것은 에볼라가 미국에 상륙한 뒤였다. 하지만 미국 역시 준비가 돼 있지 않았다. 2014년 8월에 미국 의료진 두 명이 돌아와 에모리대학에서 치료를 받았다.[13]

한 달 뒤 45세의 개인 운전사 토머스 던컨Thomas Duncan은 라이베리아에서 브뤼셀을 경유하는 비행기를 타고 텍사스주 댈러스에 도착해서 파트너와 다섯 아이를 만났다. 열흘이 안 되어 던컨의 체온은 화씨 100도(섭씨 37.78도)를 웃돌기 시작했다. 콧물이 흐르고, 심한 복통이 찾아왔다. 주치의나 건강보험이 없었던 그는 그런 상황에서 거의 모두가 하는 방법을 따라 했다. 가장 가까운 병원 응급실에 입원해서, 입원 정보를 인용하자면 '댈러스 주민'으로 무려 5시간을 보낸 것이다.[14]

고열을 제외하고 던컨의 바이털 사인은 '특이사항 없음'이었다. 의료진은 부비강염(축농증)이라는 진단을 내리고 항생제 대신 해열진통제인 아세트아미노펜을 처방해준 뒤 출구를 가리켰다. 며칠 후 던컨이 다시 왔을 때, 용의주도한 의료진 한 명이 일전에 지나쳤던 항목을 유심히 살펴보았다. 던컨의 여행 이력에는 라이베리아의 몬로비아가 적혀 있었는데, 치명적인 병이 창궐하는 지역이라 특히 더 소름이 끼쳤다. 마침내 던컨은 에볼라 검사를 받았다.[15]

검사가 이뤄지는 몇 시간 사이에 던컨은 화산처럼 구토를 해댔다. 바이러스가 잔뜩 섞인 피, 설사로 범벅이 된 옷과 의료보조용 재료들이 평상시의 병원 시스템을 통해 처리되었다. 던컨의 진단이 나온 직후 확인해보니 그를 간호했던 간호사 중 두 명이 바이러스에 감염되어 있었다.

소문이 퍼지자 CDC 소장, 댈러스의 텍사스헬스프레스비테리언병원 최고경영자, 그리고 텍사스 주지사 릭 페리Rick Perry는 각자 에볼라 확산은 조금도 걱정할 필요가 없다면서 대중을 안심시켰다. "우리 시스템은

잘 돌아가고 있습니다." 페리가 의기양양하게 외쳤다.[16]

하지만 누가 봐도 그렇지 않았다.

토머스 던컨의 사망과 그 여파로 이들 유명인사에게 신랄한 비난이 쏟아졌다. 코미디언 겸 시사평론가, 빌 메이허Bill Maher는 이렇게 소리쳤다. "나는 미국이 이렇다고 생각했죠! 라이베리아에서 한 사람이 들어왔어요. 단 한 사람이! 그런데 우리는 병을 막아내지 못했단 말입니다. 그 빌어먹을 댈러스 병원의 얼간이들은…… '뭐가 잘못될 수 있겠어?' 이러고 있었던 거죠!"[17]

빌 메이허에겐 충격이었겠지만, 슬프게도 그건 완전히 예측 가능한 일이었다. 그 서아프리카 전염병은 준비 부족과 대응 실패가 만들어낸 완벽한 재앙이었다. 우리는 에볼라를 완전히 잘못 알고 있었다. 서아프리카 몇 개 나라에서 빠르게 확산하고, 댈러스의 텍사스헬스프레스비테리언병원에서 비극적인 사건들이 일어난 것을 본 뒤에야 우리는 이 전염병이 기존의 생각과 얼마나 다르게 발발하는지를 알게 되었다.

공포의 에이즈 유행

1993년 영화 〈그리고 악대는 연주를 계속했다And the Band Played On〉의 막이 오르면 진흙투성이 트럭들이 몬순의 비를 뚫고 진전한다. 정글 속 진창길은 몇 인치 깊이로 푹푹 빠진다. 더러운 창이 운전자의 시야를 거의 가린다. 첫 번째 트럭에는 세계보건기구를 상징하는 파란색 올리브 가지 표식이 붙어 있다. 마침내 트럭은 어느 야전병원, 골함석 지붕을 한 기다란 건물 앞에 멈춰선다. 푸른색 가운과 장갑을 착용한 의사 두 명이 방독면을 갖춰쓰고 트럭에서 나온다. 그리고 건물 안으로 들어가 이곳저곳을 둘러본다. 사람들이 떠나버린 건물은 마치 약탈을 당한 듯 엉망진창이다.

문간에 어린 소년이 나타난다. 의사들은 방독면을 벗고 아이를 향해 미소를 짓는다. 그리고 친절하게 묻는다. "여기 의사 선생님은 어디 계시니?"

"의사 선생님이요?" 소년이 말한다. "절 따라오세요."

의사들은 소년을 따라 건물을 빠져나간다. 소년은 땅바닥에 줄지어 누워 있는 시체들을 가리킨다.

"여기 있어요." 죽은 백인을 가리키며 소년이 말한다.

한 방문자가 신음소리를 따라 오두막 안으로 들어간다. 바닥에 여자가 누워 있다. 방문자가 가까이 다가가는 순간 여자가 그의 팔을 붙잡고 뭐라고 지껄이더니 그의 손에 피를 토한다.

나중에 의사 두 명은 시체를 모두 소각한다. 한 명이 불꽃을 바라보고 있을 때 스크린에 다음과 같은 글이 나타난다. "에볼라 열병은 바깥 세상으로 나가기 전에 억제되었다. 이 병이 에이즈는 아니었다. 하지만 그건 다가올 사태에 대한 경고였다."

〈그리고 악대는 연주를 계속했다〉는 《샌프란시스코 크로니클San Francisco Chronicle》의 기자 랜디 실츠의 동명 소설에 바탕을 둔 영화였다. 지금의 관점에서 볼 때 첫 장면은 꽤나 아이러니하다. 스크린에 뜬 경고는 에이즈뿐 아니라 11년 뒤인 2014년에 서아프리카를 휩쓴 에볼라에도 적용되기 때문이다. 책과 영화는 둘 다 수백만 명의 생명을 허무하게 앗아갈 에이즈 전염병 앞에서 혼란, 두려움, 부정, 무관심이 난무하던 시절의 야만적인 초상을 보여준다. 책은 에이즈가 미국 남성 동성애자 사회를 무너뜨리기 시작한 시점보다 7년이 앞선 1987년에 출간되었다. 영화는 끔찍한 2차 에볼라가 바깥세상으로 나간 시점인 2003년보다 10년 앞서 개봉되었다.

에볼라처럼 HIV 역시 정글의 동물과 밀접하게 접촉한 데서 비롯했다. 과학사들은 HIV가 20세기 초에 침팬지에서 인간에게로 건너뛰었다고 생각한다. 카메룬의 어느 사냥꾼이 침팬지를 죽여 음식으로 삼았을 가능성이 아주 높다.[18] 사냥꾼이 칼을 휘두를 때 그 칼로 자신의 살갗을 베었고 그 순간 침팬지의 피가 사냥꾼의 혈관에 침투했을 것이다.[19] 그를 감염시킨 바이러스는 20세기의 가장 치명적인 신종 바이러스일 뿐 아니라, 인간에게 적어도 천 년 만에 처음 출현한 새로운 팬데믹 병원균이었다. 이 병은 치료받지 않으면 100퍼센트 사망하는 몇 안 되는 악성 질환에 속했다. 2015년까지 전 세계에서 에이즈는 8000만에 가까운 사람을 감염시키고 4000만에 가까운 생명을 앗아갔으며, 지나간 자리에 수많은 유족과 고아를 남겼다.

에이즈 전염병은 불가피했을까? 일부 에이즈 전문가(그리고 나의 여러 동료)는 그렇다고 대답할 것이다. 저 혼자 놔뒀을 때 HIV 바이러스는 인간이 관찰한 중 가장 무서운 재능을 지닌 바이러스이기 때문이다. 신체의 면역계를 아주 잘 피하는 데다 은밀한 특성까지 지니고 있어 30여 년에 걸친 백신 개발을 완전히 무력화했다. 천연두나 에볼라의 증상은 상당히 짧은 시간에 분명히 드러나지만, HIV는 긴 시간에 걸쳐 에이즈로 발전한다. 증상은 대개 미열과 인후염으로 시작하는데, 이 초기 증상은 감염되고 몇 주 안에 나타났다가 금방 사라진다. 바이러스는 혈류 속에 숨어서 에이즈 증상이 나타날 때까지 10여 년 동안 건강을 좀먹는다. 이 기간에 감염자는 무방비한 성관계, 오염된 주삿바늘, 산모가 태아에게 전해주는 혈액을 통해 언제든 바이러스를 퍼뜨릴 수 있다. 이 바이러스가 에이즈로 완전히 발전하면 신체 면역계를 파괴하는데, 그 결과 사실상 모든 기관이 암이나 감염병에 쉽게 걸린다.

아프리카에서 인간 감염이 처음 보고된 후로 여러 해가 지난 1970년대에 에이즈는 샌프란시스코 남성 동성애자들을 공격하기 시작했다. 바이러스가 발견된 것은 샌프란시스코의 남성들이 갑자기 임파선염, 발진, 종기, 피부암, 폐렴, 소모성 발열 같은 이상한 증상들을 보인 뒤였다. 처음엔 그 병을 GRIDGay Related Immune Deficiency, 동성애자관련면역결핍증라 불렀다. 결국 1981년에 그 병은 의학의 역사상 가장 불가사의하고 무서운 질병 가운데 하나라는 점이 명백해졌다. 이로써 성적 자유를 기념하는 행복한 무지개 축제•는 찬물을 뒤집어쓰게 되었다.

에이즈 이야기는 길고 복잡한 데다 말할 수 없이 비극적이다. 에이즈가 퍼지는 경로는 인간의 고집스러운 세 가지 행동, 다시 말해서 섹스, 주사 가능 약물, 그리고 특히 공중보건보다 우위를 점하고 있는 정치와 이데올로기다. 공중보건 전문가들에게 에이즈는 개인적인 전선과 사회적인 전선에서 동시에 치러온 기나긴 전쟁을 의미했다. 《뉴 리퍼블릭New Republic》의 마이클 홉스는 이렇게 말했다. "에이즈 바이러스는 인간 면역계의 약점을 완벽하게 이용하고, 그럼으로써 우리의 의료 시스템의 약

• 무지개는 동성애자들의 상징이다.

점을 이용하도록 설계된 것처럼 보인다."[20]

전염병 초기에 미국 보수주의자들은 에이즈에 걸린 사람을 악마화하고 낙인을 찍으면서 콘돔 사용과 깨끗한 주삿바늘 사용 등의 예방책에 반대했다. 아직까지도 미국 남부의 거의 모든 주에서는 주삿바늘 교환을 금지하고 있는데, 당연히 이곳은 에이즈가 집중적으로 발발하고 HIV 감염률이 다른 지역의 10배에 이른다.[21] 같은 시기에 진보주의자들과 남성 동성애자들 역시 이 전염병에 기름을 부었다. 검사, 환자 발견, 보건 당국에 파트너 신원 신고하기 같은 과학적으로 입증된 공중보건 예방책에 반대한 것이다.[22] 미국의 혼란과 대조적으로 호주의 보수 정권은 과학을 가장 중요시하고 즉시 확실한 공중보건 예방책을 시행했다.

에이즈와 피의 저주

하지만 에이즈는 혈액, 정액, 질액, 모유를 포함한 다양한 체액을 통해 전파되는 놈이라 남성 동성애자와 헤로인 중독자만을 공격하진 않았다. 로널드 레이건Ronald Reagan 대통령이 당선된 직후에 과학자들은 이른바 GRID가 여성, 아기, 혈우병 환자도 공격한다는 사실을 알게 되었다. 그 중에서도 혈우병 이야기는 인간이 꾸지람을 들어야 할 특별히 비극적인 사례 연구에 해당한다.

혈우병 환자(거의 모두가 남성이다)는 출혈이 발생하면 금방 죽을 수 있다. 면도하다가 조금만 베어도 위험하다. 피가 응고되지 않기 때문이다. 살기 위해서는 출혈을 억제하는 '응혈 인자들', 즉 혈액 단백질을 수

혈받아야 한다. 응혈 인자를 만들려면 수천 명의 피에서 혈장을 분리하고 그것을 결합하여 그 물질을 추출해야 한다.

혈액은 기분 좋게도 생명을 구하는 측면이 있긴 하지만 실은 거대한 산업이다. 혈액은행들은 마음씨 좋은 혈장 기증자들 덕에 막대한 돈을 벌었다(지금도 그렇다). 은행들은 혈액을 병원에 팔고, 환자의 보험사 또는 환자는 돈을 지불한다. 혈액은 또한 혈액은행에 피를 파는 가난한 사람들의 수입원이다. 1981년에 성적으로 활발한 마약 상용자가 혈액 1파인트(0.47리터)를 팔면 한 끼 식사를 버젓하게 하고 어쩌면 샌프란시스코 텐더로인 지역에 있는 허름한 모텔방까지도 빌릴 수도 있었다.(퀘벡의 셔브룩대학교 감염병 전문가인 자크 페팽Jacques Pépin 박사는 다음과 같은 가설을 제시한다. 에이즈는 미군이 콩고의 아프리카인들을 교육할 목적으로 고용한 아이티 사람에 의해 뜻하지 않게 전파되었다. 1966년에 에이즈에 걸린 아이티 사람이 위생 상태가 열악한 아이티의 혈장 센터에서 혈액을 주거나 받았을 것이다. 그 센터는 매달 1600갤런(6057리터)의 혈장을 미국에 수출했다.[23])

희생자 중에 라이언 화이트Ryan White라는 청소년이 있었다. 수혈받은 뒤 HIV로 진단받은 최초의 혈우병 환자 중 한 명이었다. 라이언은 즉시 무지하고 겁에 질린 사람들의 먹잇감이 되었다. 그는 끔찍한 차별을 견디다 1990년 18세에 세상을 떠났다. 그의 어머니는 다음과 같이 기록했다. "사람들은 정말로 잔인했다. 아이가 게이인 게 분명하다거나, 뭔가 더러운 짓을 했지, 그렇지 않으면 그 병에 걸리지 않았을 거라고 말했다. 하나님에게 벌을 받은 거라고…… 어쨌든, 어떤 식으로든 하지 말아야 할 짓을 했으니 그런 병에 걸린 거라고."[24]

〈그리고 악대는 연주를 계속했다〉의 실제 주인공(영화에서는 매튜 모다인Matthew Modine이 연기했다)은 연한 갈색 머리에 정이 많으면서도 항상 화가 나 있는 74세의 돈 프랜시스Don Francis 박사다. 프랜시스는 샌프란시스코에 본부를 두고 백신을 개발하는 세계감염병솔루션Global Solutions for Infectious Disease, GSID을 설립했다. 미국 CDC에서 소아과 의사이자 유행병학자로 21년 동안 일했던 그는 실제로 1970년대에 발발한 아프리카 에볼라를 조사했던 WHO 팀의 일원이었다. 또한 그 오염된 혈액 문제에 사회적 관심을 불러일으키고자 노력한 CDC의 의사 및 과학자 중 한 명이었다.

옛날부터 치명적 질병은 '다름'과 천벌의 징표였다. 이 문화적 편향이 에이즈의 시대에 두드러지게 작용했다. 레이건 시대에 마약 퇴치에 신경을 곤두세운 정치가들은 남성 동성애자와 정맥주사로 약물을 주입하는 중독자를 치료는 고사하고 입에 올릴 가치조차 없는 '괴물'로 보았다.[25]

프랜시스의 회고에 따르면, CDC가 거듭 탄원했음에도 레이건 정부는 보건정책 담당자들에게 혈액의 출처를 따지지 말라고 지시했다. 과학적 사실을 외면하는 이 비도덕적이고 비인간적인 태도는 자연스럽게 혈액은행들까지 흘러 들어가 혈장을 오염시켰다. 혈액은행들은 1985년까지 기증자들의 성이나 약물사용 이력에 따라 감염 여부를 가리지 않았기 때문에 응혈 인자는 HIV 바이러스에 계속 감염되었다. "감염원을 어렵지 않게 퍼뜨리는 방법이 있습니다. 수천 명의 피를 채취해 큰 병에 넣은 뒤 주삿바늘 하나로 그걸 사람들에게 주입하는 겁니다." 프랜시스가 PBS의 〈프론트라인Frontline〉에서 한 말이다.[26]

그 결과 일본, 중동, 유럽, 캐나다, 미국을 비롯한 전 세계에서 수천 명의 혈우병 환자와 수혈자들이 오염된 피로 수혈받았다. 1983년 1월 프랜시스의 팀은 혈액은행들에게 데이터를 제시하고 어떻게 하면 은행들이 환자를 그만 감염시킬 수 있을지를 설명했다. 혈액은행측은 처음부터 귀를 틀어막았다고 프린시스는 회고했다. "그렇게 답답한 회의는 난생처음이었다." 그는 주먹으로 책상을 친 뒤, 얼마나 많은 사람을 죽이고 싶냐고 그들에게 소리쳤다. "만일 지금 다섯이면, 차후에 이런 회의를 또 열지 말고, 나에게 숫자를 말해주시오. 몇 명이 죽으면 좋겠소? 10명? 20명? 100명? 말하기 어렵다면 우리가 추천해줄 수도 있소. 오늘 우리가 추천해주겠단 말이오. 그러면 당신들은 사망자 수를 세기만 하면 될 테니까." 그들을 설득하기는 정말 어려웠다.[27]

프랜시스는 레이건 행정부가 국내와 국제 사회에 닥친 에이즈 위기에 제대로 대응하지 못한 것에 그때나 지금이나 화가 나 있다. 그가 보기에는 레이건 행정부의 정치적 근시안 때문에 전 세계에서 수백만 명이 목숨을 잃고, 수백만 명이 건강을 잃었으며, 수백만 명의 아이들이 부모를 잃었다. 희생자 가운데에는 다음과 같은 유명인도 들어 있다. SF 소설가 아이작 아시모프Isaac Asimov, 배우 록 허드슨Rock Hudson, 프로 테니스 선수 아서 애시Arthur Ashe, 무용수 루돌프 누레예프Rudolph Nureyev, 프랑스 철학자 미셸 푸코Michel Foucault, 음악가 톰 퍼거티Tom Fogerty와 리버라치Liberace, 《그리고 악대는 연주를 계속했다》의 저자 랜디 실츠.

지카와 대륙을 건넌 모기들

브라질 이포주카에서 길레르미 아모림Guilherme Amorim이 태어났을 때 그의 부모인 제르마나 소아레스Germana Soares와 글레시온Glecion은 우쭐한 기분을 느꼈다. 남자아이는 아주 건강해 보여서 친구와 친척들이 대기실에서 춤을 추며 탄생을 축하했다. 하지만 잠시 후 간호사가 길레르미의 머리를 측정했다. 둘레가 32센티미터로 신생아 평균보다 훨씬 작았다.[28] 길레르미는 소두증이라는 진단을 받았다. 이 병을 가진 아기는 머리 크기가 비정상적으로 작고 다양한 인지 장애를 겪는다.

내가 이 책을 쓰기 시작할 무렵, 아프리카 붉은털원숭이 몸에서 처음 확인된 바이러스가 서반구, 특히 브라질 적도 부근에 있는 도시 슬럼가에서 어머니와 아이들을 괴롭히고 있었다. 지카는 이집트모기Aedes Aegypti가 전파하는데, 이 모기는 지카 외에도 황열병, 웨스트나일 바이러스, 뎅기열을 퍼뜨린다. 최초의 인간 감염 사례는 1952년에 우간다와 탄자니아에서 발견되었다.[29] 아프리카와 아시아에서 흔했던 지카가 서반구에 온 것은 2015년 5월이었고, 폴리네시아를 거쳐 왔을 확률이 높다.[30]

지카는 에볼라나 에이즈만큼 치명적이진 않아도(지카에 걸린 사람의 대다수가 무증상이다) 걱정스러운 병이다. 감염된 사람은 길랭-바레 증후군Guillain-Barré Syndrome•이라는 신경병증을 보이고, 발달 중인 태아는 소두증을 갖게 된다. 서반구 사람들은 일반적으로 지카에 대한 면역력이 없으므로 서반구의 산모는 소두증 아기를 낳을 위험이 특별히 크다.[31]

• 감염 등에 의해 몸 안의 항체가 말초신경을 파괴해 마비를 일으키는 신경계 질병.

2017년 4월까지 지카에 의한 소두증 및 그와 관련된 선천적 결손증 환자는 모두 3000명 이상으로 확인되었는데, 브라질에서 2650명, 미국과 푸에르토리코에서 100명 가까이 발생했다.[32] 소두증을 막을 치료법은 없으며, 지카를 예방할 백신은 먼 미래의 얘기다.[33] 브라질을 포함하여 중남미의 많은 나라에서는 이 병이 의심되는 태아의 어머니에게 임신중절을 허용하지 않는다.

지카 위협은 과학자들과 보건 전문가들이 질병과 맞닥뜨려 당혹과 좌절감을 느끼게 되는 또 하나의 난제지만, 의학계가 그 위협을 전혀 모르는 건 아니다. 사실 우리는 이 특별한 영역에 접근한 적이 있다. 1940년대와 1950년대에 임신 초기에 풍진에 걸린 여성들은 실명, 난청 그리고 바로, 소두증이 있는 아기를 낳곤 했다.[34] 우리가 이 사실에 주목했다면 지카 같은 감염병이 위험하다는 것을 더 뚜렷이 의식했을 것이다. 또한 지카에 걸린 사람은 대부분 자각증상이 없기 때문에 지카를 처음 발견했을 때 과학자들은 별 것 아니라고 생각했다. 지카는 유럽과 미국에서 멀리 떨어진 곳에서 발발하고 있었고, 따라서 그에 대한 연구도 자세히 이뤄지지 않았다. 시애틀 감염병연구센터의 창립자이자 소장인 켄 스튜어트Ken Stuart는 〈내셔널 퍼블릭 라디오National Public Radio〉에서 이렇게 말했다. "문제는 사실 투자의 우선순위에 있습니다. 오늘날 감염병에 대한 자금 지원은 대부분 발발한 이후에 이뤄집니다. 그래서 신속히 대응할 준비가 안 되어 있는 거죠."[35]

전염병에 관해 우리가 확실히 아는 것이 하나 있다. 가난한 사람들이 가장 먼저 그리고 가장 심하게 피해를 본다는 것이다. 브라질에서는 인구의 10퍼센트에 가까운 사람들이 2달러도 안 되는 돈으로 하루를 살아간다.[36] 그들 중 절반 이상은 무덥고, 붐비고, 쓰레기가 널린 도시 빈민가에서 살아간다. 그런 곳에서는 흐르는 물에 접근하기 어렵고, 그래서 사람들은 물을 용기에 저장하는데, 고인 물에는 모기가 몰려든다. 또한 웅덩이, 타이어, 쓰레기에도 빗물이 고인다. 가난하다는 건 그 자체로 충분히 힘들다. 하지만 만일 당신이 임신을 했는데 좋은 의료 서비스를 받을 수 없고, 이미 먹을 것과 비바람 피할 곳을 확보하기 위해 애를 쓰고 있다면, 심각한 인지 장애를 갖고 태어난 아기를 돌보는 일은 불가능에 가까울 것이다.[37]

어린 길레르미의 부모도 그렇게 애를 쓰며 살고 있었다. 글레시온은 보수가 좋은 용접일과 거기에 딸린 민영보험을 잃어버렸다. 이제 그는 해변에서 사륜오토바이로 관광객들을 실어나르며 월평균 625달러가 조금 웃도는 돈을 번다. 길레르미의 부모는 지금 사는 집에서 퇴거당하는 것을 걱정한다. 제르마나는 일을 할 수가 없다. 온종일 길레르미를 돌봐야 하기 때문이다. 아이는 근육 경련을 보이고 그런 뒤에는 어김없이 경기를 일으킨다. 또한 언어 장애와 청각 장애 그리고 학습 장애를 겪을 것이다.[38]

불행히도 지카는 빠른 속도로 이동하고 있다. 그렇게 빨리 번지는 이유는 지카를 전염시키는 이집트모기가 흔하기 때문이고, 지카가 섹스로도 전염될 수 있기 때문이다. 2017년 중반에 CDC는 아프리카, 인도, 중남미, 카리브해에서 지카의 위험이 높다고 보고했다.[39] 2017년 초에 미국에서 증상 환자가 5200명을 넘어섰고, 푸에르토리코에서는 3만 5000명을 넘어섰다. 메인주에서 하와이에 이르기까지 미국의 모든 주가 지카 사례를 보고했는데, 그중 플로리다주, 뉴욕주, 캘리포니아주,

텍사스주가 가장 많았다. 이 수치는 이들 주와 고위험 국가 간의 여행 패턴을 반영한다.[40]

게다가 지카가 더 무서워진 것은 브라질 정부가 뎅기열로 세계에서 가장 큰 문제를 겪었음에도 모기 방제에 실패했기 때문이다. 브라질의 부유한 정책 결정자들은 공중보건에 투자하는 대신 2016년 하계올림픽을 위해 기간 시설에 돈을 쏟아부었다. 그 결과 일부 운동선수를 포함하여 많은 사람들이 지카 때문에 참가를 두려워하는 아이러니한 상황이 벌어졌다. 공중보건에 투자하지 않은 것이 지카의 경우에 특히 더 비극적인 이유는, 장애아 수천 명을 돌보는 비용이 모기 방제에 드는 비용보다 훨씬 크기 때문이다. 또한 유전마저 고갈되어 심각한 경제 침체를 겪는 상황에서 브라질 정부는 지카 희생자를 돌볼 여력이 더욱 부족해졌다.

부시미트와 빈곤

네이선 울프Nathan Wolfe 박사는 짧은 검은 머리와 강렬한 눈빛이 인상적인 영민한 과학자다. 열정과 카리스마가 넘치는 이 하버드 출신의 면역학자는 발음을 짧게 압축해서 사람들에게 팩트를 기관총처럼 쏘아댄다. 울프는 실리콘밸리의 벤처 자본가에게 엘리베이터 피치•를 능숙하게 하는 사업가처럼 단도직입적으로 빠르게 이야기한다. 그의 범위 안에

• Elevator Pitch. 엘리베이터가 움직이는 30초에서 1분 정도의 짧은 시간에 잠재고객에게 자신의 의견을 전달하는 것을 말한다.

들어간 사람은 이번이 바이러스 폭탄이 터지기 전에 우리 모두 그의 경고에 유념해야 하는 마지막 기회인 것처럼 느끼게 된다. 그의 이야기는 기본적으로 이것이다. "만일 이렇게 하지 않으면 당신, 나, 우리 자식을 포함하여 모든 사람이 죽을 수 있습니다."

울프는 음모 이론을 펼치는 괴짜가 아니다. 단지 전염병이 시작되기 전에 그런 병을 차단하겠다는 것이다. 이를 위해 그는 중앙아프리카 같은 바이러스 위험지대에서 치명적인 바이러스의 원천인 부시미트를 추적한다. 그는 부시미트를 다루는 사람들과 연락을 취하면서 그 위험성을 재치 있게 전달한다.

2009년에 울프는 테드TED 강연•에서 인상적인 연설을 했다. 그는 카메룬 부시미트 사냥꾼들과 정글에서 찍은 필름 클립(짧은 필름)과 슬라이드를 청중에게 보여주었다. 사람들은 눈을 떼지 못했다. 한 필름 클립에서, 울프는 부시미트 사냥꾼들의 꽁무니에서 인디애나 존스처럼 칼을 휘두르며 정글을 헤쳐 나간다. 그의 목적은 전염병을 일으킬 수 있는 동물 바이러스를 찾는 것이다. CNN의 앤더슨 쿠퍼Anderson Cooper가 뒤를 따르면서 질문을 하는 동안 울프와 아프리카인 한 명은 미리 설치한 덫을 살피며 동물을 찾는다. 다음으로 울프는 다양한 색깔의 죽은 원숭이 세 마리를 등에 지고 가는 남자 사진을 보여준다. 그리고 이렇게 말한다. "이 사진을 통해서 내가 여러분에게 말하고 싶은 것 하나는, 엄청나게 많은 피와 접촉한 게 보이시죠?" 그 사진은 그가 흔히 말하는, 한 종과

• 미국의 비영리 재단에서 정기적으로 개최하는 기술, 교양, 디자인 등과 관련된 강연회. 과학에서 국제 이슈까지 폭넓은 주제를 대상으로 다양한 분야의 저명 인사들이 강연하는 것으로 유명하다.

다른 종의 '매우 밀접한 관계'를 보여준다.[41]

모기, 원숭이, 사람처럼 바이러스도 살아남길 원한다. 불안정하고 빈곤한 곳일수록 바이러스가 생존할 확률이 급격히 높아진다. 그래서 빈곤이야말로 바이러스 위협의 근본 원인이라고 울프는 주장한다. 많은 아프리카 나라에서 자본가들이 수십 년 동안 전쟁, 완전벌목, 채굴을 통해 천연자원을 약탈하고, 주민 수백만 명을 극빈 상태로 남겨놓았다. 여자들은 기본적인 의료 서비스를 받을 수 없고 산아 제한도 하지 않는다. 아기를 많이 낳을수록 여자는 가난해진다. 아프리카에서는 여섯 아이 중 한 명이 5세가 되기 전에 영양실조와 병으로 죽는다. 이미 수백만 명이 에이즈로 고아가 되었다. 5세 미만의 3분의 1이 저체중이다.[42]

테드 강연에서 울프는 죽은 원숭이를 지고 가던 그 남자의 다른 슬라이드를 비춰주었다. 이번에는 자주색 천 조각을 엮어 만든 누더기를 걸치고, 두 손을 애원하듯 포개고 있었다. 울프가 청중에게 말했다. "부시미트는 바로 지금, 우리 주민에게, 인류에게, 지구상에서 일어나고 있는 중대한 위기입니다. 이건 생존을 위해 누더기를 걸치고 부시미트를 사냥하는 사람의 잘못이 아닙니다. 우리 모두의 잘못입니다. 우리가 이 문제를 외면한다면," 울프는 이렇게 말했다. "우리 자신이 위험에 처할 겁니다."

뜨겁고, 평평하고, 붐비는 세계

팬데믹은 그냥 발발하지 않는다. 복잡하게 상호 연결된 사회적, 경제적, 환경적 위험 요인들이 질병을 만들어내고 확산시킨다.

예를 들어, 단 하나의 위험 요인인 인구 증가가 나머지 요인 전체에 영향을 미친다. 《뉴욕타임스The New York Times》의 칼럼니스트이자 작가인 토머스 프리드먼Thomas Friedman이 정확히 지적한 것이 있다. 세계는 뜨겁고(온난화), 평평하고(세계화), 붐빈다(인구폭발).[43] 이 현상은 갈수록 심해지고 있다. 세계 인구는 이제 75억을 돌파했다. 2025년에는 81억, 2050년에는 96억에 이르는 등, 21세기 중반까지 20억 이상이 증가할 전망이다.[44] 그 수의 절반 이상이 아프리카에서 대어나고, 그들 대부분이 밀집한 도시 지역에 모여 살 것이다. 전염병이 들불처럼 번지는 곳에서.[45]

사람이 많아질수록 집, 음식, 물에 대한 수요가 증가한다. 여러분이 기니나 아마존 정글의 외딴 지역에서 가난하게 사는 사람이라고 상상해 보자. 여러분은 모두가 가장 본능적으로 하고자 하는 일을 할 것이다. 바로, 생존하는 것이다. 운이 좋아서 소나 염소나 닭을 손에 넣었다면, 가축에게 풀을 먹일 공간이 필요할 것이다. 만일 불을 땔 나무나 집을 지을 목재가 필요하다면, 여러분은 나무를 베어 쓰러뜨릴 것이다. 하지만 여러분의 개인적인 필요는 농업과 산업의 수요에 비하면 아무것도 아니다. 농업과 산업으로 매년 엄청난 넓이의 숲이 사라진다. 2000년부터 2010년 사이에 두 산업은 해마다 약 1300헥타르(50만 제곱마일)•를 없애버렸다.[46] 알래스카, 남아프리카 또는 페루와 맞먹는 면적이다.

완전벌목을 하면 사람들이 위험한 병원균을 옮기는 영장류, 설치류, 박쥐와 더 가까이 접촉하게 된다. 연구자들은 열대우림이 황폐해지고

• 1헥타르는 대략 2.5에이커다.

라이베리아와 기니 같은 나라에서 인간 활동이 증가하면 에볼라 바이러스가 자연의 숙주에게서 인간에게로 갈아탈 수 있는 이상적인 기회가 발생한다고 믿는다.[47] 또한 삼림파괴는 홍수를 일으키고, 홍수는 당연히 모기를 끌어들인다. 이 모든 남벌의 결과로 정글이(그리고 지구가) 더워지면 모기들은 그만큼 더 행복해진다. 만일 당신이 아프리카의 숲 근처에 사는데 생존 이외의 활동에 신경 쓸 여유가 있다면, 모기를 사냥하던 양서류와 새들이 사실상 멸종되어 사라졌다는 것을 알아챘을지 모른다. 그나마 멸종되지 않은 동물은 더 살기 좋아진 북쪽으로 이동했을 것이다. 지구 온난화 때문이다.[48]

에볼라, 에이즈, 지카 같은 바이러스는 한 곳에 뿌리를 내리고 정착하는 깔끔한 식물과는 다르다. 인간은 매일 전 세계에서 수백만 명이 비행기, 기차, 배, 트럭, 자동차를 타고 돌아다니는데, 어떤 이들은 아직 발견되지 않은 바이러스가 야생동물과 가금의 혈류에서 들끓고 있는 곳에서 출발한다. 하루 평균 1000만 명이 지상으로 이륙하고, 해마다 35억 명이 비행기를 탄다.[49] 이때 사스, 에볼라, 지카 같은 병원균이 기회를 놓치지 않고 대륙을 횡단한다.

위험 지역에서 감염된 사람이 며칠이나 몇 주 동안 아프지도 않고 감염된 사실도 모른 채 댈러스, 싱가포르, 런던, 뉴욕에 착륙한다. 오늘날 대륙을 건너는 장거리 비행시간은 몇몇 흔한 병원균의 잠복기보다 길다. 홍콩에서 초대형 여객기를 탈 때만 해도 무증상이었던 사람이 뉴욕에 닿을 즈음엔 벌써 같은 비행기 승무원과 승객에게 바이러스를 전파한 뒤일 것이다.

물론 사람들은 기차, 자동차, 트럭, 배, 도보를 통해서도 병을 옮길 수 있다. 에이즈 바이러스는 처음에는 천천히 퍼져나갔다. 그러다 아프리카가 도시화되고 외딴 지역들이 도로를 통해 도시와 연결되자, 남자들이 일자리를 찾아 도시로 모여들었다. 그 남자들이 매춘부를 감염시키고, 매춘부는 고객들에게 바이러스를 퍼뜨렸다.

질병은 서아프리카에서 특히 빠르게 퍼진다. 전 세계 다른 지역보다 인구 이동이 7배나 많기 때문이다.[50] 사람들은 일이나 식량을 찾고자 또는 친척을 방문하고자 국경을 넘어 먼 데까지 이동한다. 그리고 아픈 사람이 자국에서 치료받을 수 없을 땐 다른 나라로 건너가 치료를 받는다. 환자 한 명이 치료를 받으려고 국경을 넘으면 전염병을 간신히 통제하고 있던 그 나라에 새로운 감염이 연쇄적으로 일어날 수 있다. 여기서 문제가 복잡해지는 것은 물자, 동물, 사람이 불법으로 거래되기 때문이다. 누가, 무엇이 국경을 넘어 들어왔는지, 또는 치명적인 바이러스에 감염된 사람이나 동물이 언제, 어디로 들어왔는지 기록이 없을 때가 많아 질병의 예방과 치료가 훨씬 어려워진다.

마지막으로 인간의 행동이 질병을 퍼뜨린다는 점도 지나칠 수 없다. 나비의 날갯짓이 멀리 떨어진 어떤 곳에 허리케인을 유발한다는 말처럼, 단 한 명의 행동이 파멸적 결과를 초래할 수 있다. 인간은 섹스를 한다. 에이즈가 발발하기 전에는 수천 명이 무방비 섹스를 통해 병을 퍼뜨렸고, 무책임한 몇몇 사람은 자신이 HIV에 감염된 사실을 알고도 그런 행동을 계속했다. 인간은 친구나 친척과 포옹하고 입을 맞춘다. 에볼라 위기 중에 서아프리카에서는 죽은 사람에게 입을 맞추는 오랜 전통뿐만 아니라 사람들이 서로를 만지는 행동을 포기하지 않아서 병을 억제하기가 훨씬 더 어려웠다. 또한 인간은 음식을 먹는다. 아사와 위험한

전염병을 증가시키는 위험 요인의 망

사회적, 경제적, 환경적 요인이 결합하여
신종 바이러스와 새로운 전염병의 발발 및 확산을 가속화하고 있다.

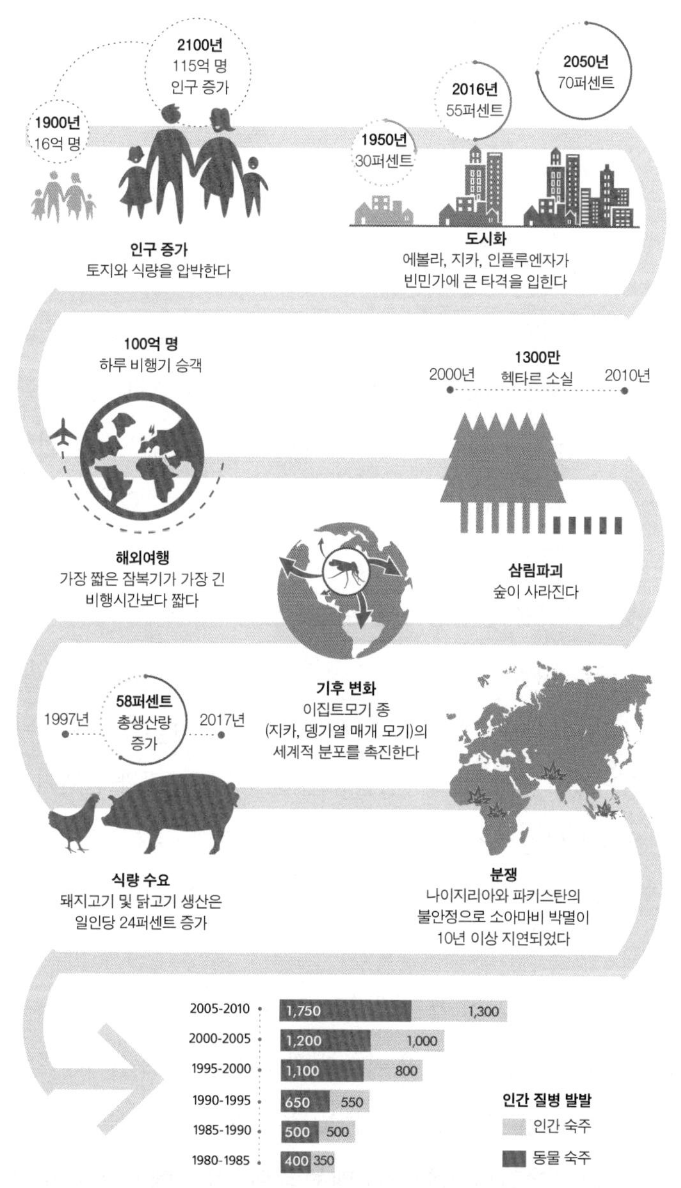

출처: World Health Organization. *Research priorities for the environment, agriculture and infectious diseases of poverty*. Geneva, Switzerland: World Health Organization; 2013. https://www.mcmasterhealthforum.org/docs/default-source/Product-Documents/stakeholder-dialogue-summary/capacity-to-respond-to-future-pandemics-sds.pdf?sfvrsn=4(2016년 11월 18일 접속). Smith K, Goldberg M, Rosenthal S et al. Global rise in human infectious disease outbreaks. *Journal of Royal Society Interface* 2014; 11: 2014095020140950.DOI: 10.1098/rsif.2014.0950.

질병을 택하라고 하면 사람들은 대부분 원숭이나 박쥐 고기를 선택할 것이다.

우리는 팬데믹의 세기로 진입하고 있는가?

에볼라, 에이즈, 지카는 각각 20세기 전반에 발빌했고, 처음에는 외부 세계에 거의 알려지지 않은 채 아프리카 풀숲에서 몇십 년을 보냈다. 하지만 이들은 새로운 전염병 중 서로 뚜렷한 차이를 보이는 세 가지 사례일 뿐이다. 또한 지난 75년 동안 확인된 400종에 가까운 신종 전염병 가운데 단 셋에 불과하다. 1971년 이래로 과학자들은 우리에게 백신도 치료법도 없는 새로운 병원균을 최소한 25종이나 발견했다. 한층 더 걱정스러운 것은 새로운 전염병이 출현하고 있는 속도다. 지금까지 새로운 전염병의 수는 10년 단위로 증가하고 있는데, 1940년에서 2000년 사이에 그 속도가 3배 이상 빨라졌다. 1980년대에는 새로운 전염병의 수가 거의 100종으로 치솟았는데 이 현상은 에이즈 팬데믹과 관련이 있다.[51] 2014년에 WHO는 메르스나 지카 같은 이국적인 이름의 질병이 100건 이상 발발했다고 보고했으며, 그 이름들 대부분이 여러 나라에서 주목을 받았다.

세계 인구, 삼림파괴, 지구 온난화, 도시화, 기후 변화, 해외여행, 신종 병원균 출현 등으로 팬데믹 위기가 가속화되는 속도를 고려할 때, 합리적인 사람이라면 다음과 같이 물을 것이다. 우리는 펜데믹의 세기로 진입하고 있는가? 그럴 가능성이 매우 크다. 이 말에도 별로 두렵지 않다면, 우리가 즐겨 먹는 닭, 돼지, 소 같은 가축의 몸에 살면서 훨씬 더 높은 전염력을 가진 세균들이 얼마나 위험한지를 더 자세히 살펴보자.

3장

축산공장

전 세계에 퍼져 있는 동물성 식품산업과 여기에서 양산되는
변종 독감 바이러스로 인해 어느 날 그 식품을 먹는 사람들이 전멸할 수도 있다.

“

우리는 닭고기, 스테이크, 베이컨 중독으로 쉽게 죽을 수 있다. 너무 많이 먹어서가 아니다. 1년 중 어느 때라도 지구 위에는 닭 190억 마리, 소 15억 마리, 양 10억 마리가 존재한다. 사람보다 3배 이상 많은 숫자다. 이 동물들 대부분이 공장식 축산농장에서 고기용으로 사육된다. 그런 농장에는 고약한 냄새를 풍기는 질병 인큐베이터들이 도살되기를 기다리며 수백만 마리씩 모여 있다. 공장식 축산농장은 동물로 인해 파멸적인 질병이 발발할 잠재력이 가장 큰 곳이다. 가장 변덕스럽고, 가장 통제하기 어려우며, 가장 빠르게 퍼져나가는 잠재적인 살인자, 인플루엔자의 원천이기 때문이다.

”

1989년 말에 우리 부부는 미취학 연령의 두 딸을 데리고 파키스탄 페샤와르에 도착했다. 세계보건기구가 우리 부부에게 지정해준 첫 번째 해외 근무지였다. '자유의 투사'인 무자히딘과 러시아가 카불에 세워준 아프가니스탄 정부 간의 분쟁이 끝나고 있었지만, 파키스탄은 여전히 우리 가족에게 매우 두려운 환경이었다. 차량 폭탄과 날아다니는 총알에 마음을 졸이고 지옥 같은 더위에 체온과 수분을 유지하는 것 외에도, 날마다 가장 걱정스러운 것은 식품 안전이었다. 우리는 도로 주변 상점들을 피했다. 피가 뚝뚝 떨어지는 소고기와 양의 몸통에 파리떼가 구름처럼 모여들었기 때문이다. 아이들이 좋아할 만한 음식이 한 가지 있었지만(저온살균을 하지 않은 우유로 만든 아이스크림), 결핵의 위험 때문에 메뉴에서 탈락했다.

몇 년 후 차량 강도, 총알, 벌레, 복통 등 더 많은 위험이 도사리고 있는 케냐에서 의무 기간을 채운 뒤 우리는 마침내 제네바로 이사했다. 나는 산과 호수가 펼쳐져 있고 소들이 목초지에서 행복하게 풀을 뜯는 스위스의 낙원에 가면 우리가 거리에서나 식당 테이블에서 안전할 거라고 생각했다. 하지만 유럽에 도착하고 얼마 되지 않아 광우병이 대중을 공포에 빠뜨렸다. 치명적인 바이러스의 영향으로 소고기를 먹은 사람의 뇌가 스펀지처럼 변했기 때문이다. 수많은 다른 사람처럼 우리 가족은 소고기를 완전히 끊었다. 광우병은 제2의 에볼라가 될 순 없었다. 그런 종류의 병원균이 아니었고, 발병 건수도 적었다. 하지만 동물성 식품산업이 인간의 건강에 위험할 수 있다는 것과 그로 인해 심각한 감염병이 발발하거나 가속화될 수 있다는 것을 가르쳐주는 생생한 교훈이었다.

앞 장에서 나는 아프리카 정글에서 튀쳐나오고 있는 파국적인 질병의 위험을 독자 여러분에게 경고했다. 이 장에서 여러분은 식용으로 사육되는 가축이 팬데믹 질병의 발원지로서 훨씬 더 위험하다는 알게 될 것이다.

스페인 독감

HIV처럼 인플루엔자도 교활하다. 잘 숨어 지내고, 과소평가하기 쉬우며, 극악무도하리만치 변덕스럽고, 통제가 잘 안 되고, 박멸이 불가능하다. 독감 바이러스는 워낙 빠르게 변해서 과학자들의 백신 개발 능력을 앞지른다. 해마다 주사를 다시 맞으라는 권유가 되풀이되는 것도 그 때문이다.

인간의 일상적인 관점에서 볼 때, 코를 훌쩍이거나 열이 나거나 기침을 하는 것이 우리를 실제로 죽일 수도 있는 어떤 일의 시초가 될 거라고는 믿기 어렵다. 우리 대부분에게 계절성 독감은 시끄러운 이웃처럼 단지 귀찮은 존재에 불과하다. 감염된 사람이 우리 근처에서 재채기를 하거나 기침을 하거나 우리와 같은 물건을 만질 때 우리는 독감에 걸린다. 병균은 며칠 동안 우리 몸에서 조용히 활동하다가 어느 날 갑자기 목과 팔다리를 단단히 움켜잡고, 피로, 인후염, 고열을 일으켜 꼼짝하지 못하게 한다. 감기 증세와 기침에 시달리며 며칠 동안 애처롭게 누워 지내고, 물을 많이 마시고, 치킨 수프를 먹고 나면 대개 말끔하게 회복된다. 우리의 면역계가 힘을 발휘해서 회복을 도와준 덕분이다. 만일 증세가 심각하면 의사를 찾아가 타미플루라는 약을 처방받는데, 대개 효과 만점이다.

보통 계절성 독감은 몸이 괴롭기만 할 뿐, 걸려서 죽는 사람의 비율은 극히 낮아서 1퍼센트에 불과하다. 만일 여러분 중 지난 겨울에 독감에 걸린 사람이 있다면, 그건 1918년 스페인 독감의 후손이었을 가능성이 크다.[1] 하지만 전 세계에서 수백만 명이 심각한 계절성 독감에 걸려

병원에 실려 가고, 그중 25만 명에서 50만 명이 생을 마감한다.[2]

* *

인류 역사상 가장 격렬하고 지독한 전쟁에서 살아남았더니, 그보다 훨씬 더 끔찍한 죽음의 경험이 그를 기다리고 있다고 상상해보자.

1917년, 36세의 워드 맥닐Ward J. MacNeal 박사는 뉴욕의학진문대학원 교수이자 알아주는 과학자였다. 그는 아내 메이블과 세 아들에게 작별 인사를 하고 참호가 즐비한 프랑스로 건너가 1차 세계대전 최초의 군의관 중 한 명으로 일했다. 워드의 직무는 미국 병사들 사이에서 전염병을 통제하는 일이었다. 그는 실험실에서 수많은 병사를 대상으로 매독, 결핵, 장티푸스를 검사하고, 실험실 시험을 수십만 건 진행했으며, 사망자를 검시하고, 프랑스 전역에 걸쳐 군대와 민간 사회에서 발발한 병을 조사했다.

1918년 4월, 야만적인 참호 공방이 막바지에 달한 해에 맥닐은 이상한 점을 발견했다. 병사들이 총알과 폭탄으로 죽을 뿐 아니라 다른 어떤 것으로도 죽고 있었다. 그는 프랑스 남부, 이탈리아, 스페인에서 독감에 걸린 환자들에 대한 보고를 받았다. 전무하다 할 정도로 합병증이 드물다는 보고였다. 그러나 8월 말경에 환자들의 상태가 더 비참해졌다. 뭔가 이상했다. 병이 '명백히 악성으로' 바뀐 것이다. 환자들은 고열, 인후염, 극심한 피로, 두통, 팔다리 쑤심, 혈액성 체액 등의 증상을 보였다. 위중한 병사는 피부가 푸르스름한 회색으로 변했다. 많은 환자가 증상을 보인 지 48시간 안에 사망했다. 검시실 의사들이 사망자의 가슴을 열자 보통 밝은색을 띠고 말랑말랑해야 할 허파에 걸쭉한 핏빛 액체가 엉겨 붙어 있었다.[3] 기본적으로 숨이 막혀서 사망한 것이다.

1918년 11월 휴전이 선언되고 3달이 흘렀을 때 맥닐 박사는 질병과 전쟁을 뒤로하고 행복한 재회를 그리며 뉴욕에 돌아왔다. 하지만 막상 도착해 보니 유럽 사람들을 죽이던 바로 그 병이 자신의 가족을 위협하고 있었다. 세 아들 중 페리와 에드워드가 심하게 앓았다. 그와 메이블은 24시간 내내 교대로 아이들을 간호하며 열을 진정시켰다. 페리는 회복됐지만, 아버지가 돌아온 지 5일 만에 지금까지 건강했던 열두 살 소년 에드워드는 숨을 거두고 말았다. 맥닐은 다음과 같은 비문에 슬픔을 담았다. "사랑하는 우리 가족의 울타리를 뚫고 죽음이 지나가 / 우리가 그토록 꿈에 그렸던 그 아이를 앗아갔으니 / 이제 슬픔의 나날이 찾아왔도다."[4]

스페인 독감처럼 무서운 팬데믹이 지금도 쉽게 일어날 수 있다고 전문가들은 말한다. 그런 재난이 어떻게 진행될지를 이해하고 싶다면 2011년 영화 〈컨테이젼Contagion〉을 보라고 추천하고 싶다. 영화 속에서 한 여자가 사업차 홍콩에 간다. 그녀는 카지노를 방문하는 동안 어느 레스토랑 셰프로부터 공기매개 바이러스에 감염된 뒤 시카고의 집으로 돌아간다. 비행기에서 그녀는 열이 오르고 기침을 한다. 그녀의 병은 많은 사람이 여행하다가 걸리는 평범한 독감처럼 보이지만, 실은 그렇지 않다. 그녀나 그 셰프가 와인잔, 버스 손잡이, 아들을 만질 때마다 그 바이러스는 새로운 희생자의 입이나 코, 눈 속으로 비집고 들어간다. 몇 시간 안에 여자는 병원에서 발작을 일으키고 죽는다. 며칠 안에 아들도 사망한다. 한편 그 바이러스는 손에서 허파로, 도시에서 도시로 인터넷처럼 빠르게 퍼져나간다. 며칠이 지나자 모든 사람이 상황의 심각성을 깨닫고, 어떤 이들은 바이오테러를 의심한다. 사회가 무너지기 시작한다. 아이들은 학교에 가지 않고, 출근하는 사람도 없으며, 거리와 공항은 텅 비었다. 슈퍼마켓 진열대에는 아무것도 없다. 사람들은 이어지는 혼란 속에 물건을 부여잡고 싸우거나 돌팔이 상인의 가짜 약을 놓고 다툼을 벌인다.

〈컨테이젼〉의 섬뜩한 시나리오는 할리우드 이야기꾼들이 재난영화를 만들기 위해 지어낸 황당한 이야기가 아니다. 미국 전염병학자 래리 브릴리언트Larry Brilliant와 퓰리처상 수상 작가 로리 개릿Laurie Garrett이 영화의 컨설턴트로 참여했으며, 정확성에 대해 다른 전염병학자들에게 높은 점수를 받았다.[5] 만일 전염력이 높은 독감 변종이 어느 날 병원성이 높은 변종과 결합해서 사람들 사이로 퍼져나간다면, 〈컨테이젼〉의 시나리오가 현실에서 그대로 펼쳐질 수 있다.

새를 보라

계절성이든 팬데믹이든 똑같이 인간 인플루엔자는 대개 야생 물새에서 시작된다. 물새의 몸에 공기매개 독감이 아주 흔하기 때문이다. 야생 조류 바이러스는 가끔 다른 새의 몸, 심지어 돼지의 몸에 있는 다른 변종과 친해진다. 새와 동물의 바이러스들이 그렇게 결합해서 사람의 몸에 들어가면 우리는 대책 없이 죽을 수도 있다. 그에 대한 면역력이 전혀 없기 때문이다.[6] 그리고 새들은 자유롭게 어디든 날아가기 때문에 모든 곳에 바이러스를 떨어뜨릴 수 있다.

과학자들은 중국 최대의 담수호인 포양호 때문에 노심초사한다. 호수에 날아드는 엄청난 수의 철새들이 그 지역에 널려 있는 양계농장 안팎에서 먹이를 사냥한다. 중국인은 닭, 오리, 거위를 많이 먹는데, 공장식 농장에서 나온 고기의 품질을 (당연히) 신뢰하지 않기 때문에 산 채로 구입하길 좋아한다. 호수 주변의 작은 농장과 난창南昌시의 양계 시장들에서 수천 마리의 새들이 뒤섞여 서로 분변을 섭취하고 이를 통해 유전물질을 교환한다. 이런 이유로 포양호 지역은 조류독감의 치명적 변종이 탄생하기에 더없이 좋은 곳이다.[7]

전염병학자들이 걱정하는 것은 야생 조류의 몸에서 떨어진 조류독감이 호수 주변에 사는 사람, 가금류, 또는 동물의 바이러스 유전자와 결합하고, 변이를 일으켜 인간에게로 건너뛸 수 있기 때문이다. 중국 정부는 가금에게 예방접종을 하도록 양계 농장주들에게 명했지만 이를 시행하는 곳은 많지 않으며, 가금을 격리해두는 것 역시 소규모 농장주에겐 큰 부담이다.[8]

오늘날 과학자들이 알고 있는 가장 무서운 독감 바이러스는 1997년 5월에 처음으로 인간을 희생시켰다. 람호이카Lam Hoi-Ka라는 이름의 세 살 된 남자아이가 홍콩의 한 병원에 입원한 뒤 며칠 만에 사망했다. 부검해보니 사망 원인은 급성 호흡부전, 간부전, 신부전이었고, '파종성 혈관 내 응고증'도 있었다. 이 말은 아이의 혈액이 사실상 엉겨 붙었다는 뜻이다.[9]

아이의 죽음은 가족에게 끔찍했지만, 홍콩에서 독감으로 사망한 경우는 이번이 처음은 아니었다. 어쨌든 1968년에 홍콩 독감으로 전 세계에서 100만 명이 죽었으니 말이다.[10] 하지만 람호이카의 죽음은 달랐다.

인플루엔자 알파벳 명칭
가장 유명한 인간 인플루엔자 바이러스[11]

사람 몸에 침입하는 인플루엔자 바이러스는 A, B, C 세 종류다. A형 인플루엔자는 표면 단백질에 따라 두 아형으로 나뉜다. 헤마글루티닌(Hemagglutinin, H)과 뉴라미니다제(Neuraminidase, N)다.
계절성 인플루엔자 백신은 해마다 세계적으로 유행하는 독감의 가장 일반적인 원인 두 가지를 표적으로 삼는다. A형 인플루엔자(아형 H1N1, H3N2)와 B형 인플루엔자다. C형 인플루엔자는 전염력이 약해 유행병으로 번지지 않는다고 알려져 있다.
가장 우려되는 A형 인플루엔자 아형들로는 아래와 같은 것들이 있다. 팬데믹 사망자 집계 순이다.

- H1N1: '스페인 독감'과 2009 돼지독감을 일으켰다. 이 바이러스는 오늘날 인간에게 감염되는 가장 흔한 변종 가운데 하나다. 이 바이러스의 전염성이 강한 악성 변종이 1918년 스페인 독감(5000만 명 사망)과 2009년 돼지독감(57만 5400명 사망)을 일으켰다.

- H2N2: 1957년에 '아시아 독감'을 일으켰다. '조류 인플루엔자' 혹은 '조류독감'이라 부르기도 한다. 사망자가 약 200만 명에 달하며, 지금도 우리를 위협한다.

- H3N2: 1968년에 '홍콩 독감'을 일으켰다. 그로 인한 사망자가 100만 명이었으며, 지금도 인간에게 가장 흔히 감염되는 변종 가운데 하나다.

- H5N1: '고병원성 조류 인플루엔자(HPAI)'. 2003년에서 2016년까지 사망자가 수백 명이었다. 일단 감염되면 50퍼센트가 사망하기 때문에 세계적인 인플루엔자 팬데믹으로 발전할 위험이 있다.

- H7N9: 2013년에 처음 발견된 조류독감. 2016년까지 295명의 목숨을 앗아갔다. 팬데믹이 될 가능성이 있다.

- H5N6: 2013년 중국에서 처음 확인된 조류 인플루엔자. 14명의 감염이 실험실에서 확인되고 그중 6명이 사망했다. 여전히 발발 위험성이 있다.

아이의 목숨을 앗아간 H5N1은 완전히 새로운 바이러스였다. WHO의 전염병학 전문가인 후쿠다 케이지는 신종 독감 바이러스로 아이가 죽었다는 뉴스를 들었을 때 가장 먼저 무슨 생각이 들었느냐는 질문을 받았다. 후쿠다는 기억을 더듬어 대답했다. "이렇게 시작되는구나."[12]

이 새로운 킬러 바이러스는 어디서 나왔을까? 어린 소년이 눈을 감기 2개월 전에 홍콩에서 닭 수천 마리가 H5N1에 걸려 기도가 막히고 질식사했다. 닭들은 몸을 떨고 얼굴이 암녹색과 검은색으로 변하더니 커다란 핏덩어리에 기도가 막혀 질식사했다. 실험실에서 바이러스 표본을 조사한 결과 전염력이 일반적인 인간 바이러스 변종들보다 1000배 높았다.[13] H5N1은 홍콩의 어느 양계 농장이나 가금 시장에서 가금을 도살할 때 그 혈액이나 장기와 접촉이 이뤄짐으로써 인간에게 건너뛰었을 것이다.[14]

람호이카가 죽자 과학자들은 즉시 신경을 곤두세웠다. 1918 스페인 독감도 분명 그런 식으로 시작됐을 테니까.[15] 곧이어 다른 홍콩 사람 17명도 아이와 같은 증상으로 병원에 입원하고, 소년을 포함해 총 6명이 사망했다. 1997년에 H5N1이 홍콩 바깥으로 확산했다면 람호이카는 세계적인 팬데믹의 최초 감염자가 되었을 것이다. 위험성을 인지한 공무원들은 시간을 허비하지 않고 홍콩에 있는 모든 닭을 즉시 살처분했다. 희생자가 더 이상 나오지 않은 것으로 보아 이 방법은 효과적이었다. 후쿠다는 "아슬아슬하게 총알을 피한 느낌이었다"고 회고했다.[16] (물론, 양계 농장주, 그들의 가족, 그리고 신선한 닭고기로 생계를 꾸리거나 만찬을 즐기는 사람들은 H5N1이란 총알이 발사된 적이 없다고 믿고 싶어 했다.)

하지만 결국 나쁜 사람이 총 맞아 죽는 영화의 흡족한 결말과는 다르게, H5N1는 결코 사라진 게 아니었다. 그 바이러스는 홍콩을 탈출해서 한동안 지하에 숨었다가 속편에 나와 활동하기 시작했다. 이번에는 더 음산한 기운을 내뿜으며, 다른 장소에서 더 악랄한 모습으로 출현했다. 얼마 후 같은 바이러스의 더 강력한 버전이 동남아시아를 빠르게 휩쓸었다. 2003년 18세 베트남 여성이 감염병 전문 병원에 입원했다. 엑스레이를 찍어보니 양쪽 폐 기저에 작은 그늘이 보였다. 나흘 뒤 그 폐는 액제로 가득 찼고, 그로 인해 여성은 사망했다. 같은 병원에 입원한 다른 환자 8명도 H5N1으로 사망했다. 2004년 8월까지 이 새로운 바이러스는 베트남에서 40명, 태국에서 12명, 캄보디아에서 4명, 그리고 인도네시아에서 1명 이상을 사망케 했다.[17] 이듬해인 2005년에 베트남 메콩 삼각주에서 열 살 난 응고안이란 이름의 소녀가 집에서 키우다 죽은 닭들에게서 H5N1에 감염되었다. 응고안은 결국 사망했고, 동남아시아에서 50명이 더 사망했다. 그 후로 H5N1은 16개 나라에서 조류를 통해 존재를 알렸다.[18]

"하지만, 잠깐만!"이라고 말하는 사람이 있을지 모른다. "그게 뭐가 큰일인가? 과학자들이 왜 그토록 두려워하는가? 어쨌거나 H5N1으로 죽은 사람은 별로 많지 않은데?" 순전히 숫자만 보면 틀린 말은 아니다. 하지만 그 독감 변종 때문에 사망한 사람의 비율을 보면 얘기가 달라진다. 1997년 말에 홍콩에서 H5N1 감염자 18명 중 6명, 33퍼센트가 사망했다. 2003년에 H5N1이 태국에서 다시 출현했을 때는 보고된 감염자 587명 중 346명, 무려 60퍼센트가 사망했다.[19] WHO에 따르면 2003년부터 2016년 1월 20일까지 16개 나라에서 실험실 확인을 통해 보고된 H5N1 인간 환자는 846명이었다. 이중 절반 이상이 사망했다.[20] 이건 공식적으로 보고된 숫자에 불과하다. 많은 사람이 병원에 가지 않기 때문에 아마 실제 사망률은 훨씬 높을 것이다. 그에 비하면 1918년의 스페인 독감은 별일 아니었다. 사망률이 2퍼센트 내지 3퍼센트에 불과했으니 말이다.

그런 이유로 H5N1는 과학자들이 마주친 바이러스 중 감염력과 병원성이 대단히 높은, 즉 대단히 치명적인 바이러스로 손꼽힌다. 그리고 지금도 어딘가에 우리와 함께 존재한다.

집중가축사육시설의 위협

뉴욕 퀸즈의 중등학교 교감, 미첼 와이너Mitchell Weiner는 집에서는 아이들 사랑을 듬뿍 받는 아빠에다 학교에서는 아이들 이름을 모두 기억하는 존경받는 선생님이었다. '학교의 심장이자 영혼'인 와이너는 리틀리그 감독에, 광적인 야구팬이었다.[21] 단 하나, 건강 문제가 있었다. 염증성 관절염이었다.

2009년에 와이너는 독감으로 병원에 입원했다. 겉으로 봐서는 평범한 계절성 독감과 똑같았지만, 갑자기 와이너는 심하게 앓더니 사망했다.[22] 한편 미대륙 반대쪽인 캘리포니아주 새크라멘토에서 영업 매니저로 일하는 47세 여성 낸시 피넬라Nancy Pinnella는 어느 날 몸이 안 좋다고 말한 뒤 직장을 떠났다. 그리고 다음 날 병원에 갔다. 의사는 그녀에게 진정제를 투여하고는 인공호흡기와 투석 장치를 달았다. 신장과 허파가 제 기능을 하지 못하고 있었다. 그녀는 사흘 만에 사망했다. 가족

은 피넬라가 독감 예방주사를 맞지 않았으며, 죽기 전에 아주 건강했다고 말했다.[23]

와이너와 피넬라의 죽음이 충격적인 것은 독감이 다른 사람이나 새로부터 직접 옮은 게 아니었기 때문이다. 이번에 두 사람을 죽인 독감의 출처는 돼지, 더 구체적으로 말하자면 거대한 돼지 농장에서 태어난 변종 독감이었다. 2009년에 사람을 죽이기 시작한 H1N1 '돼지독감'이 끝날 때까지, 추정치는 다양하지만 전 세계에서 대략 57만 5400명이 이 독감으로 사망했다.[24]

돼지독감은 이른바 '동물 주방 화학'•에서 발발했다. 돼지는 거의 모든 것을 먹어치우는데, 그래서 돼지의 장은 독감을 제조하기에 딱 좋은 믹싱 볼이다. 돼지가 병든 야생 조류나 근처에 사는 닭의 배설물을 먹을 때 그 소화기관은 창조적인 미생물 셰프가 되어 다양한 유전 물질을 재조합하고 새로운 병원균을 만들어낸다. 또한 돼지의 장은 그 바이러스 수프에 인간의 다양한 세균을 첨가하기도 한다.(영화 〈컨테이젼〉이 끝날 때 빨리 지나가는 장면 중 하나에서, 야생 조류 한 마리가 돼지의 먹이통에 뭔가를 떨어뜨린다.)

2009년에 미셸 와이너와 낸시를 사망케 한 살인적인 독감 변종이 어디에서 시작됐는지를 알아내기 위해 과학자들은 그 바이러스 유전자를 추적했다. 종착지는 돼지 농장이었다. 과학자들이 알아낸 바에 따르면, 그 바이러스는 노스캐롤라이나주 페이엣빌에 있는 한 식용돼지 사육시설에서 1998년에 처음 발발했다. 그 시설에서 사육하는 암돼지 2400마

• 주방 화학(Kitchen Chemistry)은 요리, 식재료 처리 및 보관, 설거지 등 주방과 관련된 화학을 말한다.

리가 흔한 독감에 걸린 것처럼 기침을 하고, 임신한 암퇘지들이 새끼를 유산했다. 한 동물 질병 실험실은 그 새끼들을 죽인 바이러스에 인간 독감 유전자 3개가 있다는 걸 발견하고, 몇 달 후에는 그 바이러스에 조류 독감의 유전자 조각 2개가 있다는 사실도 알아냈다. 알고 보니 페이엣빌의 암퇘지들은 놀라운 바이러스 제조기였다. 감염된 암퇘지들과 새끼들이 다른 장소로 옮겨졌을 때 미국 전역에서 더 많은 돼지가 병들거나 죽었다. 그 바이러스는 북미의 돼지들 사이에서 돌고 있을 때만 해도 인간을 감염시키는 바이러스로 발전하진 않았다. 그러다 결국 2009년에 유럽 돼지의 변종들과 섞이게 되었는데, 아마 가축 무역을 통해서였을 것이다.

H5N1 바이러스가 변이에 성공해서 인간을 강타하기까지 한동안 새들 사이에서 조용히 지낸 것처럼, 돼지독감도 멕시코에서 암퇘지 6만 마리를 사육하는 스미스필드 식품회사의 축산 시설에서 더 위험한 변종이 발생할 때까지는 인간을 공격하지 않았다. 스미스필드 같은 CAFOConcentrated Animal Feeding Operation, 집중가축사육시설들은 대부분 타이슨 식품, 퍼듀, 카길 같은 대규모 농업기업이 소유하거나 보조한다.[25] 패스트푸드 체인점과 슈퍼마켓에 고기를 공급하는 기업들이다. 공장식 축산농장이라고도 불리는 CAFO는 엄청난 수익을 올리는데, 미국인이 소비하는 고기의 50퍼센트가 이 사육장에서 나온다고 한다.[26] 유엔식량농업기구FAO는 전 세계 가축류 생산의 전체 성장분 가운데 80퍼센트가 CAFO 같은 '공업식' 시스템에서 발생한다고 추정한다. 미국에서 CAFO는 닭, 달걀, 돼지고기, 유제품 생산의 핵심이다. 동물들은 고약한 냄새가 나는 환경에서 살다가 도축되어 껍질이 벗겨지고 가공된 뒤 전 세계로 팔려

나간다. CAFO는 전 세계(특히 중국 같은 나라)로 빠르게 번져나가 숫자를 늘리고 있다. 수익성이 높은 데다가, 점점 더 많은 소비자가 거기서 생산하는 고기와 유제품을 찾고 있기 때문이다.[27,28]

만일 여러분이 차를 타고 캘리포니아 중부나 미국 중서부를 가로질러봤다면, 틀림없이 한 번쯤은 CAFO를 보았을 것이다. 초록색 사일로• 가 워낙 크기 때문에 멀리서도 CAFO를 알아볼 수 있지만, 진짜 특징은 거기서 풍기는 시독한 악취다. 사육장에는 육우와 젖소, 돼지, 닭, 칠면조가 수천 내지 수만 마리씩 집단수용소 같은 곳에 처박혀 사는데, 그런 상태로 살이 찌면서 우유를 내거나 도살된다. 한편 가축의 배설물과 거기에 포함된 유전 물질은 계속 쌓이고 섞이면서 김이 모락모락 나는 라군••에서 거대한 바이러스 수프가 된다.[29] 전염병, 항생제 내성, 환경 보호, 동물 복지가 이슈로 떠오른 지금도 규제 감독은 형편없이 이뤄지고 있다.[30,31]

CAFO는 돼지독감의 발발지였을 뿐 아니라, 다음 팬데믹의 발발지가 될 가능성이 농후하다. 2008년에 일어난 발발의 시나리오를 우리는 다음과 같이 상상해볼 수 있다. 스미스필드 도축장에서 일하는 어느 가난한 멕시코인이 돼지나 닭이 보유하던 독감에 걸린다. 몸이 아프기 시작하고, 발열과 기침 증세를 보인다. 하지만 아픈데도 집에서 쉴 수가 없다. 보수가 박해서 일을 하지 않으면 가족이 굶어야 하기 때문이다. 그는 돼지들을 돌보는데, 돼지 사육장은 양계장에서 가깝거나 다른 동

• 가축의 사료를 만들어 저장해 두는 거대한 창고.
•• Lagoon, 넓고 낮은 땅에 오랜 시간 방치하면서 미생물로 정화하는 폐수 처리법, 혹은 그 처리장.

물의 배설물이 쌓여 있는 라군과 멀지 않다. 닭이나 야생 거위 또는 오리의 배설물이 사육장 안으로 들어오고, 돼지가 그걸 먹는다. 병든 멕시코인은 손을 입에 대고 기침을 하면서 돼지를 돌보고, 병든 돼지는 다른 돼지와 노동자들을 향해 새·돼지·인간 합동 바이러스를 비말로 뿌리고, 다시 그들이 바이러스를 전파하여 악순환을 완성한다.

2009년에 H1N1은 멕시코 스미스필드 시설에서 지역 노동자들과 그들의 어리거나 나이가 많거나 병력이 있는 취약한 친척들에게로 이동했다. 바이러스의 확산을 억제하기 위해 멕시코시티의 공공 및 사립시설들을 봉쇄했지만, 돼지독감은 세계로 퍼져나갔다. 몇몇 병원은 밀려드는 감염자로 마비되었다.[32]

이와 똑같은 시나리오가 사실상 어디에서든 그리고 언제든 펼쳐질 수 있다.

광우병, 인간이 만든 최초의 유행병

앤드루 블랙Andrew Black은 영국에서 프리랜서 라디오 제작자로 일하는 밝고, 잘 생기고, 건강하고, 재미있는 사람이었다. 2004년 어느 날 그는 다른 사람처럼 행동하기 시작했다. 일을 더 이상 하고 싶어 하지 않았다. 처음에 의사들은 우울증으로 진단했지만, 상태는 계속 악화되었다. 그는 수프 캔을 따지 못하게 되었고, 여동생이 대신 따주었을 땐 수프를 냄비에 쏟아붓질 못했다. 또한 시력과 균형감각을 잃기 시작하더니 결국 몸이 마비되었다. 그는 어머니의 팔에 안겨 며칠 동안 몸부림치며 괴로워하다 숨을 거뒀다. 마지막으로 그는 어머니 크리스틴에게 이렇게 간청했다. "누가 날 이렇게 만들었는지 꼭 밝혀주세요."[33]

앤드루의 정신과 목숨을 앗아간 것은 속칭 '광우병'으로 불리는 vCJDCreutzfeldt-Jakob Disease, 크로이츠펠트-야콥병였다. 이 불치병은 뇌세포를 꾸준히 죽여가면서 진행성 치매, 기억 상실, 성격 변화, 환각, 발작, 여타 수많은 신경계 장애를 일으킨다. 그리고 반드시 죽음을 이끌어낸다. 광우병이란 별칭은 1980년대에 영국의 방목장 주인들이 소들에게서 처음 발견한 현상에서 유래했다. 목장주들은 소들이 공격적으로 변하다가 결국에는 걷지도 못하게 되는 것을 목격했다. 범인은 소해면상뇌병증, 줄여서 BSEBovine Spongiform Encephalopathy를 일으키는 프리온이라는 이상한 단백질이었다. 이 단백질이 기본적으로 소들의 뇌를 잔구멍이 숭숭 뚫린 해면처럼 변하게 했고, 인간의 경우에는 앤드루의 뇌를 곰보 자국투성이 스펀지로 만들었다.

BSE는 인간이 만든 최초의 유행병이다. 나는 그것을 '프랑켄슈타인' 병이라 부르고 싶다. 어떤 농업 과학자가 단백질 공급원이랍시고 죽은 소와 양, 염소의 고기와 뼈로 육골분 사료인 MBMMeat and Bone Meal을 만들었을 때 그 병원균이 의도치 않게 생겨났기 때문이다.[34] 초식동물인 소에게 MBM을 먹이면 소가 육식동물로 변해, 예상치 못한 끔찍한 결과를 낳는다.[35] 소의 식습관에 그런 변화가 생긴 탓에 아주 오래된 어떤 동물 병원균이 인간의 식품 순환 체계로 들어오게 된 것이다. 1980년대에 소들이 BSE로 죽자 영국 정부는 소 300만에서 400만 마리를 도살했고, 그 후 영국 보건청장 케니스 캘먼Kenneth Calman은 영국 소는 먹어도 될 정도로 안전하다고 주장했다. 하지만 그렇지 않았다. 애초에 소를 병들게 했던 MBM 물질은 계속 유통되었다.[36] (결국 영국 정부는 반추동물 먹이에 MBM 사용을 금지했지만, 동물성 사료는 재고가 다 팔릴 때까지 거래할 수 있도록 몇 주간 유예 기간을 부여받았고, 그로 인해 수천 마리가 추가로 감염되었다.[37])

무엇보다도 광우병 이야기는 당국의 부인, 정치, 탐욕이 정상적인 공중보건 과학을 짓밟은 이야기다. BSE 환자가 처음 확인되고부터 12년이 흐른 뒤에야 영국 정부는 인간의 건강에 심각한 위험이 될 수 있음을 인정했다.[38] 불행히도 BSE는 잠복기가 아주 길다. 감염된 소에서 BSE는 4~5년 동안 잠복하고, 인간의 몸에서 vCJD는 더 오랫동안 숨어지낸다. 햄버거 하나에 동물 100마리 이상에서 나온 고기가 들어있을 수 있다. BSE에 감염된 재료가 학교 급식, 수프, 심지어 백신에서 발견되었다. 앤드루의 어머니는 아들이 어렸을 때 소고기를 먹이지 않았지만, 그럼에도 앤드루는 vCJD에 걸렸으며, 어머니는 지금도 그렇게 된 경위를 알지 못한다.

광우병은 정쟁과 비난의 불씨가 되었다. 영국 정부는 공식적인 보도를 통해 대중에 미칠 위험을 신속하게 확인하지 않았다고 지적하면서 과학자, 공무원, 정부 관료를 비난했다. 하지만 궁극적으로 영국 정치인들은 공중보건보다 기업식 농산업의 편을 들면서 농산업을 보호하고자 애를 썼다.(그 보도를 지배하는 "실수였다"는 어조는 책임을 물을 사람들에게 빠져나갈 구멍을 마련해주었다. 공식 보도를 발표한 기자회견장에서 정부의 척후병인 필립스 경Lord Philips은 기자들의 질문에 대답하는 대목에서 육류 산업이 '비교적 무사히' 위기를 극복했다고 말했다.[39])

그사이에 광우병은 영국 전역을 넘어 유럽 국가들로 퍼지고 캐나다에까지 전파되었다. 이 유행으로 영국과 유럽의 소고기 산업은 막대한 손해를 입었다. 프랑스 공급업자들은 프랑스에서만 소고기 수요가 반토막 났다고 말했다.[40] 유럽 연합은 소고기 표시제도를 의무화하고,[41] 영국산 소고기 수입을 1996년부터 2006년까지 10년 동안 금지했다.[42] 미국 소고기 산업이 입은 손해는 60억 달러로 추산되었고,[43] 소고기 산업이 전체적으로(소고기 공급망에 포함된 레스토랑 및 여타 산업들까지) 입은 손해에 비하면 BSE 사료를 먹인 가축에서 얻은 수익은 한 줌 모래에 불과했다. 사람의 혈액 공급도 타격을 입었다. 1980년부터 1996년 말까지 영국에서 6개월 이상 살았거나, 방문했거나, 일했거나, 체류했던 사람은 세계 어느 나라에서도 혈액을 기능할 수 없었다. 광우병에 걸렸을 위험이 있다고 여겨졌기 때문이다.[44] 우리를 곤혹스럽게 하는 모든 병원균이 그렇듯이 광우병도 레이더망 아래로 몰래 들어온다. 진화론에서 말하는 이른바 적응력을 가진 탓에 다음에는 악성이 더 강해져서 돌아올 수 있다.

다행하게도 앤드루의 병은 아주 희귀한 것으로 밝혀졌다. 1980년 이래로 영국에서는 vCJD 환자가 단지 177명 발생하고, 다른 나라들에서는 몇 명밖에 발생하지 않았다. 하지만 앤드루의 어머니에게는 위안이 되지 않는다. 그녀는 지금도 영국 정부에 책임을 묻는 일에 전념하고 있다.[45] 사람들이 자신의 파괴적인 관습과 행동에 주의를 게을리할 때 고개를 드는 수많은 미생물처럼, 광우병 역시 탄광에 매달린 또 한 마리의 카나리아다. 앤드루의 비극을 통해 적어도 우리는 엉성한 농산업 경영, 탐욕, 정치적 오만이 어떻게 치명적인 질병을 축사에서 불러내 세상에 퍼뜨리는지를 똑똑히 보게 된다.

항생제가 듣지 않을 때

데이비드 커비David Kirby는 저널리즘 전공자 혹은 그 분야에 호기심이 많은 사람이라면 누구나 맥주잔을 기울이면서 담소를 나누고 싶어 할만한 작가다. 머리 전체를 뒤덮은 갈색 곱슬머리, 지적인 안경에다, 활동가답게 엄격하고 진지한 57세의 커비는 명문 대학 출신으로 비밀정탐을 전문으로 하는 언론인이다. 그는 단호한 태도로 이야기를 끝까지 파헤치고, 영웅과 악당을 가려내고, 이야기가 어떻게 끝나는지 혹은 악의 면면을 들여다보는 대가가 개인적으로 얼마나 클지에 상관하지 않고 그들을 추적한다.

10년 전쯤 커비는 조사의 황무지에 우연히 발을 들이게 되었다. 그는 시골 농경 지역에서 하천의 물고기를 죽이고 주민의 건강을 해치는 수수께끼 같은 질병을 조사하고 있었다. 물고기들은 CAFO와 관련된 독으로 죽고 있었다. "나는 우리가 소에게 닭똥을 먹이는지 전혀 몰랐다"고 그가 말했다. "우리가 소에게 소를 먹이는지도 전혀 몰랐다."[46] 조사를 해보니 그 지역의 기업식 농장이 의심스러웠고, 깊이 조사하는 중에 농장 안팎의 공기를 들이마시기만 해도 이른바 '분뇨 독감('후각 피로'라고도 알려져 있다)'에 걸린다는 사실을 몸소 경험했다.

분뇨 독감은 코가 얼얼해질 정도로 CAFO의 악취에 오래 노출되어 더 이상 냄새를 맡을 수 없을 때 발생한다. 분뇨 독감에 걸리면 머리가 아프고 근육과 힘줄에도 통증이 온다. 인디애나주 랜돌프 카운티에는 CAFO가 40개 이상 운영되고 있는데, 분뇨 독감이 만연하고 악취가 하도 심해서 주민들은 더 이상 여러 가지 냄새를 구별하지 못하고, 많은 사람이 흡입기가 없으면 숨을 쉬지 못한다.[47] 공장식 축산업을 다룬 2010년의 문제작, 《동물 공장: 돼지, 젖소, 닭 공장이 인간과 환경에 드리우는 어두운 그림자Animal Factory: The Looming Threat of Industrial Pig, Dairy, and Poultry Farms to Humans and the Environment》에서[48] 커비는 아이오와, 아이다호, 캘리포니아 센트럴밸리 같은 곳에서처럼 가금, 돼지, 소 공장이 서로 근접해 있을 때 인플루엔자 바이러스가 섞여 잡종이 생겨날 가능성이 아주 크다는 것을 분명히 입증했다. 뿐만 아니라 CAFO 사육장은 오줌과 똥이 발목까지 차 있어서 훨씬 더 많은 킬러 바이러스를 끌어들이는데, 그중에는 과학자들이 아직 막을 방법을 찾지 못한 것들이 수두룩하다.

동물 학대 같은 다른 문제를 차치하고(이것도 결코 사소한 문제가 아니지만), CAFO에서 나오는 폐기물의 양과 그것이 가리키는 바이러스 위험성만을 생각해보자. 소 한 마리는 사람 한 명보다 수백 배 많은 폐기물을 배출한다.[49] 가축 수천 마리에서 나온 분변이 증발하는 동안 바람은 그 분변을 주변으로 실어나른다. 이것이 지역주민을 두려움에 떨게 하고 커비에게 분뇨 독감을 안긴 한 원인이다. CAFO를 스쳐 지나간 바람은 그저 냄새만 고약한 게 아니다. 커비는 CAFO들이 가축들에게 소량의 항생제를 투여해서 박테리아 전파를 막고(그 조건에서 박테리아가 번식하면 극히 위험하므로) 성장을 촉진한다는 것을 알아냈다. 2010년에 미국에서 팔린 항생제의 80퍼센트가 육우, 돼지, 가금을 키우는 데 사용되었다.[50] 텍사스의 한 실험에서 연구자들은 소 사육장과 양계장 근처에 공기 시료 채취기를 설치했다. 그리고 모든 설치기에서 사람을 치료하는 데 쓰이는 두 가지 항생제, 모네니신과 테트라사이클린이 양성으로 반응했다. 연구자들은 또한 항생물질에 저항하는 박테리아가 공기 중에

고도로 집적되어 있음을 발견했다.[51]

〈2013년 미국의 항생제 내성 위협Antibiotic Resistance Threats in the United States, 2013〉이라는 CDC 보고서에 따르면, 세계 보건 지도자들은 항생제 내성 미생물을 가리켜, "전 세계 모든 나라 국민을 재앙과도 같은 위험에 빠뜨릴 악몽 같은 박테리아"라고 묘사했다. 항생제 내성은 국경을 가로지르고 있는 세계적인 문제이며, 대륙마저 수월하게 건너뛴다.

그래도 울적하지 않거나 경각심이 들지 않는다면, 다음 이야기에 정신이 번쩍 들 것이다.

당신이 CAFO 근처에 사는데, 감염병에 걸려 병원에 입원했다고 가정해보자. 의사와 간호사가 당신을 편안히 눕히고, 혈압과 맥박을 재고, 팔에 정맥주사를 꽂는다. 병원 직원들은 이따금 건성으로 일하기 때문에 당신에게 주삿바늘을 꽂을 때 병동 곳곳에 있는 MRSA라는 세균이 몸에 들어갈 수도 있다. '메티실린 내성 황색포도상구균Methicillin-Resistant Staphylococcus Aureus'의 약자인 MRSA은 항생제에 저항하는 박테리아인데, 이런 내성을 갖게 된 것은 CAFO가 내뿜는 공기에 그 모든 물질이 섞여 있기 때문이다. MRSA는 병원과 의료 시설에 들불처럼 퍼져나갈 수 있으며, 특히 노출된 상처, 카테터, 면역결핍증을 가진 환자 사이에서 더 빠르게 번진다. MRSA가 나타나면 의사들은 감염병을 치료하기가 훨씬 어려워진다. 2005년에 미국에서만 27만 8000명이 MRSA에 감염되고, 그중 1만 8650명이 사망했다.[52] 실은 그해에 HIV 및 에이즈로 사망한 사람보다 MRSA로 사망한 사람이 더 많았다.[53] 만일 당신이 CAFO 근처, 특히 돼지 사육장 근처에서 산다면, MRSA에 걸릴 위험이 그렇지 않은 사람보다 3배 높을 것이다.[54]

최근에 과학자들은 모든 항생제에 내성을 가진 병원균, 즉 '슈퍼버그'에 대한 경고의 목소리를 높이고 있다.[55] 커비는 이렇게 예견한다. "언젠가는 새와 돼지의 인플루엔자가 합쳐져 슈퍼버그가 탄생할 것이다. 이건 '만약'의 문제가 아니라 '언제'의 문제다." 빌 게이츠도 이에 동의한다. 〈복스〉에서 그는 이렇게 말했다. "우리는 질병 확산이란 측면에서 인류 역사상 가장 위험한 환경을 창조했다."[56] 커비는 그 책임을 져야 할 자로서 CAFO를 소유한 기업들뿐 아니라, CAFO 기업을 제지했어야 할 주 및 연방 정부의 입법자들과 정치인들을 지목한다. 커비는 이렇게 경고한다. "적절한 규제가 없으면 질병은 계속 찾아올 것이다."[57]

과연 발생할까가 아니라, 언제 발생하느냐다

에드워드 맥닐, 람호이카, 응고안, 미첼 와이너, 낸시 피넬라, 그 밖의 환자 수백만 명의 목숨을 앗아간 것은 야생 조류에서 발원하여 인간과 가축에게로 퍼진 질병이었다. 이 질병들은 지금도 어딘가에 잠복해 있다. H5N1은 여전히 닭과 오리의 피를 휘젓고 다닌다. 돼지독감은 지금도 돼지의 피에서 제 몸을 복제하고, 인간을 위협한다. 제3세계에서 소에게 MBM을 먹이는 한 광우병의 위협도 계속되고 있으며,[58] 항생제 내성 박테리아도 여전히 병원과 지역사회의 사람들을 위협하고 있다.

과학자들이 특별히 두려워하는 것이 있다. 바이러스 유전자들이 결합하여 고병원성 바이러스가 탄생하고, 이것이 영화 〈컨테이젼〉에서처럼 공기로 빠르게 사람들 사이로 퍼져나가는 상황이다. 태국에서 H5N1

으로 사망한 소녀는 자신을 간호하던 어머니와 이모에게 그 바이러스를 전해주었고, 그의 오빠는 날오리고기 푸딩을 먹고 쓰러진 사람을 간호하다가 같은 바이러스에 감염되었다.[59,60] 만일 감염력이 높은 공기매개 H5N1이나 아직 확인되지 않은 어떤 바이러스가 아무것도 모르는 어느 승객과 함께 크루즈나 비행기에 편승하여 홍콩이나 런던, 멕시코시티, 나이로비, 마닐라, 뉴욕에 상륙한다면, 그때 펼쳐질 팬데믹 상황은 영화 속 장면과 너무나 흡사할 것이다.

현 상황에서 문제는 과연 슈퍼버그가 발생할지가 아니라, 언제 발생할지라고 감염병 전문가들은 생각한다. 문제는 언제냐는 것이다. 또한 전문가들은 슈퍼버그 자리에 오를 최고의 후보는 인플루엔자 바이러스 변종이라고 말한다. 우리가 우리 자신, 우리의 아이들, 그 아이들의 아이들이 건강하게 살아가기를 바란다면, 하늘을 날고, 동물의 몸에 잠복하고, 땅에서 살아가는 이 위험천만한 바이러스와 싸우는 것보다 더 중요한 일이 또 있을까?

4장

3중 위협: 바이오테러, 바이오에러, 프랑켄슈타인 박사

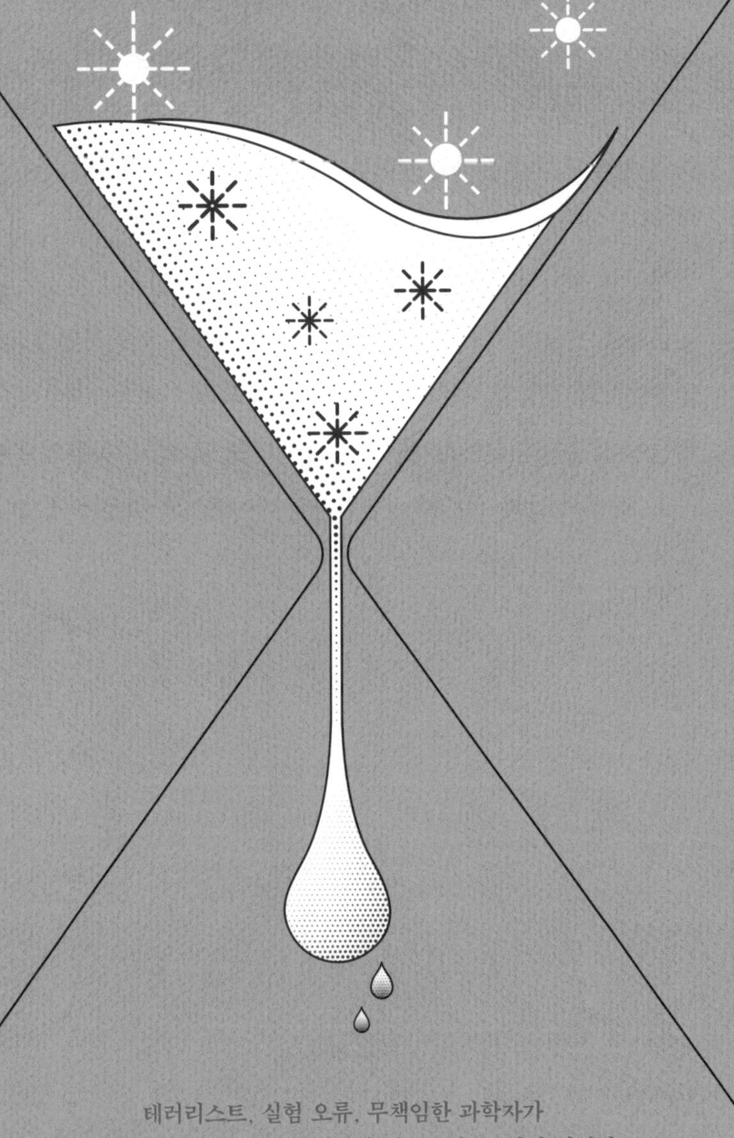

테러리스트, 실험 오류, 무책임한 과학자가
전염병을 풀어놓을 위험이 역사상 지금보다 큰 적이 없었다.

"

아무리 치명적인 바이러스라 해도 인간이 그걸 가지고 할 수 있는 악행에 비하면 단연코 악하지 않다. 바로 지금, 천연두나 탄저균 같은 킬러 미생물이 전 세계 실험실에서 이런저런 요리에 쓰이고 있다. 바이오테러를 연구하는 사람들은 이렇게 확신한다. ISIS나 다른 어떤 곳에서라도 미치광이 한 명이 치명적인 세균 포자를 손에 넣은 뒤 대도시에 그 포자 구름을 풀어놓는 상황은 과연 일어날까의 문제가 아니라, 언제 어디에서 일어나느냐의 문제라고. 그런 재난에 완벽히 대비할 수 있는 사람은, 아무도 없다.

"

지금 이 책을 읽고 있는 연도의 막바지에 아래와 같은 시나리오가 펼쳐진다고 상상해보자.

10월 29일: 미생물학 고급 학위를 가진 어느 꾀죄죄한 테러리스트가 자신의 몸에 천연두를 예방접종한다. 그는 작은 에어로졸 스프레이를 방향제 통처럼 보이게 만들어달라고 주문한다. 그런 뒤 런던의 다락방 실험실에서 천연두 균을 배양한다.

12월 9일: 테러리스트가 무기로 개발한 바이러스를 스프레이 통에 주입한다. 스프레이에서 분사되는 물질은 모기도 즉시 알아차리지 못할 만큼 가볍고 미세하다. 테러리스트는 보안 요원으로 위장하고서 실내 스포츠 경기장에 스프레이를 갖고 들어간다. 안에서는 세계적으로 유명한 록밴드가 콘서트를 하고 있다. 실내는 어둡고, 번쩍이는 불빛 아래 좌석을 가득 메운 팬들은 주먹을 흔들며 즐거워한다. 모든 사람의 시선이 밴드의 리드싱어에게 고정되어 있다. 남자는 아무도 몰래 무대 근처로 다가가 통기공에 스프레이를 갖다 댄다. 잠시 후 남자는 스프레이를 주머니에 넣고 경기장을 떠난다. 스프레이에서 나온 물질은 완전히 무색무취라 록스타들과 관중이 느끼지 못하는 사이에 그들의 코로, 눈으로, 입으로 들어간다.

12월 16일: 밴드 멤버, 공연 크루, 그리고 무대 근처에 있던 사람들이 열이 나고 기침을 한다. 밴드의 리드싱어가 증상이 심한 탓에 파리에서 열 예정이었던 다음 날 콘서트를 취소한다. 런던의 주변 지역에서 몇몇 청중은 몸이 약간 안 좋다고 느끼면서도 출근이나 등교를 하고, 발길이 닿는 모든 것에 균을 전파한다. 병원을 찾아간 사람들이 듣는 말은 구태의연한 독감 처방뿐이다. "열이 난다면 타이레놀을 복용하세요. 물을 많이 마시세요. 수면을 취하세요. 그래도 나아지지 않으면 며칠 후에 다시 오세요."

12월 17일: 밴드 멤버들과 크루들이 응급실에 실려온다. 그들의 얼굴에 수두처럼 보이는 물집이 가득하다. 환자들은 즉시 격리된다.

12월 24일: 밴드의 리드싱어가 사망한다. 다른 멤버들도 극히 위중하다.

12월 25일: 격리와 접종 캠페인이 본격적으로 시작할 무렵에는 공연을 관람했던 사람들 그리고 런던과 그 밖의 지역에서 그들과 1차 접촉했던 사람들 가운데 다수가 이미 병이 났거나 사망했다. 공황이 세계를 휩쓴다.

이런 시나리오는 이미 공상과학 소설의 소재가 아니다.[1] 위 시나리오처럼 전개되는 실험실발 팬데믹은 가장 위급한 '세계적 재난 위기' 중 하나임이 확인되었다. '세계적 재난 위기'란 영국에 본부를 둔 지구적난제재단Global Challenges Foundation이 규정한 말로, 세계 인구의 약 10분의 1을 죽음에 이르게 할 위기라는 뜻이다(다른 두 거대 위기는 자연재해와 핵전쟁이다).[2] 세상에 풀어놓기가 훨씬 더 어려운 핵폭탄이 아니라면, 테러리스트에게 가장 좋은 파괴 수단은 자연적으로 발생하거나 실험실에서 만들어낸 병원균 한 컵일 것이다. 비교적 쉽게 생산하고 투여할 수 있는 장점 때문이다. 탄저균 테러 한 번으로도 도시 하나를 초토화할 수 있다.[3]

정보를 웬만큼 아는 사람이 위험한 물질을 손에 넣기는 그리 어려운 일이 아니다. 유럽 의회의 한 보고서에 따르면, 오늘날 대학에서 화학과 생물학을 배운 사람이라면 누구든 잔인하면서도 효과적인 테러 무기를 만들 수 있다고 한다.[4]

과학자들이 실험실에서 잠재적으로 위험한 물질을 가지고 실험하는 일도 더 쉽고, 빠르고, 저렴해지고 있다. 이는 부분적으로, 과학계를 흥분에 빠뜨린 크리스퍼-카스9CRISPR-Cas9•이라는 유전자 가위 기술 때문이다.(CRISPR는 'Clustered Regularly Interspaced Short Palindromic Repeat'의 약자로, 유전자 내에 특이한 서열이 반복적으로 나오는 부분을 말한다. Cas9는

• 2020년 노벨화학상은 이 기술을 발명한 두 여성, 샤르팡티에와 다우드나에게 돌아갔다.

간략히 보는 생물 공격의 역사[5]

옛날 옛적부터 질병은 무기로 사용되었다. 14세기 이탈리아 피아첸차에 살았던 서기 가브리엘 데 무시Gabriele de' Mussi의 회고록은 흑사병의 발발을 기록한 중요한 사료다. 이 책에 따르면 몽골 군대가 카파의 성채를 공격할 때 페스트에 감염된 시체를 투석기로 성벽 안을 향해 발사했다고 한다. 이 공격에서 살아남은 사람들이 지중해 연안으로 도주하면서 지나간 길에 페스트를 전파했다.[6] 2차 세계대전 중에 일본은 중국 사람들이 사용하는 우물에 콜레라를 투하했다. 또한 페스트에 감염된 벼룩을 정성껏 모아 중국 도시들의 상공에 떨어뜨렸다.[7]

연도	사건
1155	이탈리아 토르토나에서 바르바로사 황제가 시체로 우물을 오염시켜 콜레라를 퍼뜨렸다.
1346	크림반도에서 몽골 군대가 투석기를 사용해 흑사병 사망자들의 시신을 카파(현재 우크라이나 페오도시아)의 성채 안으로 던져 넣었다.
1495	이탈리아 나폴리에서 스페인 군대가 한센병 환자들에게서 뽑은 피를 와인에 섞어 적군인 프랑스군에게 팔았다.
1710	러시아 군대가 흑사병 사망자들의 시신을 스웨덴 도시들에 던져 넣었다.
1763	영국 사람들이 아메리카 원주민에게 천연두 균에 감염된 담요를 나눠주었다.
1797	나폴레옹이 말라리아를 퍼뜨리기 위해 이탈리아 만투아 평원을 물에 잠기게 했다.
1863	미국 남북전쟁 도중에 남군이 북군에게 황열병과 천연두에 감염된 의복을 팔았다.
1차 세계대전	독일과 프랑스의 비밀 요원들이 비저병과 탄저균을 사용한다는 소문이 있었다.
2차 세계대전	일본이 페스트, 탄저균, 그 밖의 질병을 사용했다. 몇몇 다른 나라도 생물 무기 프로그램을 시도했다.
2001	탄저균이 들어있는 편지들이 워싱턴 D.C. 우체국을 통해 배달되었다.

'CRISPR-associated protein number nine', 즉 크리스퍼 관련 단백질 9번을 말한다.)

* *

바이오테러의 위협

2011년에 조지아주 게인스빌에서 50대 후반에서 80세에 이르는 남자들이 술집에 모였다. 희끗희끗한 머리에 순진해 보이고 총을 사랑하는 이 베트남 참전용사들은 술 마시고 허풍치길 좋아했다. 만나면 자주 하는 이야기는 미국 연방 정부를 증오한다는 것이었다. 그들은 미국 사법부에서 일하는 판사를 모두 죽이면 어떻겠냐는 의견을 논의했다. 내친김에 애틀랜타 도심에 있는 연방 국세청과 미국 주류담배화기단속국에서 일하는 연방 공무원들까지!(그들에겐 적어도 일말의 양심은 있었다. 어린아이는 죽이지 않기로 선을 그었으니 말이다.)

함정 수사에 걸려 일당 중 프레더릭 토머스Frederick Thomas와 댄 로버츠Dan Roberts가 체포되고 재판을 받은 끝에 연방 건물 폭파를 공모한 죄로 징역형을 선고받았다.[8] 그것으로 사건은 마무리될 듯했지만, 그들이 나눈 허황한 대화는 단순한 떠벌림이 아니라 훨씬 더 심각한 것이었음이 드러났다. 몇 년 후에 일당 중 다른 두 사람, 레이 애더머스Ray Adamas와 새뮤얼 크럼프Samuel Crump가 생물독소인 리신Ricin을 만들기로 공모한 죄가 밝혀졌다. 그걸 가지고 테러 공격을 하려 한 것이다.[9] 증가하는 혐오 단체를 추적하는 남부빈민법센터의 마크 포톡Mark Potok은 이렇게 말했다. "그 사람들은 황당하리만치 멍청했다. 리신을 차창 밖으로 던질 생각이었는데, 그렇게 하면 자기들 얼굴로 다시 날아온다."[10]

리신은 호흡부전과 그 밖의 병을 일으키는 독성 물질로, 머리가 좋은 사람이 아니어도 어렵지 않게 만들 수 있다. 리신은 아주까리 열매로 만들기 때문에 아주까리 기름과 성분이 같다. 아주까리는 미국 고속도로를 따라 야생으로 많이 자라고, 리신 제조법은 인터넷에 잔뜩 올라와 있다. 2013년에 엘비스의 환생이라 주장하는 한 남자가 버락 오바마Barack Obama 대통령, 판사 한 명, 상원의원 한 명에게 리신이 담긴 편지를 보냈다.[11]

미국 CDC는 바이오테러 공격을 다음과 같이 정의한다. '자연에 존재하며 사람, 동물, 식물을 병들게 하거나 죽이는 데 쓰이는 바이러스나 박테리아, 여타 병균을 의도적으로 방출하는 행위'. 이런 병원균은 공기, 물, 음식을 통해 전파된다. 공기로 전파할 수단을 찾는다면 에어로졸 스프레이가 제격일 것이다. 생물 병원체는 탐지하기 어렵거니와 며칠 동안 병증을 일으키지 않는다. 바이오테러가 가능한 병원체 가운데 천연두 바이러스 같은 어떤 병원체는 사람에서 사람으로 전파될 수 있고, 탄저균 같은 병원체는 그렇게 전파되지 않는다.[12] 쉽게 전파되거나(예를 들어, 탄저균) 사람에서 사람으로 전파되는(예를 들어, 천연두) 유기체가 특히 위험한 까닭은 높은 사망률, 사회 분열, 사회적 공황의 원인이 될 수 있기 때문이다.[13]

생물 무기는 돌격용 자동 소총이나 급조 폭발물보다 구하거나 제조하기가 더 어렵지만, 훨씬 많은 사상자를 낼 잠재력이 있다(표를 보라).[14]

도표로 보는 테러 공격

전염병 테러는 대량살상을 일으키는 잠재력이 핵무기 다음이다.

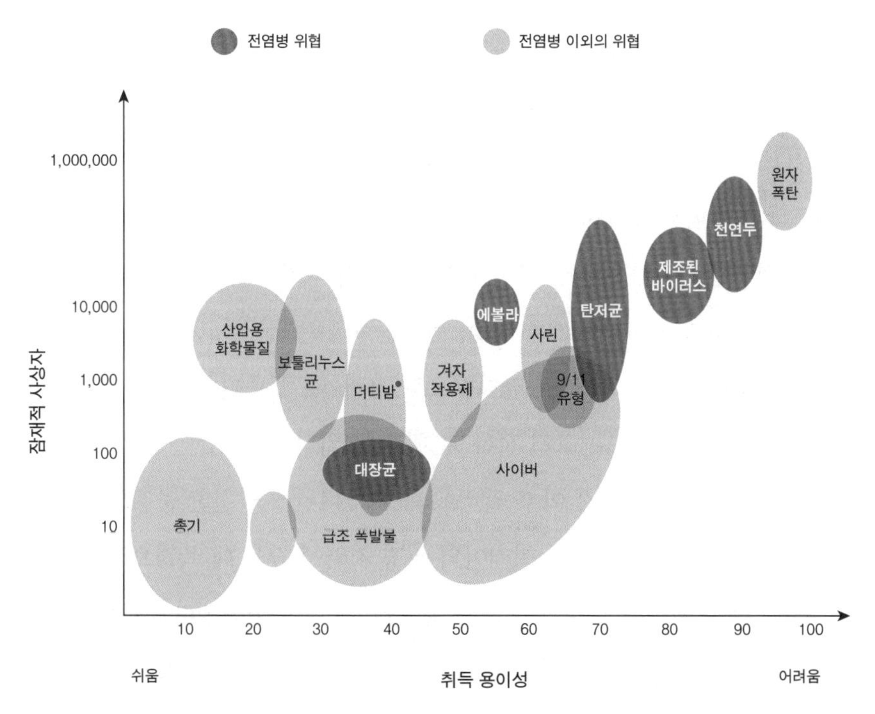

출처: Coleman K, Ishisoko N, Trounce M, Bernard K. Hitting a moving target: A strategic tool for analyzing terrorist threats. *Health Security* 2016. DOI:10.1089/hs.2016.0062.

미국 남부로부터 멀리 떨어진 곳에서는 지금도 테러리스트들이 다양한 생물 병원체를 어떻게 퍼뜨릴지 음모를 꾸미느라 여념이 없다. 2009년에 쿠웨이트 출신의 활기차고 흰 수염을 기른 얼굴에 빙긋 미소를 띤 압달라 알나피시Abdallah Al-Nafisi 교수가 알자지라Al Jazeera 텔레비전에 출연했

• 재래식 폭발물에 방사능 물질을 채워 만든 폭탄.

다. 그는 탄저균 4파운드(약 1.8킬로그램)로 무장한 사람이 어떤 일을 할 수 있는지를 자세히 설명했다. "투사 한 명이 멕시코에서 미국으로 가는 비밀 경로로 이만한 가방을 들고 가면, 단 한 시간 만에 미국인 33만 명을 죽일 수 있습니다. 인구가 많은 도시에 그걸 퍼뜨린다면 말이죠." 9/11 테러와 비교하면 '작은 변화'가 있을 것이다. "비행기, 공모, 타이밍 맞추기 따윈 필요하지 않습니다."

알나피시는 계속해서, 탄서균은 알카에다나 헤즈볼라의 연구소에서 만들 수 있다고 말했다. "한 사람, 탄저균 4파운드를 들고 갈 용기가 있는 사람이 있다면, 백악관 잔디밭으로 가서 이 '색종이 조각'을 뿌리고 환호성을 지르겠지요. 그건 진짜 '축제'가 될 겁니다."[15]

시리아 반군 지도자 아부 알리Abu Ali가 2014년에 발견한 물질도 머리를 쭈뼛하게 한다. 터키와 시리아의 접경 지역에 갔을 때 폭격으로 파괴된 한 건물 안에서 알리는 노트북 컴퓨터 한 대를 발견했다. 그는 노트북 안에 무엇이 있는지 전혀 몰랐고, 그래서 그걸 한번 살펴보라고 《포린 어페어스》 기자들에게 줬다. 기자들이 노트북을 열었을 때 하드드라이브에는 아무것도 없었다. 알리와 일행이 건물로 진입하기 직전에 노트북의 주인인 무함마드 S.가 침착한 마음을 유지하고 모든 자료를 지운 것이다. 하지만 그때 기자들이 '숨겨진 파일'을 발견하고 더 자세하게 조사할 수 있도록 모든 자료를 USB에 복사했다.

그들은 제3제국이 그렸을 법한 대량학살 청사진, 다시 말해 '이교도' 말살 계획을 발견했다. 숨겨진 파일 중에 26쪽짜리 문서가 있었는데, 그 안에는 수감 중인 어느 지하디즘* 지도자가 바이오테러를 이용하는 '법칙'에 관해 쓴 파트와 이슬람적 해석이 담겨 있었다. "무슬림이 다른 방법으로 이교도를 물리칠 수 없다면, 대량살상 무기를 사용해도 무방하다. 그로 인해 이교도와 그 자손들이 지구상에서 완전히 사라진다 할지라도."

또다른 19쪽짜리 문서에는 선페스트를 무기화해서 테러 공격에 쓰기 전에 안전하게 시험하는 방법이 자세히 묘사되어 있었다. 무함마드 S.는 그걸 에어로졸 스프레이에 넣어 뿌리면 페스트를 통제하기가 거의 불가능하리라는 것을 알고 있었다. 초기에 치료하지 않으면 세균에 노출된 사람들이 사망한다는 것을.[16] 문서에는 이렇게 적혀 있었다. "이 미생물을 작은 생쥐에 주입하면 24시간 이내에 증상이 나타나기 시작할 것이다. 그 바이러스를 작은 수류탄과 함께 사용하라.[17] 대도시 지하철, 축구 경기장, 공연장 같은 폐쇄된 곳에서 수류탄을 던져라. 에어컨 옆에서 하는 게 가장 효과적이다. 자살 폭탄 테러를 하는 중에 사용할 수도 있다."[18]

* *

그렇게 잔혹한 상황을 바라는 사람들에겐 적과 함께 자기 자신도 죽을 거라는 사실은 중요하지 않은 듯하다. 자살 폭탄 테러가 등장하기 전에 전문가들은 바이오테러의 효과를 의심했다. 무고한 사람들에게 탄저균, 소아마비, 페스트, 보툴리누스균, 야토병, 에볼라 같은 끔찍한 병을 풀어놓아봤자 테러의 대의에 흠집이 나고, 이탈자가 생기고, 정부와 검

• 이슬람 근본주의 하의 무장 투쟁 운동.

찰의 총공세에 직면하게 된다. 하지만 신념에 따라 행동하기로 마음먹은 생물폭탄 테러범이 출현하자 상황은 돌변했다. 2001년 9월 11일의 사건이 이를 잘 보여준다. 폭탄 테러범들이 생각하는 것은 단 두 가지다. 시야에 들어온 적을 파괴하는 것과 어쩌면 사후에 큰 보상을 받을 수 있다는 것.

잘못된 이라크 전쟁의 어두운 구멍에서 맹독성 살무사가 기어 나온 듯, ISIS는 벌써 이라크와 시리아에 겨자가스와 염소가스 같은 화학무기를 배치했다. 2015년 12월에 발표된 유럽 의회 보고서에 따르면 이 급진 이슬람 조직은 필요한 모든 것을 갖고 있다고 한다. 돈, 과학자, 순진한 자살 폭탄 어린이,[19] 시리아, 이라크, 리비아의 독재자들이 풍족하게 쌓아둔 치명적인 독성 물질에다가 소속 과학자들이 만들 수 있는 물질까지. 지옥의 개들은 목줄이 풀리는 순간 희생자를 향해 달려들 것이다.[20,21]

어떤 사람이 치명적인 포자를 손에 넣고 대도시에 가서 안개처럼 뿌릴 날은 언제일까? 다행스럽게도 위험한 미생물을 '무기화'하기가 아직은 어렵다. 하지만 상냥하고 말이 많은 텍사스 사람이며 은퇴하기 전에는 공군 조종사였고 지금은 미국 최고의 바이오테러 전문가 중 한 사람인 랜돌 라슨Randall Larsen은 이렇게 확신한다. 누군가가 그 방법을 알아내는 것은 아마도 시간문제일 거라고.[22]

라슨이 말한다. "비국가 행위자•가 2000달러를 들여 상당히 치명적인 무기를 만들 수 있다. 정교한 실험실과 공학자도 필요 없다." 그는 노

• 국제 관계에 영향을 미치는 국가 이외의 행위 주체.

벨상을 수상한 미생물학자 조슈아 레더버그Joshua Lederberg의 말을 걱정스러운 어조로 인용한다. "지금은 한 사람이 전쟁을 일으킬 수 있다. 생물학의 어릿광대 하나가 운이 좋으면 40만 명을 죽일 수 있다."[23]

라슨은 운 좋은 어릿광대의 공격이 소름 끼칠 정도로 간단하게 이루어질 거라는 예측을 기정사실로 받아들인다. 그는 이 예측을 최소한 12번 몸소 입증했다. 1998년에 라슨은 CIA에서 일하는 친구에게서 무기화된 바실루스 글로비기Bacillus Globigii, 즉 탄저균과 가까운 세균을 받았다.[24] 라슨은 이 바이러스 가루를 몸에 지니고 의회, CIA, 펜타곤처럼 보안이 철저한 곳에 들어갔고, 미국 입출국 요원들도 죄다 그냥 지나쳤다. 입출국 사람들이 그게 뭐냐고 물어보면 그는 그냥 부드럽게 대답했다. "내가 쓰는 분가루라오." 한 입출국 요원은 그의 얼굴을 유심히 바라본 뒤(라슨은 꽤 연로하다) 놀리는 투로 말했다. "할아버지는 그거 발라 봤자예요."[25]

9/11 테러가 발생하고 며칠이 지났을 때 라슨은 백악관 옆에 있는 아이젠하워 행정부 청사로 불려가서 회의에 참석했다. 국가 안보 고위인사 몇 명, 또 다른 생물방어 전문가 타라 오툴Tara O'Toole,[26] 부통령 딕 체니Dick Cheney가 그 자리에 있었다. 회의를 소집한 목적은 천연두 공격이 일어났을 때 어떤 상황이 벌어질지를 논의하기 위함이었다. 회의가 열리기 전에 라슨은 몸수색을 포함하여 그곳의 보안망을 완벽하게 돌파했다. 보안 요원들이 라슨의 가방에서 방독면을 꺼냈을 때 그는 회의 참석자들에게 시범을 보이기 위한 것이라고 설명했다. 그는 문제의 파우더 시험관도 가방에 있다는 걸 깜박 잊었지만, 방사능 탐지기와 검사관들은 그걸 발견하지 못했다.

가상 시나리오 프리젠테이션을 하는 중에 체니가 기본적인 질문을 했다. “그런데 생물 무기는 대체 어떻게 생겼소?”

그 질문에 갑자기 기억이 나서 라슨은 가루가 든 시험관을 가방에서 꺼냈다. “이렇게 생겼습니다. 마침 제가 이걸 부통령님 집무실에 갖고 왔네요.”[27] 그때 일을 기억하면서 라슨이 웃음을 터뜨렸다. “그 후 몇 년 동안 비밀경호국은 나를 좋아하지 않았죠. 하지만 중요한 건 이 물질은 탐지되지도 않거니와, 온라인에 있는 제조법으로 누구나 만들 수 있다는 겁니다. 2001년에 신발에 폭탄을 숨긴 남자가 비행기를 폭파하려고 시도한 뒤로 공항에서는 미국인들에게 신발을 벗으라고 주문하지요. 우리는 1950년대에 제트비행기를 띄우기 시작했어요. 누군가가 비행기를 무기로 쓸 수 있다는 걸 생각해내기까지 40년이 걸렸죠. 이제 테러범들은 더 창의적인 방법을 쓰고 싶어 할 겁니다.”

나는 라슨에게 기본적인 질문을 했다. 우린 바이오테러 공격을 막을 수 있을까요?

그의 대답은 짤막했다. “아니, 못합니다.”

그 과학자들은 모두 어디로 갔을까?

1992년 가을, 검은 머리, 건장한 몸에 안경을 낀 러시아 미생물학자가 큐피트의 활 같은 입술•을 한 채 아내와 세 아이를 이끌고 붕괴 중인 구

• 윗입술 라인이 그런 모양이라는 뜻이다.

소련을 떠나 미국으로 향했다. 카나티얀 알리베코프Kanatjan Alibekov는 최소 3만 명에 이르는 다른 과학자들이 '바이오프레파라트Biopreparat'에서 했던 일을 자세히 묘사한 문건을 가지고 왔다. 바이오프레파라트는 1972년 국제 금지 조약에도 불구하고 미국이 똑같은 위반을 저지르고 있다는 가정하에 소련이 은밀하게 진행하던 생물 무기 개발 프로그램의 명칭이다.

알리베코프가 미국에 정착하고 4년이 흘렀을 때 조사를 좋아하는 언론인 로리 개릿은 직접 러시아로 건너가 바이오프레파라트 프로그램의 잔재를 확인했다. 러시아 동부에서 가장 큰 도시, 노보시비르스크 외곽에 자리한 거대하고 음산한 생물학 연구시설을 그녀는 다음과 같이 묘사했다. "그건 커다란 콘크리트 강철 건물이 100동 정도 모여 있는 어마어마한 연구 단지로, 8피트(2.4미터) 높이의 콘크리트 담장이 주변을 에워싸고, 담장 위에 전기가 통하는 철조망이 세 겹 설치되어 있었다." 그녀는 담장 내부의 모습을 아래와 같이 묘사했다.

"너덜너덜한 군복을 입은 러시아 군인들이 여기저기 흩어진 채 미생물이 보관된 설비를 지키면서 길고 춥고 지루한 시간을 보내고 있었다. 예를 들어 1번 건물에는 공업용 냉동고가 줄지어 있고, 그 안에 다음과 같은 것들이 보관되어 있었다. 에볼라, 라사열, 천연두, 원숭이마마, 진드기매개뇌염, 킬러 인플루엔자 변종들, 마르부르크병, HIV, A형·B형·C형·E형 간염, 일본뇌염, 기타 인간 킬러 바이러스 수십 종. 또한 천연두 바이러스가 수백 종 있었으며, 그중 140종은 자연에 존재하는 야생종이었다. 일부는 생물공학자가 감염성, 바이러스성, 전파력이 더 크도록 조작한 것들이었다.

러시아 경비병들은 1번 건물에 무엇이 있는지 잘 모르고 있었다. 경비병들은 그걸 그냥 '슈퍼버그'라 불렀다."[28]

문득 로리는 그렇게 허술한 조건 아래서 세균이 냉동 시험관을 탈출하기라도 하면 어떻게 될지가 궁금해졌다. 다음으로 그녀의 생각은 소련의 그 거대한 생물 무기 시설에서 일했던 사람들에게로 미쳤다. 47개 동에서 종업원 4만 명과 과학자 9000명이 일하고, 완전한 설비를 갖춘 연구소 11개에서 세균 전문가 2000명이 일하던 곳이었다. 그녀가 물었다. "1997년에는 과학자와 기술자의 대부분이 연구소, 생물 무기 공장, 실험 장소에서 일하고 있지 않았다. 그들은 어디로 갔을까?"[29] 미국 공무원들도 그것이 궁금했다. 그들의 질문에 알리베코프는 바이오프레파라트에서 일했던 몇몇 전문가가 다른 나라, 특히 북한[30]과 이라크에서 일하고 있는 것이 발견되었다고 대답했다.

뉴욕과 워싱턴에서 9/11 테러가 발생하자 알리베코프는 미 하원 소위원회에서, 대량살상 무기가 사담 후세인 손에 들어간 것은 '의심의 여지가 없는' 사실이라고 주장했다.[31] 물론 이라크에서 생물학적 대량살상 무기는 발견되지 않았고, 그 후로 지금까지 일부 전문가들은 알리베코프의 진술을 의심하고 있다.(후에 이 러시아인은 '프로젝트 바이오실드Project Bioshield'를 열렬히 찬성하며 대중을 설득했다. 미국은 탄저균, 천연두, 그 밖의 잠재적 바이오테러 병원체를 무력화하는 명분으로 수십억 달러를 들여 이 프로젝트를 추진했다.[32] 알리베코프도 정부와 계약을 맺어 상당한 이익을 거머쥐었다.[33])

하지만 한 가지는 분명하다. 비록 이라크에 대해서는 틀린 말을 했지만, 바이오테러가 얼마나 위협적인지를 제대로 알린 것이다. ISIS 같은 광신적인 집단들이 출현한 뒤로 바이오테러 위협은 훨씬 더 짙은 그림자를 드리우고 있다. 2010년에 아라비아반도의 알카에다는 "미생물학이나 화학에 학위가 있는 형제들은 대량살상 무기를 개발하라"고 주문했다.[34]

바이오에러의 위험

개릿이 2000년의 저서 《신뢰의 배신Betrayal of Trust》을 쓰기 위해 한창 취재할 당시 미국과 유럽에 특수 창고가 딸린 실험실은 453개였지만, 중국, 러시아, 불가리아, 이란, 터키, 아르헨티나 등 다른 60개 나라에도 그런 곳이 있었다. 그중 54곳이 탄저균을 팔거나 수출하고, 64곳이 장티푸스를 일으키는 미생물을 팔았으며, 34곳이 보툴리누스 중독을 유발하는 박테리아를 제공하고, 15개 나라에서 18개 실험실이 페스트균을 거래했다. 개릿은 이렇게 폭로했다. "그중 몇몇 곳은 인터넷으로 거래했으며, 신용카드 번호만 주면 세균을 하루 만에 발송했다."[35]

개릿이 실험실 수를 센 지도 18년이 흘렀다. 그때 이후로 생물실험실의 수는 폭발적으로 늘었다. 2009년 미국에 고도보안 생물무기 실험실은 1371개였다. 《뉴스위크Newsweek》에 따르면, 2013년에 미국회계감사원은 집계와 등록 기준이 없어 더 이상 정확한 추산치를 낼 수 없다고 발표했다.[36] 현재 바이오에러의 위험은 심각하다. 이 실험실에서 일하는 모든 사람이 책임감을 갖고 적법한 일을 한다 할지라도, 자칫 실수가 발생해

실험실 안전 기준

- 생물안전 레벨 1(BSL-1)의 실험실은 건강한 사람에게는 질병을 일으키지 않고 특성이 잘 알려진 병원체를 취급하기에 적합하다. 일반적으로 그런 병원체는 실험실 직원과 그 환경에 대한 잠재적 위험이 극미하다. 이 수준에서 주의할 사항은 다른 수준에 비해 얼마 안 된다. 노출된 벤치 위에서도 실험이 이뤄진다.

- 생물안전 레벨 2(BSL-2)의 실험실은 잠재적 위험이 보통 수준인 병원체를 취급한다. A형·B형·C형 간염, 살모넬라균, 포도상구균 등이다. BSL-1과 BSL-2 실험실에서 직원들은 병원균 취급과 관련하여 특별한 훈련을 받고, 고등 교육을 받은 과학자들의 지시에 따른다. 실험이 진행될 때 실험실 접근은 제한되지만, 특히 BSL-2 실험실에서 감염성 병원체를 뿌리거나 튀게 하는 절차를 수행할 때는 생물안전 캐비닛이라 불리는 밀폐된 보호 작업장에서 해야 한다.

- 생물안전 레벨 3(BSL-3)의 실험실은 잠재적으로 치명적(결핵, 사스, 황열병, 웨스트나일 바이러스, 몇 종의 뇌염)이면서 코와 입으로 흡입할 수 있는 미생물을 다룬다. BSL-1과 BSL-2의 주의 사항 외에도, 직원은 보호복을 입어야 하고, 예방접종을 받아야 하며, 의료감시를 받는다. 시설은 사고를 예방할 수 있는 일련의 안전 설비를 갖춰야 하는데, 특수 환기 장치가 그런 예다.

- 생물안전 레벨 4(BSL-4)의 실험실은 최고 수준의 주의 사항이 요구된다. 직원들이 다루는 병원체는 인간에게 위중하거나 치명적인 병을 일으킬 수 있으며, 현재로서는 백신이나 치료법이 없다. 에볼라가 대표적이다. 이 단계에서 주의 사항으로는 공기 흐름 장치, 다수의 격리실, 밀폐 용기, 특수 기밀복, 모든 절차(기구 오염 제거, 집중적인 직원 교육, 시설 접근을 통제하는 높은 수준의 보안 등)에 대한 사전 규약이 있다.[37]

서 누군가가 치명적인 바이러스에 노출될 가능성은 어떻게 하겠는가?

최고 수준 생물안전 레벨(BSL-4)의 생물실험실에서 일하는 과학자들은 자기 자신의 목숨을 스스로가 책임지면서 일한다. 에볼라가 돌았던 서아프리카에서 보건 종사자들이 그랬듯이 실험실에 들어간 과학자들도 우주복처럼 생긴 옷을 입고 스스로를 보호한다. 질병 확산을 막는 백신을 개발하기 위해 이 과학자들은 병원균을 역설계하면서 그 치명성을 해독解讀하고, 그런 뒤 그걸 물리칠 방법을 알아낸다. 그들은 천연두나 탄저균처럼 잘 알려진 병원균을 다루기도 하지만, 무기화된 바이러스에 대적할 수 있는 약물을 개발하기도 한다.

안타까운 일이지만, 생물안전이 최고 수준인 실험실들도 절대 안전에는 이르지 못한다. 애틀랜타에 있는 CDC의 실험실들을 생각해보자. 이곳은 세계에서 공식적으로 천연두 균을 보유한 두 시설 중 하나로, 취할 수 있는 안전 조치를 모두 취한 곳이다. 하지만 그런 곳에서도 무시무시한 사고가 일어날 수 있다. 2009년 2월에 방호복을 입은 CDC 과학자 4명이 정화실에 들어갔다. 바이러스를 죽이는 화학물질로 샤워를 받고 옷을 갈아입을 참이었다. 그런데 샤워가 작동하지 않았다. 출입문 가장자리를 에워싼 개스킷이 공기가 빠져 오므라들어 있었다. 과학자들이 비상 샤워장치를 작동시켰지만 감염병 실험실과 통하는 문도 닫히질 않았다. 기압 경고등이 깜빡거리고, 모니터가 붉게 변했다. 한 생물안전 전문가는 그날 사건이 재난영화의 대본 같았다고 회고했다.[38]

2014년에만 미국에서 어떤 사건들이 발생했는지 알아보자.

- 유타주에 있는 미군의 더그웨이프루빙그라운드Dugway Proving Ground 실험실은 살아 있는 탄저균 샘플('죽었음'이라고 표시되어 있었다)을 미국과 세계 전역의 몇몇 실험실에 발송했다.[39]
- 어떤 사람이 메릴랜드주 베세즈다에 있는 실험실의 저장 시설에서 60년 된 천연두 유리병을 발견했다. 3세대가 흘렀음에도 바이러스

는 여전히 살아 있었다.[40]

- 미국 농무부의 과학자들이 실험에 쓸 보통 독감 바이러스 샘플을 보내 달라고 CDC에 요청했다. 하지만 바이러스가 예상과 다르게 행동하는 것을 보고 농무부 과학자들은 그것이 치명적인 H5N1이란 걸 알았다.[41]
- CDC 실험실에서 CDC 직원 86명이 살아 있는 탄저균에 잠재적으로 노출되었다.[42,43]

2015년 10월에 백악관은 연방 실험실의 안전을 개선하는 지침을 발표했다. 이에 맞춰 미국 농무부와 CDC는 연방선택적작용제프로그램Federal Select Agent Program•의 조사 결과를 보고했다. 이 프로그램의 목적은 잠재적으로 위험하고 치명적인 병원균을 취급하는 중요한 연구가 가능한 한 위험하지 않고 안전하게 이뤄질 수 있도록, 선택된 병원체와 독성 물질에 대한 소유, 사용, 이동을 규제하는 것이다. 보고서는 2014년에만 바이오테러 바이러스 및 박테리아와 관련된 안전사고가 230건 이상이었다고 발표했다. 잠재적 노출 때문에 종업원 수백 명을 격리해야 했었다. 몇몇 연구소는 면허를 정지당했다. 규정을 위반하여 긴급한 위험에 대한 우려를 크게 증폭시켰기 때문이다.[44]

아찔한 결과가 나오자 그 후속 조치로 미국회계감사원은 그런 사고가 정확히 얼마나 자주 발생하는지를 조사했다. 조사관들은 미국의 공

• 선택적 작용제(Select Agent)란 국민의 보건과 안전, 동식물 건강, 동식물 생성물 등을 심각하게 위협할 의도가 있는 병원체나 독성 물질을 말한다.

공 및 사설 연구소에서 이런 문제가 얼마나 자주 발생하는지 확인이 불가능하다고 결론지었다. 주된 이유는 조사관들이 사용하는 보고 양식이 그런 사고를 표시하거나 추적할 수 있게 만들어지지 않아서였다. 《USA 투데이USA Today》는 회계감사원의 결과를 요약하면서, "연방선택적작용제 프로그램과 국립보건원은 유전자 변형 병원균을 취급하는 연구를 감독하는 기관임에도, 양 기관 모두 2003년에서 2015년까지 불활성 사고가 정확히 몇 번 일어났는지에 대해 회계감사원 조사관들에게 자료를 제공하지 못했다"고 보도했다.[45] 또한 보고서는 다음과 같이 지적했다. "미국은 이런 조사를 통해 실험실 증가와 관련된 위험을 확인할 수 있는 국가적 전략이 부재하다."[46]

실험 실수는 세계 어디에서나 일어날 수 있다.[47] 독일의 한 과학자는 에볼라에 오염된 주삿바늘로 자신의 몸을 찔렀다. 오스트리아의 한 연구소에서는 치명적인 조류독감인 H5N1 바이러스 샘플이 계절성 독감 샘플과 섞이는 사고가 일어났다.[48] 영국에서는 과학자들이 죽은 탄저균 샘플을 영국과 아일랜드의 다른 연구소들에 보내려 했으나, 시험관들이 섞이는 바람에 죽은 재료가 아닌 살아 있는 재료가 발송되었다.(2014년에 《가디언Guardian》은 영국의 연구소들이 저지른 안전 위반이 100건 이상이었다고 보도했다.[49]) 그런 실수는 전 세계에서 발생한다.[50]

다음으로 자원이 제한된 나라에서 어떤 상황이 벌어지고 있는지 알아보자. 2010년에 미 상원의원 리처드 루거Richard Lugar와 펜타곤의 무기통제 팀은 아프리카의 실험실이 어떤 상태인지를 파악하기 위해 부룬디, 우간다, 케냐를 방문했다. 그리고 소름 끼치는 장면들을 목격했다. 케냐의 한 실험실은 탄저, 에볼라, 마르부르크 바이러스를 저장하고 있었는데, 담장이 낮아 사다리 이용이 쉬웠고 슬럼가 안쪽에 위치해 있었다. 또한 장비가 노후화된 탓에 아프리카인 연구자들은 대용량 바이러스 샘플을 사용해야만 했다.[51]

심지어 병원균은 아무도 알지 못하는 경로로 실험실을 빠져나가기도 한다. 루이지애나주 툴레인대학교에서 붉은털원숭이 한 쌍이 유비저類鼻疽, Melioidosis라는 병에 걸렸다. 유비저는 동남아시아의 흙과 물에서 사는 유비저균이 일으키는 치명적인 병이다. 원숭이가 어떻게 감염됐는지 아무도 몰랐고, 연구소 부지에 그 세균이 퍼져 있을지 모른다는 우려만 상당했다.[52]

당연히 우리는 다음과 같이 물을 필요가 있다. 이 모든 실험실에서 누가 제대로 일하는가? 그리고 한 동료가 일과에 따라 늦게까지 일하면 그에 대한 추적 조사는 누가 하는가? 지금은 해체된 선샤인프로젝트Sunshine Project의 창설자 겸 정책 연구원 에드워드 해먼드Edward Hammond는 《뉴스위크》에서 이렇게 말했다. "미국의 어느 실험실에서도 누구 하나 책임지고 주의를 기울이는 사람을 찾아볼 수 없고, 그래서 직원들이 잘 관리되고 있는지 알 길이 없다."[53] 연방선택적작용제프로그램에 관한 보고에 따르면, FBI는 보안을 위협하는 16명에게 실험실 근무를 중지시켰다고 한다. 유죄 판결을 받은 흉악범 6명, 탈주범 2명, '정신박약자'로 밝혀진 사람 1명이 포함되어 있다.[54]

과학자가 신처럼 행동할 때

2011년 9월 몰타섬에서 푸른 눈, 은빛 머리, 친절한 인상의 네덜란드인 론 푸시에Ron Fouchier는 유럽인플루엔자과학연구그룹European Scientific Working Group on Influenza의 동료 연구자들에게 인플루엔자에 관한 프리젠테이션을 진행했다. 에라스무스대학교에 근무하는 푸시에는 그 자신과 동료들이 H5N1(고병원성 조류 인플루엔자)로부터 정말 지독한 돌연변이를 만들어 내서는, 그 감염력이 높은 변종을 실험실에서 흰족제비들에게 퍼뜨렸다고 발표했다. 지금까지 자연적으로만 존재했던 위험한 생명체가 권위 있는 연구소에서 진지한 과학자들 손에 개조된 유전자 서열을 갖게 된 것이다.

푸시에는 아무리 생각해봐도 나쁜 사람이 아니다. 오히려 좋은 사람 축에 든다. 자연적으로 발생하는 다음 팬데믹으로부터 대중을 지키기 위해서는 푸시에 같은 과학자들이 미생물의 생물학적 특성을 이해해야 한다.

"평범한 인수공통감염 바이러스와 팬데믹 바이러스는 어떻게 다른가?" 그가 묻는다. "그걸 알 수 있다면 우리는 자연에서 그 바이러스들을 추적할 수 있고, 어느 바이러스를 주의 깊게 지켜봐야 하는지도 알 수 있다."[55] 하지만 그가 했던 그런 연구는 미디어에는 무서운 이야기들을, 과학계에는 격한 논쟁을 불러일으켰다.[56,57] 비판자들은 그가 하고 있는 바로 그런 연구, 즉 유전자를 조작해서 세균을 더 강하게 하는 이른바 '기능 획득'에 대한 연구는 너무 위험하다고 말한다.[58] 어떤 이들은 실험실에서 개조된 바이러스가 내가 방금 언급했듯이 실수로 탈

출하기라도 하거나 나쁜 사람의 손에 들어간다면 그야말로 큰일이라고 걱정한다.[59]

이에 대해 푸시에는 다음과 같이 주장한다. 보안이 철저한 그의 실험실은 안전 및 보안 장치가 지나칠 정도로 많아서, 바이러스가 탈출할 가능성이 전무한 것은 아니지만 극도로 미미하다. "이 연구는 고도의 통제하에 있으며, 우리는 끊임없이 관리 감독을 받는다. 유전자 조작 바이러스를 가진 동물(흰족세비들)은 밀폐된 강철 우리 안에서 산다. 작은 틈이 생긴다 해도 바이러스는 그 우리를 빠져나가지 못한다. 우리를 둘러싼 공간의 기압이 낮기 때문이다. 연구원들은 방호 장비를 완벽하게 갖추고 접근하며, 예방접종을 해서 그 바이러스에 면역력도 갖고 있다. 실험실과 장비들은 압력이 떨어지거나 새지 않는지 전자장비로 항상 모니터한다. 이 연구를 여러 해 동안 해왔지만 사고는 한 번도 일어나지 않았다."[60] 직원을 선별하는 일도 신중하게 이뤄진다.

하지만 하버드보건대학원의 전염병학자 마크 립시치Marc Lipsitch는 의심의 눈길을 거두지 못한다. 립시치는 이런저런 과학 저널에서 푸시에와 치열한 논쟁을 해온 학자로서, 생물안전을 담당하는 네덜란드 공무원이 그 나라의 기록은 비교적 허술하다고 언급했음을 지적한다. 립시치는 이렇게 말한다. "실험을 아무리 신중하게 해도, 실패하는 경우가 나올 수 있다. 이 연구를 하고 있는 실험실에서 실험 기술자가 흰족제비로부터 나온 어떤 것을 들이마시는 일은 불가능할 수 있지만, 경험적 기록이 보여주는 바에 따르면 누군가가 고도의 생물안전 단계에서 취급해야 할 물질을 다른 무언가로 혼동하는 경우가 1년에 몇 번씩은 발생한다. 높은 레벨의 실험이 100퍼센트 확실하게 이뤄졌다 할지라도, 사람이 문제를 일으킬 수 있다. 인간이 가장 확실한 가정에 사로잡힐 때 증거는 정반대 방향을 가리키는 경향이 있다."

한 사람이 노출 사고로 죽는다면 그건 두렵긴 해도 '받아들일 수 있다'. 하지만 수억 명을 죽음으로 내몰 수 있는 사고는 완전히 다르다고 립시치는 주장한다. "이러한 연구로 인해 소규모 발발이라도 일어난다면 과학 연구는 수십 년 후퇴할 것이다. 게다가 독감을 연구할 방법은 부지기수다. 기능 획득 연구가 보여줄 수 있는 것과 똑같은 결과를 입증하면서도 훨씬 더 안전한 방법으로 진행할 수 있는 실험은 많다."[61]

스탠퍼드대학교 미생물학자 데이비드 렐먼David Relman 박사는 유전자 변형 독감 바이러스와 관련된 연구가 계속 발표되고 있다고 지적하면서 이렇게 말했다. "이런 실험이 출현할 때마다 판돈이 조금씩 커진다. 새로운 차원의 위험들이 생겨나서 결국 다음과 같은 질문이 우리 앞을 가로막는다. 이 모든 것을 우리가 받아들일 수 있는가?" 케임브리지연구그룹Cambridge Working Group은 실험실 사고 및 오류의 빈도를 걱정하면서, 연구자들은 위험한 병원균이 튀어나올 수 있는 실험을 일단 중단하고 그 위험과 이익을 더 잘 평가할 수 있을 때까지 기다려야 한다고 믿는다. 과학을 위한 과학자들Scientists for Science이라는 다른 그룹은 실험을 제약하는 것은 좋은 방법이 아니며, 이른바 실험실 안전에 초점을 맞추는 것이 가장 좋은 방책이라고 생각한다. 이 두 그룹은 지지자가 각각 100명 이상이며, 그중에는 노벨상 수상자도 있다.(2016년 3월 미국국립과학아카데미는 기능 획득에 관한 제2차 심포지엄에서 이 논쟁에 대한 새로운 증거와 통찰을 추가하고, 중요한 국제적 관점을 채택했다.[62] 하지만 그로 인해 이런 연구의 이득과 위험에 대한 선택적 균형에 우리가 얼마나 가까이 다가갈 수 있게 되었는지는 불확실하다.)

문제는 이것이다. 어떤 연구가 허용 기준을 통과하는가? 이건 멈춰서 생각해봐야 할 문제이자 해묵은 문제다. 메리 셸리Mary Shelley의 걸작 《프랑켄슈타인Frankenstein》에서 괴물을 창조한 과학자는 자신이 순수한 사명에 따라 그렇게 한다고 생각한다. 살아 있는 인간을 창조함으로써 생명의 근원을 밝히고 자신의 지식을 입증하기 위함이라고. 소설의 주인공 빅터 프랑켄슈타인은 순수한 지식을 추구하긴 했으나 자신의 연구에서 파생될 결과는 미처 생각하지 못했다. 소설 속에서 그는 이렇게 이야기한다. "한 사람의 생사는 내가 추구하는 지식의 무게에 비하면 작은 대가에 불과하다. 나는 우리 인류의 근원적인 적을 제압하고 그 지배권을 획득하여 후대에 물려주고자 한다."[63] 유전 물질을 변형시키는 데 그치지 않고 생명까지 창조하게 하는 기술에 기대어 유전자 서열을 엉망으로 흩뜨리는 것이 요즘 과학계에 대유행하고 있다는 사실을 알았다면 셸리는 이를 소재로 어떤 소설을 썼을까?

그 기술, 크리스퍼CRISPR는 두 명의 과학자가 개발했다. 캘리포니아대학교 버클리캠퍼스의 제니퍼 다우드나Jennifer Doudna와 베를린 막스플랑크연구소의 에마뉘엘 샤르팡티에Emmannuelle Charpentier가 그들이다. 유전체공학은 1970년대부터 존재했지만, 크리스퍼-카스9이 생긴 뒤로 과학자들은 세포 속 DNA에 변화를 가할 수 있게 되었다. 크리스퍼는 박테리아가 파지(또는 박테리오파지)라 불리는 작은 바이러스의 유전체를 떨어내기 위해 태초부터 사용해온 방법으로, 오늘날 전 세계 과학자들이 이 기술에 열광하고 있다. 박테리아에 기초를 둔 크리스퍼 기술은 저렴하고, 정밀하고, 정확하고, 유망하다. 많은 사람이 크리스퍼 덕분에 인류를 괴롭혀온 질병이 끝날 것으로 기대한다. 과학자들은 이미 지카와 싸울 목적으로 그 기술을 이용해 모기 유전자를 변형하고 있다. 또한 HIV와 에이즈, 낭포성 섬유증, 암, 파킨슨병, 알츠하이머병 등의 치료법을 찾는 일에도 크리스퍼를 활용하고 있다.

이 기술이 특허권 전쟁을 부추기는 바람에 현재 전 세계에서 수많은 과학자들이 크리스퍼 기술의 도움으로 제약학계의 금메달을 따려고 열심히 경주하고 있다. 많은 나라의 연구팀들이 인간에게 돼지 장기를 안전하게 이식하고, 유전성 실명을 예방하고, 새로운 치료제를 개발하고, 심지어는 마스토돈• 같은 멸종 동물을 되살리는 방법을 찾기 위해 유전자를 만지작거리고 있다.[64]

심지어 과학자들은 크리스퍼 기술로 인공 미생물까지 만들었다. 2010년, 캘리포니아주 라호야에서 유전체를 연구하는 제이크레이그벤터연구소JCVI의 소장 크레이그 벤터Craig Venter는 그의 팀이 크리스퍼-카스9을 이용하여 진짜 합성으로 'JCVI-syn1.0'이라는 새로운 생명체를 만들어냈다고 발표했다. JCVI-syn1.0은 염소에게 유선염을 일으키는 기존의 박테리아에 기초를 둔 생명체이지만, 실은 10여 년이라는 시간과 4000만 달러를 들여 과학자 20명에게 만들게 한 화학물질들로 합성되었다. JCVI-syn1.0은 새로운 형태의 진화를 통해 번식력까지 갖추었는데, 3시간마다 개체수를 두 배씩 늘리면서 자신의 유전자를 후대에 물려준다. 벤터는 자신의 인스타그램에서 "JCVI-syn1.0은 인류를 위해 새로운 생명이 만들어진 새로운 시대의 아침을 예고한다"고 주장했다.[65]

• 신생대 제3기에 번성했던 절멸 코끼리의 일종.

그 시대는 바이오연료와 그 밖의 것들을 만들어낼 줄 아는 박테리아로 시작한다면서.[66]

크리스퍼-카스9의 사용을 둘러싸고 명백한 윤리적 문제들이 존재하는데, '디자이너 베이비'•[67]와 인간 유전자 조작('인간 생식세포 변이')이 대표적이다. 또한 사고 가능성도 걱정스럽다. 세계 각지에 흩어져 있는 생물실험실 중 적어도 몇몇 곳에서는 크리스퍼 기술을 이용해 더 강한 악성 바이러스를 개발하고 있지 않을까 하는 것은 지나친 상상이 아니다. 개릿이 지적했듯이 아직 어떤 나라도 크리스퍼 관련 규제를 채택하지 않았으니, 만일 통제받지 않는 거대한 DNA 실험이 시작되거나 천연두의 어떤 변종이 세상에 풀려난다면 과연 어떻게 될까?[68] 존스홉킨스 보건안보센터Center for Health Security의 주임인 기기 퀵 그론발Gigi Kwik Gronvall 박사는 이렇게 말한다. "유전자 합성 기술에 전 세계 사람이 접근할 수 있고, 천연두를 포함한 바이러스들의 유전자 서열 대부분이 인터넷에 올라와 있으므로, 오늘날 천연두가 복귀할 가능성이 있다."[69] 또한 바이오테러범들이 통신판매로 구입한 DNA 키트와 만천하에 공개된 서열 자료를 이용한다면 오래전에 멸종한 질병들이 부활할 수도 있다.[70]

과학기술이 대개 그러하듯 크리스퍼-카스9 역시 좋게 쓰일 수도 있고 나쁘게 쓰일 수도 있지만, 이 경우에 그걸 나누는 선은 특별히 애매하다. 만일 어느 과학자가 에이즈나 선페스트의 치료법을 찾다가 우연히 훨씬 더 위험한 박테리아나 바이러스를 만들어내고 그 결과가 파국으로 이어진다면 어떻게 되겠는가? 유전자를 편집할 때 사고가 일어나

• 체외수정으로 얻은 배아를 선별하여 태어나게 한 아기.

인간이 질병에 더 취약해질 수도 있다. 옥스퍼드대학교 인류미래연구소 Future of Humanity Institute는 그런 위험에 대한 권고사항을 발표하면서, 푸시에와 같은 종류의 연구를 하는 과학자라면 "이중 어떤 연구는 받아들일 수 없는 위험을 내포하고 있으며, 적절한 완화 조치가 없다면 수행해서는 안 된다는 것을 인정해야 한다"고 주장했다. 옥스퍼드의 저자들은 또한 그런 연구를 할 때는 의무적으로 책임보험을 들어야 한다고 요구한다. 그런 유인책이 있다면 연구자들은 실험실의 생물안전성을 높은 수준으로 유지하고자 할 것이다.[71] 다른 이들은 위험한 DNA 서열을 합성하지 못하게 하는 체계적인 면허 규약이 있어야 한다고 주장한다.[72] 어떤 이들은 역효과를 일으킬 수 있는 연구에 대해서는 정부가 발표를 제약해야 한다고 생각한다.[73]

혹은 테러 조직에서 일하는 과학자가 이 기술을 이용하여 새로운 선페스트 변종을 풀어놓는다면 어떻게 되겠는가? 프랜시스크릭연구소 Francis Crick Institute의 유전학자 로빈 로벨-배지Robin Lovell-Badge는 《가디언》에서 이렇게 말했다. "그런 일을 하는 나쁜 의사들이 있을지 모른다는 생각에 걱정이 이만저만이 아닙니다." 또한 워싱턴에서 열린 미국과학발전협회 회의에서는 기자들에게 이렇게 말했다. "나는 정말로 두렵습니다. 그건 이 분야에 치명적이죠."[74] 국토안보부의 국장을 지낸 대니얼 거스타인Daniel Gerstein은 다음과 같이 말했다. "합법적인 생명공학 연구를 위해 설계된 어떤 기술이 이런 식으로 대량 파괴 무기와 관련되어 있다니 흥미로운 일이 아닐 수 없다."[75]

유전공학 기술을 사용하는 것에 대한 국제적인 합의와 보안 점검을 강화한다면 문제가 해결될까? 그럴 수도 있지만, 광적인 속도로 뛰어가는 유전체 개발과 거북이처럼 걸어가는 국가적·국제적 협약의 시차를 고려할 때, 이 경주는 생물실험실의 승리로 끝날 확률이 높다. 현재 대부분의 나라는 인간 유전자를 개량해서 디자이너 베이비 같은 것을 만드는 일에 이 기술을 사용하지 못하도록 금했지만, 모든 나라가 그런 건 아니다. 39개 나라에 법과 가이드라인이 존재하고, 29개 나라에 유전체 편집을 제한하는 취지로 해석할 수 있는 규정이 있으며, 그중 몇 개 나라(일본, 중국, 인도 등)의 금지 규정은 법적 구속력이 없고, 다른 9개 나라(러시아, 아르헨티나 등)의 규정은 애매하다.[76] 게다가 가이드라인과 애매한 규정은 집행하기가 쉽지 않다.[77,78]

만일 당신이 테러 조직의 대량살상에 일조하고자 하는 나쁜 과학자라면 실제로 법과 규정 따윈 신경 쓰지 않을 것이다. WHO에서 일했고 빌 클린턴Bill Clinton, 조지 부시George W. Bush 대통령 시절 백악관에서 일한 생물보안 전문가 케니스 버나드Kenneth Bernard 박사는 '국제적 준수'라는 생각은 헛소리에 가깝다고 생각한다. 그가 내게 말했다. "러시아는 생물무기금지협약에 서명한 후에도 천연두를 3톤이나 생산했습니다. 그런 협약을 맺으면 사람들의 행동이 바뀔 거라는 생각은, 공항 검색대에서 신발을 벗게 한 후 금속탐지기를 통과시키는 것과 같지요. 쉽다는 이유에서 말입니다. 속옷 폭탄이 있을지 모르는데 절대로 속옷을 벗게 하진 않아요. 국제 협약이든 공항에서 속옷을 검사하는 것이든 사람들은 그저 조치를 취하고 뭔가 하기를 원하는 겁니다. 우리가 더 안전해질 수 없다 하더라도 말이죠."[79]

생물 위협에 대비해 무엇을 해야 하는가?

영국 정부는 매 2년마다 영국 국민에게 닥치는 사회적 비상사태의 위험도를 평가한다. 인간의 복지를 위협하는 사건이나 상황도 여기에 포함된다. 다음 5년 동안 무서운 일이 일어날 가능성에 기초하여 위기의 심각성을 배정한다. 상대적으로 규모가 작은 생물 공격에 대비하여 영국 정부는 다음 사항들을 권고한다.

- 응급 구조대는 생물학적 사건 수습에 관한 전문 교육을 받아야 하며, 위험한 환경에서 작업할 수 있고 사상자를 구조하고 치료할 수 있는 보호 장비를 갖춰야 한다.
- 구급차와 소방 구조대는 오염된 사람들을 정화할 수 있어야 한다.
- 지방정부는 집에서 탈출하거나 사건에 연루된 사람들을 위해 구조본부를 세울 계획이 있어야 한다.
- 비전문 응급 구조대도 생명 구조 활동을 수행할 수 있도록 교육한다.
- 효과적이고 일사불란한 대응을 위해 정기 점검을 실시한다.
- 국가는 백신, 의료 물자, 기타 대응 수단을 비축하고 그 분배를 계획한다.
- 피난 장소와 대피소를 준비하고 지을 계획이 있어야 한다.
- 소통을 활발히 하여 국민이 위험을 최소화하기 위해 스스로 할 수 있는 일을 알아야 한다.[80]

9/11 테러 이후로 미국은 방어 태세를 강화하고자 다방면으로 노력

해왔다. 예를 들어 정부는 모든 국민에게 접종할 수 있는 양만큼 천연두 백신을 비축하고, 바이오워치BioWatch라는 프로그램으로 미국 주요 도시에 감지기를 설치해서 해로운 화학물질과 생물 작용제를 탐지하기 시작했다. 또한 보건복지부 안에 생물의약품첨단연구개발국BARDA을 새로 두어 긴급한 보건의료 상황에 필요한 백신, 약물, 치료제, 그리고 진단 도구의 개발과 구매를 감독하게 했다. BARDA는 여러 세균에 대비한 백신들을 비축하고 있으며, 팬데믹이 발발할 때 사용할 백신을 획보하기 위해 노력하고 있다.

이렇게 다양한 예방책과 더불어 부와 능력까지 갖추고 있음에도 미국의 생물방어는 통합된 지휘체계라는 측면에서 놀라울 정도로 부실하다. 이 문제의 한 원인은 테러를 다루는 군사적 생물방어 분야와 그러길 원치 않는 공중보건 분야의 문화적 충돌이라고 버나드는 말한다. "두 분야의 차이는 소아과 의사와 신경외과 의사의 차이와 같습니다. 온갖 이유로 서로의 입장이 통하지 않지요. 만일 당신이 별 네 개 단 장군에게 가면, 그는 이렇게 말할 겁니다. '나는 바이오테러에 관심이 없습니다. 보건 분야는 당신이 전문가이니, 바이오테러는 당신이 신경 써야겠지요.' 국가 안보 차원에서 보건 문제를 제기하는 일은 이렇게 불가능하지요."[81]

이는 이스라엘 같은 나라의 준비 태세와 확연히 다르다. 이 나라는 테러 진압에 익숙하다. 예를 들어, 이스라엘은 모든 병원에서 2년마다 한 번씩 바이오테러 훈련을 실시한다. 훈련이 끝날 때 구조대와 병원 경영진은 시험을 치러야 한다. 미국 생물방어과학위원회National Biodefense Science Board의 한 위원이 그 훈련을 목격한 뒤, "미국에서는 체계적으로

대비가 중요하다[82]

2015년 10월, 초당파적이고 권위 있는 생물방어 전문가 조사단이 보고서를 발표했다. 미국이 생물 공격에 얼마나 잘 대비되어 있는지를 평가하는 내용이었다. 무엇보다 이 보고서는 백악관에서부터 지역사회에 이르기까지 총체적으로 훨씬 더 조화롭게 집중된 리더십을 구축해야 한다고 요구했다. "간단히 말해서 국가는 다른 위협들에 대비하는 것과 같은 수준으로 생물 위협에 대비해서는 안 된다." 그런 뒤 보고서는 이렇게 지적했다. "하지만 생물방어를 이끌 핵심 지도자가 없고, 생물방어를 펼칠 포괄적인 국가 전략 계획이 없으며, 생물방어에 쓰일 총괄적인 예산도 부재하다."
이 초당적인 보고서는 국민의 생명이 걸려 있기 때문에 가장 긴급히 실행해야 할 프로그램, 입법, 정책의 개선점을 33항으로 요약해서 내놓았다. 보고서는 아래와 같은 행동을 권고하면서 미국 정부가 향후 5년 이내에 이행할 것을 주장했다.

- 약품, 백신, 장비, 현장 진료 기술, 검사 능력 등 전반적인 의료 대응책을 개발하고 보급한다.
- 질병 유발제가 공기, 물, 토양을 오염시킨 경우를 대비하여 일사불란한 정화 및 치료 계획을 수립한다.
- 응급 구조대와 그들의 가족이 보호를 받는다고 느낄 수 있게 한다(그렇지 않으면, "그들은 시민과 그 가족이 아니라 그들 자신과 그 가족을 보호하려 할 것"이라고 보고서는 지적했다). 예를 들어, 한 조사에서 백신과 보호 장비가 없어도 의무를 수행하겠다고 대답한 낙하산 부대 위생병은 20퍼센트에 불과했다. 그런 보호책이 제공되는 조건에서는 91퍼센트였다.[83]
- 병상 준비율을 높인다. 2014년 에볼라가 발발한 동안 우리는 병상 준비율이 천차만별인 것을 분명히 확인했다. 몇몇 병원은 감염 환자 치료센터로서 부족함 없이 준비가 잘 되어 있었던 반면에, 대다수 병원은 전혀 준비가 안 되어 있었고, 환자를 따라잡느라 허우적거렸다.[84]
- 정보 수집과 공유를 활발히 한다. 보고서는 이렇게 말한다. "생물위협 국가정보관리자가 생물 정보를 관리해야 한다. CIA가 아니라 그들이 생물 정보 활동에 대한 자금 지원과 분배를 책임져야 한다."
- 동물보건 기관과 환경보건 기관 사이에 완벽한 협조가 이뤄지게 한다. 우리가 직면한 바이오테러 위협은 천연두를 제외하고는 모두 인수공통감염이라는 점을 명심한다. 이를 위해, 전 국민이 신고해야 할 가축 질병 목록을 개발하고, 생물방어 전담 기

관들에 쉽게 접근할 수 있는 보고 체계를 수립한다.

- 가장 위협적인 작용제들의 서열을 포함하여, 병원균의 유전자 서열이 담긴 데이터베이스를 구축하고 해킹에 대비한다.
- 의회가 생물방어에 관한 군·민 협조 명령을 발포한다.
- 알려진 것과 알려지지 않은 것을 포함하여 모든 생물 위협을 파악하는 환경 탐지 시스템을 개발한다.

보고서는 그 외에도 다음과 같은 것들을 요구했다. 생물방어 예산분석 개선, 생물방어 프로그램에 대한 다년간 지원, 지역사회 정보 강화, 상시 및 응급 내비 노력, 위험 분신 개선, 국민을 보호하기에 부족함이 없는 백신과 의료 응급 키트 확보, 신속한 현장 진료·진단을 위한 물류 및 신기술 향상, 연구 기관과 보안 기관의 자료 공유, 연방선택적 작용제프로그램에 대한 철저한 검토 등등.
하지만 궁극적으로 가장 중요한 것은 리더십이라고, 케니스 버나드와 랜돌 라슨은 한 목소리로 주장한다. 두 사람은 위의 연구에 함께 참여했다. 버나드가 말한다. "지금 이 순간 백악관이나 유엔UN에는 국가나 국제 사회의 구심점 역할을 할 인물이 없다. 이건 국가와 국제 사회의 안보 문제이며, 동시에 개인과 지역사회의 안보 문제다. 이 두 차원의 안보 문제는 그 주민 구성을 볼 때, 완전히 다르다." 한편 라슨은 공격을 당해보기 전에는 상황이 변하지 않을 거라고 생각한다.

는 물론이고 지역 자원에서도 이렇게 하지 않는다"고 말하고, 이스라엘의 의료 시스템을 보고는 "놀라울 정도로 협조가 잘 이뤄진다"고 덧붙였다.[85]

* *

이 장에서 나는 바이오테러, 바이오에러, 그리고 프랑켄슈타인 박사에 의해 설계된 병원균이 얼마나 위험한지에 초점을 맞췄다. 내가 이 장과 앞의 두 장에서 묘사한 내용에 여러분이 두려움을 느꼈다면, 그건 당연하다. 나는 현실이 그와 다르기를 바라지만, 애석하게도 그렇지 않다. 하지만 이러한 경고를 통해 우리는 생물 위협에 대한 현명한 대응이 어떤 것인지를 생각해보게 된다.

5장

안이함의 대가

팬데믹이 닥치면 세계적으로 수백만 명이 죽는 것 외에도
세계적인 경기 침체와 거대한 사회적 격변이 밀려올 것이다.

> 다음 이야기는 디스토피아에 버금가는 악몽이자 바로 내일 일어날 수 있는 일이다. 인간의 통제를 벗어난 팬데믹이 의료 시스템을 압도하고 1년 이내에 수백만 명의 목숨을 앗아간다. 경제와 산업이 서서히 멈춰선다. 미국 국내총생산의 10분의 1인 3조 달러가 허공으로 증발하고, 감염에 대한 공포로 여행, 관광, 무역, 금융기관, 고용, 전체적인 공급망이 질식한다. 아이들은 학교에 가지 않는다. 소문이 돌고, 이웃이 이웃에게 죄를 뒤집어씌운다. 이럴 때마다 가장 큰 타격을 받는 가난한 실업자 수백만 명이 살아남기 위해 절도와 폭력을 저지른다. 최강의 부자 나라 미국에서 사람들이 굶주린다. 살아남은 사람에게 주어지는 것은 엉망이 된 삶뿐이다.

카를로 우르바니Carlo Urbani의 아내 줄리아니는 미친 듯이 화를 냈다. 줄리아니는 남편이자 세 아이의 아빠에게 따져 물었다. 도대체 왜 베트남 같은 위험한 델 가서 목숨을 걸고 환자들을 치료하는가?

"그런 데서 일할 수 없다면, 내가 무엇 때문에 존재하겠소? 이메일이나 주고받고, 칵테일 파티에 가고, 책상 앞에 앉아 서류나 뒤적이라고?" 인간 생명의 수호자인 우르바니는 사스에 맞서 싸운 영웅이다. 이 친절하고 마음씨 좋은 이탈리아 의사는 국경없는의사회 소속으로, 2003년 초 하노이에 수수께끼 같은 환자가 나타났을 때 베트남에서 일하고 있었다. 고개를 갸웃거리던 현지 의사들은 결국 권위 있는 임상 진단의, 우르바니를 불렀다. 문제의 환자는 48세 중국계 미국인 사업가 조니 첸 Johnny Chen으로, 폐렴, 고열, 마른기침 증세를 보이고 있었다.

처음에 우르바니는 첸이 조류독감에 걸렸다고 생각했지만, 그 진단은 맞지 않는 것 같았다. 임상학과 진염병학의 경험에 따라 우르바니는 첸이 다른 어떤 병에 걸린 듯하다고 생각했다. 필시 감염력이 높은 신종 질병이었다.

우르바니 박사가 호출된 시간과 병원에서 첸을 본 시간 사이에 미생물은 병원 내 환자와 직원들 사이로 빠르게 퍼지고 있었다. 많은 사람이 몇 주 이내에 사망했다.

첸은 홍콩 메트로폴호텔에 묵는 동안 사스에 감염되었다. 그가 묵은 방의 복도 맞은편에는 얼마 전에 중국 광둥에서 독감과 비슷한 증상의 환자들을 치료한 의사 류 지안룬의 방이 있었다. 며칠 안에 지안룬과 첸은 나란히 앓기 시작했다. 하지만 관광객들은 (아직은) 몸속의 위험을 경고해주는 증상이 나타나지 않았기 때문에 아무것도 모른 채 비행기에 올라 캐나다, 베트남, 싱가포르, 타이완으로 바이러스를 실어나르고 있었다.

21세기 최초의 치명적인 신종 감염병, 사스는 우르바니가 첸을 볼 당시만 해도 완전히 미지의 바이러스였다. 우르바니는 그런 감염병을 한 번도 마주한 적이 없었지만, 어떻게 해야 할지 바로 알았다. 그는 고성능 필터 마스크와 이중차단 가운 착용 같은 감염통제 절차를 실시하고, 베트남 보건부 공무원들에게 상황이 심각하다고 경고했다. 그런 뒤 우르바니 자신도 사스에 걸리고, 몇 주 후 격리 병동에서 인공호흡기를 단 채 숨을 거뒀다. 마지막으로 의식이 있을 때 그는 이렇게 부탁했다. 자신의 감염된 폐 조직을 도려내 과학을 위해 써달라고.[1,2]

도탄 효과: 위험 확산, 비용의 증폭

치명적인 병은 빠르게 이동한다. 2003년에 카를로 우르바니가 사망한 뒤 사스는 남아시아에서 중국, 캐나다, 그리고 거의 20개 나라로 순식간에 퍼져나갔다. 단 4개월 만에 사스는 전 세계에서 약 8000명을 감염시키고, 감염자의 목숨을 10퍼센트 가까이 앗아갔다.

이와 비슷하게 전염병학자들은 메르스가 중동에서 탈출하여 다른 먼 지역에 착륙할 거라고 예측했지만, 그것이 어디일지는 알지 못했다. 2015년 메르스는 드디어 죽음의 여행을 시작했다. 단 한 명의 여행객('최초 감염자')이 중동에서 한국으로 '낙타 독감'을 들여왔다. 3주 안에 몇십 명이 메르스 진단을 받고 9명이 사망했다. 7월에 유행이 멈출 때까지 한국에서 총 5200명이 격리되었고, 186명이 진단을 받았으며, 36명이 사망했다.[3]

이렇게 질병이 이동하는 속도는 내가 '도탄 효과'라 부르는 것이 무엇인지를 잘 보여준다. 현대 세계에서 한곳에서 나타난 치명적인 바이러스는 단 한 명의 환자에게 편승하여 비행기로 이동할 수도, 전 세계로 빠르게 퍼져나가 사실상 모든 나라를 위협할 수 있다. 우간다에서 처음

모습을 드러낸 지카는 2015년에 예기치 않게 브라질을 공격했다. 기니에서 발발한 에볼라는 2014년에 난데없이 텍사스주 댈러스를 덮쳤다. 멕시코에서 처음 나타난 H1N1 돼지독감은 2009년에 캘리포니아 남부를 충격에 빠뜨렸다. 만일 그런 위협이 단지 저기 어딘가에(아프리카에, 아시아에) 있다고 생각한다면, 그건 정말 위험한 착각이다. 이 도탄 효과는 위험을 증폭시켜 사람, 경제, 온 나라에 먹구름 같은 불확실성을 드리운다.

빠르게 이동하는 것 외에도 전염병은 천문학적인 비용을 초래한다. 사스는 세계 경제에 300억에서 500억 달러까지 부담을 지웠다.[4] 토론토에서만 세수가 약 10억 달러 줄었고,[5] 베이징에서는 한 주 주말에만 25만 명이 도시를 탈출하고, 유행이 계속되는 동안 방문객이 150만 명 줄었으며, 관광 수입이 20억 달러나 감소했다. 베이징은 학교와 대학, 극장, 인터넷 카페, 기타 레저 시설을 한 달 동안 폐쇄했다. 또한 사스가 유행할 때 싱가포르에서는 호텔의 객실 이용률이 20퍼센트 하락했고, 홍콩에서는 훨씬 더 많이 하락했다. 두 도시에서 소매업 매출은 반토막이 났다.

메르스가 덮쳤을 때 그 공황의 여파로 한국의 중앙은행인 한국은행은 기준금리를 역사상 최저로 낮췄는데, 한국은행장은 이것이 메르스의 경제적 파급을 완화하기 위한 선제 조치라고 설명했다. 한국에서 메르스로 인한 사상자는 비교적 적었지만 세수는 엄청나게 감소했다. 감염된 나라들에서 백화점 매출이 17퍼센트 감소하고, 해외관광객이 10만 명 이상이나 여행을 취소했다.

전염병은 왜 그리 높은 비용을 유발할까? 그 비용의 최소 절반은 지

최근에 발발한 전염병과 팬데믹의 경제적 충격

최근에 사스, H5N1 조류 인플루엔자, H1N1 돼지독감 펜데믹으로
각각 300억에서 550억 달러의 비용이 발생했다.

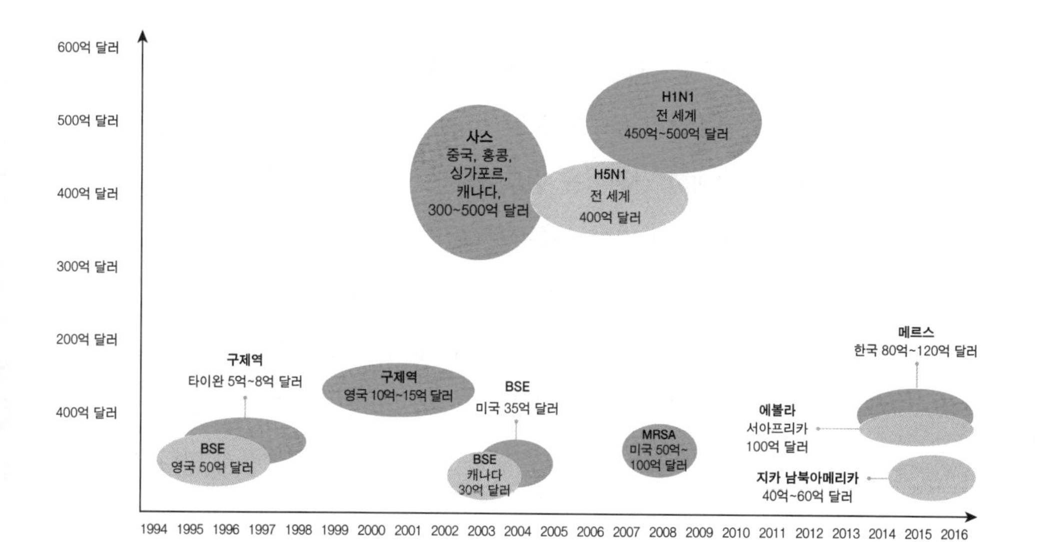

출처: Machalaba C, Daszak P, Berthe F, Karesh W. Added value of global health security. Consortium of Universities in Global Health 8th Annual CUGH Conference. 2017. Carroll D. The global virome project: A first step toward ending the pandemic era. Consortium of Universities in Global Health 8th Annual CUGH Conference. 2017.

역과 세계에서 크고 작은 기업이 쓰러지기 때문에 발생한다. 전염병은 국가 경제의 사실상 모든 부문(제조, 무역, 관광, 농업, 금융, 고용, 교육, 의료 등등)을 강타한다. 나머지 절반은 정부, 자선단체, 비정부기구 등이 질병 확산을 막는 데 쓰인다. 그런데 여기에는 사회 질서가 무너져서 발생하는 비용이나 생존자를 돌보는 비용은 포함되지 않는다.

혐오 행동과 연쇄 충격

심리학과 경제학에서 말하는 이른바 '혐오 행동(간단히 말해서, 무서운 사건을 멀리하고자 하는 인간의 욕구)'이 무엇인지 잘 보여주는 사례가 있다. 미국의 TV 유명인 알리 페도토우스키Ali Fedotowsky는 2016년 멕시코에서 열기로 예정한 성대한 결혼식을 취소했다. 그녀가 〈스카이뉴스Sky News〉 기자에게 말했다. "우린 굉장히 흥분했어요. 눈이 번쩍 뜨일 정도로 멋진 장소와 온 가족이 머물 빌라를 발견했죠. 그런데 모든 뉴스에 지카 바이러스가 퍼졌다는 얘기가 나와서 할 수 없이 취소했어요. 하늘이 무너지는 것 같았답니다." 그녀의 친구들은 대부분 아기를 키우고 있었기 때문에, 지카가 유행하는 곳으로 손님을 초대하는 것은 온당치 않다고 생각했다.[6]

페도토우스키 같은 부자들, 특히 북쪽 겨울의 지독한 추위에서 벗어나고 싶어 하는 이들에게 멕시코 해안, 카리브해, 플로리다의 진줏빛이 감도는 해변과 청록의 바닷물은 사람의 발길을 자석처럼 끌어당기는 곳이다. 하지만 전염병이 돌면 관광과 관련지을 수 있는 모든 것(호텔, 음식, 연예 등)이 가장 먼저 타격을 입는다.[7]

이 혐오 행동이 전염병의 직접적 결과(병, 장애, 죽음)와 결합하면, 한 나라 또는 한 지역의 보건, 사회, 경제, 영업에 연쇄 충격이 가해진다. 병에 걸리거나 격리당할 위험을 무릅쓰고 싶어 하는 사람은 없다. 혐오 행동에 사로잡힌 사람은 여행을 기피할 뿐 아니라 공연장, 쇼핑센터, 극장, 스포츠 경기장, 놀이동산, 기타 우리 인간이 모이기 좋아하는 장소를 모두 회피한다. 우리가 혐오 행동에 돌입하면 관광 안내원과 호텔 소유주에서부터 접대직원과 청소부에 이르기까지 여행과 관광업에 종사하는 모든 사람이 궁지에 몰린다. 전염병이 심각해질 때 여행, 관광, 예술, 오락 및 관련 분야에 소비자 수요가 80퍼센트까지 줄어들어 회사들은 대부분 현상 유지가 어려워진다.[8]

재난 규모의 전염병은 CEO의 악몽이다. 호텔, 항공, 타월 제조 등 세계적인 공급망에 포함된 모든 회사가 악몽을 피하지 못한다. 정말 두려운 것은, 전문가들의 말에 따르면 전염병이 발발하여 거대한 경제 위기가 닥칠 때 수많은 기업이 그들의 직원, 이익, 신망을 지키지 못할 거라고 한다. 전체 기업의 4분의 3 정도는 팬데믹에 대처할 적절한 계획을 갖고 있지 않으며, 약 4분의 1은 아무런 전략이 없다. 안심할 정도로 준비된 기업은 22퍼센트에 불과하다.[9]

아래는 구체적인 분야가 경제적 위협을 당하는 사례들이다.

병원. 환자 한 명을 치료하는 데 천문학적인 비용이 든다. 심각한 전염병이 발발하면 의료 시스템은 즉시 궤멸한다. 《이코노미스트Economist》의 한 기사가 지적했듯이, 에볼라가 유행할 때 라이베리아 봉 카운티에 병상 70개 규모의 시설을 지으려면 대략 17만 달러가 든다. 환자를 치료하고, 폐기물 관리와 사망자 처리 같은 일을 할 직원은 165명 필요하다. 덧옷, 가운, 시트, 모자가 하루에 100세트씩 소비된다. 병원 운영에 한 달에 약 100만 달러, 또는 침상 하나에 대략 1만 5000달러가 들어간다.[10]

미국에서 에볼라 환자 단 두 명을 치료할 때 네브래스카대학병원은 100만 달러를 썼다.[11] 미국 국토안보부에 따르면, 심각한 전염병이 유행한다면 새로 지을 임시 시설을 포함하여 의료 시설에 직접 들어가는 비

전염병의 연쇄 충격

전염병의 직접적인 효과가 혐오 행동과 결합하면
의료, 사회, 경제, 영업에 압도적이고 지속적일 수도 있는 연쇄 충격이 발생한다.

출처: Cost of the Ebola Epidemic, Centers for Disease Control and Prevention, 2016, https://www.cdc.gov/vhf/ebola/outbreaks/2014-west-africa/cost-of-ebola.html (2016년 7월 6일 접속); Machalaba C, Daszak P, Berthe F, Karesh W. Added value of global health security. Consortium of Universities in Global Health 8th Annual CUGH Conference. 2017.

심각한 팬데믹이 유행하는 동안 미국 산업이 겪게 될 잠재적 GDP 감소

비영리단체 미국보건트러스트Trust for America's Health는 미국에서 팬데믹이 발발하면 그 잠재적 충격이 1918 스페인 독감만큼 클 거라고 분석했다. 미국의 모든 주와 모든 경제 분야가 영향을 받아, 제조업, 운송업, 창고업, 숙박업, 외식산업에 약 300억~700억 달러의 손실이 발생할 것이다.

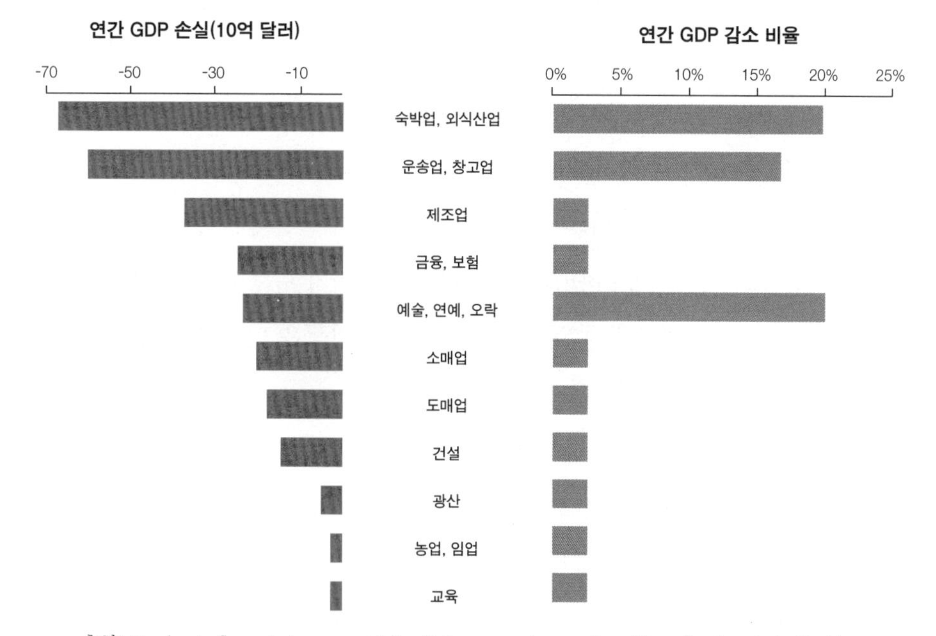

출처: Pandemic flu and the potential for U.S. economic recession. Trust for America's Health. 2015. http://healthyamericans.org/reports/flurecession/FluRecession.pdf(2017년 6월 24일 접속).

용이 미국에서만 800억 달러에 이른다고 한다. 미국 의료 시스템은 7주에서 10주 만에 포화 상태가 되고, 환자 300만에서 400만 명이 시설 부족으로 병원 문 앞에서 발길을 돌리게 될 것이다.[12]

의료 시스템이 붕괴하면 전염병으로 죽는 사람보다 무너진 의료 서비스 때문에 죽는 사람이 더 많을 수 있다. 아이들은 예방접종을 받지 못하고, 여자들은 혼자 출산해야 하고, 당뇨병 같은 만성질환이 있는 사람들은 생명과도 같은 치료제를 구하지 못한다. 에볼라가 유행하는 동안 사람들은 의료 시설과 의료 종사자들에게 가기를 두려워했으며, 보건 종사자도 다수 사망했다. 그 결과 에볼라로 1만 1000여 명이 사망한 것뿐만 아니라, 의료 서비스가 중단된 여파로 약 1만 600명이 에이즈, 결핵, 말라리아로 사망했다.[13] 에볼라 대응 쪽으로 자원이 몰리는 바람에 소아예방접종율도 30퍼센트나 하락했다.[14]

금융과 보험. 주식시장과 금융기관은 대중의 두려움, 불안, 지각된 위험에 극도로 민감하다. 투자한 지역에서 병이 발발하면 누구나 위험을 피하고자 돈을 회수하려 할 것이다.[15] 에볼라가 유행할 동안 다우지수가 40포인트 하락했다. 에볼라가 금융 종사자들을 덮쳐서가 아니라, 관광에 간접적으로 영향을 끼쳐서였다.

건강보험, 손해보험, 상해보험, 생명보험 회사들도 전염병을 걱정한다. 사망, 결근, 파산 등으로 천문학적인 보험금이 청구될 수 있기 때문이다. 어느 연구의 예측에 따르면, 미국 인구의 35퍼센트가 병에 걸리고 20만 명이 죽는다고 가정하면, 보험업계에만 400억 달러의 손실이 발생할 거라고 한다.[16] 많은 보험사업자에게 전염병은 타의 추종을 불허하는 극단적인 생존 위기로, 심각한 팬데믹이 발발하면 청구액 손실만으로 회사 가치가 최대 20퍼센트까지 증발한다.

농업과 임업. 가난한 나라에서 전염병은 자급 농업과 지역 시장에 잔인한 충격을 가한다. 3장에서 보았듯이 가축과 관련된 혼란 외에도, 농업에 의존하는 모든 곳의 경제가 타격을 입을 수 있다. 병든 닭과 오리, 돼지, 소를 선별해야 하는 것도 문제지만, 전염병이 지리적 특산물의 생산을 방해하기 때문이다. 예를 들어 가나와 코트디부아르에서는 에볼라 바이러스로 인해 코코아 수확이 급감했는데, 두 나라는 전 세계 코코아의 60퍼센트를 공급한다. 생산이 감소하자 2014년 10월 중순에 국제 코코아 가격은 20퍼센트 가까이 급등했다.[17]

라이베리아, 시에라리온, 기니에서 에볼라가 발발했을 때 이곳의 농업 생산과 소득은 가파르게 하락했다.[18] 농부들은 작물을 돌볼 수 없었으며, 그와 동시에 혐오 행동과 이동 제한으로 사람들은 시장을 멀리하고 식품을 구입하지 않았다.

이어지는 눈덩이 효과도 엄청나다. 농부들이 병에 걸리면 들판에서 일을 못하고, 그로 인해 소득이 줄고 음식이 부족해진다. 의료인들이 병들고 죽으면, 의료 서비스가 축소되어 더 많은 사람이 병들고 죽게 된다. 환자들이 병들고 죽으면, 아이들이 혼자 남겨진다.[19,20]

광업, 제조업, 기간 시설. 서아프리카에서 철광업은 거대 산업인데, 에볼라가 이 지역을 무자비하게 강타했다. 에볼라가 발발했을 때 세계 1위의 철강회사 아르셀로미탈Arcelormittal은 17억 달러를 들여 라이베리아 예케파 광산을 한창 확장하고 있었다. 이 회사는 1년에 철광 500만 톤을 수출하며, 라이베리아 사람 수백 명을 고용하고 있었다.[21]

에볼라로 라이베리아가 국경을 봉쇄할 때 아르셀로미탈 경영진은 사업을 접지 않겠다고 선언하고, 종업원, 도급업자, 회사가 운영하는 공동체의 건강을 지켜주기 위해 영웅적으로 노력했다. 하지만 직원 한 명이 사망하고 공포가 확산되자 아르셀로미탈의 라이베리아 사업은 더욱 어려워졌다.

2014년 늦여름에 라이베리아의 공무원들은 자택에 머무르라는 명령을 받았다. 이 때문에 아르셀로미탈은 세관 검사관이 없는 상태에서 항구를 통해 철광석을 보내고 식량을 들이는 묘안을 찾아야만 했다. 그해 8월에 라이베리아가 야간통행금지를 발포했을 때, 하루 24시간 광산을 가동했던 회사는 트럭이 야간에 운행할 수 있도록 특별 허가를 받아야 했다. 기니가 국경을 봉쇄한 뒤로 아르셀로미탈은 과일과 고기, 그 밖의 필요한 물자를 수입할 수 없었다. 근처에 있는 수도 몬로비아에 식량이 바닥났을 때, 아르셀로미탈은 비행기를 전세 내어 신선한 식품을 들여와야 했다. 항공사들이 라이베리아 취항을 취소하기 시작하자 아르셀로미탈은 이주민 130명을 철수시켰다. 말할 필요도 없이 그 무더운 곳에 남겨진 사람들의 사기는 바닥으로 떨어졌다.[22]

에볼라 바이러스는 서아프리카의 인프라 건설 계획도 멈춰 세웠다. 라이베리아와 기니를 잇는 도로 건설도 예외가 아니었다. 도급회사인 중국의 허난국제협력그룹은 이 두 나라에서 노동력을 조달했는데, 에볼라의 여파로 고용 규모를 대폭 축소해야만 했다.[23]

사회적 비용: 교육에 미치는 여파

여러분이나 사랑하는 가족이 치명적인 병으로 죽을 수 있는 수백만 명에 포함된다면 어떻겠는가? 위에 열거된 숫자들과 맞닥뜨리면 눈이 저절로 감길 것이다. 나 역시 그렇다. 그 숫자들을 보면 정신이 혼미해진다. 하지만 인간 개개인의 고통을 생각할 때 우리는 훨씬 더 큰 관심을 기울이게 된다. 행동경제학자인 댄 애리얼리Dan Ariely는 이렇게 말한다. "어떤 사람이 물에 빠졌다는 얘기만 들을 뿐 그가 소리치는 것을 보거나 듣지 못한다면, 우리의 감정 체계는 관여하지 않는다."[24] 애리얼리에 따르면, 멀리서 볼 때 지구는 창백한 푸른 점이다. 가까이 다가가면 대양과 대륙이 보인다. 황홀하고 눈부신 광경이 눈에 들어온다. 영점 조준을 하고 주의를 기울여야만 온갖 공포와 전율, 전염병의 실상, 개개인의 고통이 보인다.

우리는 대부분 전염병의 2차 효과를 거의 생각하지 않는다. 사실 전염병의 희생자는 그 병에 걸려 아프거나 죽는 사람뿐만 아니라, 돌봐주던 사람을 갑자기 빼앗긴 아이들도 포함된다.

델피아 아카푸바 므와나갈라Delphia Akafumba Mwanagala는 잠비아 루사카시에서 교사로 일하던 중 퇴역 군인인 남편으로부터 에이즈에 감염되었다. 남편이 죽자 그의 가족은 세 아이만 남게 되었고, 에이즈는 그녀가 갖고 있던 모든 것을 빼앗아갔다. 교사로 버는 월급 50달러는 의사를 찾아가 치료받기엔 너무 적은 액수였다.[25]

델피아의 건강은 극도로 악화되었다. 그녀가 가르치던 학교, 카플룬가여자고등학교는 별칭이 ABC였다. 이는 '에이즈 양육 센터AIDS Breeding Center'를 줄인 말이다. 2000년과 2003년 사이에 이 학교에서 사랑하는 선생님 6명이 에이즈로 사망했다. 죽음이 너무 빨리 닥치는 바람에 학교는 선생님 장례식을 위해 휴교를 했다. 빈자리를 대신할 살아 있는 선생님도 더 이상 없었다.

전염병이 돌면 신입생과 출석자 수가 급감할 수 있다.[26] 유엔 HIV/에이즈 공동계획에 따르면, 2001년에 아프리카 어린이 100만 명 이상이 에이즈로 선생님을 잃었다고 한다. 에이즈는 선생님을 지도자로 보는 아프리카 지역사회에 전체에 깊은 상처를 준다. 학교가 자주 문을 닫으면 학생들은 가족의 생계를 돕기 위해 일을 하거나, 병든 자매나 친척을 간호해야 한다. 일단 그렇게 되면 나이 많은 학생들은 학교로 돌아가지 못하고 교육을 중단하곤 한다.[27]

여기서 잠시 에이즈와 관련된 질병으로 부모를 잃은 영특한 11살 여자아이의 처지를 헤아려보자. 어머니는 그 병에 어떻게 걸렸는지 또는 어떻게 피해야 하는지를 아이에게 알려주지 않았다. 아이는 형제자매 3명에다 부모를 잃은 또 다른 남자아이 3명을 돌보느라 남은 유년 시절을 다 보낸다. 세이브더칠드런 봉사자를 만났을 때 아이는 이렇게 말한다.

"엄마가 돌아가셨을 때 우리는 너무나 힘들었어요. 먹을 것도 없고, 우릴 돌봐주는 사람도 없었거든요. 비누와 소금 살 돈마저 없었어요. 우린 외할아버지, 외할머니한테 가고 싶었는데 갈 방법이 없었어요. 다 잘 될 거라고 생각하려 했지만, 너무 힘들었어요. 어떤 이웃들은 우리를 나쁘게 얘기해요. "쟤들은 가난뱅이야. 친척도 없고, 의지할 데도 없어." 어떤 사람들은 우리를 '에이즈 고아'라 부르고, 사람들은 부모님 때문에 우리도 감염됐을 거라고 말해요. 그러면 우린 아무 얘기도 안 해요.

저는 학교에 안 가요. 가고 싶어요. 하지만 할아버지, 할머니 그리고 이웃들이 집에서 다른 아이들을 돌봐야 한다고 했어요. 전 공부를 해서 간호사가 되고 싶어요. 다른 사람을 치료해주고, 아픈 걸 낫게 해주고 싶어요. 왜냐하면, 우리 엄마가 아팠을 때 그렇게 하고 싶었거든요. 돈이 없다고 아무도 엄마를 보살펴주지 않았어요."[28]

이 아이는 부모와 함께 교육받을 기회를 잃어버렸다. 이건 자주 일어나는 일이다. 하지만 엎친 데 덮친 격으로 지역사회마저 겁을 내며 아이와 그 형제자매를 회피했다.

17살인 다우다 풀라Douda Fullah는 2014년에 에볼라가 시에라리온을 덮쳤을 때 아버지, 양어머니, 형제, 자매 그리고 할머니를 떠나보냈다. 서아프리카의 다른 수많은 아이처럼 이 소년도 집에 남아 어린 친척들을 돌봤다. 소년이 눈물을 흘리며 〈스카이뉴스〉 기자에게 말했다. "우릴 보살펴주는 사람이 없어요. 난 동생들을 돌봐요. 하지만 공부를 계속하고 싶어요. 이다음에 더 좋은 일을 하면서 동생들을 도와주고 싶어요. 그런데 요즘 구걸을 하고 있어요. 우린 희망이 없어요. 정말 도움이 필요해요."[29]

만일 다우다가 안전하게 학교에 가서, 친척들을 돕는 이상으로 이 세상에 기여할 수 있다면 그의 삶은 얼마나 더 가치 있겠는가? 그가 집에서 돌봐야 하는 형제들은 얼마나 큰 기여를 할 수 있겠는가?

진짜 비극은 전염병이 사람의 삶을 여러 방면으로 망가뜨린다는 것이다.[30] 이는 장기적으로 사회를 퇴보시키는 악순환이다. 한 사회에서 가장 생산성이 높은 성인들을 죽이거나 불구로 만드는 것(그렇게 해서 교육, 의료 등 사회 구조를 떠받치는 과세 기초를 잠식하는 것) 외에도, 아이들에게 공부를 포기하도록 강요한다. 그리고 교육을 받지 못한 아이들은 자기 자식에게 지식을 전해주지 못하고, 그렇게 해서 다음 세대의 건강, 생산성 등에도 악영향을 미친다.[31]

생존자에게 찾아온 후유증

라이베리아의 간호사 살롬 카와는 부모, 오빠, 숙모들, 삼촌들, 사촌들, 조카를 에볼라로 잃었다. 국경없는의사회에서 치료를 받은 덕에 그녀는 바이러스에서 회복했다. 이제 면역력을 갖게 된 카와는 면역력이 없는 다른 희생자들을 보살피러 갔다. 2014년에 《타임Time》은 그녀에게 '올해의 인물'이란 칭호를 수여하고, 다른 사람들의 생명을 구하는 일에 몸 바쳐 일한 공로를 찬양했다. 하지만 카와 간호사는 2017년 2월에 제왕절개술로 아들을 낳을 때 발작을 일으키다 숨을 거두고 말았다. 그녀가 여전히 병을 전염시킬 수 있다고 믿은 병원 직원들이 누구도 그녀를 만지려 하지 않았기 때문이다. 그녀는 치료를 받지 못한 채 고통 속에서 눈을 감았다. 한마디로 낙인의 희생자였다.[32]

이제 다우다와 살롬 같은, 심리학자들이 '인식 가능 희생자'•라고 이름 붙이는 무고한 사람들에게 작별을 고하고 우주 공간으로 날아가 지구를 보면서 이 이야기를 수백만 배 확대해보자. 어떻게 상상력을 펼치면 그전보다 더 주의를 기울일 수 있을까? 어느 쪽에서 우리는 그의 비극에 무덤덤해지는가? 어느 쪽에서 그의 이야기가 우리 마음에 새겨지지 않게 되는가? 테레사 수녀는 이렇게 말했다. "대중을 바라보고 있을 때 우리는 행동하지 않게 된다. 한 사람에게 눈길을 줄 때 우리는 행동하게 된다." 대중이 수백, 수백만, 수십 억으로 갈라진다면 어떻게 주의를 기울일 수 있겠는가?[33,34] 독감 같은 전염병이 우리의 이웃, 직원, 사

• Identifiable Victims. 숫자로 표현된 통계적 대상이 아니라 시각이나 이름 등으로 인식 가능한 대상.

랑하는 사람을 병들게 한다면 어떻겠는가? 팬데믹이 발발하면 당신이나 당신 아이가 수백만 명의 '인식 가능 희생자'에 포함될 수 있다.

실제로 치명적인 전염병이 유행하면 여러분이나 나는 물론이고 우리가 사랑하는 누구라도 한순간에 쓰러질 수 있다. 서아프리카에서 에볼라는 다우디의 가족을 빼앗고 수천 명의 삶을 폐허로 만들었다. 하지만 인명손실과 수많은 아이의 미래는 그 유행병이 낳은 끔찍한 결과 중 하나에 불과했다. 전염병을 중심으로 정교하게 펼쳐져 있는 거미줄을 상상해보자. 그때 우리는 끈적끈적한 잔존 효과가 중심에서 모든 방향으로 수도 없이 퍼져나가는 것을 그려볼 수 있다.

라이베리아는 인구가 400만 명 이상인데 반해 의사는 고작 117명이다. 여러분이 라이베리아 피비병원의 병원장, 제퍼슨 시블리Jefferson Sibley 박사라고 상상해보자. 에볼라 희생자가 라이베리아의 병원들로 흘러들어오기 시작하자 직원들은 업무량에 압도되었다. 의사들과 간호사들이 목숨을 잃었다. 다른 보건 종사자들은 자기 목숨을 구하고자 집에 머무르거나 시골로 도피했다. 위기가 확산하는 가운데 관리가 필요한 임산부, 말라리아나 홍역을 치료해야 하는 사람들, 수술을 받아야 하는 사람들이 도움을 받지 못하고 혼자 힘든 상황을 견디기도 했다.[35,36] 2013년부터 외래 환자는 61퍼센트 감소했다. 신생아와 산모에 대한 치료는 43퍼센트 감소했다. 디프테리아, 백일해, 파상풍 접종은 절반 이하로 떨어졌다.[37]

동남아프리카에서 에이즈 위기가 발생했을 때 전체 인구 가운데 경제적으로 가장 활발한 구간, 즉 16세에서 45세 인구가 급격히 감소했다.[38] 만일 어느 나라든 국민의 35퍼센트가 병이 들면, 전체 생산성의

75퍼센트가 사라지고 그로 인해 수입과 수출이 곤두박질친다. 그런 재난에, 전염병을 이겨낸 생존자들의 치료와 간호 비용을 더해 보자. CDC에 따르면 HIV 감염자를 평생 치료하는 비용은 2010년 미국 달러 기준으로 37만 9000달러를 웃도는데, 많은 이들이 무보험자다.[39] 지카의 경우, 소두증 아기가 태어나면 그 한 명을 치료하는 데에만 평생 1000만 달러가 들 수도 있다.[40]

또한 사스 바이러스에 감염되면 그로 인해 온갖 만성질환에 직면한다. 한 연구에 따르면, 사스에서 회복한 뒤에도 88퍼센트의 환자가 숨가쁨, 근육통, 피로를 심하게 겪어서 일터로 복귀하지 못한다고 한다. 게다가 많은 이들이 외상 후 스트레스 장애 같은 정신건강 문제를 달고 산다.[41] 사스 생존자처럼 에볼라 생존자 역시 그와 비슷한 증상을 겪는다.[42] 그런 문제로 고생하는 사람들은 예전처럼 건강하고 생산적인 사회 일원으로 돌아가지 못하는 경우가 빈번하다.

우리는 큰 전염병에 대비하고 있는가[43]

2014년 9월, 라이베리아 대통령이자 노벨상 수상자인 엘렌 존슨 설리프Ellen Johnson Sirleaf는 오바마 대통령에게 편지를 썼다. 미국이 앞장서서 에볼라를 물리쳐달라고 간청하는 편지였다. "솔직히 말씀드리자면, 아주 빠른 속도로 바이러스가 우리를 덮칠 것입니다. 우리나라는 30년에 걸친 사회·정치적 불안을 간신히 털고 일어났습니다. 젊은 인구(주로 무직자)가 많으며, 그중엔 소년병이었던 사람들도 있습니다. 국민 건강에 닥친

이 위기가 시민 질서를 위협하고 있습니다."[44]

전염병이 만연하는 단계로 들어서면 시민 사회는 티핑 포인트•에 도달할 수 있다. 탈출할 수 있는 사람은 모두 탈출한다. 군인, 경찰, 보건 종사자들이 근무지를 떠난다. 학교와 금융기관이 문을 닫는다. 식량, 물, 전기 같은 기본적인 서비스가 무너지기 시작한다. 약탈이 증가한다. 팬데믹이 심각해지면 농장 노동자, 트럭 운전사들이 일을 중단할 뿐 아니라, 전력망과 컴퓨터망 같은 인프라 시스템을 관리하는 인력도 부족해질 것이다. 어떤 전문가들의 가정에 따르면, 1918 스페인 독감 같은 큰 전염병이 1년 넘게 유행하면 미국 국민의 절반이 굶주리게 된다고 한다. 서아프리카에 에볼라가 창궐했을 때, 특히 봉쇄된 시골 지역에서 굶주림이 만연할 거라고 많은 사람이 예측했다. 하지만 식량 공급 보안 분야의 전문가 앤드루 허프Andrew G. Huff 박사에 따르면, 구호기관들이 식량을 잘 분배한 덕분에 그런 사태는 발생하지 않았다. 하지만 세계적인 팬데믹이 발발하면 어떤 나라도 다른 나라를 구제하지 않을 것이다.[45]

* *

사스는 전염병치고는 아마추어였다. 14세기 유럽 인구의 약 4분의 1을 쓰러트린 선페스트와 비교할 때나, 세계 인구의 3분의 1을 앓아눕게 하고 5000만 명을 쓰러뜨린 1918 스페인 독감과 비교할 때 특히 그렇다.[46] 만일 스페인 독감 같은 팬데믹이 오늘날 북미나 여타 다른 지역을 강타

• Tipping Point. 어떠한 현상이 서서히 진행되다 한계점에 도달해 한순간 폭발하는 지점을 뜻한다.

한다면, 현재 세계가 준비 부족인 점을 고려할 때 그 경제적 충격은 사스로 날아간 300억 달러에서 500억 달러가 우습게 보일 정도로 엄청날 것이다. 인플루엔자 바이러스의 역사와 생물학을 살펴볼 때 우리는 향후 20년에서 40년 안에 또다시 세계적인 팬데믹이 발발하리라고 예측하게 된다. 내가 앞에서 언급했듯이 그런 팬데믹이 1918 스페인 독감처럼 쉽게 확산되고 치명적이기까지 한다면 2억에서 4억 명의 사람이 죽을 수 있고, 나아가 엄청난 경제적·사회적 혼란을 일으킬 수 있다. 나는 이것이 최악의 시나리오이며, 우리는 그에 맞춰서 대비해야 한다고 믿는다. 하지만 희생자를 4억 명으로 보는 전망은 현실적일까, 경고성 수사일까? 정말 우리는 100년 전과 똑같은 위기를 맞고 있을까?

좋은 소식은 그때와 비교하여 의학이 크게 개선되었다는 점이다. 국제 커뮤니케이션, 보건 법규, 조정 메커니즘이 1918년보다 몇 광년이나 앞서 있다. 소득이 높은 나라는 물론이고 중저 수준의 국가도 점점 더 많은 수가 팬데믹 대비 계획을 갖췄다. 전문인과 대중을 위한 커뮤니케이션 수단도 완벽과는 거리가 있지만 상당히 개선되었다. 마지막으로, 세계 여러 지역의 인구가 더 잘 먹고, 더 건강해졌다.

나쁜 소식은 의학이 진보했음에도 여전히 인플루엔자 바이러스를 예방하거나 치료할 효과적인 백신이나 약제가 부족하다는 점이다.[47] 또한 국제 이동, 지구 온난화, 식량 생산, 인구 증가, 도시화, 토지 잠식이 맞물려 전염병 발발 가능성을 높이고 있다.

요컨대, 2부의 7개 분야에서 내가 제시할 더 강력하고 적극적인 행동이 없다면, 파국적인 팬데믹 앞에 우리가 100년 전보다 덜 취약하다고 믿는 것은 허황한 꿈에 불과하다.

현명한 투자의 필요성

이 이야기의 교훈은 다음과 같다. 경제와 전염병 모두에 있어 예방은 항상 최선의 치료보다 월등히 낫다. 우리가 예방 전략에 선제적으로 투자하여 전염병을 감시하거나 추적하고, 백신을 개발하고, 공중보건 체계를 개선하고, 질병을 옮기는 모기를 억제하고, 삼림 파괴를 줄이고, 농장의 생물안전도를 높인다면, 파국적인 전염병과 세계적인 팬데믹의 위험을 크게 줄일 것이다.

11장에서 나는, 여러분도 충분히 계산해볼 수 있겠지만, 그렇게 투자할 때 그 비용은 향후 20년에 걸쳐 1년에 약 75억 달러(전 세계 모든 사람에게 1인당 1년에 1달러)라는 것을 보여줄 것이다. 이 돈은 비교적 가벼운 팬데믹의 손실 추산액 3740억 달러나, 심각한 팬데믹의 손실 추산액 7조 3000억 달러에 비하면 아무것도 아니다.[48] 그렇게 투자하면 수천만 또는 수억 명을 살릴 수 있고, 팬데믹이 종종 야기하는 사회적 격변을 피할 수 있다. 우리가 할 수 있는 최고의 투자는 이것이다. 더 일찍 투자하면 할수록, 미래에 더 많은 생명과 돈을 지킬 수 있다.

공중보건에 많은 돈을 투자하는 회사가 있다. 바로 유니레버Unilever다. 이 다국적 기업의 철학과 파트너십을 이끄는 리베카 마모트Rebecca Marmot는 이렇게 말한다. "우리는 예방, 구제, 복귀라는 세 갈래 접근법을 믿는다. 사업과 사회적 영향은 연결되어 있다. 우리의 가치 사슬에 들어와 있는 모든 공급자와 판매업자에게 교육을 실시하고 채비를 제공한다면 우리는 경영 위험을 완화할 뿐 아니라 더 중요하게는 그들의 생계를 보호할 수 있다."[49]

나태와 안이함이 불러올 대가에 국가 원수, 국가 기관과 국제기구의 지도자, 기업의 CEO는 특별히 주의해야 한다. 위기를 고려하여 지도자들은 대비 계획을 철저히 세우고 공중보건에 충분히 투자해야 한다. 시민으로서 우리는 가진 힘을 모두 끌어모아 그런 투자를 요구해야 한다.

다음 장들에서 여러분은 바이오테러, 바이오에러, 그리고 야생동물과 축사에서 튀어나올 위협에서 어떻게 하면 현실적으로 우리가 우리 자신을 보호할 수 있는지를 알게 될 것이다. 여러분은 개인, 지역사회, 국가를 보호하는 측면에서 우리가 할 수 있는 일이 무엇인지를 보게 될 것이다. 또한 현명한 투자와 혁신, 강한 지도력, 시기적절한 위기 커뮤니케이션, 현장 참여 행동을 통해 우리가 어떻게 질병으로부터 우리 자신을 보호할 수 있는지를 알게 될 것이다. 사실 내가 지금까지 무서운 이야기를 늘어놓은 것은 여러분에게 미래의 위협을 더 잘 설명하기 위해서였으며, 남은 장들에서 여러분은 그 위협에 대한 처방을 더욱 잘 이해하게 될 것이다.

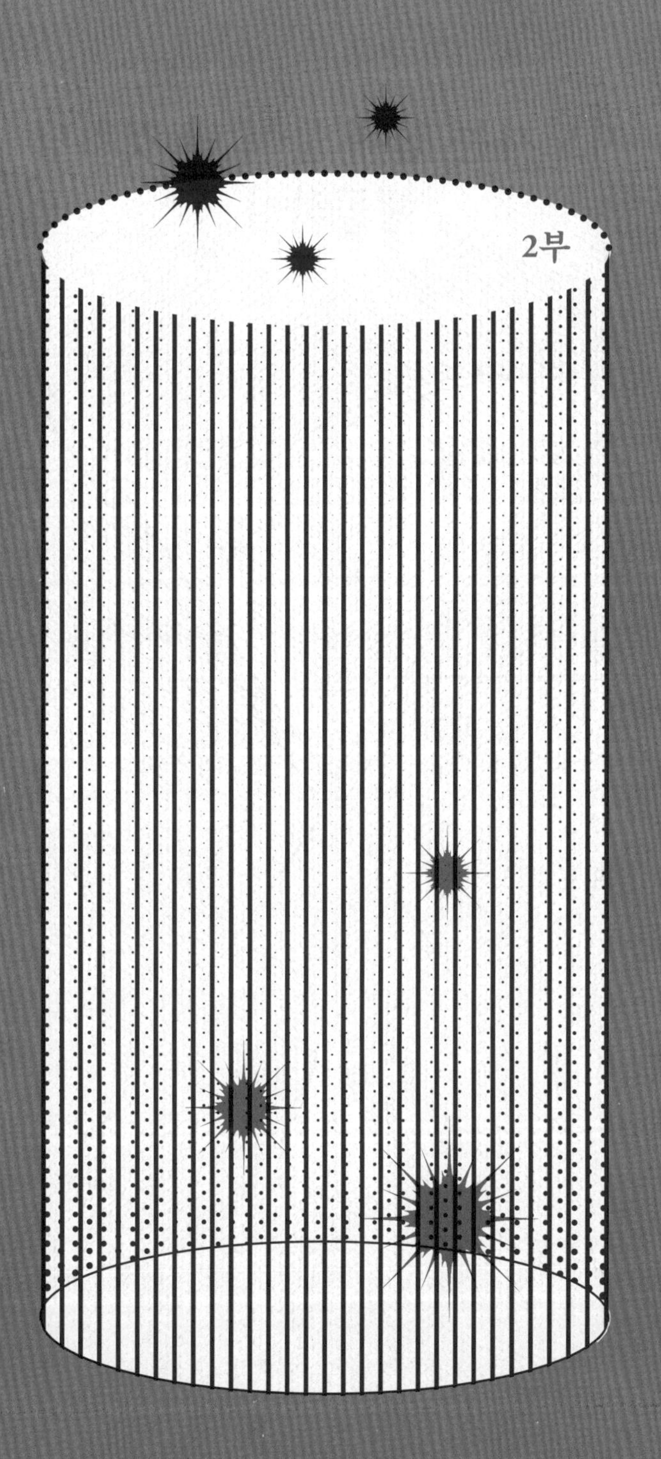

2부

고개를 들기 전에 싹을 제거하라

6장

지도자는 집에 불이 난 것처럼 행동하라

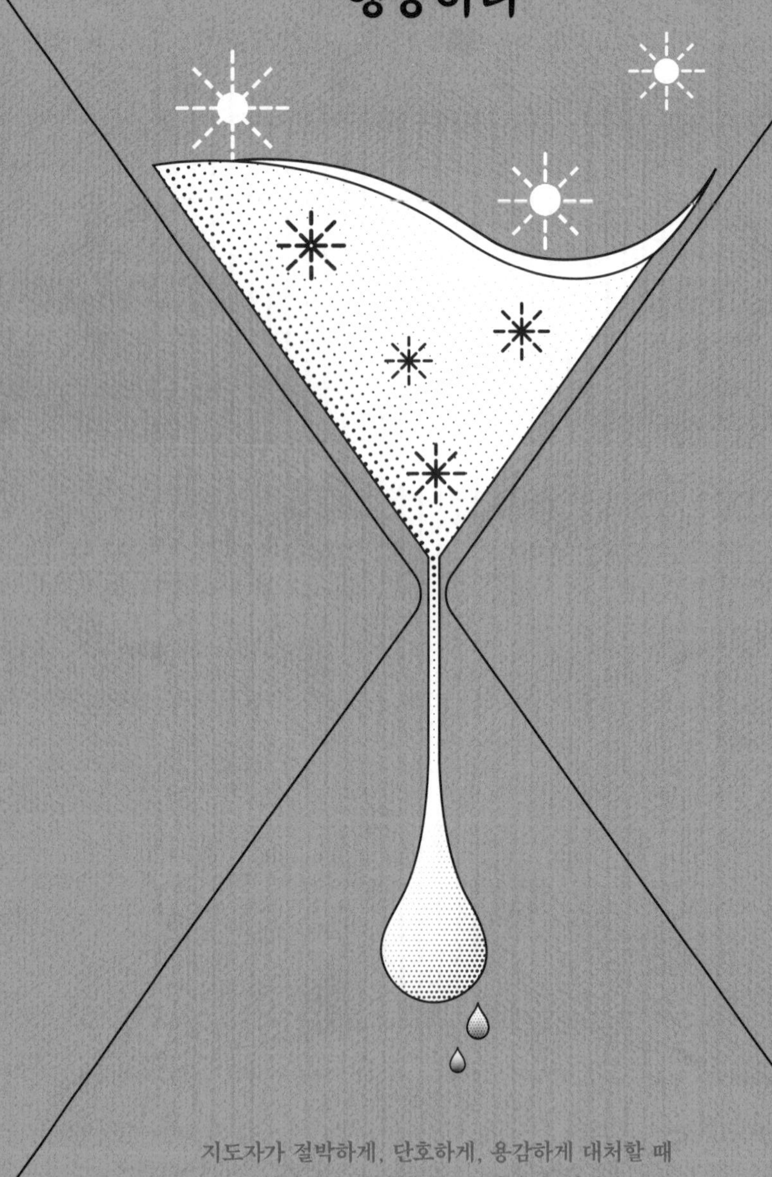

지도자가 절박하게, 단호하게, 용감하게 대처할 때
치명적인 바이러스를 물리칠 수 있다.

"

불타는 건물에 뛰어드는 소방수처럼 최고의 지도자는 전염병에 맞서 빠르고 단호하게 대응한다. 최고의 지도자는 안이함과 정치적 이익을 접고 대중의 안녕을 맨 앞에 놓는다. 최고의 지도자는 전선을 지키는 사람들을 격려하고 지원한다. 가장 중요한 점으로, 강한 지도자는 경험으로부터 배우고, 새로운 정보에 대응하여 경로를 바꾸거나 실수를 인정하길 두려워하지 않는다.

"

내가 의대생일 때 맨 처음 하게 된 현장 경험은 충양돌기 절제술을 보조하는 일이었다. 수술을 집도한 외과의, 밥 콜드웰Bob Caldwell 박사가 내게 응급실로 와서 톰의 상태를 보라고 했다. 10대 후반인 톰은 오른쪽 하복부에 심한 통증을 느끼고 있었다. 통증의 패턴으로나 검진 결과로나 맹장염인 게 분명했다. 우리는 또한 장염이나 심한 변비 같은 다른 가능성을 검토했다. 혈액 검사와 엑스레이 결과를 기다리는 동안 콜드웰 박사가 나를 보며 이렇게 말했다. "이 검사들이 도움이 될 순 있지만, 그것만으로는 맹장염이라고 확신할 수 없다네."

나는 약간 당황했다. 엑스레이 사진이 왔을 때 보니, 톰의 장에 가스가 약간 더 많이 찬 것 말고는 아무것도 보이지 않았다. 콜드웰 박사는 임상적 증거의 강도에 따라 적당한 판정을 내려야 했다. 만약 톰이 맹장염이라는 게 100퍼센트 확실해질 때까지 기다린다면 맹장은 염증과 탈장으로 부풀어 오르고 복부 전체에 감염을 일으켜 생명을 위협할 수 있었다. 우리가 수술을 한다면 톰의 맹장이 정상이라고 밝혀질 확률은 10~20퍼센트라고 콜드웰 박사가 말했다. 그는 잠시 벽에 걸려 있는 엑스레이 영상을 바라본 뒤 결론을 내렸다. "수술실로 갑시다."

예상한 대로 톰의 맹장은 빨갛게 부어 있었다. 수술은 성공적이었고, 톰은 빠르고 완전하게 회복했다.

겉으론 굉장히 진보한 듯 보여도 의학은 여전히 불완전한 과학이다. 맹장염의 경우처럼 가끔 의학은 사이클론이나 허리케인의 진로를 예측하는 일과 다소 비슷하다. 기상학자들이 개선하느라 애쓰고 있지만 100퍼센트의 정확성에는 도달하지 못한 그 기술 말이다. 위험한 날씨를 앞둔 경우에 대통령, 주지사, 시장 역시 복잡한 판정을 내려야 한다. 틀린 경보로 끝날 수 있는 위험을 감수하고 태풍의 진로에 있는 사람을 모두 대피시켜야 할까? 아니면 덜 공격적인 방식을 취해서 인명과 재산의 광범위한 손실을 감수해야 할까? 때론 이렇게 해도 욕먹고, 저렇게 해도 욕먹는다.

* *

지도자가 잠재적 전염병에 직면했을 때도 그 같은 상황이 펼쳐진다. 1976년에 버지니아주 포트딕스에서 몇 명이 돼지독감에 걸렸을 때 무슨 일이 일어났었는지를 생각해보자. 이 독감은 1918 스페인 독감 변종과 공통점이 많아 보였다. CDC의 국장인 데이브 센서Dave Sencer 박사는 그 병이 미국 국민을 6000만 명까지 감염시킬 수 있다고 걱정했다. 대통령과 의회의 승인을 얻어 그는 무려 1억 3700달러나 들여 대량 접종을 명령했다. 4000만여 명이 접종을 받았다. 돼지독감 유행은 실현되지 않았고, 대신 수백 명이 길랭-바레 증후군에 걸려 지카 바이러스가 일으키는 것과 똑같은 마비 증상을 보였다. 그중 25명이 사망하자 정부는 수백만 달러를 배상해야 했다.[1] 센서는 자리에서 물러났고, 백신 회의론자들 어깨엔 힘이 들어갔다.[2]

카네기협회Carnegie Corporation의 현 이사장이자 의학연구소Institute of Medicine 소장을 지낸 데이비드 햄버그David A. Hamburg는 이렇게 썼다. "돼지독감 드라마의 주역들은 선의로 가득하고, 이상이 높으며, 기술적인 능력이 있고, 대중의 이익에 헌신하는 사람들이었다. 하지만 결말은 모두를 실망시키고 말았다."[3] 센서는 결국 틀린 판정을 내렸지만 그 판정은 증거에 기초한 것이었으며, 그로 인한 손해는 의도적인 것이 아니었다.

지도자가 객관적 사실을 신중하게 고려한 끝에 최선의 판정을 내렸다면 의도치 않은 실수가 나와도 우리는 쉽게 받아들일 수 있다. 하지만 명백한 증거를 보고도 행동하기를 거부한다면 그 지도자는 정말 잘못하는 것이다. 테비 트로이Tevi Troy는 미국 대통령들의 재난 대응 역사를 다룬 책, 《대통령을 깨워야 할까?Shall We Wake the President?》에서 최악의 대통령 5인에 1918 스페인 독감에 대처하라는 요구에 제대로 응하지 못한 미국 대통령 우드로 윌슨Woodrow Wilson을 포함시켰다. 윌슨이 공중보건을 무시하고 1차 세계대전에 참가하기로 결정해서였다.[4]

윌슨은 전쟁에 너무 집중한 나머지 독감이 확산할 거라는 거듭된 경고를 무시했고, 심지어 그의 주치의와 해군 제독의 경고도 귓등으로 흘려들었다. 윌슨에게 말 한마디 듣지 못한 채 미국 국민 60만여 명이 사망했다. 그는 공식적인 자리에서나 사적인 자리에서나 이 전염병을 일절 언급하지 않았다. 한술 더 떠서, 인플루엔자가 맹위를 떨치고 독일 동맹군이 빠르게 전쟁을 포기할 때도 윌슨은 계속 군대를 배에 실어 대서양 너머로 파견했다. 대양을 건너는 동안 밀집된 숙소에서 징집병 수천 명이 독감에 걸렸다. 팬데믹 역사학자 존 배리는 병실 칸이 가득 차서 갑판에 누워 피를 흘리는 환자들과 파도가 시체들을 삼키는 끔찍한 장면을 생생하게 묘사했다.[5]

파국적인 전염병이 발발할 경우, 권력의 최상층에 있는 사람들이 즉시 봉쇄 조치를 의도적으로 취하지 않을 때 그 허물은 훨씬 더 커진다. 미국에서 에이즈, 중국에서 사스, 서아프리카에서 에볼라, 브라질에서 지카가 유행했을 때 초기 국면을 규정하는 특징은 부정, 우유부단, 불신이라는 최악의 삼박자로 요약된다. 각각의 경우, 경보를 발하지 않고 예방책에도 투자하지 않은 탓에 재난이 홍수처럼 밀려왔다.

그와 대조적으로, 나중에 묘사할 지도자들을 포함하여 내가 최고로 꼽는 지도자들은 부정, 안이함, 정치적 이해, 사리사욕을 초월하고 국민의 안녕을 우선시한다. 최고의 지도자는 과학적 증거에 의존한다. 최고의 지도자들은 상황이 기대나 예상과 다르게 흘러갈 때 그 경험과 실수로부터 배움을 얻는다. 그들은 불필요한 고통과 죽음을 막겠다는 굳은 의지로 확산을 저지하고 병을 치료할 수 있는 효과적인 계획을 창조한다. 그들은 가장 위험에 처한 사람들을 보살핀다. 그리고 일시적으로 여행을 제한하거나 외출을 막는 동안에도 시민의 자유를 지켜준다. 최고의 지도자는 사람, 도시, 기업에게 재정적 피해가 가지 않도록 최선을 다한다. 병의 책임을 약자에게 전가하는 '희생양 찾기'를 제지하고 사람들의 자신감, 협동, 회복력을 북돋운다. 한마디로 그들은 사람을 맨 앞에 둔다.

효과적이고 집중적인 리더십은 전염병 종식의 기본 수단인 일곱 가지 힘의 출발점이다. 요컨대, 사람을 중시하는 헌신적인 지도자가 없다면 성공할 가능성은 매우 희박하다. 최고의 지도자는 때론 평판을 희생하고 심지어 그들 자신의 목숨까지 위협받으면서도 어떻게 그런 일을 할 수 있을까? 그들이 반드시 지녀야 할 자질은 어떤 것들일까?

D. A. 헨더슨과 천연두 종식

찰스 디킨스Charles Dickens가 살았던 19세기 중반 런던으로 건너가보자. 찰리Charley라는 이름의 인정 많은 하녀가 예쁜 여주인 에스더 서머슨Esther Summerson과 함께 도시의 외진 곳을 지나다 병들고 집 없는 아이를 발견한다. 어린 소년은 고열에 몸을 덜덜 떨고, 짚으로 만든 침대에서는 아주 특이한 냄새가 풍긴다. 평소 박애주의를 실천하는 에스더는 양부모와 함께 사는 따뜻하고 안전한 집으로 소년을 데려가겠다고 고집한다.

그렇게 해서 감염과 죽음이 정문을 통과한다. 소년은 그 집에서 숨을 거둔다. 며칠 뒤 찰리의 얼굴이 붉은 수포로 뒤덮인다. 찰리는 회복하지만 에스더는 갈수록 위중해진다. 에스더는 몇 주 동안 침대를 벗어나지 못하는데, 잠시 시력을 잃기도 하면서 생사를 넘나든다. 마침내 회복된 에스더는 자신의 방을 둘러보다 거울이 사라진 것을 발견한다. 바로 그 때 찰리(이제 면역력을 갖게 되어 에스더를 안전하게 간호한다)가 흐느끼기 시작하고, 순간 에스더는 거울이 사라진 이유를 깨닫는다. 회복의 후유증으로 얼굴에 마마 자국이 남은 것이다. 에스더가 말한다. "난 찰리를 가까이 오라고 불렀다. 그리고 그녀를 두 팔로 안으며 말했다. '이건 그리 중요하지 않아, 찰리. 얼굴이 예전과 달라졌어도 난 잘 해낼 수 있어.'"[6]

《황폐한 집Bleak House》에서 디킨스는 천연두 감염이란 주제를 이렇게 멋지게 탐구한다. 디킨스의 명작 중 하나인 이 소설에선 그 누구도 천연두로부터 안전하지 않다. 모두가 연결되어 있기 때문이다. 저자는 무심결에 일어나는 계급 간 접촉, 생존의 불확실성, 생존자 다수가 겪는 외관 손상을 생생하게 묘사한다.

천연두는 **바리올라**variola 바이러스가 일으키는 병으로, 큰 낫을 휘두르며 끊임없이 달려드는 죽음의 신이었다. '반점이 난 괴물Speckled Monster'이라고도 불리는 천연두는 이집트 파라오 시절부터 인류를 괴롭혀왔다. 미라들에 그 분노의 흔적이 새겨져 있다. 대부분의 인류 역사에 이 사악한 미생물은 그 희생자의 약 3분의 1을 죽이고, 살아남은 사람의 대부분을 볼꼴 사납게 만들었다. 천연두는 13세기에 유럽 인구의 3분의 1을 몰살시킨 선페스트보다 더 치명적이었다. 토착 부족들도 엄청난 피해를 입었다. 믿기 어렵겠지만, 20세기에 천연두로 사망하거나 손상을 입은 사람의 수는 1, 2차 세계대전부터 베트남전과 그 이후의 전쟁에 희생된 사람의 두 배에 달한다.[7]

* *

디킨스가 에스더의 손상을 묘사한 해보다 훨씬 앞선 1796년에 영국의 의사 겸 과학자인 에드워드 제너Edward Jenner는 백신의 효능을 입증했다. 많은 혁신가처럼 제너 역시 소젖을 짜는 여인들이 천연두에 면역이 있다는 점에 주목하여 이것을 우연히 발견했다.[8] 디킨스가 《황폐한 집》을 구상하고 있을 때 에스더 서머슨과 같은 실제 인물이 백신을 맞았다면, 그녀는 젖 짜는 여인의 피부를 유지했을 것이다.

제너가 백신을 발견하고 얼마 지나지 않아 유럽과 미국의 부자들은 예방접종을 맞기 시작했다. 하지만 빈곤한 집단과 나라는 백신을 구할 수 없었기 때문에, 전 세계에서 천연두가 사라지기까지는 170년이 더 흘러야 했다. 미국에서는 1949년에 토착민 환자가 발생한 것이 마지막이었다. 1966년에 아메리카 대륙에서 아직도 천연두가 발발하는 나라는 한 곳뿐이었고, 1971년에는 서반구 전체가 천연두에서 해방되었다.

많은 사람이 다른 지역에서는 천연두를 영원히 제거하기가 불가능하리라고 믿었다. 하지만 'D. A.'라는 정겨운 이름으로 잘 알려진 공중보건의, 도널드 에인슬리 헨더슨Donald Ainslie Henderson은 그렇게 생각하지 않았다. 2016년에 87세를 일기로 눈을 감을 때까지 헨더슨은 내가 개인적으로 알고, 가슴 깊이 존경하는 인물이었다. 어깨가 넓고 삼촌같이 다정다감한 의사 헨더슨은 천연두 희생자들에게 많은 관심을 기울였다. 1979년에 그는 《워싱턴 포스트Washingon Post》를 통해 이렇게 말했다. "천연두는 가장 혐오스러운 질병 가운데 하나라고 불렸다. 나는 위중한 상태에서 죽어가는 환자들로 가득한 천연두 병동을 수도 없이 방문했지만, 몸서

리나지 않은 적이 한 번도 없었다."[9]

근절 캠페인이 진행되는 중에 그는 예방접종을 돕는 현지 주민들과 친밀하게 어울리며 일했다. 런던에 본부를 둔 웰컴트러스트Welcome Trust의 산조이 바타차리아Sanjoy Bhattacharya 박사는 이렇게 회고했다. "박사님은 현지 일꾼들과 함께 밭에 나가곤 했다. 또한 그들의 어깨에 손을 얹고는 '당신이 없다면 우린 이 일을 할 수 없을 거요.'라고 말하곤 했다. 박사님은 이렇게 멋진 방법으로 사람들에게 자부심을 심어주었다."[10]

헨더슨은 누구나 아플 때 몸을 맡기고 싶은 그런 의사였다. 그는 동정심, 바위 같은 결단력, 자신의 전문 분야를 훤히 아는 외과의 같은 확신으로 똘똘 뭉쳐 있었다. 그리고 그런 자질 덕분에 지도자 역할도 능숙히 해냈다. 미국의 전염병학자 윌리엄 포지William Foege•는 그가 "매사에 확신이 있었다"고 기억했다. "사람들은 자신 있게 일하는 지도자를 믿고 따른다."[11]

헨더슨은 천연두 근절을 끌어낸 국제적인 논쟁의 드라마를 바리톤 가수처럼 차분하고 권위 있는 음성으로 설명했다. 1966년 5월 세계보건총회World Health Assembly에서 그를 비롯한 몇몇 사람은 전 세계에서 온 장차관들에게 천연두를 모든 나라에서 박멸하자고 제안했다. 참석자들은 사흘간 논쟁을 벌인 끝에 표결에 들어갔다. 헨더슨이 내게 말했다. "두 표 차이로 승패가 갈렸지. 투표가 끝났을 때 우린 결과를 전혀 예측할 수 없었어. 이기려면 56표가 필요했네. 그런데 58표를 얻었지."[12]

이 책의 머리말에서 설명했듯이, 근절을 가장 의심한 무리 가운데에

• 빌 포지(Bill Foege)라는 이름도 있다.

는 WHO의 사무총장이자 브라질의 말라리아학자 마르콜리노 칸다우가 있었다. 그는 미국에 책임을 지우고 싶어 했다. 그가 미국 공중위생국장에게 이렇게 말했다. "만일 실패했을 때 그 중심에 미국인이 있었다는 점을 분명히 할 것이오. 당신네가 세계보건기구를 끌어들여 벌인 이 끔찍한 일은 실제로 미국 책임이란 말이지. 그리고 내가 특별히 지목하고 싶은 사람은 헨더슨이오."[13]

헨더슨은 가족과 함께 제네바로 건너가서는, 직원 몇 명, 전화기, 우편, 항공기 티켓(당시에는 이메일, 인터넷, 익일 배송이 없었다)에 의지하여 막중한 과업을 시작했다. 돈과 도움이 동시에 부족했다. 그는 온갖 문제에 부딪혔는데, 그중 큰 문제가 WHO 사무총장의 의심이었다. 헨더슨은 고집 센 정부들, 백신 부족, 강력한 백신반대운동, 긴장되는 지정학적 불안정과 소요 사태에 맞서 싸웠다. 미국과 소련의 냉전도 걸림돌이어서, 소련에 약독화weakened 백신 바이러스를 보낼 땐 모스크바의 당국자들과 싸워야 했다. 에티오피아에서 예방접종율이 만족스럽게 오르지 않았을 때 헨더슨은 악명 높은 황제 하일레 셀라시에Haile Selassie의 주치의에게 영향력을 쓰기도 했다. 《핫 존The Hot Zone》과 《냉동고 속의 악마The Demon in the Freezer》의 저자인 리처드 프레스턴Richard Preston은 헨더슨을 가리켜 "탱크 같은 이 인간은 방해가 되는 관료들을 그냥 깔아뭉갰다"고 묘사했다.[14]

"정부 관리들과는 싸웠지만, 현지 주민들은 놀라울 정도로 협조적이었다네." 헨더슨이 내게 말했다. "서아프리카에서 그 모든 프로그램을 진행해야 하는데 인원이 단 50명이었어. 가장 효율적인 방식으로 일해야만 했지. 사람, 차량, 감독 체계가 없으니, 우리가 직접 해나가는 수

밖에."[15]

헨더슨은 또한 가장 영리한 방식으로 일했다. 포지가 고안한 '포위 접종Ring Vaccination'• 전략을 채택한 것이다. 모든 사람에게 접종하는 것보다 훨씬 더 유효하고 효과적인 방법이었다. 우선 시민 활동가들이 붉은 수포로 천연두 환자를 찾아내고 그들을 격리했다. 다음 단계로 감염된 환자와 접촉한 적이 있는 사람(내집단) 모두에게 백신 주사를 놓았다. 활동가들은 비전문가도 백신 주사를 쉽게 놓을 수 있도록 주사기의 바늘 끝을 두 갈래로 만들어서 사용했다. 3단계는 내집단과 접촉한 적이 있는 외집단 사람들에게 예방접종을 하는 것이었다.

이 전략은 주효했다. 1977년 10월 26일에 소말리아 메르카에서 병원 조리사로 일하던 알리 마우 말린Ali Maow Maalin이 세계의 마지막 천연두 환자로 기록되었다. 2년 동안 철저한 검증을 거치고 나서 1979년에 WHO는 드디어 천연두가 근절되었다고 선언했다. 이는 의학 역사상 가장 위대한 업적이었다. 수천 년 동안 되풀이되는 전염병으로 고생하던 인류가 약 10년 만에 이 병에서 해방된 것이다.[16] 경제학자들의 계산에 따르면, 미국에서 천연두 접종을 할 필요가 없어진 덕분에 미국은 오늘날까지 26일마다 계속 투자원금을 회수하고 있다고 한다.[17] 단 3억 달러의 비용으로 천연두를 박멸해서 2017년까지 발생시킨 누적 이익은 1680억 달러에 이른다.

헨더슨은 이 승리에 안주하지 않았다. 그는 볼티모어 소재 존스홉킨

• 전염병이 발발했을 경우 발발지 주변의 가축에 긴급히 예방접종을 하여 만연을 미연에 방지하는 방법.

스공중보건대학 학장이 되었고, 나중에는 민간 생물방어를 위한 연구소를 설립했다. 조지 부시의 공중보건대비대응 청장일 때는 바이오테러에 맞서 싸울 권한을 위임받기도 했다. 헨더슨은 천연두의 모든 흔적, 심지어 생물안전 레벨 4 연구시설에 굳게 갇혀 있는 마지막 샘플까지도, 만에 하나 밖으로 탈출했을 때 인류는 그에 대한 면역성을 갖고 있지 않을 테니 철저히 파괴해야 한다고 굳게 믿는다. 2002년 사담 후세인이 생물무기를 비축하고 있다는 잘못된 믿음으로 조지 부시가 이라크 파병 군인에게 예방접종을 해야 한다고 고집할 때, 그는 《뉴욕타임스》에서 이렇게 말했다. "나는 아주…… 뭐랄까…… 맥이 빠진다. 지금 우리는 우리가 영원히 물리쳤다고 생각한 어떤 것을 막고자 하고 있다. 이건 퇴행이다. 우린 그래서는 안 된다."[18]

아이러니하게도 헨더슨의 마지막 전투는 노인들에게 너무나 흔한 병, 고관절 골절과의 싸움이었다. 병원에서 악명 높은 킬러로 암약하는 항생제 내성 포도상구균에 감염되지 않았더라면 그는 병을 이겨냈을 것이다. 포도상구균은 그 자신이 연구하며 물리칠 방법을 찾았던 병원균이었다.[19]

피터 포아, 에이즈와 싸우다

1976년 27세의 벨기에 미생물학자 피터 포아Peter Poit는 자이레(현 콩코민주공화국)에서 많은 사람이 고열, 설사, 구토, 출혈로 쓰러지고 있음을 알게 되었다. 그런 뒤 사망한다는 것까지. 포아는 왜 그렇게 많은 사람이 이 알려지지 않은 무서운 병에 굴복하고 있는지를 알아내기 위해 자이레의 외진 곳으로 들어갔다. 그에겐 자이레인 의사가 실험실에서 죽은 수녀의 혈액을 담아 보내준 보온병이 있었다. 바로 그 혈액에 미지의 치명적인 바이러스가 들어 있었다.

전 세계 전문가들이 현미경으로 관찰하고서 그 미생물은 아프리카 원숭이들에게서 발견되는 마르부르크병이 아니라는 것을 확인했을 때, 벨기에 안트베르펜과 애틀랜타 CDC에서 일하던 동료들과 함께 이 젊은 과학자는 펄쩍 뛰며 흥분했다. “대단한 특권을 부여받은 느낌이었습니다. 그야말로 발견의 순간이었죠.” 몇십 년 뒤 포아는 〈BBC 뉴스〉에서 이렇게 말했다. 그가 1976년에 발견한 그 병이 서아프리카에서 새롭게 퍼지기 시작하던 때였다.

그 병이 무섭지 않은 건 아니었다. 포아와 동료들은 자이레 지도자 모부투Mobutu 대통령의 주치의가 마련해준 C-130 수송기를 타고 킨샤사로 날아갔다. 그런 뒤 팀은 그 병의 진원지인 얌부쿠의 외진 마을로 이동해야 했다. 부근에서 죽음의 냄새를 감지한 조종사들은 과학자들을 재빨리 떨어뜨렸다. 그들은 포아와 동료들에게 “오 르봐르(또 봅시다)”라고 인사하는 대신, “아듀(안녕히)”라고 말한 뒤 그곳을 떠났다. 이 말은 다시 보지 못할 사람에게 하는 인사였다.

포아와 그의 팀이 오래된 가톨릭 선교회에 도착했을 때 현관 벨 위에 다음과 같은 경고가 붙어 있었다. “멈추시오. 이곳을 통과하는 사람은 죽을 수도 있습니다.”

“선교회는 이미 그 병으로 4명의 수녀를 잃었습니다. 남은 사람들도 죽음을 기다리며 기도하고 있었지요.” 포아가 BBC에서 말했다. 팀은 이 치명적인 바이러스가 어떻게 전파되고 출처가 무엇인지를 알아내야만 했다. 누가 감염되었고, 그 매개는 무엇일까? 그들은 더러운 주삿바늘이 한 원인임을 발견했다. 감염된 시신을 만지고 입을 맞추는 장례식도 원인이었다. 포아와 그의 팀은 의사들과 간호사들에게 비누와 장갑을 사용하라고 강조했다. 그들은 환자들을 격리하고, 주삿바늘을 재사용하는 관행을 없애고, 아픈 사람들과의 접촉을 차단했다.

포아와 동료들은 가까운 강의 이름을 따서 새로운 바이러스를 명명하기로 했다. 그 이름은 에볼라였다.[20]

* *

내가 피터 포아를 만난 것은 그가 자이레에서 돌아오고 거의 20년이 흐른 뒤였다. 1996년에 나는 제네바 WHO에서 필수 약품 관리자로 일하고 있었다. 당시에 세계는 에이즈가 유행한 지 15년이 되어 사망자 수 8백만 명을 기록하고 있었다. 여전히 많은 국가·국제 지도자들이 에이즈를 부정하고 있었다. 신규 환자의 수가 계속 치솟고 있었다. 사망자가 빠르게 늘고 있었지만, 예방 노력은 형편없었고, 자신이 HIV 상태이며 에이즈로 발전할 수 있다는 것을 아는 사람은 20명 중 1명도 되지 않았다. 아프리카에서 노동력의 핵심인 노동자, 경영자, 의사, 교사가 감소하고 있었다. 어린아이 수십만 명이 고아가 되고 있었다.

이대로 두고 볼 순 없었다. 가장 먼저 UNAIDS유엔HIV/에이즈공동계획라는 조직이 출범했다. HIV와 에이즈에 대한 대응을 확대하여 그 일을 이끌고, 강화하고, 지원하는 것이 그 임무였다. 여기엔 HIV 전파를 막고, 이미 감염된 사람들에게 치료와 지원을 제공하고, HIV에 노출된 개인과 지역사회의 취약성을 줄이고, 유행의 충격을 완화하는 방안이 포함되었다. 치열한 경합 과정을 통해 피터가 그 조직의 초대 이사장으로 선정되었다. 사람들이 HIV 증상을 나타낸 이후로 여러 해 동안 성적으로 전파되는 감염병을 연구해온 터였다. 피터는 이렇게 회고했다. "당시의 정설은, 그게 게이 질병이라는 것이었다. 하지만 나는 항상 그건 인간의 판단이라고 생각했다. 바이러스의 관점에서 볼 땐 한 숙주에서 다른 숙주로 건너뛰는 것이 중요하다. 바이러스가 무엇 때문에 사람의 성적 지향을 따지려 하겠는가?"[21]

피터는 그 일에 분명 더할 나위 없이 적합했다. 공중보건 전문가에게 에이즈는 개인과 집단의 전선에서 동시에 싸워야 하는 기나긴 전쟁이었다. 피터가 임명되고 나서 나는 즉시 그의 비전, 개인적 진실성, 수그러들 줄 모르는 위기의식에 감동했다. 그는 유엔의 8개 기관을 하나로 모으고, 정부, 협회, 미디어, 종교 단체, 지역사회 단체, HIV 및 에이즈 감염자들의 지역 및 국가 네트워크, 그 밖의 시민 단체와 강력한 동맹 관계를 구축했다. 그 모든 게 경이로웠다. 5년 이내에 UNAIDS는 선구적인 에이즈 치료 프로그램을 개시했다. 세계 지도자들은 에이즈에 전례없이 주목하고 있었고, 그 병에 대한 자금 지원도 폭발적으로 늘어 단일한 세계 보건 문제에 투입된 액수로서 바야흐로 최고치를 돌파하고 있었다. 신규 환자의 수는 1998년에 처음 감소하기 시작했지만, 사망자 수가 감소세로 돌아서기까지는 6년이 더 흘러야 했다.

* *

이렇게 발전했음에도 에이즈와의 전쟁은 지금도 끝이 보이지 않는다. UNAIDS에 따르면 2015년에 전 세계에서 3670만 명이 HIV 감염자로 살고 있었다.[22] 그해에만 210만 명이 HIV에 새로 감염되었고, 110만 명이 에이즈 관련 질병으로 사망했다. 유행이 시작된 뒤로 7800만 명이 HIV에 감염되고, 3500만 명이 에이즈 관련 질병으로 사망했다. 2015년에 1700만 명이 항레트로바이러스 치료를 받았지만, 오늘날까지도 빈곤과 무지가 HIV를 근절하려는 노력을 방해하고 있다.

그로 브룬틀란트와 사스 봉쇄

21세기 최초의 주요 전염병인 사스는 강력한 조처를 취한 지도자들 때문에 주목을 받았다. 그 지도자 중에는 WHO 시절 나의 상사이자 전 노르웨이 수상인 그로 할렘 브룬틀란트Gro Harlem Bruntland 박사가 있었다. 강철 같은 뒷심과 직설 화법으로 유명한 브룬틀란트는 내가 함께 일할 특권을 누렸던 상사 중 가장 유능하고 가장 훌륭한 사람이었다.

브룬틀란트는 직업 정치인인 부친으로부터 공동의 목적을 위해 사람을 하나로 묶는 법을 배웠다. 어릴 적에 그녀는 부모와 함께 나치가 점령한 노르웨이를 탈출하여 스웨덴으로 건너갔고, 부모는 스웨덴에서 저항운동에 투신했다. 그녀는 남자들의 세계에서 평등한 위치를 점하도록 양육되었다. 브룬틀란트는 어린 시절에 운이 좋게도 "강한 신념과 함께 연대, 정의, 평등의 가치를 굳게 믿는 가정에서 자랐다"고 말했다.[23] 그녀는 어머니와 아버지를 "생각이 분명하고 사려 깊은 부모이자, 사회 정의와 성평등을 믿은 진보한 사람"이라고 묘사했다.[24] 아마 그녀 자신에 대해서도 그렇게 묘사하는 것이 옳을 듯하다.

브룬틀란트는 일반의로서 경력을 시작했다. 하지만 행동주의적인 양육과 타고난 리더십을 겸비한 탓에 점차 정치에 관심을 갖고 좌파 성향의 노르웨이 노동당에 끌리게 되있다. 그녀는 환경 보호의 필요성을 알리는 글을 쓰기 시작했다. 35살 때 노르웨이 수상은 브룬틀란트가 쓴 글에 매료되어 그녀를 사무실로 불렀다. 그리고 노르웨이 환경부 장관을 맡아달라고 요청했다. 수상이 원한 것은 전문가가 아닌 사람의 신선한 생각이었다. 새로운 역할을 맡자마자 브룬틀란트는 환경 보호와 공중보건이 긴밀히 얽혀 있음을 이해하게 되었다. 그녀가 말했다. "환경 정책은 곧 공중보건 정책이라는 걸 깨달았다. 둘은 정말 같은 것이다." 실제로 오염, 삼림 파괴, 환경 악화의 슬픈 역사는 그녀가 옳다는 것을 입증해왔다.

1981년에 브룬틀란트는 수상에 선출되었다. 어떤 이들은 400만 인구의 국가를 여자가 이끌 수 있겠느냐고 의심했다. 그녀는 조금도 의심하지 않았다. 그녀는 이렇게 회고했다. "분명 우리는 정치의 역사를 새롭게 써 내려갔다. 나는 최초의 여성 수상이자 최연소 수상이 되고자 했다. 솔직히 말해 나는 국내 정치에서 함께 일했던 그 어떤 남성 못지않게 유능하다고 확신했다."[25] 그리고 그녀는 두 번째 임기까지 수상직을 역임했다.

59세에 브룬틀란트는 WHO 사무총장이 되었고, 그때부터 흡연

(WHO에 들어가려면 흡연을 하지 않아야 했다)과 임신중절 같은 어려운 문제들을 해결해나갔다. 임신중절 역시 민감한 주제였지만 브룬틀란트는 눈 하나 깜짝하지 않았다. 그녀는 시간을 낭비하거나 위선자처럼 보이는 사람을 용납하지 않았다. 1994년 카이로 회의에서 그녀는 유엔 대표들에게 이렇게 꾸짖었다. "도덕이 어머니들이 고통받거나 죽어가는 것을 의미한다면 그 도덕은 위선입니다. 그 고통이 원치 않는 임신이나, 원치 않는 아이를 낙태하는 것이 불법인 것과 관련되어 있다면 말입니다."[26]

나는 특히 브룬틀란트가 사스의 위협에 맞서던 방식을 잊을 수 없다. 2003년 3월 중순까지 WHO는 전염병 의심 환자에 대한 85건의 보고를 받았다. 그때까지 이 병은 몇 달 동안 광둥성에서 모락모락 연기를 내고 있었지만, 중국 정부는 이를 공표하지 않고 조용히 진압하기 위해 진땀을 흘리고 있었다. WHO의 전문가들은 위험한 신종 바이러스가 출현했다고 확신했다. 새로운 환자가 특히 보건 종사자 사이에서 빠르게 늘어나고 있었다.

이내 WHO는 세계가 긴급한 위협에 처해 있음을 보여주는 구체적인 증거를 잔뜩 수집했다. 브룬틀란트는 지체하지 않고 WHO로서는 드물었던 세계 보건 경보를 발했다. 또한 과감하게 규약을 깨고, 방역 당국에 먼저 알리는 대신 당국과 언론에 동시에 알렸다. 중국을 비롯한 몇몇 나라가 화를 버럭 냈지만, 그녀는 아랑곳하지 않았다.

전염병의 심각성을 고려해 브룬틀란트는 55년에 이르는 WHO 역사상 가장 엄중한 긴급 여행 경고를 발령했다. 이 조치에 몇몇은 격분했다. 이 여행 경고에 토론토가 포함된 것이 분한 동시에 재정적 손실이 걱정된 나머지 당시 토론토 시장 멜 라스트먼Mel Lastman은 CNN에 나와 펄펄 뛰면서 이 단체가 대체 뭐냐고 따져 물었다. 그는 "WHO가 누군가요?Who is WHO?"라고 물어 웃기는 사람laughingstock이란 칭호를 얻었다.[27]

중국은 몇 달 동안 비밀을 지키고, 몇 주 동안 WHO 팀에 광둥 개방을 주저하다, 결국 진상을 조사하겠다는 WHO의 요구에 동의했다. 조사팀이 발견한 것은 너무 걱정스럽고 중국의 공식 발표와는 너무 동떨어진 것이어서, 브룬틀란트는 다시 한번 규약을 깨고 중국 지도부를 공식적으로 비판했다. 그리고 전 세계 국가 원수에게 이렇게 촉구했다. "차후에 세계 어느 나라에서라도 새롭고 이상한 일이 일어나면, 최대한 신속히 우리를 들여보내 주시기 바랍니다." 브룬틀란트에게 공식적으로 비난을 들은 지 며칠 만에 새로 취임한 원자바오 총리는 당 지도자들을 만나 사스에 관한 의견을 청취했다. 그리고 이틀 뒤 인민회의에서 사스 예방에 관해 이야기했다. 중국은 즉시 태도를 바꿔 상황을 전부 공개하고, 외부 전문가의 도움을 수용하고, 사스를 신속히 봉쇄하기 위해 국가적인 노력을 동원했다. 신규 환자가 급속히 감소했다.[28]

브룬틀란트의 과감한 조처 덕분에 사스는 금방 진압되었고, 전문가들의 견해에 따르면 광범위하게 사상자를 발생시키기 전에 영원히 사라졌다. 2003년 7월에 종식될 때까지 이 불가사의한 질병은 29개 나라에서 8098명을 감염시키고, 774명을 쓰러뜨렸으며, 세계 경제에 수십억 달러의 손실을 안겼다. 하지만 브룬틀란트의 발 빠른 조치가 없었더라면 사스는 걷잡을 수 없이 소용돌이쳤을 것이다. 감염력이 강한 이 악성 바이러스는 지금도 우리 곁에 있을지 모른다. 브룬틀란트는 이렇게 말했다. "결심, 더 나아가 용기가 필수적이다. 큰 비전과 연설 자체는 사실 가장 중요한 것이 아니다. 계획 없는 비전, 행동 없는 계획은 칭찬할 만한 것이 못 된다."[29]

에볼라를 물리친 설리프 대통령과 은옌스와

라이베리아는 세계 최빈국 가운데 하나다. 2014년 이 나라는 13년의 내전을 끝내고 막 회복 단계에 들어서고 있었다. 15년에 걸쳐 사회적 불안이 이어지는 동안 병원과 진료소는 심하게 파손되거나 파괴되었다. 도로, 운송, 통신망은 여기저기 패이고 구멍난 상태였다. 그 때문에 에볼라가 닥쳤을 때 환자를 진료소로 옮기거나 샘플을 실험실로 운반하기가 어려웠다. 또한 문맹률이 높고 신뢰도가 낮아 사람들은 공중보건 관리자보다 현지 치료사의 말을 더 귀담아들었다.[30] 한마디로 첩첩산중이었다.

2014년 3월 기니 현장에서 일하던 국경없는의사회 회원들이 새로운 에볼라 출현으로 보이는 상황을 보고했다. 하지만 곧 발발 지역이 124마일 이상 떨어진 서아프리카의 국경 너머라는 걸 알게 되었다. 국경없는의사회는 국경을 넘는 전염에 주의하라는 공식 경보를 발표했다. 그리고 다시 한 달이 흘렀다.

국경없는의사회의 국제회장인 조앤 리우 박사는 에볼라가 폭발적으로 유행할 때 그들은 완전히 역부족이었다고 내게 말했다. "우리가 원하는 만큼의 '소방수'가 없었어요." 현지 보건 종사자들과 자원봉사자들은 에볼라에 대처하는 훈련이 되어 있지 않았다. 리우는 말했다. "준비된 사람이 아무도 없었죠."[31] 2014년 8월 초가 되자 상황은 도저히 감당할 수 없게 되었다. 리우는 서아프리카로 가서 감염이 가장 심한 세 나라인 라이베리아, 기니, 시에라리온의 대통령을 만났다. 라이베리아 대통령 엘런 존슨 설리프Ellen Johnson Sirleaf는 어떻게 해야 할지 모르겠다고 고백했다.

암울한 상황에서 설리프는 리우에게 라이베리아 정부에 기증할 에볼라 센터의 선설을 연기해달라고 요청했다. 라이베리아 보건 종사자들이 너무 많이 죽어서 센터를 운영할 인력이 부족하다는 이유에서였다. 리우는 두려워하는 설리프에게 그녀가 온 힘을 다해 세계의 이목을 끌어 보겠다고 약속했다.

리우가 초기에 경고했음에도 WHO는 에볼라에 너무 늦게 반응했다. "에볼라 대응에 참여한 거의 모든 사람이 아주 간단한 공지 글조차 보지 못하고 참여했다"고 WHO의 내부 문서는 언급했다.[32] 서아프리카의 공중보건 체계는 허약하기 이를 데 없었기 때문에, WHO는 거기서 더 강하게 대응했어야 했다. 하지만 보고는 느렸고, 마거릿 챈 WHO 사무총장이 메시지를 받기까지 너무 오랜 시간이 걸렸다. 2014년 9월에 리우는 결국 유엔 안보회의에 참석해, 전염병이 그 지역의 안전을 위협하고 있다고 알렸다. 또한 MSF가 '병원이 아닌 화장장'을 짓고 있다고 말했다. 9월 초에 리우는 유엔 회원국 앞에서 작심하고 열변을 토하면서, 모든 나라가 민간 자원과 군사 자원을 동원하여 이 위기에 대응해 달라고 주문했다. "유엔은 지금 즉시 행동해야 할 역사적 책임이 있다"고 그녀는 주장했다. "이 불을 끄기 위해 우리는 불타는 건물에 뛰어들어야 합니다."[33]

이 연설이 전기를 흘려보낸 양, 미국을 비롯한 모든 나라가 돈, 물자, 보건 인력은 물론이고 군대까지 보내 이 비상사태와 싸우기 시작했다. 그리고 2015년 2월에 사태가 진정되기 시작했다. 리우의 완강한 고집이 없었다면 에볼라는 훨씬 더 멀리 퍼져나가 1만 1000명 이상을 쓰러뜨렸을 것이다. 하지만 불필요한 고통과 죽음은 물론이고 엄청난 사회적 혼란, 가장 기본적인 의료 서비스의 붕괴는 잔인무도한 증거가 되어 정부가 보건 위기에 대비되지 않으면 어떤 일이 벌어지는지를 분명히 보여주었다. 이 일은 WHO에게도 중요한 교훈이 되었다. WHO는 그들이 필요하다고 맹세했던 개혁안들을 더 일찍 실천하지 못했다고 인정했다. 챈은 성명서를 통해 이렇게 말했다. "우린 겸손의 교훈을 배웠습니다. 과거의 질병이 새로운 환경과 만나면 새롭고 예기치 못한 상황이 끊임없이 벌어진다는 것을 보았습니다."[34]

* *

엘렌 존슨 설리프는 이제 80세가 다 됐다. 하버드를 졸업한 공공정책 전문가로 그녀는 라이베리아 정부에서 몇 차례 파란을 겪었음에도 오랫동안 훌륭한 경력을 쌓아나갔다. 설리프와 그녀의 가난한 나라는 힘든 일을 많이 겪었다. 1980년 군사 쿠데타 직후에 설리프는 잠시 감옥에 갇힌 후 추방되었다. 그녀와 그녀의 국민은 잇따른 내전으로 수십만 명이 사망한 지옥 같은 상황을 견뎌냈다. 그녀는 '해도 욕먹고 하지 않아도 욕먹는' 상황에서 그릇된 결정을 하기도 했다. 한때 잔인한 독재자 찰스 테일러Charles Taylor를 지지한 것도 그런 실수였다. 좋은 결정으로는, 맨 처음 실수한 뒤로 에볼라라는 황야에서 라이베리아를 잘 인도한 것이 대표적이다. 그녀는 계속해서 아프리카 최초의 여성 대통령이 되었다. 그리고 2011년에 여성의 인권에 헌신한 공로로 노벨상을 받았다.

훌륭한 지도자라면 누구나 그렇듯 설리프도 실수를 통해 배움을 얻었다. 에볼라가 라이베리아 수도인 몬로비아를 덮쳤을 때 설리프는 거대한 슬럼가를 봉쇄했다. 명령은 엄격했지만 서툰 실행이 화를 불렀다. 폭동 진압복을 입은 경찰이 와서는 외부로 나가는 출구를 모두 봉쇄했다. 분노한 주민은 바리케이드로 몰려가 돌을 던졌다. 그러자 군인들이 주민을 향해 실탄을 쏘았고, 10대 한 명이 사망했다.[35] 6개월 뒤 설리프는 그녀가 두려움에 사로잡혀 끔찍한 실수를 범했다고 인정했다. "우린 무엇과 싸워야 하는지 알지 못했어요. 에볼라는 미지의 적이었죠."《뉴욕타임스》 편집위원과의 인터뷰에서 그녀는 솔직하고 진지하게 말했다. "사람들은 마법 때문이라고 했어요. 우린 어떻게 해야 할지 몰랐죠. 모두 겁을 먹었습니다. 나도 개인적으로 두려웠지요." 그 봉쇄로 인해 더 큰 사회적 혼란이 발생했다고 그녀는 인정했다.[36]

지도자가 실수를 통해 배움을 얻을 때, 그 지도자는 상황을 신속하게 반전시킬 줄 알게 된다. 설리프는 국가 비상사태를 선언하고 팬데믹에 대응할 고위 지휘관을 임명하여 라이베리아에서 에볼라 전쟁을 이끌게 했다. 존스홉킨스대학교에서 공중보건 학위를 취득한 변호사 톨버트 은옌스와Tolbert Nyenswah가 모든 면에서 최적임자였다.

관심의 폭이 넓고 허튼소리를 안 하는 이 전문가는 변화를 일으키는 일에 사로잡혀 있었다. 2016년 10월 무더운 날에 나는 그를 따라 그가 주최하는 회의에 배석했다. 회의에는 정부, 원조 단체, 비정부기구에서 온 사람 40명이 참석했다. 그는 공급 가능한 물자, 시기, 결과를 거듭 되묻고 확인했다.

2015년에 CDC, WHO 등의 도움으로 은옌스와는 '돌발 상황 관리 체계'를 구축했다. 라이베리아에서 에볼라를 퇴치하는 데 필요한 모든 활동을 조율하는 것이 그 목적이었다. 그런 활동에는 병참, 작업자 교육 및 지원, 접촉 추적, 환자 발견과 이송과 격리, 안전한 장례, 감시, 실험실 실험, 국가·지방·현지 차원의 대중 소통과 동원이 포함되었다.[37] 은옌스와는 비상사태에 걸맞게 그 조직을 군대식, 즉 상명하복식으로 운영했다. 지휘본부는 하나, 지도자도 하나였다. 회의는 짧았다. 다양한 작전을 맡은 사람들은 현장에서 직접 보고 배우면서 전투 계획을 수정해나갔다.

위험이 최고조에 달했을 때 은옌스와는 인터뷰에서 이렇게 말했다. "이 병의 확산을 막기 위해 가장 중요한 일은 지역사회 차원에서 전파를 차단하는 것입니다. 이를 위해 각 가정에 위생 키트를 나눠주고, 지역사회마다 보건 교육을 실시하고, 전국에 사회적 동원령을 내리고 시행해야 합니다."[38] 하지만 라이베리아에서 성공과 실패를 가른 진짜 중요한 요소는 설리프의 두 귀였을지 모른다. 은옌스와가 대통령에게 직접 보고하기 시작하자, 사태의 심각성을 명확히 이해한 대통령은 다양한 대응 단위를 조율하고 그들에게 책임을 부여할 수 있는 모든 권한을 그에게 일임했다.[39]

불구덩이로 뛰어들다

주방 가스레인지에 불이 붙었는데 끌 방도가 없다고 가정해보자. 어느새 불이 벽을 타고 천장까지 넘실거린다. 소방서에 전화를 걸어보지만, 불을 진압하도록 소방팀을 보내는 대신, 전화에 응대하는 사람이 "괜찮으세요? 불이 얼마나 위험한지 충분히 아셨나요?"라고 말하거나, "우리 책임이 아닙니다. 경찰서에 전화해보시죠. 아니면 시청이나."라고 말한다. 혹은 이렇게 말할지 모른다. "알려줘서 감사합니다. 하지만 지금은 곧 있을 선거 때문에 너무 바빠서 도와드릴 수가 없네요. 어쨌든 행운을 빕니다."

전염병의 장구한 역사, 특히 지난 100년을 되돌아볼 때 발발에 대응하는 동안 1분 1초가 중요하다는 사실은 너무나 명백하다. 우리를 보호해야 할 사람들이 당황해서 어쩔 줄 모르거나 상황을 부인한다면, 사람들이 죽고, 때로는 엄청난 수가 몰사한다. 오늘날 치명적인 신종 유행병이 발발했다고 가정해보자. 사망자가 쌓이는 것을 보고도 당신의 지도자는 계속 고집부리고, 부정하고, 미루적거릴까? 평소처럼 느긋이 야금야금 접근할까? 아니면 인명을 먼저 생각하고 장애물을 과감하게 돌파할까?

진짜 소방수들은 집이나 동네를 화염으로부터 지켜내기 위해서는 5분 이내에 경보에 반응하는 것이 결정적이라는 것을 알고 있다. 이와 마찬가지로 유능한 지도자 역시 신속한 대응이 그야말로 삶과 죽음을 가르는 열쇠임을 잘 안다. D. A. 헨더슨, 피터 포아, 그로 브룬틀란트, 엘렌 존슨 설리프, 톨버트 은옌스와, 조앤 리우, 그리고 통찰력과 용기를 겸비한 그 밖의 지도자들은 집에 불이 난 것처럼 상황을 지휘했다. 그들은 편협하고 정치적인 이익보다는 과학적인 증거를 중시했다. 하지만 그 외에도 그들이 가진 공통분모는 용기였다. 그들 모두 현상에 용감히 맞서고, 안 된다는 대답을 거부하고, 국민의 건강과 안녕을 최우선에 놓았다. 우리가 전염병을 종식하고 싶다면, 사회의 모든 차원, 모든 분야에 그런 용감하고 끈기 있는 지도자를 세워야 한다.

7장

회복력 있는 보건 체계, 지구의 안전

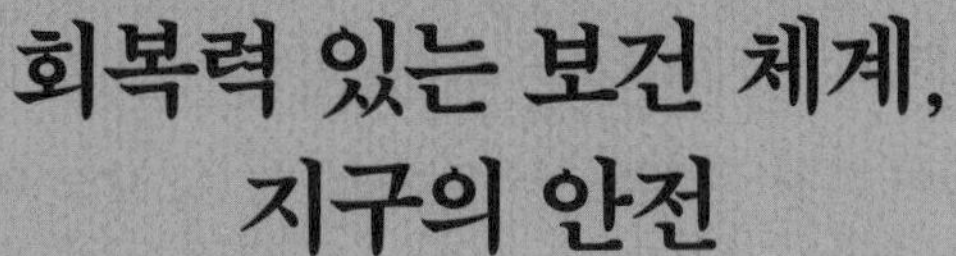

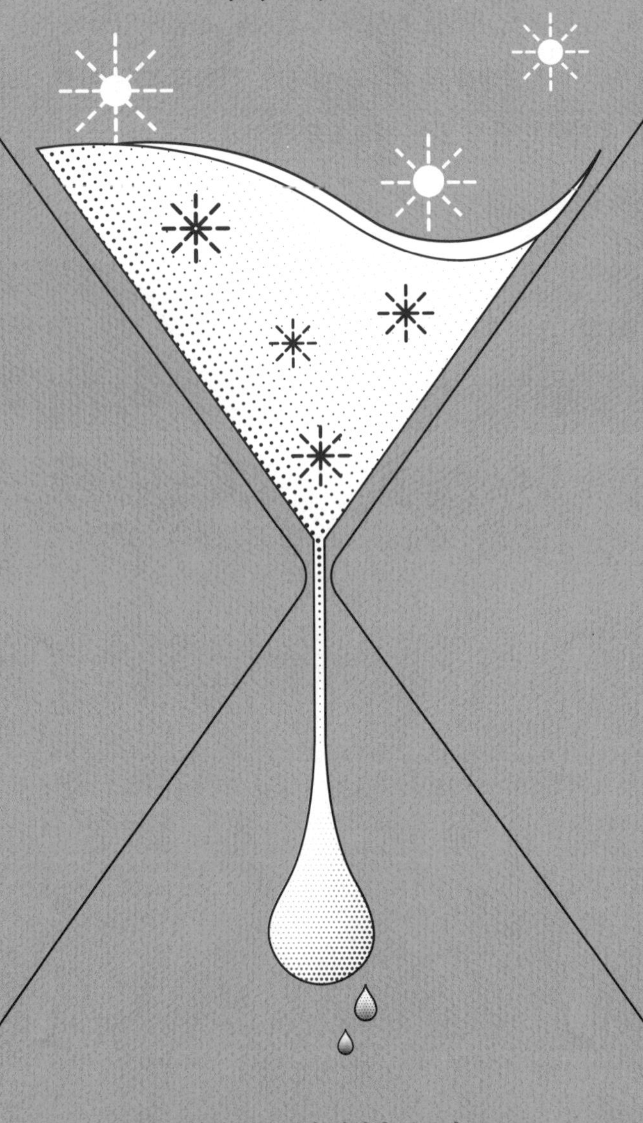

국가의 공중보건 체계가 튼튼하고
국제기구들이 건실할 때 모두의 보건안보를 확실히 할 수 있다.

"

국지적 발발을 예방하고, 발견하고, 대응하여 세계적 팬데믹을 피하기 위해서는 국가의 공중보건 체계가 튼튼해야 한다. 정부, 민간부문, 지역사회, 신뢰에 기초한 단체들은 힘을 합쳐 질병과 싸울 때 엄청난 성공을 거둬왔다. 라이베리아와 에티오피아 같은 최빈국들도 그렇게 하는 것이 가능하다는 것을 입증하고 있다. 또한 지구 차원에서도 모든 단계의 지도자들이 전례 없이 긴밀하게 협조하고 있다.

"

바미얀에 있는 고대의 놀라운 부처들은 산비탈에 자리한 거대한 조각상이다. 높이가 115피트(35미터)에 달하는 이 조각상은 이슬람이 들어오기 전인 6세기에 중앙 아프가니스탄 바미얀 계곡의 사암 절벽을 깎아 만든 것이다. 2개의 거대한 부처상은 아름답고 정교한 대리석상이었다. 2001년 3월 탈레반 군대가 잔인무도하게 그 조각을 폭파해버리기 전까지는.[1]

1990년대에 권력을 되찾은 뒤 탈레반은 공중보건 체계도 돌무더기로 만들었다. 1997년 9월에 탈레반은 카불의 22개 병원에서 여성이 일하는 것을 금지하고 있었다. 여성이 입원할 수 있는 곳은 1개 시설에 25개 병상뿐이었고, 그마저 전기도, 물도, 수술 장비도 없는 곳이었다.[2] 여성

열 명 중 아홉이 어떤 진료나 치료를 받지 못하고 아기를 낳았다.

10년 전에 나는 바미얀시에 도착한 친절한 아프가니스탄 의사를 만났다. 탈레반이 2001년 미군에 밀려 퇴각한 직후였다. 그때 이산 울라 샤히르Ihsan Ullah Shahir 박사는 바미얀에 보건 시설이 거의 없고, 인력은 더 없다는 것을 발견했다. 많은 직원이 달아나고 없었다. 2007년 4월 바미얀주를 방문했을 때, 샤히르 박사는 어느 날 바미얀 병원의 잔해에서 나와 함께 같은 차를 타고 퇴근했다. 그는 완전히 진이 빠져 있었다. 카불로 가는 도로 위에서 그가 말했다. "내 어깨에 모든 짐이 지워져 있는데, 그 무게를 견딜 수 없을 것 같다. 난 여기를 떠날 거라고 100퍼센트 장담한다."

이 양심의 위기를 맞은 직후에 샤히르는 이집트에서 보건관리과학의 지도자 개발 프로그램에 참석하고, 그 과정에서 용기를 회복했다.[3] 그는 바미얀에 의료 시스템을 복구하겠다는 결심을 품고 조국에 돌아왔다. 그리고 매년 지역사회에서 조산사로 일할 여성 20명을 훈련하는 프로그램을 만들고, 지역사회 보건 인력을 충분히 채용하고, 보건 시설을 다시 하나로 통합하기 시작했다. 그후 10년에 걸쳐 다른 아프가니스탄 사람들, USAID미국국제개발처와 그 밖의 국제기구들이 함께 팔을 걷어붙인 결과, 샤히르의 나라는 수백만 모아母兒를 위한 돌봄 서비스를 극적으로 개선하고, 모아 사망률을 크게 낮출 수 있었다.[4,5,6]

* *

1971년에 MSH를 설립한 뒤로 우리는 어려운 나라(탈레반 이후의 아프가니스탄, 아파르트헤이트 이후의 남아프리카공화국, 지진 이후의 아이티, 에볼라 이후의 라이베리아)의 동료들과 협력해서 국가 의료 시스템을 강화해왔다. 그동안 나는 불행과 죽음을 직접 경험한 사람들, 그러면서도 조국에 남아 국가와 어린이를 위해 더 건강하고 좋은 미래를 만드는 일에 헌신하는 사람들, 그들의 회복력에 깊이 감동하곤 한다. 남아프리카공화국의 간호사 노마템바 마잘레니Nomathemba Mazaleni는 아파르트헤이트에 맞서 싸우고, 그후에는 USAID가 후원하는 MSH의 프로그램을 통해 남아프리카공화국의 모든 국민이 누릴 의료 시스템을 재건하는 일에 앞장섰다. 라이베리아 의사인 버니스 단Bernice Dahn 박사는 에볼라 퇴치에 힘쓴 뒤 지금은 보건부 장관이 되어 라이베리아의 의료 시스템을 재건하고 있다. 그리고 샤히르 박사는 말하고 걸어다니는 회복력의 상징으로, 힘든 문제에 부딪혀 매듭을 풀어나갈 때는 회복력이 가장 중요하다고 믿는다. 장애물에 맞닥뜨리고 그걸 극복할 땐 "심장이 뛰고, 사람들이 하나가 된다"고 그가 내게 말했다.

이 회복력 있는 건강한 의료 시스템이 일곱 가지 힘의 두 번째 요소다. 회복력을 생각할 때 우리는 야자나무를 상상할 수 있다. 뿌리가 사방으로 뻗어 있고 줄기가 뻣뻣해서 강한 바람이 불어도 휘기만 할 뿐 부러지지 않기 때문이다. 심리학의 용어를 빌리자면, 회복력은 역경, 트라우마, 비극에 부딪혔을 때 거기서 회복하고, 적응하고, 승리하는 정신적인 능력이다. 자연계에서 회복력은 숲이 산불에서 회복할 때 그 바닥에서 초록빛 새순들이 돋는 것처럼 다시, 더 좋게 성장하는 것을 의미한다.

이와 마찬가지로 한 나라의 회복력 있는 공중보건 체계는 지독한 폭풍에도 끝까지 버티는 강인한 배와 같다. 그런 배는 파도에 난타당해도 부서지거나 가라앉지 않는다. 만일 어떤 나라에 다시 시작할 튼튼한 공중보건 인프라가 있고, 그로 인해 돌발상황에 잘 대비할 수 있다면, 의사와 간호사들은 아무리 외진 곳에서 병이 발발한다 해도 조기 발견과 신속한 반응으로 위기에 대처할 수 있다. 전염병이 돌기 시작할 때 잘 준비된 모든 병력이 달려와 질병과 죽음을 최소화할 수 있고, 위급한 상황에서도 나머지 국민이 기본적인 진료를 받을 수 있게 된다. 전문가들의 말에 따르면, 회복력이 강한 공중보건 체계는 '회복력 배당금'을 나눠준다. 즉, 모든 국민에게 지속적으로 일상의 혜택과 좋은 건강을 함께 제공하는 것이다.[7]

정부는 국민을 보호할 책임이 있지만, 절대명령으로 그 일을 다 해낼 순 없다. WHO 같은 국제기관, CDC 같은 과학 조직, 세계은행 같은 경제 조직, 민간 기업, 신뢰에 기초한 단체, 그리고 수많은 비정부기구 역시 위기에 도움이 되고, 기초적인 서비스를 유지해준다. 그러나 보건 비상사태를 극복하는 가장 결정적인 요인은, 헌신적인 지역사회와 보건 종사자들이다. 그들이 때맞은 정보와 적절한 장비를 갖추고, 확실한 지원을 받으며 일해야 한다.

회복력 있는 의료 시스템은 '학습하는' 의료 시스템이다. 실수가 발생했을 때 지도자와 의료 전문가는 즉시 실수를 바로잡아, 나라가 최대한 빨리 정상으로 돌아갈 수 있게 해야 한다.[8] 조직학자들에 따르면, '학습하는 조직'은 실수로부터 교훈을 흡수하고 지적 위기를 두려워하지 않으며, 보복당하거나 틀릴 것을 두려워하지 말고 지금 배우고 있는 것을 솔직히 공개하고, 힘든 환경에서도 끊임없이 개선하고 혁신하는 조직이

회복력 있는 의료 시스템과 보건안보의 통합

한 나라의 보편적 의료보장에 기초한 건강한 의료 시스템은
국가와 세계의 보건안보를 지탱하는 토대다.

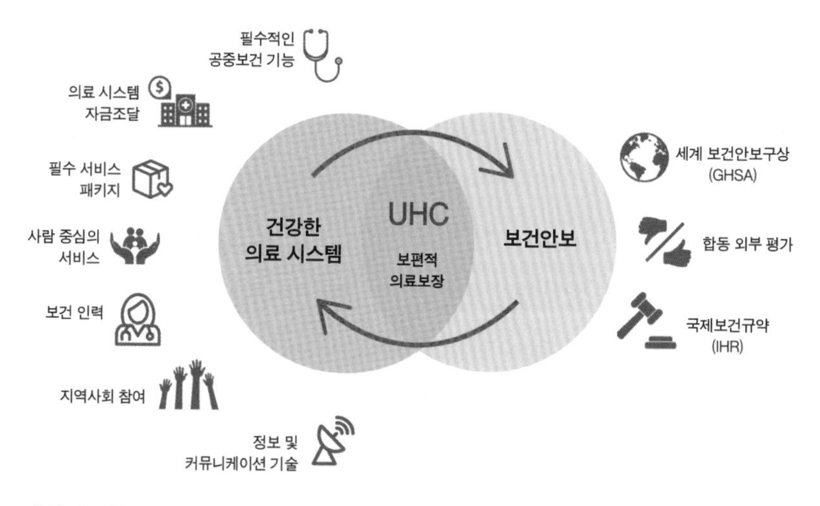

출처: Health security and health systems strengthening—an integrated approach. World Health Organization. 2017. http://www.who.int/ebola/health-systems-recovery/en/ (2017년 5월 1일 접속)

다.[9] 공중보건의 위기는 빠르게 전파된다는 점을 고려하여, 정부는 실수를 바로잡을 때 조금도 지체해서는 안 된다. 국민의 생사가 달린 일이기 때문이다. 또한 위기가 닥쳤을 때 그 나라에 조기 발견-조기 대응 체계가 바로 서 있다면 완전히 다른 결과를 맞이하게 된다. 이제 살펴볼 나이지리아가 그런 경우다.

우리에게 아픈 사람을 치료할 수 있는 기술과 지식이 있을 순 있지만, 튼튼한 의료 시스템이 없다면 에이즈와 그 밖의 전염병이 계속 불필요한 질병, 고통, 죽음을 만들어내고 세계 경제까지 파괴하는 것을 지켜만 봐야 한다. 이제 우리는 국민과 국가들이 번성할 수 있게 할 것인지,

흔들리는 갑판 위에서처럼 끝없이 공중보건의 위기를 겪을 것인지, 둘 중 하나를 선택해야 한다.[10]

나이지리아에서 한 명의 의사가 막아낸 에볼라

2014년 7월, 라이베리아계 미국인 변호사 패트릭 소이어Patrick Sawyer는 중요한 지역회의에 참석하기 위해 나이지리아에 입국했다. 라이베리아에서 에볼라에 노출된 적이 있는 소이어는 라고스 공항에서 쓰러졌다. 때마침 국립병원 의사들이 총파업을 하고 있었다. 문을 연 곳은 아메요 아다데보Ameyo Adadevoh 박사가 일하는 민간 병원뿐이었다. 소이어를 처음 봤을 때 아다데보는 그의 병을 말라리아로 진단했다. 소이어가 에볼라에 걸린 사람과는 전혀 접촉하지 않았다고 주장했기 때문이다. 하지만 다음날 회진할 때 그를 본 아다데보 박사는 에볼라가 맞을 거라고 생각했다. 에볼라 검사가 양성으로 나오자 그녀는 정확히 대처했다. 병원에 격리 공간을 만들고, 그 안에서 소이어를 계속 치료하고 직원들을 보호한 것이다.

그녀 자신과 직원들을 보호하는 싸움은 쉽지 않았다. 병원에는 적절한 보호복이나 정확한 에볼라 치료 계획안, 제대로 된 격리 병동이 없었다. 그 문제 외에도, 라이베리아 공무원들이 소이어가 회의에 참석할 수 있도록 그를 퇴원시켜야 한다고 주장하면서 나이지리아 정부를 압박하고 있었다. 하지만 아다데보는 흔들리지 않고 그를 퇴원시키지 않았다. 나흘 뒤 소이어는 에볼라로 사망했다. 그리고 10일 뒤 아다데보 박사가 앓아누웠고, 임시로 세워 장비가 허술한 격리 병동으로 옮겨져, 그곳에서 사망했다.

아다데보가 정부에 맞서지 않았더라면 의사 총파업과 정부의 준비 부족에 덜미가 잡혀 나이지리아는 에볼라의 먹이가 되었을 것이다. 하지만 이 여성 의사가 용기 있게 행동한 덕분에 이 나라에서 에볼라는 감염 19명, 그녀를 포함하여 사망 7명으로 마감되었다. 2014년 10월, 서아프리카에서 에볼라가 맹위를 떨치던 시점에 나이지리아는 에볼라 청정 국가로 공표되었다. 인구가 1억 8000명인 나라에서 아주 대단한 위업이었다.

예방에는 또한 노출된 모든 사람의 위치를 아는 것('접촉자 추적 조사')이 포함된다. 아다데보의 죽음은 비극적이지만 나이지리아가 비상체제로 들어가 에볼라에 맞서 싸우게 된 계기가 되었다. 또한 이 나라는 접촉자 추적 조사를 훌륭하게 수행했다. 다행히 이 나라에는 2012년에 빌앤멜린다게이츠재단Bill and Melinda Gates Foundation이 소아마비 환자를 발견하기 위해 세운 응급지휘본부가 있었다. 이 본부의 질병 감시 체계가 동원되어 새로운 에볼라 환자들을 찾아냈다. 나이지리아는 전염병학을 전공한 나이지리아 의사 100명을 동원하여 신속대응팀을 가동했다.

에볼라가 발발한 뒤 정부는 나이지리아 보건부, WHO, 유니세프UNICEF, CDC, 국경없는의사회, 국제적십자협회를 조율하는 중심축에 나이지리아 의사 40명을 파견했다. WHO가 '세계적인 유행병 발견 작전의 일환'이라 표현한 활동을 통해, 정부는 결국 나이지리아에서 가장 큰 도시이자 소이어가 왔던 도시 라고스에서 잠재적 에볼라 접촉자를 100퍼센트 추적하고, 그의 간호사가 가족을 방문했던 포트하커트에서 접촉자의

98퍼센트를 추적했다.[11] 정부는 1800명에 가까운 보건 종사자를 신속하게 훈련하고 보호복으로 무장시켰다. 안전 병동이 세워졌고, 충분한 침상과 염소 처리된 물이 공급됐다. 보건 종사자들은 총 1만 8500곳을 직접 방문하여 접촉 가능성이 있는 900명의 체온을 쟀다.

나이지리아가 에볼라에 완벽하게 대응한 건 아니었다. 정부가 행동에 나서기까지 너무 오래 걸렸고, 의사 파업이 대응을 더욱 지연시켰다. MSH 직원이자 아다데보 박사의 조카인 니니올라 솔레예는 사랑하는 이모가 목숨을 잃은 것은 나이지리아의 의료 시스템이 에볼라에 준비가 되어 있지 않았기 때문이라고 적었다. "그 후로 의료 시스템이 갖춰져서 이제 나이지리아는 다른 나라에 모범이 되었다. 하지만 그런 재능 있는 의사이자 가족의 중심을 잃은 아픔은 헤아릴 수가 없다." 나는 그녀의 이모 이야기를 통해, 죽음은 통계 숫자가 아니라 저마다 한 인간의 죽음이고, 우리는 모두 연결되어 있으며, 의료 시스템이 지켜야 할 사람들을 지키지 못할 때 인간적으로 끔찍한 결과가 온다는 것을 생생히 알게 되었다.[12]

나이지리아의 에볼라 이야기가 입증하듯이, 전염병이 확산할 기회를 잡기 전에 환자를 찾고 치료하는 것이 결정적으로 중요하다. 국지적으로 발발한 에볼라를 막아 국가의 공중보건을 지켜낸 나라는 나이지리아만이 아니었다. 세네갈에서 '최초 감염자'는 병원에 와서 자신의 여행 동선을 거짓으로 보고했다. 일주일 후 의사들은 그가 기니에서 왔다는 것을 알아내고 에볼라 검사를 시행했다. 세네갈 공무원들은 국경을 봉쇄하고 그 환자와 접촉한 사람 67명을 추적했다. 접촉자 전원이 자발적 격리에 들어가고, 이틀간 적십자 직원의 감시를 받았다. 아무도 에볼라에

감염되지 않았고, 최초 감염자까지도 병에서 회복했다.[13]

이들 나라의 사례를 통해 우리는 아무리 감염력이 강한 질병이라도 훈련된 보건 인력, 장비, 시설, 대중 교육 캠페인이 뒷받침하는 조기 발견-조기 대응 체계가 있다면 충분히 막아낼 수 있음을 명확히 볼 수 있다.

에티오피아의 에이즈 전쟁에서 본 의료 시스템 비전

나이지리아의 에볼라처럼 국지적인 발발이든, 1918 스페인 독감처럼 세계적 팬데믹이든 전염병이 신속히 종료되지 않으면 훨씬 더 나쁜 일이 발생한다. 주민에게 뿌리를 내리는 것이다(전염병학의 용어로 '토착화 Endemic'가 된다). 에이즈가 그런 경우다. 어떤 질병이 토착화되고 나면, 훨씬 더 길고 값비싼 대응이 필요하다.

2005년 이전에 동아프리카 국가인 에티오피아에서 HIV와 에이즈는 사형 선고나 마찬가지였다. 에티오피아는 세계에서 가장 인구가 많은 내륙 국가다. 에티오피아에서 MSH를 위해 일하는 사람들이 긴급한 보고를 해왔다. 병원마다 죽어가는 사람이 넘쳐난다는 것이다. 사람이 죽으면 유족은 친구와 이웃들에게 돈을 거둬 장례식을 치렀다. 어떤 지방에서는 그런 모금과 장례식이 그치지 않고 계속되었다. 'USAID가 지원하는 HIV·에이즈 치료, 간호, 지원 프로젝트'를 이끌던 당시 MSH 부회장, 헤일 우브네Haile Wubne는 이렇게 말했다. "아디스아바바의 도로변에 관 파는 사람들이 늘어서 있었다. 토요일은 장례식에 가는 날이었고, 가끔은 고인에게 작별을 고한 뒤 다른 고인을 만나러 갔다."[14]

2004년 에티오피아는 미국의 원조를 받아 검사를 하고, 상담을 진행하고, 항레트로바이러스제를 광범위하게 유포했다.[15] 하지만 그 혜택이 국민 대다수에게 도달하기까지는 오랜 시간이 걸렸다. 2005년에 에티오피아에서 HIV 감염자 중 단 10퍼센트만이 항레트로바이러스제를 복용했다. 이 약을 복용하면 체내에 잠복한 HIV 바이러스를 없애고 전파 가능성을 차단할 수 있다.[16]

애초에 항바이러스제를 복용한다는 것은 환자 본인의 약값이 한 달에 289~346달러 든다는 걸 의미했다. 이 비용은 나중에 28달러로 감소했다.[17] 하지만 에티오피아 국민은 호주머니에 월평균 42달러밖에 들어오지 않아, 병원 이송이나 실험실 유지 같은 부대비용은 물론이고 약값조차 충당하기 힘들었다.[18] 일단 치료 시설에 도착한다 해도 길게 늘어선 줄과 적은 급여로 피곤하게 일하는 의료진을 마주하기 일쑤였다.[19] 그리고 지역사회에서 HIV 양성자는 낙인과 추방에 예사로 직면했다. 음식을 충분히 구하는 것도 힘들었는데, 몸이 너무 아파 일을 할 수 없거나, 해고되어 수입이 없거나, 둘 다였기 때문이다.

오늘날 에티오피아의 공중보건 체계가 눈이 부실 정도로 효율적이고 전국적이라는 사실은 놀랍기만 하다. 이 나라는 공중보건을 위협하는 병을 관리 가능한 만성질환으로 바꿨을 뿐더러[20] 통합된 국가 의료 시스템의 청사진을 보여준다. 그런 극적인 변화를 이끈 힘은 무엇이었을까?

하향식·상향식 국가 보건 전략

사무엘 타데세Samuel Tadesse는 2004년에 HIV로 진단받았다. 그는 기적을 찾아 에티오피아에서 신성한 우물로 유명한 차드카네 수도원을 찾아갔다. 우물가에는 점점 더 많은 사람이 모여들고 있었고, 사무엘은 그들과 함께 살기로 했다. 그는 신성한 물에서 기도하고, 목을 축이고, 몸을 씻었고, 하루에 한 그릇씩 공급되는 보릿가루를 먹었다. 믿음이 절망을 몰아내 주길 기다렸지만, 날이 가고 해가 갈수록 더 많은 사람이 사무엘의 팔에서 최후의 평화를 찾았다. 사무엘은 이 우물가에서 사는 것은 곧 우물가에서 죽어가는 것임을 깨닫게 되었다. 그 자신도 몸이 아팠지만 그는 병이 들어 죽어가는 사람이 찾아오면 그들을 돌보지 않을 수 없었고, 그래서 음식, 담요, 물을 살 돈을 벌기 위해 일을 하기 시작했다.

불과 4년 만에 많은 변화가 있었다. 우물에서 몇 마일 떨어진 곳에 치료센터가 들어서 HIV 검사, 상담, 항레트로바이러스 치료를 무료로 제공했다. 치료센터 옆에는 빵집, 레스토랑, 방앗간이 새로 생긴 덕분에 환자들은 돈을 벌고, 직업 기술을 배우고, 결국 고향으로 돌아갈 수 있었다.[21]

온 나라에서 기본적인 종교 활동과 이데올로기가 변하고 있었다. 에티오피아 정교회 지도자들은 이제 성수와 항레트로바이러스제를 함께 복용하는 것이 중요하다고 강조하고 있었다. 지도자들은 사람들을 보건소에 보내 보살핌과 치료를 받게 하는 것과 모아 간 감염 예방법을 지키는 것이 중요하다고 설교했다.[22] HIV에 감염된 어머니들이 바이러스에 감염되지 않은 아기를 낳았으며, 사람들은 앓다 죽는 대신 건강을 되찾고 더 오래 살았다.

* *

기본적으로 에티오피아의 반전은 강력한 리더십과 관계가 있었다. 세계 보건의 각 시기에는 전 세계 보건부 장관 가운데 행동지향적인 개척자 겸 선구적인 사상가가 있었다. 나는 그런 사람을 사실상 '사제'로 여긴다. 1980년대 중반부터 1990년대 중반까지 그 사제는 나이지리아의 교수 올리코예 란솜-쿠티Olikoye Ransome-Kuti였다. 그는 모든 사람이 보고 들을 수 있는 방식으로 1차 보건의료를 옹호하고 추진했다. 2000년대부터 2010년대의 사제는 에티오피아의 테드로스 아드하놈 게브레예수스Tedros Adhanom Ghebreyesus 박사였다. 흔히 테드로스 박사라고 불리는 그는 자신의 권위, 영향력, 비전을 십분 활용해 국제 정책 입안자들과 투자자들에게 에티오피아의 보건의료를 근본적으로 개선하고 보건 체계를 강화해야 한다고 주장했다. 2017년 5월에 테드로스 박사는 리더십과 업적을 인정받아, 마거릿 챈 박사에 이어 WHO 사무총장으로 선출되었다.

2005년 새로 선출된 에티오피아 수상 멜레스 제나위Meles Zenawi는 테드로스 박사를 보건부 장관에 임명했다. 수상의 목표는 2020년까지 에티오피아를 중위소득 국가로 끌어올리는 것이었다.[23] 그는 HIV가 국가의 긴급상황이자 경제 성장의 걸림돌이라고 생각했다. 그가 보기에 테드로스는 그 위기를 누구보다 잘 이해하는 사람이었다.

그는 타그라이주에서 지방 보건국을 운영한 경험이 있었다. 100만 명 당 병원침상이 200개도 안 되고, 3만 명 당 의사가 1명인 곳이었다. 2005년에 그는 의료 접근성을 개선하고 항레트로바이러스제를 무료로

제공하는 계획에 착수했다.[24,25]

HIV와 싸우기 위한 테드로스의 주요 전략은 HIV 진료와 치료를 한정된 곳에서 하지 않고 여러 곳으로 확대하는 것이었다. 항레트로바이러스 치료를 제공하는 병원들은 대개 사람들이 가기 어려운 곳에 있었기 때문에, 정부는 여러 지방에 다목적 의료센터를 300개 가까이 건설했다. 이 센터들은 의료진이 산모, 신생아, 가족계획 등 이미 제공하고 있는 의료 서비스에 HIV 치료를 통합했다.[26] 센터는 HIV 감염자들이 전체적으로, 차별받지 않고 진료받을 수 있는 원스톱 쇼핑몰이 되었다.[27] 테드로스의 계획은 자금을 비교적 쉽게 조달했다. 2006년에 에티오피아는 개발비로 거의 20억 달러를 받았는데, 그중 8400만 달러가 에이즈구호대통령비상계획President's Emergency Plan for AIDS Relief, PEPFAR에서 나왔다.[28,29] 클린턴재단 같은 세계적으로 유명한 단체들도 그의 계획을 아낌없이 지원했다.

테드로스의 공중보건 통합계획이 성공할 수 있었던 핵심 요인은 지역사회에 깊이 침투한 것이었다. 정부는 새로운 유형의 보건 종사자를 훈련하고 지역사회와 지방에 배치했다. 그러자 서비스의 질이 높아지고 진료 연계가 향상되었다. 예를 들어, 본인이 HIV 양성자인 환자 관리사가 환자와 밀접한 거리를 유지하며 항레트로바이러스제 투약을 돕고 심리적 지원과 조언을 제공했다. 어떤 환자가 치료를 중단하면 돌봄 관리사들은 해당 지역사회의 보건 관리사와 지도자를 통해 환자를 추적했다. 데이터 관리원들은 진료예약 펑크에 관한 정보를 환자 관리사들과 공유하고 환자의 상태와 새로운 요구를 모니터했다. 의료 제공자는 환자의 데이터를 활용해 치료를 객관적으로 결정할 수 있었다. 또한 보건

소의 '멘토'들이 지방 보건소를 직접 방문해서 서비스 제공자들이 국가 기준에 맞게 일하고 있는지를 확인했다.

현장에서 에이즈와 싸우기

에티오피아는 특히 수직감염으로 HIV 바이러스를 아기에게 물려줄 수 있는 여성들에게 지원을 집중했다.[30] 2005년에 마더서포트그룹Mother Support Groups, MSG란 이름으로 닻을 올린 지역사회 지원 서비스는 HIV에 감염된 어머니들이 건강한 아기를 낳도록 돕는 일에 매진하고 있다.[31,32] 이 그룹을 운영하는 '마더 멘토'들은 그들 자신이 HIV 양성으로, 여성들에게 선택지를 알려주고 그들이 꾸준히 투약할 수 있도록 돕는 일을 한다. 또한 남편이나 아버지들을 대상으로 감염된 여성이 건강한 아기를 낳는 방법을 가르쳐준다.[33]

MSG에 참여한 어머니, 메아르그Mearg는 그녀 자신이 HIV 양성자로, 실업자 남편, 10개월 된 아들, HIV 양성인 8살 된 딸과 함께 산다. 어떻게든 돈을 벌어야 하는 그녀에게 마더 멘토들은 작은 양 한 마리와 텃밭 경작 사업을 지원했다. 남편과 아이들을 부양할 수입이 생기자 메아르그는 지역사회에 자신의 HIV 감염 사실을 드러냈다. 그때부터 다른 HIV에 양성인 어머니들은 그녀를 역할 모델로 생각했고, 메아르그는 그 모든 것에 친절로 되갚았다. 그녀는 다른 사람들에게 HIV 검사를 권하고, 지역사회와 보조를 맞춰 HIV 양성이라서 버림받은 고아들을 지원하기 시작했다.[34]

HIV는 여전히 에티오피아 보건부의 최우선 과제지만, 예전처럼 국가적 비상사태를 부를 정도는 아니다. PEPFAR의 원조금은 정부 그리고 진료소 중심의 서비스를 책임진 기관들에 직접 들어간다. 에티오피아 정부는 훈련사를 훈련하는 일과 멘토십 프로그램에 많은 돈을 투자한다. 예를 들어 진료 멘토 프로그램은 현재 항레트로바이러스제 제공자들을 교육하여 또래들에게 진료 멘토 역할을 하게 한다. 다시 그 또래들은 자신의 동료들에게 태아 보호와 결핵 치료 같은 서비스를 받을 때 HIV 치료도 받을 수 있다고 가르친다.

오늘날 에티오피아의 공중보건 상황은 실제로 몰라보게 개선되었다. 이 나라의 하향식 공중보건 체계는 다른 나라들이 부러워할 법하다. 위로 정부에서부터 아래로 가장 가난한 사람들까지 모든 국민이 철저하고 적극적인 체계를 통해 진료를 받을 수 있으며, 이 체계에는 병원과 보건소뿐 아니라 다른 사람들을 보살피는 지역사회 일꾼과 자원봉사자들이 포함되어 있다. 현재 에티오피아의 공중보건 체계는 에이즈 치료와 전반적인 공중보건을 하나로 묶어 놓았다. 이 나라는 공중보건의 토대에 질병 예방과 치료를 놓았다. 또한 그 체계를 지탱하는 튼튼한 공급망도 구축했다. 에티오피아의 사례는 통합적이고 회복력 있는 공중보건 체계가 어떠해야 하는지를 모범적으로 보여준다.

민간 부문도 나서야 한다

흔히들 전염병 예방은 전적으로 정부 책임이라고 보지만, 그건 잘못된 생각이다. 민간 부문이 큰 역할을 해야 하며, 지역사회를 보호하는 데에는 다국적 기구의 역할이 결정적이다.

예를 들어, 타이어 회사인 파이어스톤Firestone은 라이베리아의 하벨 시에서 에볼라가 약 8만 명의 주민을 위협할 때 브레이크를 밟아 바이러스를 멈춰 세웠다. 이른 봄에 한 종업원의 아내가 병에 걸려 나타나자, 회사는 그녀를 회사 진료소에 격리하고 보살폈다. 아무도 에볼라를 알지 못했지만, 진료소 의료진은 즉시 깨닫고 임시변통으로 대처했다. 예를 들어, 그들은 화학물질을 제거하는 용도로 개발된 방호복을 입어 그들 자신을 완벽하게 보호했다.

늦여름에 악성이 더 강한 에볼라가 밀려왔을 때 파이어스톤은 본격적으로 비상체제에 들어가, '방문 사절' 정책을 엄격히 시행하고, 드나드는 사람들을 모니터하고, 트럭을 구급차로 개조하고, 시간과 돈, 자원과 의지를 쏟아부으며 위기에 대응했다. 회사는 보건소와 격리 센터를 짓고, 교사들을 집으로 보내 아이들을 가르치게 했다(학교는 모두 문을 닫게 했다). 파이어스톤의 직원 8500명과 그 가족 7만 1500명은 아무도 병에 걸리지 않았다.[35,36]

* *

에볼라가 철광 회사 아르셀로미탈의 조업을 위협할 때 회사의 사회적 책임을 총괄하던 앨런 나이트Alan Knight 박사는 라이베리아에서 자사 종업원을 보호하는 것으론 부족하다는 점을 깨달았다. 그는 이렇게 말한다. "우리는 모든 노력을 기울여 우리 자신을 보호했다. 하지만 우리가 취한 위기관리 태도가 매우 이기적이라는 걸 깨달았다. 또한 우리와 같은 문제에 직면한 다른 회사들과 대화를 하지도 않았다. 그래서 우리는 서로 무엇을 배울 수 있는지를 확인하기 위해 런던에 사무실을 둔 사람들을 초대했다."[37]

나이트는 다른 회사들을 설득하여 에볼라민간부분동원그룹Ebola Private Sector Mobilization Group, EPSMG을 설립했다. 그때까지 이 11개 회사는 정보와 모범적 운영 방식을 공유하지 않고 있었다. 이 새로운 네트워크, 나이트의 묘사에 따르면 공식 조직이라기보다는 일종의 '허브Hub'는 수백만 달러 상당의 제품, 노동력, 물류 지원을 제공했다. 최고점일 때는 100개 이상의 회사, 70개에 달하는 공공 단체와 NGO, 600명의 개인이 이 그룹을 통해 협력 사업을 해나갔다.

초기에 이 그룹은 WHO의 사무총장 마거릿 챈에게 편지를 보내 행동을 요구했다. 민간 그룹이 그렇게 나오는 것은 처음 있는 일이었다. 그녀는 진지하게 받아들였다. 그룹과 전화 회의를 하는 중에 그녀는 회사들에게 사업을 중단하지 말 것과, 그 병에 걸리지 않으려면 어떻게 해야 하는지를 종업원뿐 아니라 지역 시민들에게도 가르쳐주라고 간청했다. 나이트는 이렇게 회고했다. "서아프리카의 모든 기업이 이웃과 가족과 아이들을 위해 그런 일을 하면, 큰 변화를 일으킬 수 있었다. 그래서 우리는 만장일치로 그렇게 하자고 합의했다."

유엔에서 에볼라 특별 회의를 열어 나이트를 초대했을 때 그는 민간 부문이 돈을 기증하는 것 외에도 많은 일을 할 수 있다고 강조했다. 특히 중요한 것은 현물(물건과 서비스) 기증이었다. "기업은 터무니없이 큰 수표 외에도 아주 많은 것을 제공할 수 있다. 불도저 열쇠를 제공할 수도 있고, 구내식당 초대권을 나눠줄 수도 있다. 우리는 이제 기부자로 보이기보다는 경영 파트너로 인식되어야 한다." 지역사회를 돕는 역할이 얼마나 중요한지를 민간 부문은 반드시 이해해야 한다고 나이트는 말한다. "기업은 사람들과 평생 대화할 수 있다. 시민을 고용한 사람으로서 우리는 HIV 예방과 사망자 처리 같은 사사로운 문제도 이야기할 수 있다."

신뢰에 기초한 의료 서비스

아픈 사람을 돌보는 것은 세계 종교의 핵심 교의다. 가장 취약한 자들을 위해 일하겠다는 약속을 지키기 위해 종교인들은 다른 도움이나 보호를 받지 못하는 사람들을 찾아가 가장 먼저 도움의 손길을 내민다. 그건 어렵고, 종종 위험한 일이다. 라이베리아에서 종교계 활동가들은 오랫동안 위험을 감수해왔다. 내전 중에 수백만 명이 추방되고 의료 인프라가 무너졌다. 그리고 대략 25만 명이 사망했다. 가톨릭 교회는 모든 것을 잃은 사람들에게 음식, 피난처, 희망을 나눠주었다.

바바라 브릴리언트Barbara Brilliant는 밝고 책임감 있는 60대 미국인 수녀로 라이베리아에서 40년 동안 일해왔다. 그녀 역시 말하고 걸어 다니는 회복력의 상징이다. 라이베리아에 간호학교를 세운 것 외에도 그녀는 야만적인 독재, 내전, 가장 최근에는 끔찍한 에볼라가 이 사랑하는 나라를 휩쓰는 동안 가장 취약한 계층을 보호해왔다. 그 오랜 세월 동안 바바라 수녀의 깊은 신앙은 한순간도 흔들리지 않았다.[38]

에볼라 위기가 정점을 지나는 동안 가톨릭 병원들은 최전선에서 복무했다. 뉴스에 에볼라 소식이 나오자 즉시 바버라 수녀는 표백제 3만 6000갤런(약 14만 리터)과 구할 수 있는 최대한의 보호복을 확보하고, 몬로비아의 가톨릭 병원과 진료소에서 일하는 모든 사람에게 에볼라 교육을 받게 했다. 최고의 의사들과 관리자들이 그 바이러스에 목숨을 잃은 뒤 교회는 가장 큰 병원을 폐쇄해야만 했다. 하지만 전염병이 가장 극성을 부릴 때에도 헌신적인 직원들 덕분에 교회는 18개의 병원과 진료소 중 15곳을 계속 가동할 수 있었다. 그들은 건물 밖에서 희석한 염소액을 통에 담아 손씻기용으로 제공했다. 교회는 에볼라 전문 치료소들을 세우고, 사람들에게 포옹하거나 악수하는 대신 거리를 두고 허리를 숙여 인사하라고 가르쳤다.[39]

바버라 수녀가 보기에 가장 큰 적은 두려움이었다. 그녀는 이렇게 썼다. "전쟁 중에는 적어도 총소리는 들을 수 있었다." 하지만 에볼라는 언제든 어떤 사람이든 쓰러뜨릴 수 있는 침묵의 살인자였다. 직원들 사이에서 그녀가 경험한 두려움은 그때까지 본 어떤 것과도 차원이 달랐다. 수녀는 그들이 13년에 걸친 내전도 용감하게 견뎌냈음을 계속 상기시켰다. 겁을 내는 직원들에게 객관적 사실들을 주지시키고 엄격한 '접촉 금지' 정책을 시행한 덕에 직원들은 살아남을 수 있었다. 심지어 수녀들도 1년 동안 서로 접촉하지 않았다. 평화의 입맞춤•조차 하지 않았다.

• 보통 서로 뺨을 가볍게 대는 인사로, 바울의 편지에서 유래했다.

WHO와 세계

결국 서아프리카와 세계는 에볼라를 물리쳤다. 설리프 대통령, 조앤 리우 박사, 아다데보 박사, 앨런 나이트, 바버라 수녀 같은 사람들이 노력한 덕분이었다. 그리고 이 책의 머리말에서 나는 서아프리카에서 발발한 에볼라의 심각성에 어떤 충격과 공포를 느꼈는지 묘사했다. 나는 끝없이 되물었다. 왜일까? 왜 우리는 서아프리카에 에볼라 비이러스가 이미 존재하고 있었으며 엄청난 문제를 일으킬 수도 있다는 걸 까맣게 몰랐을까? 왜 전염병의 원인이 에볼라 바이러스라는 것을 확인하기까지 수개월이 걸렸을까? 왜 지도자들은 아프리카에서 점점 더 크게 들려오는 경보에 대처하지 않았을까? 왜 기니, 라이베리아, 시에라리온은 통합된 행동 계획을 세우지 않았을까? 왜 감염된 나라들은 공황에 빠져 소통을 제대로 하지 못하고, 30년 전 에이즈가 유행할 때 했던 실수를 되풀이했을까? 그리고 왜 40년 동안 22번이나 발발했는데도 아직 에볼라 백신이 나오지 않았을까?

진실은 간단하고 냉혹했다. 책임 주체가 없었다. 에볼라와의 싸움은 장군이나 전략 없이 전쟁을 치르는 것과 같았다. 비유적으로 말해서 보병, 포병, 공군, 해군이 모두 제각기 지휘를 받고 있었다. 유엔은 정보를 공유하게 하고 보건 외교를 주도할 책임을 쥐고 있었다. WHO는 전 세계에 경보를 발령하고, 기술적인 사항을 조언하고, 감염된 나라에 의료를 지원했다. 세계은행은 자금을 제공했다. 국경없는의사회는 치료의 전선에서 싸웠다. CDC 역시 전문성을 제공했다. 하지만 어떤 개인이나 조직도 그런 전염병을 예상하거나 공동 대응을 주도하지 않았다.

화가 나는 것은, 이 에볼라 유행이 세계적으로 통일된 리더십이 없어 바이러스가 날뛰게 된 최초의 경우가 아니라는 것이다. 지역사회, 더 나아가 국가를 보호하는 일은 전 세계를 일사불란하게 이끌며 전염병과 싸우는 일에 비하면 식은 죽 먹기다. 각 나라의 보건 체계가 허약할 때 전염병이 돌 확률은 매우 높아진다. 전 세계가 통합 대응하여 전염병에 신음하는 나라가 싸워 이길 수 있도록 사람, 의약품, 백신, 물자, 자금을 제공할 수 있으려면 무엇이 필요할까?

제네바에 본부를 둔 WHO는 1948년에 창설된 이후 지금까지 세계 공중보건을 책임져온 유엔 산하 기구다. WHO의 규칙은 국제보건규약International Health Regulations, IHR이라고 불린다. 194개 회원국을 보유한 WHO는 전염병의 예방, 보고, 통제를 위해 국제적인 대응을 수립할 권한을 위임받은 기구로 유일하다.

이 규약은 국제법의 효력을 갖고 전염병이 국경 너머로 퍼지는 것을 막는 한편, 국제 무역과 통행을 불필요하게 간섭하는 것을 피한다. 현재의 규약에는 WHO가 세계 보건 비상사태, 즉 '국제적 이해가 걸려 있는 공중보건 비상사태'를 선포할 권한이 있다고 명시한다. 그에 따라 WHO는 2009년 팬데믹 인플루엔자, 2014년 소아마비 발발, 같은 해 서아프리카 에볼라 팬데믹을 선포했다.

IHR은 1951년에 처음 발행되었다. 페루에서 콜레라, 인도에서 페스트, 아프리카에서 에볼라가 유행한 뒤 1995년에 세계보건총회는 IHR을 수정하고 강화하기로 결정했다. 이 공약은 2003년 사스가 발발한 뒤에 실행되었고, 그래서 현재의 IHR은 2005년 이후로 개선되지 않았다.

90쪽에 달하는 IHR은 얼핏 보면 대단해 보이지만, 사실 강제력이 없어 국가 지도자들로부터 적절한 지원을 받지 못했다. 그 결과 2014년에 에볼라가 발발했을 때 전 세계에서 IHR을 충실히 수행한 나라는 3분의 1뿐이었고, 아프리카 국가는 하나도 없었다. 세계의 보건 지도자들이 강력한 IHR이 필요하다고 확인한 뒤로 20년이 흘렀건만, 안타깝게도 세계는 여전히 전염병 재난에 취약하다.

하지만 에볼라가 일간지의 표제를 점령하기 이전에도 미국 CDC, 국무부, 그리고 미국 정부의 다른 부처들은 IHR의 실행을 앞당기고자 빈틈없이 계획하고 있었다. 그들은 보니 젠킨스Bonnie Jenkins에게 이 일을 맡겼다. 아프리카계 미국인 여성으로는 최초로 미국 정부의 생물안전 전문가 자리에 오른 그녀는 겸손하면서도 단호한 특유의 스타일을 앞세워 연합 형성에 타고난 재능을 보였다. 로스쿨의 룸메이트는 그녀가 지적으로나 정서적, 신체적으로나 두려움을 모르는 여성이라고 묘사했다. 젠킨스는 WHO, 세계동물보건기구World Organization of Animal Health, 식량농업기구Food and Agriculture Organization를 합쳐 동물의 질병을 발견하고 인간에게 전파되는 것에서부터 공중보건에 이르기까지 퍼즐 조각을 전부 맞추고, 광범위하게 적용할 수 있는 새로운 가이드라인을 탄생시켰다.[40]

오바마 정부의 리더십과 엄격한 데드라인에 힘입어 젠킨스와 그녀의 동료들은 열성을 다해 일한 끝에 2014년 2월에 새로운 세계보건안보구상GHSA을 완성했다. GHSA는 여러 부문, 여러 협력 관계를 통해 전 세계 국가들이 전염병 위험이 없는 안전한 세계를 만들고, 세계 보건안보를 국가와 세계의 우선 사항으로 끌어올릴 수 있게 하는 전략이다.[41]

GHSA의 핵심은 국제보건규약에 바탕을 둔 11개 행동 분야로, 그 목표는 전염병 위협을 예방 및 발견하고 그에 대응할 수 있도록 국가들의 능력을 강화하는 것이다. 2017년 초에 이미 70개 나라가 GHSA에 서명했다.

젠킨스는 자신이 주도하여 민간 부문의 이해 당사자들을 참여시킨 점에 자부심을 느낀다. GHSA 협회는 100개 이상의 대학교, 재단, 연구소로 구성되어 있고, GHSA민간부문원탁회의GHSA Private Sector Roundtable는 12개 이상의 다국적 및 자국 기업으로 이루어져 있으며, GHSA차세대네트워크GHSA Next Generation Network는 보건안보 분야에서 막 떠오르고 있는 젊은 전문가들로 이루어져 있다.

세계 보건안보를 추진하는 이 계획에는 보건안보를 지키기 위한 국가 행동 계획(GHSA 로드맵)에 개별 국가가 서명하는 과정이 포함되어 있으며, 어느 국가가 어느 만큼 진행했는지를 누구나 알 수 있는 국가별 채점표가 있다. 2017년 현재 93개 나라가 예방, 발견, 대응에 속하는 주요 수행 분야들에 동의하고 서명을 마쳤다.[42] CDC 소장이었던 톰 프리든Tom Frieden 박사는 GHSA가 처음 2년 동안 거둔 성공을 옹호하면서 이렇게 말했다. "카메룬에서 조류독감이 발발했을 때 이를 즉시 알아보고 저지했다. 48시간 이내에 출동하는 긴급상황 팀이 있었기 때문이다. 전에는 긴급상황 체계를 조직하는 데 8주 혹은 그 이상이 걸린 것과 비교하면 하늘과 땅 차이였다. 우간다에서 콜레라, 뇌수막염, 황열병이 발발했을 때도 신속하게 확인하고 저지했다. 탄자니아에서도 GHSA 덕분에 콜레라에 더 빠르고 효과적으로 대응할 수 있었다."[43]

2014년에서 2017년까지 단 3년 만에 GHSA는 국가 및 국제적 행동

전염병을 막는 세 가지 방어전선

적극적인 예방, 조기 발견, 신속한 대응은 국지적 발발이 파국적인 전염병이나 세계적 팬데믹으로 번지지 않게 하는 세 가지 방어전선이다.

출처: World Health Organization. Research priorities for the environment, agriculture and infectious diseases of poverty. Geneva, Switzerland: World Health Organization; 2013. https://www.mcmasterhealthforum.org/docs/default-source/Product-Documents/stakeholder-dialogue-summary/capacity-to-respond-to-future-pandemics-sds.pdf?sfvrsn=4(2016년 11월 18일 접속). Smith K, Goldberg M, Rosenthal S et al. Global rise in human infectious disease outbreaks. Journal of Royal Society Interface 2014; 11: 20140950 – 20140950.DOI: 10.1098/rsif.2014.0950.

미국의 지역별 준비상황 모니터링

국제보건규약과 세계 보건안보를 주창하는 나라로서 미국은 몇몇 나라와 함께 세계 최초로, 2016 WHO 합동 외부 평가Joint External Evaluation를 적용하여 공중보건 위협을 예방 및 발견하고 신속히 대응하는 자국의 능력을 저울질했다. 풍부한 자원과 국제적으로 인정받는 전문성으로부터 예상할 수 있었듯이, 미국은 48개 지표 중 거의 모든 분야에서 좋은 점수를 기록했다. 그럼에도 개선해야 할 분야가 발견되었는데, 진단검사 서비스, 몇몇 핵심 능력의 고차원적 전문성, 주와 지역에 분산된 공중보건 체계들의 협조가 그것이다.[44]

2013년에 미국은 또한 국가보건안보지수National Health Security Index를 제정했다. 지역 공중보건 수행을 모니터링할 때 이 지표가 기준이 된다. 최근에 개선되었음에도 남부와 서부 산지의 20개 주는 여전히 뒤처져 있으며, 그들 대부분이 지카 같은 모기 매개 질병에 취약하다. 2016년 지표를 볼 때 우리는 세계에서 가장 부유한 나라로 손꼽히는 미국에서도 모든 국민이 전염병 위협과 그 밖의 건강 위협으로부터 보호받기 위해서는 주 사이에 끈질기게 잠복한 불평등을 해소해야 한다는 것을 알 수 있다.[45]

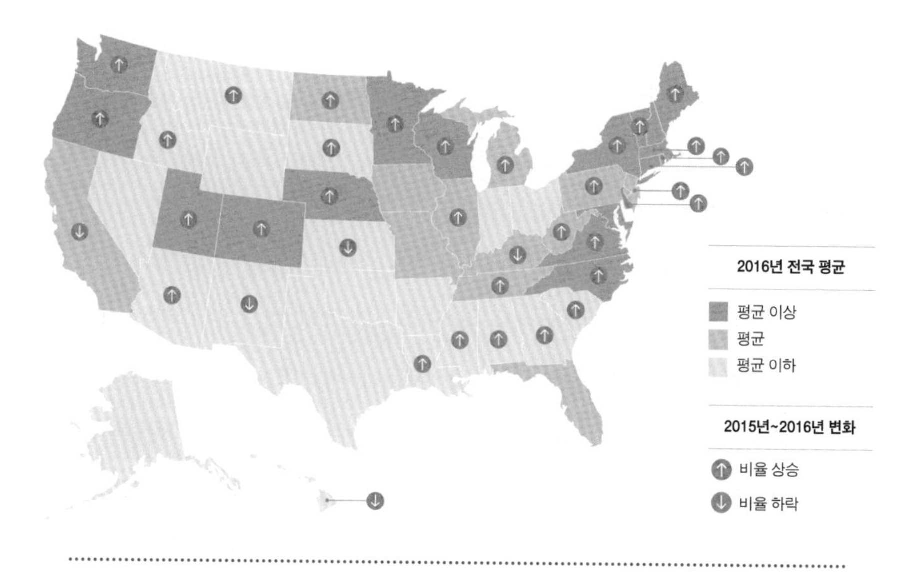

에 불을 붙여, 보건안보와 IHR 실행 수준을 지난 20년 동안 달성한 것보다 훨씬 높이 끌어올렸다.[46] 그리고 이런 성과는 놀라운 헌신, 자발적 참여, 높은 수준의 투명성과 엄정성이 있었기에 가능했다. 이 성공의 큰 부분은 보니 젠킨스 그리고 그녀처럼 더 안전한 세계를 진심으로 바라는 수많은 사람들이 협력 정신과 공동의 목적을 위해 헌신한 덕분이다.

전 세계 보건 체계를 강화하라

전염병과의 전쟁에서 배워야 할 가장 중요한 교훈을 꼽는다면, 특히 가난한 나라일수록 보건 체계가 지금보다 훨씬 더 회복력이 있어야 한다는 것이다. 이는 의료 종사자, 의료 기관, 대중이 긴급한 보건 상황에 최대한 잘 준비되어 있어야 함을 의미한다. 어느 것도 쉬운 것은 없다. 첫째, 잠재적 위협을 미리 인식하고 자원을 거기에 집중해야 하며, 그러기 위해서는 감시 체계가 강해야 한다. 둘째, 튼튼하고, 물자 공급이 풍족하고, 접근하기 쉽고, 저렴하게 이용할 수 있는 1차 의료가 기반이 되어 진료를 받아야 하는 사람들이 며칠씩 이동하거나 몇 주씩 기다리지 않아도 되도록 해야 한다. 셋째, 다양한 차원의 지도자들과 전문인들은 목표가 서로 충돌하거나 겹칠 수 있으므로, 지역, 국가, 국제 조직들은 서로 누가 어디서 무엇을 하고 있는지를 알아야 한다. 넷째, 유능하고 능숙하고 성실한 의료 인력과 병을 잘 알고 치료에 잘 응하는 대중이 결정적으로 중요하다. 마지막으로, 재정적 형평성이 이루어져야 한다. 어떤 보편화된 의료 서비스를 받고자 할 때 비용이 너무 비싸면 사람들은 빚을 내야 하거나 꾸준한 치료를 포기하게 된다.

다행히 지역, 국가, 국제 차원에서 많은 이들이 노력을 기울인 덕분에 희망을 품고 볼 일이 많아졌다. 우리가 할 일은, 다음 팬데믹이 몰려오기 전에 주어진 일을 더 잘하고 더 빨리 하는 것뿐이다.

8장

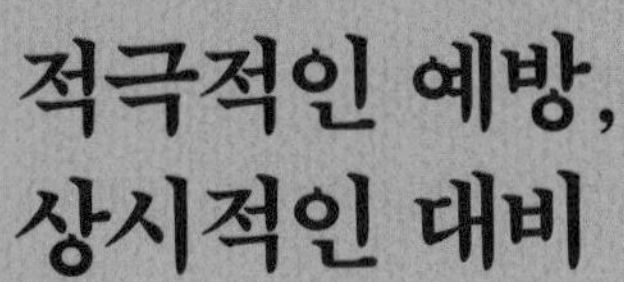

적극적인 예방, 상시적인 대비

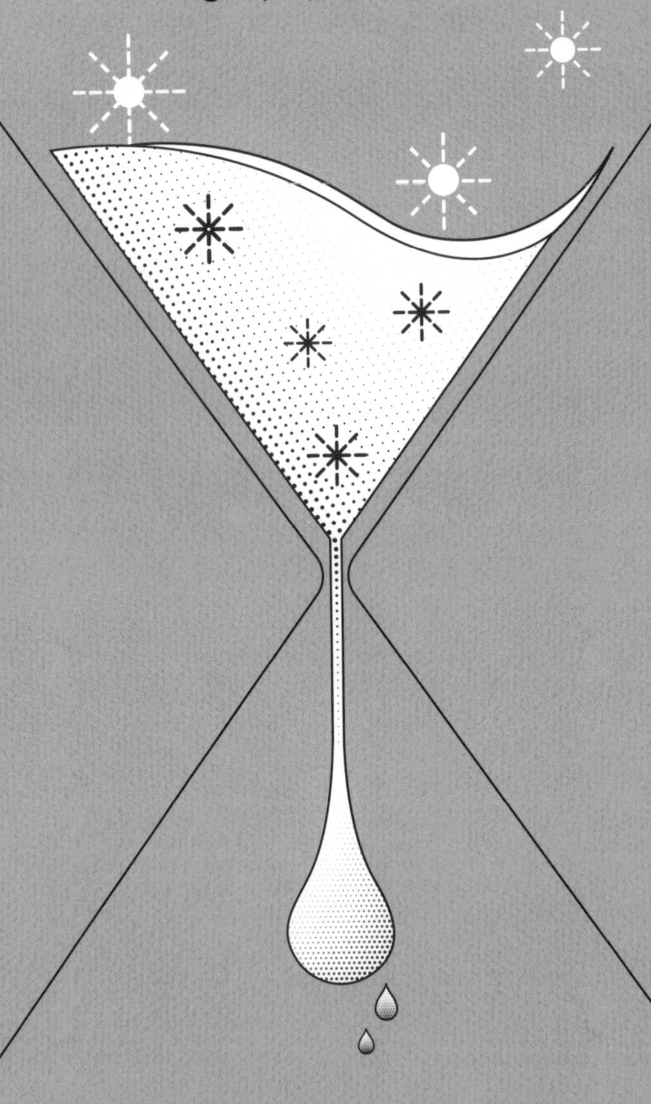

백신, 모기 퇴치, 그 밖의 예방책을 도입하면 치명적인 병이 퍼지기 전에 확산을 차단할 수 있다. 평상시에 대비하면 인명을 구할 수 있다.

> 예방은 전염병의 위협 앞에서 생명과 생계를 지킬 수 있는 가장 가치 있는 전략이다. 가장 높은 순위에 둬야 할 행동은 개인위생 홍보하기, 모기 매개 질병의 전파 억제하기, 야생동물 틈이나 축사에서 새로 발생하거나 다시 발생하는 질병의 원인 제거하기, 모든 사람이 필요로 하고 접근할 수 있는 시간과 장소에서 필요한 백신을 개발하고 제공하고 이용할 수 있게 하기, 이 네 가지다. 전염병이나 팬데믹 그 자체보다, 보건과 그 밖의 필수 서비스의 붕괴로 인간의 생명과 안녕이 더 위험해질 수 있다. 전 세계 보건 체계와 기업들은 대체로 전염병에 준비되어 있지 않다. 하지만 모두가 대비할 수 있고, 대비해야 한다.

19세기 중반, 미생물이 아직 발견되지 않았고 세균 유래설을 몇십 년 앞두고 있을 때, 이그나츠 제멜바이스Ignaz Semmelweis라는 의사가 오스트리아 빈 종합병원에서 일하고 있었다. 병원에는 산파 병동이 두 곳 있었는데, 그중 하나에서는 의대생들이 검시실에서 분만실로 곧바로 달려가곤 했다. 그 병동에서만 산모의 10퍼센트가 산욕열로 사망했다. 나머지 한 개 병동에서는 조산사들이 일하고 있었으며, 산모 사망률이 2퍼센트에 불과했다.

제멜바이스는 어리둥절했으나, 친한 동료인 야콥 콜레츠카Jakob Kolletschka가 부검하는 중에 우연히 학생의 메스에 베인 사건에서 단서를 찾았다. 얼마 후 그가 병이 들어 죽은 것이다. 콜레츠카를 부검해보니 병리 상태가 산욕열로 죽은 여자들과 비슷했다. 제멜바이스는 미세한 병균이 있다는 건 몰랐지만, 어떤 '미지의 유령 같은 물질'이 그 열병을 일으킨다는 결론에 도달했고, 그래서 검시실에서 나오는 모든 사람에게 염화석회액으로 손을 씻을 씻게 했다. 그러자 산모 사망률이 10분의 1로 감소했다.[1] 과학 지식이 진보한 덕에 우리는 손 씻기라는 간단한 습관이 전염병을 통제하는 가장 쉽고 중요한 요소임을 잘 알게 되었다.

제멜바이스의 발견 이후로 질병의 국지적 발발을 막을 때는 세 가지 방어 전선을 구축해야 한다는 점이 확실해졌다. 예방, 조기 발견, 신속한 대응이 그것이다. 자기방어를 통한 예방이야말로 우리가 할 수 있는 가장 중요하고 비용효과가 높은 방책이지만, 아직도 큰 격차가, 특히 모기 방제와 예방접종 분야에 존재한다. 팬데믹과 전염병의 위협을 조기에 발견하면 위협을 특정해서 잘 막아낼 수 있다. 하지만 그러지 못하고 놀라서 허둥대는 경우가 너무나 많다. 우리의 조기 경보 체계는 튼튼하지 못하고, 그래서 우리는 국지적 발발을 너무 늦게 발견하고 공표한다. 마지막으로, 전염병이 발발했을 때 그 확산을 막으려면 시민, 공중보건 지도자, 정부가 다 같이 신속하게 행동해야 한다. 관계 당국들이 몇몇 차원에서 질병을 조기에 발견하고 조기에 공동 대응할 필요가 있다.

제멜바이스의 발견 이후로 여러 세대가 지나는 동안 공중보건 전문가들은 어떻게 하면 인체 감염을 예방할 수 있는지를 알아냈다. 그들이 발견한 방법은 대부분 너와 나, 즉 개인으로 귀결된다. 우리는 먼저 자기 자신을 보호해야 한다. 만일 우리가 운이 좋아 어려서부터 용변을 본 뒤나 밥을 먹기 전에 손 씻기가 중요하다고 가르치는 나라에서 산다면, 그 외에도 우리 자신과 타인을 보호할 수 있는 몇 가지 예방책을 알 것이다. 우리는 기침이나 재채기를 할 때 손으로 입을 가린다. (정확히 아는 사람은 손이 아닌 소매로 입을 가린다. 손은 물건을 만져서 병균을 옮길 수 있기 때문이다.) 몸이 아프면 집에서 쉬고, 체온을 체크하고, 물을 마시고, 휴식을 취한다. 독감이나 홍역이 유행한다면 학생이나 직장인은 병이 잠잠해질 때까지 등교나 출근을 미룬다. 예방접종을 받고 아이들도 예방주사를 맞힌다.

하지만 전염병을 막기 위해서는 더 많은 것을 해야 한다. 그런 이유에서 적극적인 예방과 상시적인 대비가 일곱 가지 힘 중 세 번째 요소로 주목받는다. 우리는 국가와 민간 지도자의 문과 벽, 천장을 끊임없이 두드려서 예컨대 예방접종과 같은 다른 예방책들을 자리 잡게 하고, 조기 발견을 시행하는 사람들이 필요한 지원을 부족함 없이 받게 하며, 지역, 지방, 국가 지도자들이 대량살상에 대비하여 공중보건 비상 프로그램을 수립하게 해야 한다.

모기가 옮기는 병을 예방하라

모기는 지구상에서 인간에게 가장 위험한 생물이다. 모기의 작은 침에 전 세계에서 해마다 7억 명 이상이 병에 걸리고 100만 명 이상이 사망하는데, 그중 절반이 아프리카 어린이다. 이 날아다니는 주사기는 12가지 킬러 바이러스를 가지고 다니다가 우리의 혈관에 주입할 수 있다. 아노펠레스Anopheles 속에 속하는 학질모기는 역대 최고의 살인자인 말라리아의 주범이다. 이집트모기는 지카, 뎅기열, 황열병, 치쿤구니야 바이러스를 옮긴다. 큘렉스Culex 속의 모기는 극지를 제외한 전 세계에서 발견되며, 웨스트나일열병, 일본뇌염을 비롯한 몇몇 뇌염 바이러스, 필라리아병을 옮긴다.

학질모기는 주로 우리가 자는 밤중에 인간의 피를 빨지만, 어떤 종들은 황혼이나 새벽에 식사를 즐긴다. 이집트모기는 낮에 도시에서 활동하고(대개 해가 뜬 뒤 2시간과 해가 지기 전 몇 시간 동안 활동한다), 인구가 밀집한 지역에서 번성하고, 사람 피를 더 좋아하고, 단시간에 여러 명을 무는 습성이 있다. 이집트모기는 학질모기보다 방제하기가 더 까다롭다. 사람뿐 아니라 다른 동물의 피를 빨고, 다른 모기들보다 더 자주 식사를 하기 때문이다. 지구 온난화와 삼림파괴 때문에 이 동물은 모든 대륙에서 급격히 늘어나고 있으며, 유럽과 미국의 30여 개 주도 예외가 아니다. 그 결과 현재 30억 명 이상이 지카 같은 이집트모기 매개 감염병에 노출되어 있다. 2017년 초에 남극을 제외한 모든 대륙의 85개 나라가 지카 감염 사례를 보고했고, 사람 간 성적 전파도 12개 이상의 나라에서 일어나고 있다.[2] 수백만 명과 그들의 가족이 감염될 위험에 놓여 있다. 마이애미에서 북보르네오에 이르기까지 여러 지역에서는 피서객과 회의 참석자들에게 집으로 돌아간 뒤 적어도 2주 동안은 무방비 섹스를 하지 말라고 권유한다.

이집트모기는 또 다른 치명적인 바이러스를 옮기는데, 바로 황열병이다. 2016년에 해외여행객들이 이 바이러스를 아시아에 들여온 탓에 예방접종을 받지 않은 거의 20만 명의 사람이 위태로워졌다. 황열 바이러스 감염증은 대부분 경증으로 끝나지만, 일부는 치명적일 수 있다. 약 15퍼센트에 달하는 희생자가 심각한 단계로 발전해서 간이 손상된다('황열'이란 이름도 황달에서 유래했다). 이렇게 독성기에 접어든 환자는 20퍼센트에서 50퍼센트가 사망한다. 하지만 또 다른 이집트모기 매개 바이러스인 뎅기 바이러스는 지난 40년 동안 30배나 증가해서 지금은 해마다 4억 명까지 감염시키고 있다. 이 바이러스에 감염되면 최대 4분의 1이 뎅기 출혈열로 고생한다.[3]

* *

모기 매개 전염병을 예방하려면 개인, 지역사회, 정부 차원에서 막대한 노력을 기울여야 한다. 좋은 소식은 공동 캠페인이 아주 큰 효과를 낸다는 것이다. 예를 들어, 카미노베르데Camino Verde라는 이름의 선구적이고 친환경적인 연구에서, 니카라과와 멕시코의 지역사회 150곳(거의 2만 가구에, 8만 5000명의 주민이 참여했다)이 공동으로 화학물질을 사용하지 않고 모기를 방제한 뒤 그 효과를 평가했다. 한 실험에서는 지역사회들 중 절반을 실험 그룹으로 삼아 집의 내벽을 청소하고, 모기가 알 낳을 장소를 덮어씌우고, 인형극과 농구 경기 같은 행사를 통해 인식을 개선하고, 공터를 청소하고, 물을 저장하는 통에 모기를 잡아먹는 물고기를 넣게 했다. 이런 노력 때문에 모기 개체수가 감소하자 아이들의 뎅기 감염이 평균 30퍼센트나 하락했다.[4]

스리랑카 정부의 말라리아 전쟁은 특별히 언급할 만하다. 이 섬나라는 1940년대가 끝날 때까지 학질모기 매개 말라리아로 100만 명 이상이 고통받았다. 공무원들이 DDT를 사용해서 모기를 구제하자 1963년에는 말라리아 환자가 17명으로 떨어졌다. 어쨌든 괄목할 만한 성공 사례 같지만, 불행하게도 모기들은 DDT 내성을 갖기 시작했다.[5]

수십 년 동안 내전을 치른 탓에 스리랑카 정부(반군이 지배하는 북동쪽 모서리는 제외하고)는 재정이 바닥났고, 결국 외부의 도움에 의존해서 모기 방제를 재개해야만 했다. 외부 도움에 힘입어 2000년에 정부는 스프레이 모기약, 모기장, 신속한 진단 키트, 국민 혈액 검사, 전국적인 전자 보고 시스템으로 구성된 종합 전략을 출범했다. 그리고 광산과 벌목장 근처에 이동 진료소를 세웠다. 2016년에 WHO는 인구 2000만 명의 스리랑카를 말라리아 청정국으로 선언했다.[6] 정말 대단한 업적이었다.

동남아시아에서 스리랑카가 입증한 것은 북아메리카에 선례가 있었다. 1947년 7월에서 1951년 말까지, 4년도 안 되는 기간에 남동부 13개 주의 주 보건국과 지방 보건국 그리고 미국 공중보건청Public Health Service은 말라리아를 제거하기 위한 협력 사업으로 고인 물을 빼내고 모기 산란 장소를 없앴으며, 나아가 460만여 개에 달하는 농촌 가옥의 실내 표면이나 부지 전체에 살충제를 뿌렸다.[7] 안타깝게도 세계 여행이 그 성과를 끌어내렸다. 지금도 미국에서 말라리아 환자는 1500명에서 2000명까지 발생하는데, 거의 모든 환자가 최근에 외국을 다녀온 사람이다. 어떤 지역은 말라리아 여전히 매개 모기가 지역 발발을 유발해서 사람들은 말라리아의 귀환을 의심하고 있다.[8]

말라리아를 물리치기 위한 세계적인 싸움은 1998년에 티핑포인트를 맞았다. WHO의 사무총장으로 선출된 그로 브룬틀란트 박사가 유니세프, 유엔개발계획UN Development Programme, 세계은행의 지도자들과 힘을 모아 롤백말라리아파트너십Roll Back Malaria Partnership•을 출범시킨 것이다. 이 운동은 세계적인 캠페인을 벌여 30여 개 나라의 수많은 공공 단체와 민간 조직을 움직였다. 결국 살충제를 뿌린 모기장, 말라리아 예방약, 환경 개선이 맞물려 2000년부터 전 세계에서 말라리아 사망자가 60퍼센트 감소했다.[9,10]

이 눈부신 발전을 딛고 빌 게이츠와 부유한 동료 사업가이자 유엔 특사인 레이 체임버스Ray Chambers는 스위스 다보스에서 열린 2017 세계경제포럼에서 종식말라리아협회End Malaria Council••를 창설하겠다고 선언했다. 게이츠와 체임버스는 공공 부문과 민간 부문의 영향력 있는 지도자들을 움직여 2030년까지 전 세계에서 말라리아를 근절하겠다는 청사진을 제시했다.[11] 어릴 적에 말라리아로 형제를 잃은 탄자니아의 전 대통령 자카야 키크웨테Jakaya Kikwete는 이 노력을 다음과 같이 평했다. "과거에 말라리아 종식은 불가능한 꿈이었다. 이제는 해볼 만하다. 강한 리더십과 실질적인 자금 지원이 있어야 할 것이다. 하지만 이제 우리는 이 잔인한 병을 영원히 종식하여 새로운 역사를 만들어내리라고 나는 믿어 의심치 않는다."[12]

이렇듯 학질모기 매개 질병과 싸우는 일은 진척이 원활한 반면에 이집트모기 매개 질병을 예방하는 일은 더 까다롭다는 게 드러나고 있다.

• Roll Back은 이전 수준으로 되돌리거나 점진적으로 철폐한다는 뜻이다.

•• 롤백말라리아와 대구를 이룬다.

1950년대부터 DDT 약제를 다양하게 조합하고, 실내에 잔류성 스프레이를 뿌리고, 번식 장소를 집중적으로 억제한 결과 라틴아메리카, 쿠바, 싱가포르에서 이집트모기가 극적으로 감소했다. 하지만 공무원들이 그런 억제책을 늦추면 모기는 다시 폭발적으로 늘어났다.[13] 10장에서 묘사할 테지만, 가령 지카 같은 치명적이고 예상할 수 없는 이집트모기 매개 질병을 계속 억누르고 예방하기 위해서는 혁신적이고 획기적인 방법이 필요할 것이다.

정글과 농장에서 나오는 질병을 예방하라

모기는 우리를 뜯어먹지만, 우리 인간은 다른 동물들을 뜯어먹는다. 2장과 3장에서 보았듯이, 야생동물이나 가축을 먹고자 하는 인간의 욕구는 우리를 온갖 종류의 병원균에 노출시킨다. 사람들이 불결하게 살아갈 때 질병이 확산한다. 그렇다면, 정글이나 축사에서 나온 병원균이 전 세계에 새로운 전염병을 퍼뜨릴 가능성을 줄이고자 할 때 우리는 무엇을 할 수 있을까?[14] 질병이 동물에서 인간으로 건너뛰는 것을 어렵게 하는 것이 그 해답일 것이다.

한 가지 방법은 사람들이 부시미트에 의존해서 살아가는 곳에서 그 의존도를 줄이고자 하는 자발적 행동을 지지하는 것이다. 그런 노력의 하나로 케냐에서는 시골 주민에게 부시미트를 사냥하는 대안으로서 다른 소득원을 제공한다. 예를 들어, 케냐에서 가장 큰 두 국립공원 사이에 8만 에이커에 달하는 소 방목장이 있고, 그로 인해 일대가 황폐해지고 있었다. 그러자 와일드라이프웍스Wildlife Works라는 단체가 이 방목장의 새로운 용도를 개발했다. 그 지역에서 무단 거주자와 덫을 제거하는 대가로 이 단체는 친환경 공장인 에코팩토리EcoFactory를 세우고 노동자들을 고용해 미국과 유럽에서 판매할 디자이너 티셔츠를 생산하기 시작했다. 오늘날 그 판매 수익으로 제작소는 다양한 개발 프로젝트를 벌이고 56개의 풀타임 일자리를 제공한다.[15]

부시미트의 또 다른 대안인 '단백질 프로젝트'들은 깨끗한 영양 공급원을 소개한다. 일례로 하이퍼프로젝트Heifer Project는 개발도상국의 시골 가정에 토끼, 닭, 사탕수수쥐, 달팽이 같은 육용 동물과 우유, 치즈, 달걀 같은 식품을 나눠준다. 다 자란 동물은 번식을 하고 새끼를 낳으면 다른 가정에 보내 결국 지역사회 전체가 부유해진다. 하이퍼프로젝트는 또한 농민들이 협동조합을 만들어 레스토랑에 대량판매를 할 수 있게 하고 축산, 식사 준비, 마케팅 교육을 제공한다.[16]

또한 정글 지역에서 산업화와 삼림 파괴를 멈추는 프로그램을 지원할 수 있다.[17] 몇몇 나라는 보호구역을 확정했고, 몇몇 기업은 벌채한 땅에서 생산한 콩이나 소고기를 사게 될 때는 대금 지급을 유예하는 방안에 동의했다. REDD+[•]라는 유엔 프로그램은 개발도상국이 삼림을 보호하도록 재정적으로 장려한다. 오늘날 원시 아마존 숲의 80퍼센트가 그대로 서 있는 것은 사람들이 아직 숲을 베어내지 않았기 때문인데, 어느 정도는 삼림 보호, 지급 유예, REDD+ 프로그램 덕분이다.[18]

• United Nations Collaborative Programme on Reducing Emissions from Deforestation and Forest Degradation in Developing Countries. 개발도상국에서 삼림 파괴 및 황폐화로 인한 탄소 배출의 감축을 위한 유엔협동프로그램.

선진국에서도 할 수 있는 일이 있다. 자원 채취, 축산, 무역에 종사하는 기업에 변화를 유도하는 것이다. 가축에만 초점을 맞춰도 강력한 효과를 볼 수 있다. 가축에서 나오는 위험을 줄이기 위해서는 모든 사람이 개인으로서 공장식 축산과 다양한 차원에서 싸울 필요가 있다. 개인적인 식습관에서부터 시작하여, 우리의 입으로 투표할 수도 있다. 우리가 고기나 유제품 소비를 줄이기로 한다면, 고기 먹는 횟수를 줄일 수도 있고 공장식 축산에 의존하지 않는 곳에서 음식을 사 먹을 수도 있다(맥도날드, 버거킹은 안녕!). 사는 곳이 농업 지역이라면 지역사회에 조직을 만들어서 공장식 축산에 반대하는 후보를 뽑을 수 있다. 우리 지역에 축산 공장이 들어오려 한다면, 그 회사가 허가를 받거나 연장하지 못하게 할 수 있다. 또한 소셜미디어에 게시글을 올리거나 신문과 잡지에 기고해서 축산 공장의 폐해를 알려야 한다.

백신, 우리의 가장 강력한 예방책

2005년 추수감사절 직후, 위스콘신주 셰보이건의 한 도축장에서 건강한 17세 소년이 도축업자인 매형을 돕고 있었다. 사흘 뒤 소년은 독감에 걸렸다. 그후 완전히 회복했지만, 검사 결과 소년을 아프게 한 것은 야생 조류, 인간, 돼지의 유전자가 혼합된 특이한 H1N1 인플루엔자 바이러스라는 것이 밝혀졌다.

4년 뒤인 2009년 초, 멕시코시티 동쪽에 있는 라 글로리아에서 그와 아주 유사한 H1N1 바이러스가 출현했다. 2008년에 돼지 100만 마리를 키우는 축산 공장에서 도로 하나 건너면 있는 곳에서 발견되었다. 위스콘신의 H1N1 독감 바이러스와 라 글로리아의 바이러스를 잇는 경로는 단지 추측에 맡길 뿐이다. 곧 새로운 H1N1 환자들이 멕시코시티에서 출현하고, 거의 동시에 캘리포니아 남부에서도 출현했다. 몇 주 안에 WHO는 유럽, 중동, 서태평양에서 H1N1 보고를 확인했다. 새로운 바이러스가 지구를 뛰어다니며 한 달 만에 46개 나라를 돌았다.[19]

그 바이러스는 1918년에 세계적인 독감 팬데믹을 일으킨 H1N1과 다른 종이어서 인플루엔자 전문가들을 두려움에 떨게 했다. 2009년 4월 25일, WHO 비상사태 위원회가 회의를 한 뒤 WHO 사무총장 마거릿 챈은 국제 공중보건 비상사태를 선언하고, 인플루엔자 같은 질병이나 심한 폐렴이 평소와 다르게 발생하는지를 주시하라고 세계 각국에 권유했다.[20]

좋은 소식은 비상사태를 선언한 지 한 달 만에 WHO에서 일하는 과학자들이 문제의 바이러스를 확인했다는 것이다. WHO는 즉시 샘플을 유능한 제조사들로 보냈으며, 제조사들은 백신을 대량으로 생산하려는 노력을 시작했다. (H5N1 인플루엔자에 대한 백신은 여럿 개발되었지만, 이 H1N1 변종에 대한 백신은 개발된 적이 없었다.) 얼마 후 백신 11종이 사용 자격을 획득했다. 결국 WHO는 2억 회 분량을 전 세계 77개 나라에 배포했으며, 각 나라 국민의 약 36퍼센트가 예방접종을 받았다.[21] 연구자들의 추산에 따르면 그 백신으로 미국에서만 환자 1500만 명, 입원 1만 건, 사망 500건을 예방했다고 한다.[22,23]

* *

WHO의 발 빠른 대처가 성공했음에도 H1N1은 세계 경제에 큰 영향을 미쳤다. 여러 면에서 그 H1N1 팬데믹은 빌 게이츠나 마이클 오스터홀름 같은 감염병 전문가가 예측한 대규모 인플루엔자 팬데믹의 최종 리허설이었다. 2010년에 H1N1 팬데믹이 끝날 때까지 세계에서 감염된 사람은 2억 명에 이르고, 사망한 사람은 57만 5400명으로 추정되었다. 병의 패턴은 1918 스페인 독감과 끔찍하리만치 비슷하다. 임신한 여성, 어린이, 젊은 성인 사이에서 사망률이 가장 높았다.[24] 사망자의 80퍼센트가 65세 이하였다.[25] 그와 비교할 때 계절성 독감은 노인에게 가장 치명적인데, 해마다 사망자의 90퍼센트가 노인들이다.[26]

의사로서 나는 질병으로부터 사람들을 보호하는 데 백신만큼 효과적인 것은 없다고 생각한다. 백신은 우리가 가진 공중보건 수단 가운데 단연 최고다. 백신이 없으면 지금도 많은 사람이 천연두로 죽어 나가고, 수백만 명이 소아마비로 불구가 될 것이다. 1950년대에 소아 예방접종이 도입되기 전에는 홍역, 백일해, 디프테리아, 풍진, 소아마비, 기타 감염병으로 어린이와 성인이 수백만 명이 죽거나, 불구가 되거나, 선천적 결손증을 겪었다. 1960년대 이후로 예방접종을 통해 해마다 약 2600만 명이 목숨을 구했으며, 21세기에 수백만 명이 평균 수명을 두 배로 늘릴 수 있었다. 또한 고위험 지역, 국지적 발발 시기, 특수한 상황(가령 공수병이 발발한 경우)에 선택적으로 백신을 사용해서도 인명을 구할 수 있다.

전염병을 예방하는 일과 관련하여 중요한 질문은 다음 다섯 가지다. (1) 입증된 백신이 있는가? (2) 필요한 양만큼 백신을 빨리 생산할 수 있

백신의 효과

* 원의 크기는 환자 수에 비례한다.

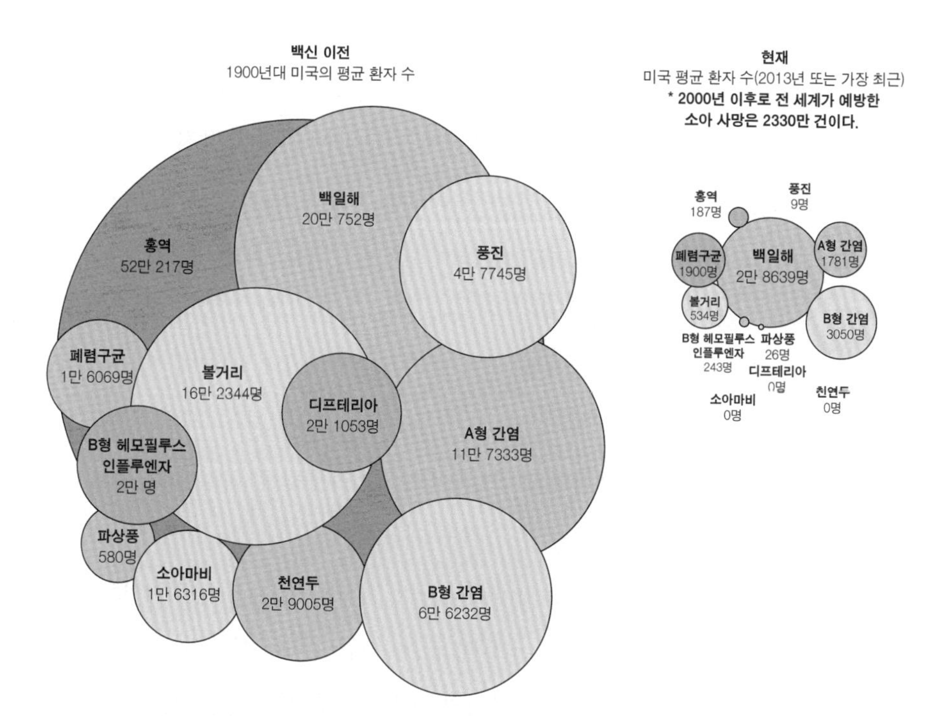

출처: BlueLIFE. Virus protection. BlueLIFE. 2014. http://lapdbluelife.com/virus-protection/(2017년 4월 14일 접속). (지도) Hyman M, Nurses C, Smith M et al. 13 vaccines that save lives around the world (infographic). Health Essentials from Cleveland Clinic. 2014. https://health.clevelandclinic.org/2014/01/vaccines-that-save-lives-around-the-world-infographic/(2017년 4월 14일 접속). (표) Data from: Centers for Disease Control and Prevention. Parents' Guide to Childhood Immunizations. Centers for Disease Control and Prevention. 2011. http://www.cdc.gov/vaccines/pubs/parents-guide/default.htm(2011년 8월 15일 접속). Centers for Disease Control. Impact of vaccines in the 20th & 21st centuries. Centers for Disease Control and Prevention. 2011. www.cdc.gov/vaccines/pubs/pinkbook/downloads/appendices/G/impact-of-vaccines.pdf(2011년 8월 15일 접속)

는가? (3) 국가가 매입이나 기증을 통해 충분한 백신을 확보할 수 있는가? (4) 국가가 백신을 국민에게 배포하고 투여할 능력이 있는가? (5) 사람들이 백신을 받아들일까?

이제 이 다섯 가지 질문에 답을 해보자.

1. 우리는 모든 주요 전염병에 대해 입증된 백신을 가지고 있는가?

아니다. 그리고 몇몇 병원균에 대해서는 영원히 백신을 갖지 못할 것이다. 긍정적인 면을 보자면, 일반적으로 소아 질환을 예방하는 백신이 있으며, 그 밖에도 백신으로 예방할 수 있는 감염병이 20가지가 넘는다. 대표적인 예로, 계절성 인플루엔자, 폐렴구균성 폐렴, 황열병, A형 및 B형 간염, 일본뇌염, 탄저병, 공수병이 있다.[27] HIV, 뎅기열, 말라리아 같은 바이러스는 생물학적 특성이 워낙 교묘해서 백신 개발자들은 수십 년 동안 머리만 긁적였고, 그 결과 아직 입증된 백신이 나오지 않았다. 일반적인 에볼라 변종 몇 가지에 대해서는 2016년에 효과적인 백신이 나왔지만, 안타깝게도 서아프리카의 환자와 생존자 수백만 명을 돕기에는 너무 늦게 나왔다. 이 글을 쓰는 지금 지카, 메르스, 그 밖에 팬데믹 가능성이 있는 몇 가지 바이러스에는 사용할 수 있는 백신이 아직 나오지 않았다. (우리에게 큰 문제인 계절성 인플루엔자와 팬데믹 인플루엔자에 대해서는 혁신에 관한 10장에서 살펴볼 예정이다.)

2. 전염병이 고개를 들 때 우리는 백신을 필요한 양만큼 빨리 생산할 수 있는가?

간단히 말해, 아니다. 백신을 생산하는 수단이 구식인 데다, 생산을 갑자기 늘리기가 어렵기 때문이다. 백신은 대부분 달걀에서 성장하는데, 이 과정은 수개월이 걸리고 전문적인 생산 설비가 있어야 한다.

이 책에서 계속 언급하겠지만, 전염병과 싸울 때 잊지 말아야 할 핵심 원칙 중 하나는 시간이 굉장히 중요하다는 것이다. 여러 면에서 H1N1 백신의 개발과 대량 생산은 언감생심이었다. 만일 2009년 4월에 H1N1 백신이 있었다면 수천의 인명을 구할 수 있었다. 만일 2주 전에라도 백신이 나왔더라면 사망자를 25퍼센트 줄일 수 있었다고 연구자들은 추산한다. 또한 2달 전에 나왔다면 사망자는 절반 이상 줄었을 것이다.[28]

2015년에 팬데믹 인플루엔자 백신의 생산 용량은 64억 회분이었다. 이는 30억 명에게 2회씩 접종하거나, 세계 인구의 43퍼센트에게 접종할 수 있는 충분한 양이다. 만일 우리가 운이 좋아서 2009년 팬데믹이 유행했을 때처럼 백신 1회분으로 H1N1을 예방할 수 있다면, 세계 인구의 86퍼센트를 지킬 수 있다.[29] 사실상 그것이 우리가 취할 수 있는 최선의 방책이다.

각국 정부와 제약회사는 물론이고 WHO, 백신연합 가비Gavi, the Vaccine Alliance,• 세계은행이 나선다면 비상사태가 발생했을 때 생산량을 급속히 끌어올리고 전 세계에 연쇄적으로 공급할 수 있으리라고 기대해본다. 오늘날 보편적인 독감 백신이 없는 상황에서, 새로운 백신을 개발, 생산, 배포하기까지 1년이 걸릴 테고, 그러는 사이에 수백만 명이 목숨을 잃을 것이다.

• Gavi는 이 연합의 예전 명칭인 Global Alliance for Vaccines and Immunisation의 줄임말이다.

3. 국가가 매입이나 기증을 통해 충분한 백신을 확보할 수 있는가?

아주 많은 백신을 제공하기는 불가능하다. 2015년에 국경없는의사회는 글락소스미스클라인GlaxoSmithCline과 화이자Pfizer•를 비난했다. 폐렴 유발 박테리아를 막는 새로운 백신을 공급하면서 비영리단체들에게 부당한 값을 요구해서였다. 국경없는의사회에서 접근성강화캠페인Access Campaign을 맡은 로히트 말파니Rohit Malpani는 NBC 뉴스에서 이렇게 말했다. "어린이 한 명에게 백신 주사를 놓는 비용이 불과 10년 전에 비해 68배나 비싸졌습니다. 몇몇 대형 제약회사들이 기증자와 개발도상국에게 너무 비싼 값을 요구하고 있기 때문이죠. 부유한 나라에서 이미 수십억 달러를 벌었는데도 말입니다."[30]

문제는 제약회사 주주들이 지나친 요구를 하고 있으며, 이른바 시장원리에 공중보건이 가로막힐 때가 너무나 많다는 것이다. 새로운 백신이 불과 몇 년 동안 사람을 보호해준다면 제약회사로서는 그런 백신을 개발할 동기가 부족하다. 그런 백신은 훨씬 비싸고 상대적 수익도 적을 것이다. 사람들은 백신을 자주 필요로 하지 않기 때문이다.[31] 제약회사는 또한 독점적 지위를 이용하려는 경향이 있다. 이런 이유로 가격이 치솟는다.

미국에서 치솟는 가격에 대해 《뉴욕타임스》는 이렇게 보도했다. "백신 주사를 놓을 때마다 손해를 본다고 말하는 어떤 의사들은 장기 환자들을 위해 주사를 아낀다." 《타임스Times》는 가정의에 관한 조사에 주목한다. "가정의는 소아과 의사와 함께 수입이 가장 적은 의사로, 약 3분

• 글락소스미스클라인과 화이자는 각각 영국과 미국의 유명 제약회사이다.

의 1이 비용 때문에 예방주사를 놓지 않는 쪽을 고려한다." 그 밖에도 가정의의 40퍼센트는 꼭 맞아야 하는 소아 예방접종 가운데 적어도 몇 가지를 제공하지 않는다."[32] 이것이 세계에서 제일 부유한 나라의 실상이라니 놀랍기만 하다. 비용 때문에 예방접종을 제공하지 않는 것은 내가 보기에는 부도덕하다. 다행히 미국 정부는 현재 모든 소아 백신의 절반을 큰 폭으로 할인된 가격에 구입한다.[33] 정부는 또한 어디로 가면 백신을 맞을 수 있는지도 알려준다.[34]

개발도상국의 백신 접근성 문제를 해결하기 위해 가비 같은 공공-민간 협력기구들은 제약사들과 협력하여 가난한 사람들에게 백신이 제공되도록 백방으로 노력한다. 또 다른 그룹인 개발도상국 백신 제조사 네트워크Developing Countries Vaccine Manufacturers Network는 개발도상국에 고품질 백신 40종을 저렴하게 공급한다. 그런 백신 중 하나는 디프테리아, 파상풍, 백일해, B형 간염, B형 헤모필루스 인플루엔자로부터 아이들을 보호한다. 그런 종합 백신은 여러 가지 이점이 있다. 주사, 약병, 방문 횟수를 줄이고, 한 번에 저렴한 비용으로 해결할 수 있다.[35]

4. 국가가 백신을 국민에게 배포하고 투여할 능력이 있는가?

H5N1 같은 바이러스에 효과가 있는 백신이 있다 해도, 많은 사람에게 그 혜택을 제때에 나눠주지 못할 수도 있다. 혈청을 냉장 보관할 시설이 부족하고, 운송이 열악하고, 믿을 만한 데이터 추적 시스템이 없으면 개발도상국의 예방접종 프로그램은 효과를 보기 어렵다.[36,37,38] 그런 와중에 몇 가지 희망적인 사례가 떠올랐다. 르완다대학은 2015년에 아프리카 최초로 보건 연쇄공급 관리health supply chain management에 관한 교육

을 시작했다.[39] 학생들은 유나이티드파슬서비스United Parcel Service, UPS에서 나온 멘토와 짝을 이뤄 데이터 및 물류 관리를 배우고 솔루션 기술과 팀 구성 기술을 전수한다. 그와 비슷한 프로그램이 아프리카와 아시아 곳곳에 생겨나고 있다. 아프리카 서부에 있는 국가 베냉의 한 프로그램은 2020년까지 전문가 100명을 졸업시킬 거라고 예상한다.

5. 사람들이 백신을 받아들일까?

생명을 구할 수 있는 약이라 해도 모든 사람이 환영하진 않는다. 다음 장에서 보겠지만, 실제로 몇몇 나라와 인구에서는 백신을 거부하는 경향이 급증하고 있다. 주요 전염병이 발발한 경우에 백신을 거부하는 사람들은 사형 선고를 바라보는 신세가 될 것이다.

조기 발견, 1차 저지선

야구선수 출신의 철학자 요기 베라Yogi Berra는 이렇게 비꼬았다. "예측하는 건 어렵다. 특히 미래에 대해서는."[40]

정반대다. 스티브 쿠니츠 교수는 애리조나주에서 개들이 프레리도그들의 페스트를 예보해준다는 것을 알아냄으로써, 벼룩을 주의 깊게 추적하면 질병을 예측할 수 있다는 걸 명확히 입증했다. 내가 교수의 수업을 듣던 1970년대에 비하면 지금은 질병 예측이 몇 광년이나 발전했음을 나는 즐거운 마음으로 여러분께 전한다. 질병이 발발하기를 기다렸다가 사후에 대응하는 대신, 혁신적인 과학자들은 아예 동물 숙주에 기생하는 바이러스를 뿌리 뽑고 있다.

전염병정보서비스Epidemic Intelligence Service, EIS는 CDC가 주관하는 2년짜리 서비스 훈련 과정이다.[41] 이 과정을 만들어낸 해는 냉전이 극에 달하고 생물전에 대한 공포가 처음 휘몰아친 1951년이다. "EIS는 실제로 우리가 들어본 적이 없는 가장 중요하고 효과적인 정부 기관이다." 프리랜서 저널리스트이자 2010년의 책 《전염병의 안쪽: 전염병정보서비스의 엘리트 의학 조사관Inside the Outbreaks: The Elite Medical Detective of the Epidemic Intelligence Service》을 쓴 마크 펜더그라스트Mark Pendergrast가 말했다.[42]

펜더그라스트의 책은 주로 젊은이들로 구성된 EIS가 무대 장면과 뉴스 제목 뒤에서 유명한 각종 전염병을 조사하는 과정을 상세히 보여준다. 그가 기자에게 말했다. "EIS 조사관들은 병원 감염을 확인하고 통제하는 분야를 개척했고, 사람들이 박쥐에 물리지 않고도 공수병에 걸릴 수 있음을 알아냈으며, 천연두 퇴치에 일조했습니다. 계속하길 원하세요? 아직 말하지 않은 것들이 많습니다. 리스테리아 감염증을 해결하고, 에이즈를 확인하고, 마시는 물에서 크립토스포리디움 기생충을 발견하고, 로타 바이러스와 싸우고, 그 밖에도 다제내성 결핵, 보툴리누스균, 황열병, 기생충, 농약……."

CDC는 지금도 EIS를 운영하지만, 항상 자금 부족에 시달린다고 펜더그라스트는 말한다. 희망적인 소식은 전 세계에 EIS를 모방한 프로그램들이 생겨나고 있다는 것이다. 펜더그라스트가 말한다. "그 모든 프로그램이 첫걸음을 뗄 수 있게 EIS 졸업생들이 돕고 있습니다."

안타깝게도 모든 나라가 EIS 같은 세심한 조기 발견 체계를 출범한 것은 아니다. 1994년에 인도에서 폐렴이 유행했는데, 그 나라 정부에겐 초대형 재난이었다. 정부 발표가 나오기도 전에, 심지어 뉴델리 보건 공무원들이 사태를 알기도 전에 BBC 기자들이 그 나라에 배치되어 공포에 떠는 세계에 위기 상황을 전했다. 인도 정부가 망설이는 동안 WHO 역시 부정확한 발표를 남발하며 어설프게 대응했다. WHO의 구식 정보망은 전화와 팩스에 의존하고 있던 터라, 기자들과 이웃 나라 정부의 질문에 신속하게 답할 수 없었다.

종종 그렇듯이 위기는 해법을 낳는다. 이 전염병에 자극을 받은 과학자들은 대혼란이 일어나기 전에 미리 질병을 발견하고 보고하는 방법을 새로 개발했다. 재난이 물러가자마자 기술자들이 정보 공백을 메우기 시작하고, 먼저 인터넷에 기초한 전염병 보고 체계, 프로메드ProMED를 출범시켰다. 그 뒤로 보건 전문가들은 이메일 목록을 통해 전염병이 발발하는지를 확인하고 정보를 공유할 수 있게 되었다.[43]

* *

래리 브릴리언트 박사는 D. A. 헨더슨과 어깨를 나란히 하며 천연두과 싸우고 소아마비 퇴치를 위해 열심히 일해왔다. 이 전염병학자는 전염병 예방에 관해서라면 물샐 틈 없이 알고 있다. 그는 또한 폭넓은 이력을 가진 '화려한Brilliant' 인물이다. 오래전에 그는 그레이트풀데드Greateful Dead•를 추종하는 히피 영화에 의사로 출연했다. 또한 실리콘 밸리에서 최첨단 회사들을 운영하기도 했다. 그는 스튜어트 브랜드Stewart

• 1960년대에 미국 샌프란시스코 지역에서 히피 문화를 이끌었던 록 그룹.

Brand와 함께 페이스북의 아버지 격인 웰Well을 만들어 초기 인터넷 대중에게 선보였다. 그의 세바 재단Seva Foundation은 개발도상국에서 수백만 명의 시력을 지켜주었다.

브릴리언트는 2006년에 TED 상과 함께 상금 100만 달러를 받았다.[44] TED 상은 큰 꿈을 가진 지도자에게 수여하는 상으로, 브릴리언트는 상금을 전염병 예방에 사용하길 원했다. 브릴리언트에게 인터넷은 잠재적 구원자다. 구글에서 일할 때 그와 동료들은 비상사태 및 질병과 재난에 대한 혁신적 지원Innovative Support to Emergencies, Disease and Disasters, InSTEDD이라는 시스템을 개발했다. 그 목적은 세계적인 보건 위협과 인도주의적 위기가 고개를 들 때 이를 조기에 발견하고, 대비하고, 대응하는 능력을 개선하는 것이다. InSTEDD는 인터넷을 누비면서 질병에 관한 언급을 찾는 소프트웨어 프로그램, '웹 크롤러web crawler'를 통해 질병 발발을 찾는다.

브릴리언트는 또한 세계공중보건정보네트워크Global Public Health Intelligence Network, GPHIN이라는 시스템에 큰 믿음을 걸고 있다. GPHIN은 캐나다에서 개발한 다언어 조기경보 웹 크롤러로, 전 세계 미디어와 온라인을 계속 모니터하면서 복잡한 알고리듬을 이용해 단어나 단어의 조합을 끊임없이 찾는 방식으로 질병 발발을 확인한다. GPHIN은 놀라운 성공을 거뒀다. WHO가 해마다 후속 조사하고 검증하는 질병 발발의 40퍼센트를 발견하여 지휘체계가 경보를 발령하기 오래 전에 방역 당국에 위험을 경고했다.[45]

다음 이야기는 GPHIN이 어떻게 2003년에 사스 예방에 공헌했는지를 보여준다. WHO의 신종 감염병Emerging Infectious Diseases 부서는 데이비드 헤이만David Heymann 박사가 이끌고 있었다. 데이비드는 천연두 퇴치와 에볼라 초기를 경험한 베테랑이자, 나와 함께 WHO에서 젊은 시절을 보낸 좋은 친구이자 동료다. 당시 WHO의 규칙은 192개 회원국의 공식 발표 외에는 어떤 정보도 사용하지 못하게 하고 있었다. 하지만 데이비드는 전염병에 대한 조기 발견과 신속한 대응에 관해서라면 공식 정보원은 간혹 신뢰하기 힘들 수 있다는 걸 알고 있었다. 또한 조기 발발 보고의 60퍼센트 이상이 언론, 인터넷, 기타 비공식 정보원에서 나온다는 사실도 알고 있었다. 그래서 데이비드는 전염병을 조기에 알려주는 믿을 만한 정보원을 찾아보았다. 그리고 GPHIN이 중국에서 발발한 특이한 전염병을 조기에 경고하여 WHO가 조사에 나섰고, 결국 2003년 3월에 그로 브룬틀란트가 전 세계에 해외여행을 경계시켰다는 사실을 알게 되었다. 그 직후에 데이비드는 11개 나라의 최상위 연구 기관들로 사이버팀을 조직한 뒤 신종 바이러스를 확인하고, 진단검사법을 개발하고, 공중보건 대응법을 정립했다. 중국 공무원들이 그 병의 존재를 인정하기 훨씬 이전이었다. GPHIN이 조기 행동을 끌어낸 탓에 사스는 빠르게 억제되었고 그 후로 나타나지 않고 있다.[46]

처음 돛을 올린 이래로 GPHIN은 계속 튼튼해지고 언어도 다양해졌다. GPHIN은 질병 보고와 관련된 수많은 문제를 해결한다. 보고가 인적 연결에 의존하지 않기 때문에 이 시스템은 투명하고, 객관적이고, 믿을 만하다. 또한 사용자들이 국제, 국가, 지방, 지역 차원에서 무슨 일이 일어나고 있는지를 자세히 알 수 있다. 데이비드가 말했다. "GPHIN으로 난데없이 더 많은 나라에서 훨씬 더 많은 정보를 받을 수 있는 아주 강력한 체계가 생겨났다. 우리는 여러 나라에 은밀히 들어가 무슨 일이 벌어지고 있는지를 확인할 수 있게 되었다. 도움이 필요한 사람들에게

조기 발견을 위한 참여형 감시

시민, 지역사회, 일선 보건 종사자, 그 밖의 사람들이
의심되는 전염병을 직접 보고하는 체계에 참여한다면,
더 빠른 발견과 대응을 통해 인명과 생계를 구할 수 있다.

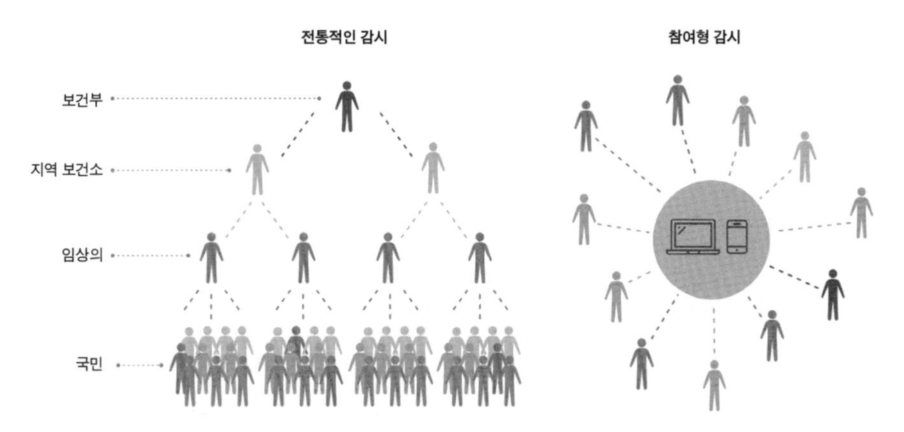

출처: Wójcik O, Brownstein J, Chunara R, Johansson M. Public health for the people: Participatory infectious disease surveillance in the digital age. *Emerging Themes in Epidemiology* 2014; 11: 7. http://www.ete-online.com/content/11/1/7EMERGING THEMES.

우리는 도움을 제공했다. 그리고 도움을 제공할 땐 전 세계에서 우리와 일하기 시작한 수많은 기관과 힘을 합쳤다."[47]

이 기술은 앞길이 유망하긴 해도 질병을 조기에 알리는 완벽한 수단은 되지 못한다. 많은 사람이 몸이 아플 때마다 병원에 가진 않기 때문이다. 따라서 사람들이 각자 컴퓨터와 휴대전화를 사용해 책임지고 자신의 병을 보고한다면 어떻겠는가?

'참여형 전염병학participatory epidemiology'이라고 부르는 이 접근법은 아픈 사람들과 보고 체계를 직접 연결한다. 참여형 전염병학이 있다면 사람들은 자신의 증상을 그 체계에 직접 보고할 수 있다. 국민과 보건 공무

원들은 질병 집중 지역을 실시간으로 볼 수 있고, 사람들이 예방접종 프로그램에 참여하는지를 확인할 수 있다.[48] 플루니어유Flu Near You라는 미국 웹사이트는 많은 사용자로부터 독감 같은 증상이 있는지를 보고받는다. 4만 명이 매주 이메일을 보내 자신의 상태를 업데이트한다.[49] 참가자들은 독감 예방주사를 맞았는지 그리고 혹시라도 독감 증상을 겪었는지를 묻는 메시지를 일주일에 한 번씩 받는다. 시스템이 보여주는 다양한 색의 점들은 독감이 어디서 퍼지고 있는지를 보여준다. 파란색 점은 증상 보고가 없음을 의미하고, 오렌지색 점은 약간의 증상, 빨간색 점은 그 지역에 독감이 유행할 가능성을 나타낸다.[50]

한편 태국에는 닥터미DoctorMe라는 프로그램이 있어서 사람들이 휴대전화 앱을 통해 자신의 건강 상태를 체크해볼 수 있다. 그런 다음 그 데이터가 구글에 익명으로 보내지고, 구글은 사용자의 증상과 위치를 분석한다.[51] 닥터미는 최초의 메르스 환자를 발견했으며, 현재 세계에서 손꼽히는 발견 시스템으로 인정받고 있다.

신속한 대응이 확산을 막는다

아이에게서 감기를 옮아본 사람은 학교 환경이 독감을 배양하는 완벽한 인큐베이터라는 걸 알게 된다. 또한 몸이 아프면 억지로 출근하기보다는 침대에 누워 쉬는 편이 낫겠지만, 너무 많은 직장인이 병가를 내지 않고 어떻게든 출근해야 한다고 생각한다.[52] 그런 아이나 직장인이 H5N1 같은 병에 걸린 채 학교에 가거나 출근을 한다고 상상해보라.

치명적인 전염병이 돌 때 사람들이 자발적으로 집에 머무르려고 하지 않는다면 공중보건 공무원들이 억지로라도 그렇게 하도록 해야 한다. 어떤 바이러스가 확산이 되면 4개월에서 6개월까지는 효과적인 독감 백신이 만들어질 수 없으므로, 전염병학자들이 말하는 이른바 '사회적 거리 두기'가 전파를 가장 효과적으로 막는 수단이 된다. 사회적 거리 두기는 전염병이 가라앉을 때까지 휴교를 하거나 쇼핑몰 같은 공공장소를 폐쇄하는 방책이다. 회사는 아픈 직원에게 집에서 일하게 하거나 유연한 교대 근무를 시행해야 한다.[53]

사회적 거리 두기는 인기는 빵점인데 효과는 만점이다. 2012년에 캐나다 온타리오주 맥마스터대학교의 과학자들은 강력한 증거를 통해 휴교가 독감을 통제하는 효과적인 수단이란 걸 확인했다. 휴교를 하면 학령기 아동의 독감 전파율이 50퍼센트 이상 감소한다는 걸 발견한 것이다(계절에 따른 날씨 변화도 유의미한 결과를 초래했다).[54]

상황이 심각할 때는 격리라는 좀 더 엄중한 방법이 필요할 수 있다. 흑사병의 시대에서부터 21세기 최초의 팬데믹에 이르기까지 공중보건 관리들은 아픈 사람과 건강한 사람의 접촉을 줄이고자 격리에 의존해왔다. 14세기 유럽에서 페스트가 유행하는 동안 도시국가들은 진입로에 무장 경비를 배치했다.[55] 예전에 이탈리아 코모 호수에서 벨가지오 주민과 저녁 식사를 하는 동안에 나는 그 죽음의 시대에 아픈 사람과 건강한 사람을 격리하는 것이 병의 확산을 얼마나 잘 막아주는지를 알게 되었다. 내 친구가 사는 벨가지오는 삼면이 숲과 물로 분리된 반도에 위치한다. 그 주민들은 스스로의 건강을 지키는 흥미로운 방법을 발견했다. 본토에 사는 사람들은 벨가지오에서 만드는 빵을 원했고, 그래서 그 고립된 마을의 주민들은 호수 기슭에 있는 둥근 바위 위에 빵을 놔두었다. 그러면 본토 사람들은 식초로 소독한 단지 안에 동전을 넣어두었다. 벨가지오 주민은 한 사람도 페스트에 걸리지 않았다.

보다 최근에는 1993년부터 1995년까지 뉴욕시 공무원들이 폐렴 환자 100여 명을 격리하고 그들이 약을 제때 먹는지, 그 밖의 규약을 지키는지를 확인했다. 캐나다는 사스 확산을 막기 위해 토론토 가정에 약 3만 명을 자가 격리하게 했다. 일부 전문가들은 그런 극단적인 수단이 질병 확산 차단에 얼마나 효과적인가를 두고 논쟁을 벌이지만,[56] CDC의 보고에 따르면 사스가 유행하는 동안 "격리, 국경 봉쇄, 접촉 추적, 감시를 사용했기 때문에 그 세계적 위협을 단 3달 만에 효과적으로 억제할 수 있었다"고 한다.[57]

격리는 하나의 전략으로서 항상 마지막 수단이다. CDC가 지적했듯이 격리는 온갖 종류의 정치적, 도덕적, 사회경제적 논쟁을 일으킬 수 있고, 따라서 격리를 고려할 때는 공공의 이익과 개인의 권리를 신중하게 저울질해야 한다.[58] 규칙적이고 투명하고 포용력 있는 커뮤니케이션이 뒷받침되고, 격리된 사람의 기본적인 요구와 권리를 세심하게 보호해줄 때에만 격리는 좋은 효과를 낼 수 있다.

일상의 의료 서비스를 보호하라

"전쟁은 어린이를 비롯한 살아 있는 모든 것의 건강에 해롭다." 1960년대에 베트남전쟁에 반대하는 한 포스터에서 이 말을 본 기억이 있다. 여러 면에서 그 말은 사실이다. 독립전쟁에서 1만 7000명의 병사가 병으로 사망했다. 전투 중 부상을 당해 죽은 수보다 갑절 이상 많았다. 역사를 돌이켜 볼 때 전쟁 중에 군인이든 민간인이든 병으로 죽을 가능성이 전투로 죽을 가능성과 같거나 그보다 높다. 남북전쟁에서 사망한 병사 62만 명 가운데 3분의 2는 부상 때문이 아니라 이질과 장티푸스 같은 질병 때문에 사망했다.[59] 1차 세계대전 중에 스페인에서 천연두에 노출된 미군 병사들은 그 병균을 가지고 귀환했다.

전쟁과 마찬가지로 주요 전염병 역시 일상의 의료 서비스를 망가뜨릴 수 있다. 모든 소방 호스가 그쪽에 돌려지기 때문이다. 그 결과 아이들은 예방접종을 받지 못하고, 산모는 조산사 없이 아이를 낳고, 당뇨병 같은 만성질환이 있는 사람들은 목숨과도 같은 약을 구하지 못한다. 에볼라가 유행할 때 병원 직원과 환자들이 두려워하는 통에 많은 보건 시설이 여러 주 동안 문을 닫아야 했다. 많은 시설이 문을 닫고 근무하는 의사와 간호사가 줄어들자, 여자들은 혼자 거리에서 아이를 낳았다.[60] 그리고 당뇨병이나 감염 상처처럼 충분히 막을 수 있는 병으로 많은 사람이 사망했다.[61]

일상의 의료 서비스를 보호하는 첫 단계는 전염병의 구체적인 원인을 빠르고 정확하게 확인하고, 이를 통해 의료 종사자들이 그에 맞는 통제 수단을 마련하고 의심 환자들을 격리하는 것이다. 건물 안에 에볼라 치료 병동을 따로 마련한 병원들은 일상의 서비스를 잘 유지할 수 있었다. 재난 대비 훈련을 주기적으로 하는 것도 중요하다. 그럴 때 보건 종사자들은 미리 계획할 수 있고, 분만과 응급 처치 같은 우선순위 서비스를 유지할 수 있다.[62]

중국, 홍콩, 캐나다 여행자에게 WHO의 경고를 발포할 때 브룬틀란트 박사는 자기 자신의 판단과 권위에 따라 그렇게 했다. 그 당시 WHO에는 보건 비상사태를 선포하는 절차가 확립되어 있지 않았다. 캐나다가 협의도 없이 선포했다고 맹렬히 항의하자 2005년에 WHO는 국제보건규약을 개정할 때 국제적공중보건비상사태Public Health Emergency of International Concern, PHEIC라는 용어를 만들었다. PHEIC는 질병이 국제적으로 확산하여 다른 국가들의 공중보건을 위협하는 특별한 상황에서 그 위기에 세계가 공동으로 대응할 필요가 있을 때를 말한다.[63]

공중보건이 심각한 위기에 처해 즉시 국제 행동이 필요할 때 WHO는 PHEIC를 선언한다. 그럴 때 유엔 회원국들은 국제보건규약에 따라 질병의 확산을 예방하고 축소해야 한다.[64] 국제보건규약이 만들어진 목적은 구체적으로, 정부와 기업의 과도한 제재로 경제가 붕괴하고, 비상 대응 노력이 효과를 내지 못하고, 실제로 전염병의 충격이 더 악화되는 것을 피하면서 공중보건을 보호하고자 하는 것이다. PHEIC 덕분에 WHO는 대응 노력을 통합하고 전염병 봉쇄와 통제에 필요한 결정을 내릴 수 있게 되었다. 또한 연구개발을 지원하고, 진단검사와 백신의 진행 속도를 높일 수 있게 되었다. 만일 전염병 봉쇄가 필요하다고 여겨지면 WHO는 특정한 국가에 드나들지 않도록 여행을 금지하고, 더 나아가 NATO북대서양조약기구의 직원을 동원할 수도 있다.[65]

WHO는 사스에 대한 PHEIC에 이어 2009년 인플루엔자 팬데믹에 대해서도 PHEIC를 선언했고, 2014년에 돌아올 조짐을 보인 소아마비,

2014년 8월에 유행한 에볼라, 2016년에 유행한 지카에 대해서도 PHEIC를 선언했다. 지카가 유행할 당시에 브룬틀란트 박사의 후임인 마거릿 챈 박사는 전염병 전문가 18명과 전화 회의를 열었다.[66] 우선 그들은 임신기의 지카 감염과 소두증의 관계를 조사했다.(당시에는 아직 과학적으로 입증되지 않았지만, 인과적 관계가 강하다고 여겨졌다.) 그런 뒤 위원회는 다양한 요인에 눈을 돌려, 그 바이러스를 옮기는 모기의 지리적 분포, 백신의 부재와 빠르고 믿을 만한 진단검사, 브라질 같은 새로 감염된 나라의 국민에게 지카에 대한 면역력이 없다는 사실 등을 검토했다. 이 모든 요인을 고려하여 챈은 위원회의 조언을 받아들이고 2016년 2월에 공식적으로 PHEIC를 선언했다.[67]

에볼라가 발발했을 때 WHO는 에볼라가 활발히 퍼지고 있는 서아프리카에서 들어오는 사람들을 공항, 항구, 국경 검문소에서 철저히 검사하라고 권유했다. 하지만 입국 검사를 통과하는 사람이 있을 것이란 생각에, 그 지역에서 들어오는 여행자를 모두 막으라고는 권유하지 않았다.[68] (결과적으로 이 권고는 백 퍼센트 효과적이지도 않았고, 모든 나라에서 실행하지도 않았다.)

WHO는 또 무엇으로 우리를 지켜줄 수 있을까? 위기가 고조되고 있다는 점을 고려하여 나는 현재와 미래의 위기에 대처할 때 더 엄격한 평가 검사 수단을 도입해야 한다고 강하게 주장한다. 그와 동시에 여러 나라를 오가는 사람이라면 CDC와 유럽 질병통제예방센터에 문의하는 것이 가장 좋을 것이다.[69]

파국적인 팬데믹은 필연이 아니다

전염병학자 마이클 오스터홀름은 다음과 같이 간단하고 영리한 질문을 제기한다. "허리케인 카트리나가 그날 불어닥칠 것을 3년 전에 알았다고 가정해보자. 그 신고가 들어온 날부터 카트리나가 불어닥친 날까지 3년 동안 우리는 무엇을 했을까?"[70]

거대한 허리케인처럼 주요 전염병도 우리를 압도할 수 있지만 이젠 어느 정도 예측이 가능하다. 재난을 피하고자 한다면, 충분한 자원을 들여 적극적인 예방, 조기 경보 체계, 신속한 대응을 강화해야 한다. 우선 기본적인 예방책이 확실히 가동되도록 해야 한다. 또한 백신을 연구하고 개발하는 노력에 적극 지원해야 한다. 네이선 울프, 래리 브릴리언트, CDC의 전문가들[71] 같은 질병 조사관들이 우리를 도울 수 있도록 필요한 지원을 아끼지 말아야 한다. 우리는 정부 차원의 지도자뿐 아니라 병원과 진료소의 지도자들에게도 큰일이 터졌을 때 일상의 서비스를 유지할 수 있도록 항상 대비할 것을 촉구해야 한다.

한편 여러분과 나는 무엇을 할 수 있을까? 공중보건은 너와 나에서 시작된다. 우리는 경계하고 준비하고 신속히 대응할 수 있다. 다시 말해서, 손 씻기, 기침할 때 가리기, 예방주사 맞기 등 우리가 할 수 있는 일들을 책임감을 갖고 실천해야 한다. 우리가 계속 생존하려 한다면 적극적인 예방, 조기 발견, 신속한 대응을 위해 우리가 할 수 있는 모든 것으로 우리 자신을 지키고 공중보건의 파수꾼들을 지원할 필요가 있다.

9장

사람을 죽이는 정보, 살리는 정보

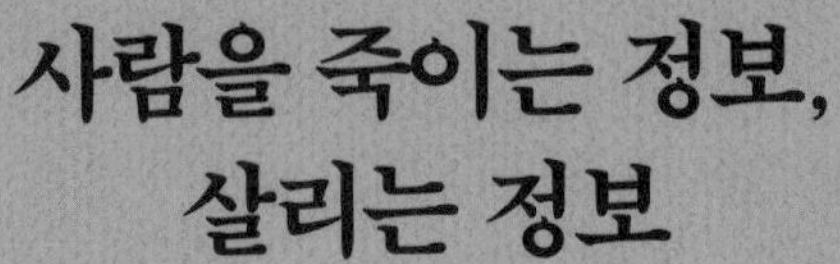

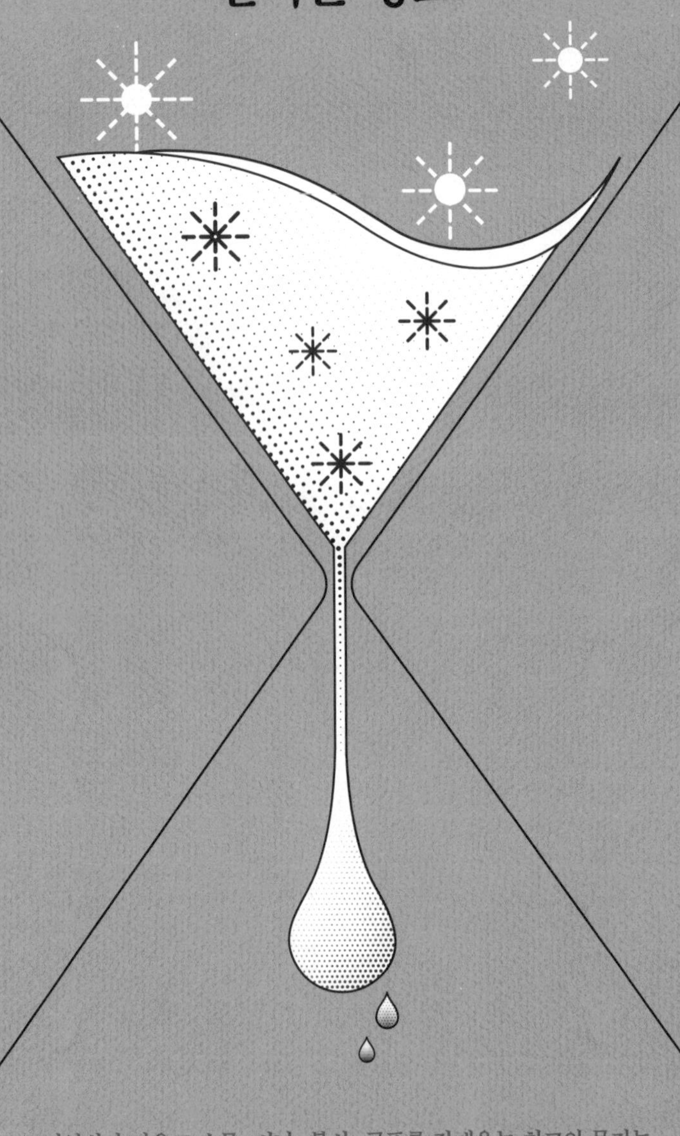

전염병과 싸우고 소문, 비난, 불신, 공포를 잠재우는 최고의 무기는
신뢰할 수 있는 커뮤니케이션, 주의 깊은 경청, 지역주민의 참여다.

“

우리가 사람들의 필요, 관심, 목소리를 잘 반영하는 방식으로 소통할 때 사람들은 건설적인 지휘에 반응하고 질병 확산 억제에 참여한다. 전통적인 미디어, 소셜미디어, 연예 채널 등 모든 형태의 미디어를 통해 사실에 기초한 일관된 정보를 제공하면 지역사회는 자발적인 논의와 행동 변화를 보여준다. 하지만 공황과 저항을 가라앉히기 위해서는 정부의 하향식 발표에만 의존해서는 안 된다. 정부에 대한 신뢰는 모든 곳에서 침식하고 있기 때문이다. 신뢰는 지역사회 지도자들과 공중보건 담당자들이 힘을 합쳐 일할 때 두터워진다.

”

2014년 9월 보건 담당자와 기자 8명으로 구성된 팀이 기니 남부의 우메 마을에 도착한 직후 종적을 감췄다. 우메는 8개월 전 에볼라가 처음 발발한 장소에서 그리 멀리 않은 곳에 있었다.[1] 그들이 온 목적은 마을 주민에게 에볼라 예방법을 가르치기 위해서였다. 하지만 주민들은 도우러 온 사람들을 환영하기는커녕 그들이 오히려 에볼라를 퍼뜨린다 믿고서 돌, 곤봉, 사탕수수용 칼 등으로 공격했다. 주민들은 방문자들의 목을 가르고 마을 저수지에 시신을 버렸다. 시신이 발견된 건 사흘 뒤였다.[2]

공격은 이뿐이 아니었다. 1년 동안 기니에서 적십자 팀들이 한 달에 10번 정도 공격을 당했다.[3]

역사를 들여다보면 집단이 방역 당국에 맹렬하게 저항하는 사례가 곳곳에 널려 있다. 1894년에 위스콘신주 밀워키에 천연두가 퍼졌을 때 도시 남쪽에 있는 가난한 마을 주민들이 경찰과 구급 마차를 공격했다.[4] 폭도들은 야구방망이에서부터 감자 으깨는 도구에 이르기까지 무기가 될 만한 물건을 붙잡고 맹렬히 휘둘렀다. 사람들은 뜨거운 물을 들고나와 구급 마차를 끄는 말들에게 냄비째 던졌다. 폭동은 한 달간 계속되었다. 시민들은 방역 당국을 두려워한 나머지 환자들을 숨겼고, 당연한 결과로 가족 내 감염률이 치솟았다.

한 세기가 더 흐른 뒤 에볼라가 유행할 때도 그와 비슷한 심리가 고개를 들었다.

* *

전염병에 직면했을 땐 두려움, 비난, 소문, 음모론, 당국에 대한 불신, 공황이 일시에 터져 나올 수 있다.

바로 이 때문에, 솔직하고 분명한 소통으로 신뢰를 쌓고 유지하는 것이 가장 중요하다. 역사가 우리에게 보여주는 것이 하나 더 있다. 보건과 관련된 소통은 전염병 통제의 핵심이지만, 그런 소통에 직원을 배치하는 것은 보통 추가 예산으로 미뤄지고, 그 액수도 지독히 낮은 편이다.[5]

믿을 만한 공중보건 소통이 일곱 가지 힘의 필수 요소인 이유는 전염병을 예방하고 억제할 땐 대중의 신뢰가 결정적으로 중요하기 때문이다.[6] 신뢰의 토대는 정보를 전달하는 사람의 좋은 의도와 진실성이고, 더 나아가 그 사람에겐 약속을 지킬 능력이 있다는 확신이다.[7] 신뢰는 대중의 격분, 대혼란, 폭력 같은 끔찍한 행동을 막아준다. 신뢰가 쌓일 때 사람들은 눈에 보이지 않는 불가사의한 적의 실체를 인정하고 뿌리 깊은 습관과 행동을 바꾸게 된다.

두려움과 불신의 심리학

치명적인 질병에 노출된 사람들이 왜 도우러 오는 사람에게 등을 돌릴까? 행동경제학자들이 입증한 바에 따르면 우리 인간은 우리가 생각하는 만큼 논리적이거나 합리적이지 않다.[8] 사실 우리의 뇌는 석기시대 이후로 그리 진화하지도 않았다.[9] 다른 동물들처럼 우리는 생각하기 전에 느낀다. 위기에 직면했을 때, 그 위기가 실제이든 아니든 우리는 위험에 빠졌다고 느낀다.

우리는 두려움에 빠지면 논리적으로 생각하지 못한다. 과도하게 반응한다. 뇌의 석기시대 부위인 편도체가 두려움 반응을 개시하고, 더 이성적인 전두피질을 제압한다. 두려움이 이성보다 우위에 선다. 그래서 팔 물건이 총이든 화장품이든 마케팅과 미디어 전문가는 두려움을 이용해야 팔린다는 걸 알고 있다. 우리 뇌가 두려움에 아주 잘 속아 넘어가기 때문이다.[10,11] 뉴스 미디어에서 어떤 이들은 의도적으로 두려움을 조장한다. 그러면 리더십, 시청자, 광고주가 늘어나기 때문이다. 《폴리티

코Politico》의 타라 헤일Tara Haelle 기자는 이렇게 썼다. "우리를 포함하여 모든 채널이 에볼라에 관한 사실을 보도할 때마다 그 치명적인 질병의 전반적인 스토리를 조작해서 늘어놓았다."[12] 점점 더 많은 뉴스 채널이 24시간 새로운 뉴스를 내놓고 새로운 관점으로 사람들의 시선을 끄는 탓에 그 누적 효과로 사람들은 자기가 위험하지 않을 때도 두려움을 느낀다.

에볼라가 유행할 때 작가 겸 언론가인 마린 맥케나Maryn McKenna는 이 일반적인 현상을 '에볼라노이아Ebolanoia'라 부르고[13] 에볼라에 대한 미국 대중의 반응을 추적했다. 맥케나가 추적한 이야기들은 아름답지 않았다. 뉴스에서 에볼라에 노출되었다고 잘못 보도된 개인과 기업은 과도한 낙인 효과로 고통받았다. 오하이오주에서 가족끼리 운영하는 작고 오래된 웨딩드레스샵은 헛소문 때문에 문을 닫았다. 노스캐롤라이나주와 텍사스주에서는 서아프리카를 다녀온 건강한 교직원과 학생들이 소문 때문에 학교에 들어가지 못하고 대기해야 했다. 그들이 간 곳은 에볼라가 발발한 가장 가까운 곳에서도 수천 마일 떨어져 있었는데도 말이다. 아프리카계 학생을 괴롭히거나 두려워하거나 차별하는 행위들이 가짜 정보를 먹고 성행했다.[14,15,16]

두려움이 지배하는 곳에서 권위에 대한 신뢰는 증발한다. 전염병이 돌 때 믿을 만한 출처에서 객관적 사실을 보도하지 않으면 사람들은 그럴듯한 이야기로 그 공백을 메운다. 질병보다 그 이야기들이 더 빨리 퍼지곤 한다. 기니에서는 정부가 더 많은 돈을 거둬들일 목적으로 에볼라를 선전하는 것에 불과하다는 소문이 돌았다. 모르긴 몰라도 적십자 직원들이 병을 퍼뜨렸고, 사람이 죽으면 장기를 훔쳐서 팔려 하고 있다는 말도 있었다.[17] 이런 이야기들이 거리낌 없이 나돌았다.

《소문이라는 유행병An Epidemic of Rumors》의 저자 존 리John D. Lee는 전염병에 따라다니는 소문의 일반적인 특징을 자세히 해부한다.[18] 가장 흔한 반응 가운데 하나는, 국민의 신뢰를 받지 못하는 정부가 권력을 다잡기 위해 전염병이 도는 것처럼 조작한다고 믿는 것이다.[19]

권력자들이 국민의 인권을 무시하고 기만할 때는 그런 반응이 나오는 것도 놀랍지 않다. 19세기에 밀워키에서 천연두가 유행할 때 보건 당국에 저항했던 빈민들은 방역 당국을 믿지 못할 이유가 충분했다. 보건 공무원들은 미신을 믿었다. 부자의 집은 충분히 넓어서 가족들이 아픈 사람의 침대와 안전한 거리를 유지할 수 있다고 생각한 것이다. 그들은 가난한 이민자 동네에서는 사람들을 억지로 끌고 가 격리 시설에 넣은 반면, 부자들은 그냥 집에 있게 했다. 천연두는 계급을 가리지 않고 부자와 가난한 사람을 똑같이 죽인다는 사실을 외면한 채.[20] 부자들과 마찬가지로 가난한 사람도 병든 가족을 집에서 돌보고 싶어 했다. 그 동네 사람들이 자신의 앞마당을 지킬 때 그들 스스로를 야만적인 폭도라고 생각하지 않았다. 단지 그들의 인권을 잔인하게 짓밟는 행위로부터 가족을 보호한다고 생각했다. 그들은 병든 가족을 뺏기면 다시는 사랑하는 사람을 보지 못할 수 있다고 생각했다. 보건국장이 "나는 법을 집행하러 왔다. 그리고 머리가 깨지는 사람이 나온다 해도 나는 법을 집행할 것이다"라고 말해도 소용없었다. 또한 경찰이 총을 꺼내 겨누어도 소용없었다.[21] 지역사회 주민을 슈퍼전파자라고 낙인찍으면 더 큰 고통을 만들어낼 뿐이다.(결국 밀워키 시민 1000명이 감염되고, 200명 이상이 사망했다.[22])

불행하게도 우리는 정부와 전 세계 기구에 대한 불신이 계속 높은 시대에 살고 있다.[23] 당국이 믿을 수 없거나 의심스러울 때 대중의 두려움은 증가한다.[24] 텔레비전 기자 출신으로 공포의 심리에 관해 책을 쓴 데이비드 로페이크David Ropeik는 신뢰 혹은 신뢰의 부재가 주축이 되어 돌아간다고 말한다. 사람은 대부분 몇 가지 기본적인 의문에 대해서는 분명하고 정직한 대답이 나오기를 원한다. "전염병이 발발하고 사람들이 새로운 위험에 처했다고 느낄 때 국민은 국가 공무원을 신뢰하는 경향이 있지만, 일단 소문이 퍼지고 대중이 의문을 품기 시작하면 신뢰는 빠르게 허물어진다."[25] 이미 정부나 공공기관을 불신하는 사람들이 주변 사람들에게 의심을 불어넣어 두려움을 증폭시킨다. 우리는 누구를 더 믿는가, 우리 이웃인가 '그들(WHO, 정부, 거대 제약회사 등등)'인가? '그들'이 무엇을 팔고 있는가? 그리고 '그들'이 팔고 있는 것이 실제 위기와 얼마나 관계가 있는가? 우리가 석기시대의 뇌로 되돌아갈 때, 도움은 포기하고 각자가 자기 자신을 지키게 된다.

위기 중의 리더십은 외줄타기와 같다

전염병이 돌 땐 두려움이 커지고 대중의 신뢰가 필요하다는 점을 고려할 때, 아무리 정직하고 선의를 가진 공무원이라 해도 외줄 위를 걷게 된다. 그들은 한편으로는 대중을 계속 안심시킬 필요가 있고, 다른 한편으로는 대중에게 위기를 사실적이고 객관적으로 알려야 한다. 주요 기관과 민간 기업의 지도자 역시 위기 및 위기관리 커뮤니케이션을 실행할 준비가 되어 있어야 한다. 6장에서 사스 이야기를 통해 보았듯이, 공무원들이 위협에 미온적으로 대응하면 엄청나게 신뢰를 잃고 분노를 불러일으킨다. 로페이크는 이렇게 설명한다. "국민을 안심시키고, 두려움을 축소시키는 것이 지도자의 본능이다. 하지만 과도하게 진정시키다가 상황이 더 나빠지면, 신뢰는 변기 아래로 떠내려간다."

외줄은 이것이다. "사람들은 진실을 원합니다. 설령 그 진실이 무섭다 해도 말입니다." 카네기멜론대학교의 팬데믹 위기 커뮤니케이션 전문가, 바루크 피시호프Baruch Fischhoff는 유엔 총회에서 이렇게 증언했다. "사람들은 그들 앞을 가로막고 있는 것이 무엇인지 알기를 원합니다. 뭘 해야 하는지를 생각해낼 수 있는 최고의 기회를 놓치지 않기 위해서입니다. 따라서 정직함은 위기 커뮤니케이션에서 결정적으로 중요합니다."[26]

1997년에 바버라 레이놀즈Barbara Reynolds 박사는 CDC 최초의 커뮤니케이션 전문가로서 보건 비상사태에 대응하기 위해 미국 전역을 여행했다. 홍콩 조류독감이 유행할 때였다. 그녀는 보건 공무원들이 위기 커뮤니케이션에 전혀 기초하지 않고 있음을 알게 되었고, 그 후로 심각한 전염병이 돌 때 지도자들이 커뮤니케이션을 더 잘 할 수 있도록 하는 일에 전념했다.[27] 그녀는 자신의 사명을 멈추지 않고 계속해왔다. 현재 레이놀즈 박사의 커뮤니케이션 기술은 팬데믹 인플루엔자, 백신 신뢰도, 신종 질병 발발, 바이오테러에 대한 계획과 대응에 쓰이고 있다.[28]

레이놀즈 박사가 말한다. "대중이 공포에 사로잡힐 것이 걱정된다는 건 소통을 안 하는 이유가 되지 못한다." 따라서 사람들이 근거 없는 공포에 사로잡히기 전에 설명을 제때 하는 것이 중요하다.[29]

레이놀즈는 위기 중에 공무원들이 국민을 도울 수 있도록, 다운로드할 수 있는 58쪽짜리 가이드북《위기, 비상사태, 위기 커뮤니케이션Crisis, Emergency and Risk Communication》을 발표하고 다음과 같은 원칙을 제시했다.[30]

- **서둘러라**Be First. 만일 조직의 권위에 의지해 공개할 수 있는 정보를 알게 되었다면, 최대한 빨리 사람들에게 제공하라. 제공할 정보가 없다면 그것을 얻기 위해 어떻게 노력하고 있는지를 설명하라.
- **정확하라**Be Right. 객관적 사실을 누적하여 말하라. 당신이 정보를 알고 있을 때 무엇을 알고 있는지를 사람들에게 말하라. 당신이 무엇을 모르고 있는지를 사람들에게 말하고, 관련 정보를 알게 되었을 때 그것을 공유하겠다고 말하라.
- **진실하라**Be Credible. 진실을 말하라. 어색함을 모면하거나 일어날 가능성이 희박한 공황에 지레 겁먹고서 정보를 감추지 말라. 힘든 진실보다 소문이 더 해롭다는 점을 기억하라.
- **공감을 표현하라**Express Empathy. 사람들이 느끼고 있는 감정을 말로 인정하라. 그럴 때 신뢰가 쌓인다.
- **행동을 장려하라**Promote Action. 사람들에게 할 일을 주어라. 그럴 때 불안이 가라앉고 질서 회복에 도움이 된다.
- **존중을 보여라**Show Respect. 힘든 결정을 전달해야 할 때라도 당신이 대우받고 싶은 대로 사람들을 대하라.

사람들은 대부분 권력자가 명확하고 평이한 언어로 그들과 대등한 입장에서 말한다고 느껴지면 어떤 일이라도 극복해낼 수 있다고 믿는다. 그들이 존중받고 있다고 느끼면, 능력 안에서 생산적인 일을 선택할 수 있다면, 현재 상황에 대한 정보가 계속 주어진다면, 공무원들이 해결책을 찾고 그들을 지켜주기 위해 지금 무엇을 하고 있는지를 말해준다면, 국민은 엄청난 불확실성을 이겨낼 수 있다.

정확함은 특히 완전히 새로운 질병이 발생했을 때는 생각만큼 간단한 일이 아닐 수 있다. 예를 들어 미국에서 에이즈가 퍼지기 시작할 때 그 병은 '4H 병'으로 알려지게 되었다. 헤로인 사용자Heroin user, 동성애자Homosexual, 혈우병Hemophiliac, 아이티인Haitian을 연상시켰기 때문이다. 뉴욕 시민은 아이티 사람들을 심하게 차별했다. 전염병학을 통해 아이티인이 에이즈의 위험 인자가 아니라는 것이 충분히 입증된 뒤에야 아이티인들의 상황은 개선되었다.[31]

국민에게 적절한 주의를 당부하는 것도 외줄타기의 한 요령이다. 1999년 8월에 뉴욕시 병원들에서 사망자가 나오기 시작했다. 원인은 처음에 세인트루이스 뇌염이라고 밝혀진 모기 매개 전염병이었다. 일부 공무원들은 더 많은 데이터가 나올 때까지 공식 발표를 미루고 싶어 했지만, 다른 공무원들은 길고 따뜻한 주말에 사람들이 모기로부터 자신들을 보호해야 한다고 주장했다. 최초의 진단은 틀렸다고 밝혀졌지만(그 병은 웨스트나일열병이었다), 어찌 됐든 대중에게 경고하는 것이 올바른 판단이었다.[32]

사람들의 입장을 헤아려라

기니에서 적십자 직원들이 비극적으로 사망하자 그 지역의 뿌리 깊은 외부자 불신이 뜨거운 이슈가 되었다. 전염병을 막기 위해 성급히 나선 기니의 '외부자들', 즉 적십자 직원과 의료 요원들은 주민들이 그들을 믿고 공식적인 충고에 응할 것으로 생각했다.[33] 하지만 요원들은 마을 사람들의 신앙, 요구, 두려움에 대해 무지했고 이것이 상황을 악화시켰다. 먼저 다녀간 수많은 백인 식민주의자 및 선교사들과 똑같이 적십자 요원들은 현지 문화에 반하는 약정을 수행했다. 적십자 요원들은 과학(에볼라에 희생된 시신은 감염력이 대단히 높다는 것)을 알고 있었다. 시신을 만지면 즉시 에볼라에 감염될 수 있다, 이것이 그들이 경고한 메시지였다. 하지만 이 외부자들은 기니의 전통을 이해하지 못했다. 기니 사람들에게 시신을 씻는 것은 죽은 자를 평화롭게 이승에서 떠나보내는 신성한 행위였다.

적십자 요원들은 의학적 지식과 무시무시한 방호복으로 무장했지만, 문화적 지식은 허술했다. 그들이 속담에서처럼, "주민들의 신발을 신고 1마일을 걸어봤다면" 결과는 아주 달라졌을 것이다.

주민들의 입장이 되어보면 쉽게 이해된다. 많은 희생자가 어린아이였다. 어머니가 자기 자식을 보듬어 안고 내세로 떠나보낼 준비를 하는데 무엇으로 그 어머니를 막을 수 있을까? 마스크에 플라스틱 갑옷을 두른 낯선 백인들은 주민들이 태초부터 지켜온 믿음을 문제시하고 가장 근원적인 감정조차 표하지 못하게 했다.

외부자들이 원주민 문화를 이해하고 존중하기 시작하면서부터 그들은 조심스러운 접근법을 통해 문화적 전통을 존중하면서 안전한 변화를 유도할 수 있었다. 예를 들어 2014년 6월에 기니에서 임산부가 사망했을 때 그 시신은 에볼라 바이러스로 가득했다. 방호복을 입은 대응팀이 사망자를 묻으려 하자 마을 주민들은 태아를 먼저 꺼내야 한다고 주장하면서 매장을 허락하지 않았다. 태아를 꺼내지 않으면 여자의 영혼이 죽은 자들의 마을에 닿지 못하고 영원히 떠돌 거라는 믿음에서였다. 하지만 방호복을 입은 사람들은 시신을 절개하기에는 여자의 혈액이 너무 감염되었다고 주장했다.

WHO에서 일하는 카메룬의 인류학자 줄리엔 아노코Juliene Anoko는 이렇게 기록했다. "포레스트기니의 주민들에게 방역 당국에 대한 저항은 그들 자신의 본질을 되찾기 위한 노력, 그들의 문화적 정체성을 주장하고 그들의 믿음을 지키는 방법이 되었다."[34] 아노코는 주민들의 관습과 불만을 이해했다. 그녀는 영혼을 위로해줄 방법을 알아보았다. 그리고 진혼굿을 할 줄 아는 나이 든 남자를 찾아내고, 주민들에게 염소 한 마리, 흰 종이 12야드, 소금, 오일, 쌀을 가져오게 했다. 장례식은 해 질 무렵 존경의 상징인 반질반질한 콜라콩을 나눠주는 것으로 시작했다. 그 사이 마을 반대편(하지만 문화적으로는 완전히 다른 세계)에서 매장 요원들이 방호복을 입고 땀을 철철 흘리면서 임신한 여자를 영면에 들게 했다.

아키노의 글이 입증하듯이, 위기에 처했다고 느끼는 사람들을 대할 땐 그들의 두려움에 귀를 기울이는 것이 중요하다. 효과적인 소통의 기본은 청중의 말을 경청하는 것이다.[35] 환자의 두려움이 비논리적일지라도 그들의 근심을 인정하고 모두의 안전을 도모할 필요가 있다. 일단 방역 종사자들이 주민들의 두려움 밑에 놓여 있는 근심거리에 귀를 열자, 에볼라에 감염된 시신을 안전하게 처리하면서도 주민들의 요구까지 충족하는 해결책을 발견할 수 있었다.

기니에서 에볼라 긴급 재난 조정관으로 일하는 국경없는의사회의 클라우디아 에버스Claudia Evers는 이렇게 지적했다. "우리는 더 많은 침대를 요구하는 대신에 더 많은 민감화 활동sensitization activities을 요구했어야 했다."[36] 만일 공중보건 공무원들이 원활한 소통을 원한다면 예전처럼 "저리 비키세요, 우리가 문제를 해결할 테니"라는 식으로 행동하기 전에, 질병이 돌고 있는 환경부터 이해할 필요가 있다.

메신저, 메시지, 준비된 지역 일꾼

에볼라 발발을 통해서 우리는 정부가 하향식으로 발하는 질병 통제 방식은 너무 쉽게 목표 대중을 간과할 수 있다는 기본적인 소통 원칙을 강화했다. 시에라리온의 경우에 위에서 하달된 메시지는 지역사회의 신뢰를 얻지 못했다. 압도적으로 많은 사람이 안전하고 공식적인 방역 지침을 거부했다. 하지만 걱정하지 말자. 정부가 지역 일꾼들과 **힘을 합치면** 모든 것이 변한다.[37]

세계에서 가장 가난한 나라에 속하는 시에라리온이 그 사례를 보여준다.[38] 이 나라에서만 무려 1만 4000명이 에볼라에 감염되어 다른 어떤 나라보다 높은 숫자를 기록했다.[39] 어니스트 바이 코로마Ernest Bai Koroma 대통령이 말했다. "전 세계가 깜짝 놀랄 정도로 맹렬하게 에볼라가 우리를 공격했다."[40] 이 나라에서 에볼라 환자가 처음 출현한 것은 2014년 5월이었다. 이후 몇 달 동안 에볼라는 전국으로 퍼져나갔다. 조기 방역에 힘을 썼지만, 신규 환자가 매주 치솟았다.

마침내 10월에 코로마 대통령은 환자를 치료하고 신규 환자 제로를 달성하기 위해 적절한 대책을 시행했다. 에볼라 전쟁을 이끌 지휘 작전 본부로서 전국에볼라대응센터National Ebola Response Center, NERC를 세운 것이다. NERC 공무원들은 중앙과 지역에 핵심 팀들을 창설하고 '기둥'이라 명명했다. 이 팀들이 맡은 임무는 사회적 동원, 감시, 환자 관리, 장례, 후방지원, 심리적 지원, 아동 보호, 식품안전이었다.[41]

NERC의 사회적 동원에 깊이 관여한 사람 중에는 시에라리온 정부와 유니세프 양쪽에서 37년 동안 공중보건을 이끌어온 모하마드 얄로Mohammad Jalloh가 있었다. 그의 감시하에 시에라리온 전국 예방접종률은 1986년 6퍼센트에서 1990년 80퍼센트로 급상승했으며, 그의 주도로 30개 나라에서 비슷한 접종 캠페인이 성공을 거뒀다.[42] 열정적이고 활력이 넘치는 사회과학자, 얄로는 2012년에 수도 프리타운의 보건부 근처에서 허름한 사무실을 운영하며 자신이 만든 지역 공중보건 비영리단체, 포커스 1000Focus 1000을 이끌고 있다.

에볼라 위기가 닥쳤을 때 포커스 1000은 사회적동원행동협회Social Mobilization Action Consortium, SMAC라는 사회적 동원 그룹을 도와 전 국민과 함께 위기를 끝내는 일에 매진했다.[43] 처음에 사람들은 무서운 신종 질병의 진실을 단호히 거부했다. 전국에서 사람들이 분명히 고생하고 있는데도 한 택시 운전사는 바이러스 위기 전문가를 태우고서 프리타운 시내를 지나던 중에, "에볼라 같은 건 없다"고 주장했다.[44] 첫 환자가 나오고 한 달이 지났을 때 포커스 1000은 네 차례 조사 중 첫 번째를 시행하여 부정이 만연하고 있음을 발견하고 지식, 믿음, 관습에 일어난 변화를 평가했다. 데이터를 모은 뒤 얄로는 조정관들에게 자전거를 주고 가정, 마을 족장, 종교 지도자들에게 보내, 사람들이 시신을 손으로 씻거나 환자를

감추는 등의 위험한 행동을 왜 계속하는지를 알아오게 했다.[45]

얄로가 일을 신속하게 진행한 덕에 포커스 1000은 데이터 수집과 정보 습득의 속도를 높일 수 있었다. 그 정보를 바탕으로 SMAC는 지역사회가 동조할 수 있는 메시지들을 창안하고, 시험하고, 개선해나갔다. 이는 잘못된 정보를 바로잡고 광범위한 지식을 제공하기 위해서였다. 결국 몇몇 메시지, 예를 들어 "에볼라는 사실이다"는 지역사회에 깊이 침투했다. 사람들은 어떻게 해야 스스로를 보호할 수 있는지를 알고 싶어 했다. 그래서 SMAC는 손 씻기, 안전한 장례, 신체 접촉 피하기 같은 문화적으로 민감한 메시지를 시험한 뒤 유포했다. 종사자들이 발견한 가장 위험한 오해는 에볼라에 걸리면 반드시 죽는다는 믿음이었다. 어쨌든 에볼라를 예방할 백신도, 그걸 치료할 약도 없다.(사실은 기본적인 보조 치료를 받으면 50퍼센트가 생존한다.) 그러니 무엇 때문에 에볼라 치료소에 가겠는가? 처음에는 물을 마시거나 수액 주사를 맞고 합병증 치료를 받으면 죽지 않고 살 수 있다는 사실을 대부분이 알지 못했다. 또 다른 위험한 오해는 자정 이후에 소금물에 몸을 씻으면 에볼라에 걸리지 않는다는 믿음이었다.

얄로는 곰곰이 생각했다. 성공은 올바른 메시지를 전달하는 것뿐 아니라 올바른 메신저가 전달하는 것에도 달려 있었다. SMAC의 소중한 정보를 전달하여 에볼라에 관한 미신과 부정을 깨고자 할 때는 주민들이 신뢰하는 지역 지도자들이 결정적인 역할을 할 수 있었다. 따라서 SMAC는 먼저 주민들의 영적 신앙을 질병 예방 행동과 화해시킬 수 있는 종교 지도자들에게 협력을 구했다.

이를 위해 포커스 1000은 에볼라를 저지하는 방법을 놓고 종교 지도자들인 이맘Imam•, 목사, 전통 치료사와 대화를 나눴다. 이 대화가 종교 지도자들의 신뢰를 얻었다. 그들은 성서를 샅샅이 뒤져 공식적인 방역 수단을 정당화할 수 있는 구절들을 찾아냈다.[46] 포괄적인 에볼라 예방을 허락하는 성경 구절과 코란의 명령이 구체적인 메시지와 짝지어졌다. 북부 도시인 마그부라카에서 한 주민이 얄로에게 말했다. "이 모든 걸 라디오에서 들었지만, 나는 아부 바카르 콘테Abu Bakarr Conte(그 지역의 유력한 교주)가 말할 때까지는 믿지 않았습니다." 종교 지도자들은 마을, 모스크, 교회에서 설교를 통해 에볼라에 관한 메시지를 전했다.

종교 지도자들이 한배에 오르자 포커스 1000은 회원이 4000명에 이르는 막강한 시에라리온 시장여성연합Association of Market Women을 끌어들이는 일에 착수했다. 시장 여성은 전국의 도시와 마을에서 일상생활과 상업의 중심 역할을 하는 강력한 군대였다. 사람들은 물건을 사겠다는 목적만큼이나 모이고 어울리기 위해 시장에 간다. 얄로가 내게 말했다. "접촉할 장소가 있다면 바로 시장입니다." 각 시장에는 사람들이 존경하는 지도자, '마미 퀸Mammy Queen'이 있다. 이들은 포커스 1000에서 성능시험을 거친 메시지로 무장하고서 종교 지도자들과 비슷한 목소리로 고객들에게, 그리고 그들을 통해 지역사회 전체에 에볼라 예방법을 가르쳤다. 마미 퀸들은 장이 선 날에는 아무도 만지지 말라고 요청했으며, 위기가 고조된 기간에는 시장을 완전히 폐쇄했다.

마지막으로 얄로는 시에라리온 토착전통치료사연합Indigeous Traditional Healers Union에 소속된 약 4만 명의 전통 치료사를 끌어들였다. 에볼라 초

• 이슬람교 교단 조직의 지도자를 가리키는 하나의 직명.

기에 정부가 배제했던 그룹이었다. 석 달이 걸렸지만, 일단 납득하고 나자 치료사들은 '부시 투 부시Bush to Bush'라는 전국 캠페인을 열어 에볼라 위험 지역의 전통 치료사들로 하여금 환자들에게 치료소를 가르쳐주고 위험한 비밀 매장을 중단하게 했다.[47]

얄로와 동료들은 4단계 전략을 아주 성공적으로 수행했다. (1)사회적 동원과 위기 커뮤니케이션을 통해 마을에서 대통령까지 모두를 잇는 통합된 위기 대응 체제를 구축한다. (2)최신 공중보건 과학뿐 아니라 병에 대한 주민의 신앙, 관습, 전통적 반응에 기초한 메시지를 활용한다. (3)지역사회의 반응에 귀를 기울이고, 전염병이 돌 때 그 반응을 고려한다. (4)가장 중요하게는, 대통령과 중앙 및 정부 보건 공무원에서부터 지역 족장과 사제, 시장 여성, 전통 치료사, 미디어에 이르기까지 모든 이해 당사자를 메신저로 삼아 모든 사람이 똑같은 정보를 받게 한다.

얄로의 전략이 주효해서 신규 감염자 수는 2014년 11월에 주당 500명에서 1월 초에 주당 400명 이하로 떨어졌다. 1월 말에는 신규 환자가 주당 100명 이하로 떨어지고 그 후에도 계속 감소하더니, 2015년 3월에는 주당 20명 이하로 떨어졌다. 또한 공무원들이 환자들에게 조기 치료를 받으라고 설득한 결과(그리고 시에라리온 의사와 의료진들의 세심함과 치료 기술 덕분에), 이 나라의 에볼라 사망률은 감염된 3개 나라 중 가장 낮은 28퍼센트를 기록했다. 기니의 67퍼센트에 비하면 기적 같은 수치였다.[48] 코로마 대통령은 나중에 이렇게 회고했다. "이 전염병은 영속적인 교훈 하나를 던져주었다. 지도자들과 국민의 신뢰 관계가 중요하다는 것이다. 주민 참여, 주인 의식, 그리고 원하는 결과에 도달할 수 있는 제안이라면 어떤 것이든 수용하는 태도 역시 중요하다."[49]

주류 미디어의 역할

대통령의 전국에볼라대응센터를 위해 노력하던 SMAC는 또한 지역 라디오 방송국들과 지역 미디어사들을 체계적으로 참여시켜 정확한 예방법을 유포했다. 이와 반대로 미국에서는 언론을 통해 '에볼라노이아'가 퍼져 에볼라 종식에 도움이 되기는커녕 불필요한 두려움만 키웠다.

미디어 종사자들은 다음과 같은 질문을 숙고해야 한다. 다음 전염병이 발발할 때 기자들은 병의 확산을 막는 데 어떻게 도움이 될 수 있을까? 뉴스 미디어는 바이러스 유포자와 대혼란에 초점을 맞추는 것 외에 무엇을 할 수 있을까? 기자들은 공중보건 정보를 다룰 때 어떻게 하면 독자의 편향을 건드리지 않고 감정에 호소하는 방식으로 전달할 수 있는가? 미디어는 어떻게 하면 헛소문을 잠재우고 객관적 사실을 가장 잘 유포할 수 있을까?

뉴스 미디어가 저지를 수 있는 최악의 행위는 두려움을 퍼뜨리는 선정적인 이야기를 추적하고, 자신의 역할은 보건의 결과와는 무관한 척하는 것이다. 전염병을 다룰 때 흥미 있는 스토리텔링과 객관적인 과학을 결합하고 선정주의를 피하는 것이 진정한 저널리즘의 역할이다. 긴박한 위기 상황에서 사람들은 꾸준하고, 정확한 사실에 의존하고, 지역과 관련이 있어서 독자의 참여를 유도하는 정보를 제공하는 기자를 필요로 한다. 조사로 입증된 바에 따르면 시에라리온은 '나 자신을 지키는 법'을 집중적으로 보도했는데, 이런 전략을 채택하면 전염병의 경로가 바뀌어 사람들이 적절한 순간에 적절한 치료를 받게 되고 그 결과 감염과 사망률이 낮아지게 된다.[50,51] 과장된 이야기와 어조를 선택할 것인가

균형 잡힌 이야기와 어조를 선택할 것인가, 소름 끼치는 이야기를 선택할 것인가 믿을 만하고 실천할 수 있는 과학을 전달할 것인가를 생각할 때 기자와 편집자들은 미디어의 이 멋진 사명을 잊지 말아야 한다. 사람들이 필요로 하는 보도는 개인의 위기를 합리적으로 가늠하는 데 도움이 될 의미 있는 이야기를 자세히 전하는 것이다.

긍정적인 사례를 살펴보자. 사스가 유행하는 동안 싱가포르에서 권위주의 정부와 언론은 상상할 수 있는 모든 매체의 채널을 통해 국민과 소통했다. 국영 텔레비전과 라디오 방송들은 끊임없이 사스 정보를 내보냈다. 심지어 사스 전문 텔레비전 채널도 있었다. 정부는 현지 신문에 교육용 광고를 내고 모든 가정에 사스에 관한 홍보 책자를 발송했다. 몇몇 텔레비전 방송은 지방 사투리들로 보도했고(좀처럼 드문 일이었다) 사스에 관한 전화 토론회를 생방송으로 진행했다.[52] 그뿐 아니라 뉴스와 기사는 대체로 정부의 공식 지침을 지지하고, 권고사항을 따르라고 국민에게 요청했다. 그 결과 국민의 신뢰와 협조 속에 사스는 금방 통제되었다.

전염병이 유행할 때 언론인들은 객관적 사실을 제공하고, 동정하는 분위기에 일조하고, 희생자에게 공감하는 방향으로 편집하고, 밝혀지지 않은 두려움과 소문을 파헤치고, 고무적인 지역사회 프로젝트를 집중 보도하고, 약자(어린이, 노인)의 입장을 대변하고, 더욱 중요하게는 지도자의 책임을 강조해야 한다. 또한 언론인들은 이 모든 일을 하면서도 공포를 조장하지 않을 수 있다. 그런 보도를 한 공로로 셰리 핑크Sheri Fink와 《뉴욕타임스》는 2015 퓰리처상 국제보도 부문을 수상했다. 퓰리처 위원회는 《타임스》의 구절을 인용했다. "아프리카에서 에볼라가 유행할 때 그 확산 범위와 세부 정보를 대중에게 알리는 동시에 당국의 책임을 강

조하면서, 최일선에서 용감하게 보도하고 인간적인 이야기들을 생생하게 전달했다."[53,54]

가난한 나라의 현지 언론사들은 낡고 초라한 경우가 많지만, 전선에서 일하는 언론인들은 국민과 가장 가깝고 문제에 대한 관심도 깊다. 현지 언론인들은 가장 중요한 문화적 맥락(언어, 종교, 민감한 쟁점)을 알고 있지만, 과학에 기초하여 보도한 경험이 부족할 수 있다. 그들은 증거에 접근할 기회가 적고, 있다 해도 대체로 그 증거를 평가하고 번역하고 소통하는 기술이 미숙하다. 따라서 우리가 할 수 있는 가장 중요한 일 중 하나는, 현지 언론인들이 전염병에 대응할 수 있도록 그들을 교육하고 인프라를 마련해주는 것이다.[55,56]

소셜미디어, 양날의 검

19세기 미국 작가이자 세계 여행가 마크 트웨인은 이렇게 말했다. "진실이 구두를 신고 있는 동안 거짓말은 지구 반 바퀴를 돈다."[57] 소셜미디어라는 통제할 수 없는 세계에서 어떤 견해를 가진 사람은 누구나 자신의 생각을 유포할 수 있다. 전문적인 뉴스 출처와 달리 트위터, 페이스북 같은 소셜미디어는 팩트 체크를 안 해도 손해를 보지 않는다. 세계 모든 곳에서 인터넷은 오보를 양산하는 경이로운 공장이자 그 무엇보다 효과적으로 소문을 퍼뜨리는 떠버리다.[58]

예를 들어 나이지리아 국민 1억 8000만 명 가운데 5000만 명 이상이 나이지리아 보건부가 공식 발표를 내기도 전에 소셜미디어로 에볼라 사건을 알렸다. 전염이 극에 달한 일주일 동안 세계 인구의 거의 절반이 에볼라 이야기를 트위터에 올렸다.[59] 2014년에 7일 동안 기니, 라이베리아, 나이지리아에서 영어로 '에볼라'와 '예방' 혹은 '치료'를 포함한 모든 트위터를 연구자들이 검색했더니, 대부분의 트윗과 리트윗에 오보, 소문, 가짜뉴스가 포함돼 있었다. "일단 에볼라에 걸리면 반드시 죽는다"가 그런 소문이었다. 에볼라를 다룬 또 다른 트윗은 "소금물을 많이 마시면 에볼라에 걸리지 않는다"였다. (실제로 그렇게 해서 몇 명은 죽고, 여러 명은 병원에 실려 갔다.)[60]

전통적인 미디어처럼 소셜미디어도 질병 확산에 기름을 부을 수도 있고 찬물을 부을 수도 있다. 빈민들도 휴대전화로 문자메시지와 트윗을 보낼 수 있었던 서아프리카에서는 왓츠앱, 트위터, 페이스북, 인스타그램 등에서 사실과 소문의 전쟁이 벌어졌다. 다행스럽게도 치료법과 음모를 주장하는 흥미 위주의 가짜 트윗, 메시지, 포스팅이 나올 때마다, 다른 사람들은 객관적 사실을 올리거나 공유했다. 젊은이들은 특히 유저가 만들어낸 디지털 콘텐츠(업데이트된 현황, 트윗, 동료 평가, 블로그 등)가 신문이나 텔레비전 같은 전통적인 미디어보다 50퍼센트 더 믿을 만하고, 35퍼센트 더 기억할 만하다고 생각했다.[61]

《패스트컴퍼니Fast Company》에서 CDC의 보건커뮤니케이션 전문가 크레이그 매닝Craig Manning은 우리에겐 두 가지 선택이 있다고 말했다. "소문을 하나씩 차례로 반박하거나, 새롭고 정확한 과학적 지식으로 정보 환경을 변화시킬 수 있다. 우리가 과학에서 정보를 받아들일 때 소문이 번성할 기회는 사라진다."[62] 시에라리온에서 매닝은 뛰어난 감각을 발휘했다. 미국 대사관에서 에볼라 전문가가 전파 위험 완화에 관해 시행한 프리젠테이션을 기록한 것이다. 그런 뒤 그는 30초짜리 토막 뉴스들을 만들고 그걸 지역 언어들로 번역해서 지역 라디오 방송국, 텔레비전, 인터넷에 유포했다. 마지막으로 그는 BBC미디어액션BBC Media Action과 팀을 이뤄 전 세계 라디오 방송국 관리자에게 도움을 요청하고 정보를 퍼뜨렸다.[63]

에볼라가 한창 유행할 때 나이지리아 치과의사인 라왈 바카레Lawal Bakare는 '@EbolaAlert'라는 계정으로 트위터 캠페인을 시작했다. 그는 권위 있는 출처들을 링크하여 과학적으로 확인된 정보를 공유했다. 몇 주 만에 7만 6000명이 그를 팔로잉하면서 신속한 보도, 환경 위생과 개인 위생에 관한 정보를 받았다. 그의 캠페인은 또한 에볼라 미신들을 폭로했다.[64] 예를 들어, '에볼라로 추정되거나 확인되어 사망한 환자를 안전하고 품위 있게 매장하는 법'이라는 링크는 WHO의 지침과 연결되어 있었다.[65] 페이스북과 트위터에서 인기를 누린 'KickEbolaOut(시에라리온과 기니 의대생 연합이 만든 공동 프로그램)'이라는 캠페인은 WHO에서 제공하는 정보를 정기적으로 공유했다. '@EbolaFacts'라는 캠페인도 큰 몫을 했다. 서아프리카 사람들은 에볼라 예방에 관한 인포그래픽•을 포스팅하고 지역 집회와 모금 행사를 알리는 정보를 공유했다. 카메룬에서 이동통신 업체인 오렌지Orange는 보건부와 손을 잡고 마이헬스라인Myheathline이라는 문자 정보 시스템을 시작했다.[66] 유튜브에서 라이베리아의 래퍼, 섀도우Shadow는 입맞춤과 악수의 위험을 알리는 뮤직비디오를 제작했다. 그의 비디오는 거의 10만 뷰를 달성했다.[67]

• 정보를 시각적인 이미지로 전달하는 그래픽.

소셜미디어는 적절한 진실을 유포하고 오보와 싸우는 것 외에도, 8장에서 설명했듯이 어디에서 전염병이 발발하고 있는지에 관한 중대한 정보를 과학자들에게 알려줄 수 있다. 이와 마찬가지로, 공중보건 공무원들이 트위터 자료를 추적하면 분노, 불안, 그 밖의 부정적인 감정이 유출되는 동향을 파악할 수 있다. 공무원들이 이런 정보에 의지한다면 국민의 두려움을 낮추고 전염병의 위험을 더 잘 이해시키는 방향으로 커뮤니케이션과 메시지를 활용할 수 있다.[68]

에볼라에 감염된 의료진 2명이 치료받기 위해 미국으로 돌아오자 우려하는 시민들이 CDC에 질문을 퍼부었다. CDC는 트위터 계정을 여러 개 관리하고 있는데, 그중 하나로 전 세계 공중보건 계정이 준비되어 있었다. CDC는 공공의 사건들을 트위터(#cdcchat)에 올려 질문에 답하고 오해를 불식했다. 또한 메시지를 잊지 않도록 사진과 인포그래픽을 포스팅하는 등 시각 정보를 전략적으로 활용했다. CDC의 바버라 레이놀즈는 이렇게 말했다. “우리는 국민들에게 말로만 전달하지 않고, 눈으로 보여줘야 한다. 뇌의 더 원시적인 부위에 호소할 때, 우리의 시각적 메시지는 언어를 포함한 우리의 고차원적인 도구보다 더 큰 힘을 발휘한다.”[69]

공중보건 커뮤니케이션의 골치 아픈 과제, 백신 거부

에바 아비탈Eva Avital은 백일해(‘그르릉거리는 기침Whooping Cough’이라고도 한다)와 싸우고 있는 아기다. 2016년 4월에 유튜브에 올라온 비디오에서 건강하지만 걱정스런 표정의 호주 여성, 에바의 어머니 코르미트 아비

드라마의 힘

2014년 에볼라가 발발하기 직전에 당신이 시에라리온에 살고 있었다고 가정해보자. 당시에 가장 치명적인 병은 에이즈로, 당신의 나라에서 수천 명의 건강과 목숨을 앗아 가고 있었다. 라디오에서 흘러나오는 정규 뉴스는 끔찍했다. 그래서 당신은 좋아하는 프로그램을 들으려고 다이얼을 돌렸다. 장편 멜로 드라마 〈살리완사이Saliwansai〉가 흘러나왔다. 당신이 좋아하는 주인공은 힌가Hingah라는 이름의 대학생이다. 그는 여성과 콘돔을 사용하지 않고 섹스를 했다. 그리고 그녀에게 다른 파트너 몇 명이 더 있다는 것을 알게 되었다. 힌가가 병이 나자 친구가 에이즈 검사를 받아보라고 충고했다. 그는 콘돔을 사용하지 않고 섹스하는 것이 위험하다는 걸 알게 되었다. 드라마는 손에 땀을 쥐게 하고 끝난다. 힌가는 HIV 검사에서 양성이 나올까?

〈살리완사이〉는 2012년 4월 1일부터 2014년 4월까지 208회나 연재되었다. 방송된 언어는 시에라리온 인구의 95퍼센트가 말하거나 알아듣는 크리오어였다. 이 드라마는 포퓰레이션미디어센터Popular Media Center, PMC가 20개 이상의 고유 언어로 제작하고 방송하는 35개 이상의 드라마(텔레비전 드라마와 인터넷 드라마도 있지만, 대부분은 라디오 드라마였다)가운데 하나였다. 드라마의 목적은 전 세계 50개 나라에서 사람들이 더 건강한 삶을 영위하도록 돕는 것이다. PMC의 아이디어는 영리하다. 사람들의 행동을 바꾸고자 한다면 그들의 감정으로 스며들어야 한다는 것이다. 그 목표는 오락에 기초한 교육과 역할 모델 제시를 통해 사람들의 행동을 바꾸는 데 있다. PMC는 힘든 결정을 내려야 하는 실제 사람들의 상황을 극화해서, 그들의 언어와 문화로 청중에게 호소하고 그와 동시에 건강을 지킬 수 있는 정보를 전달한다.[70]

이 단체의 방법론은 미구엘 사비도Miguel Sabido의 아이디어에 기초한다. 사비도는 1970년대에 멕시코 방송국 텔레비사Televisa에서 연구조사국장을 지냈다. 그는 문맹 퇴치, 가족 계획, 그 밖의 사회 발전 목표들을 추구하는 드라마를 제작하는 데 사회적 학습 이론을 적용할 수 있다고 생각했다. 사비도는 성인의 뇌는 경화되고 융통성이 떨어지긴 하지만, 감정적인 면에서 어린이의 뇌와 크게 다르지 않다는 걸 알고 있었다. 따라서 만일 사람들에게 좋은 행동을 홍보하고 나쁜 행동의 결과를 보여주고자 한다면, 그들에게 흥미로운 것을 내놓아 스스로 관찰하고 토론하고 생각하게 하는 것이 좋다. 복잡한 상황에서 다채롭고, 흥미롭고, 사실적이고, 미묘한 감정을 지닌 인물들을 제시해야 한다.

300만에 달하는 PMC 청취자들과 시청자들은 방송에서 보고 들은, 어렵고 위험하기까지 한 주제를 친구들과 이야기할 수 있었으며, 따라서 정부와 보건당국의 단조로운 충고로는 가닿기 힘든 안전성과 친밀함에 도달할 수 있었다. 이 모든 것으로부터 놀라운 결과가 발생했다. 전 세계의 PMC 시장에서 진료소를 처음 찾은 환자의 67퍼센트가 PMC 드라마를 보거나 듣고서 진료를 받으러 왔다고 대답했다.[71] (몇몇 드라마는 에미상 후보에까지 올랐다.)

탈Cormit Avital은 작은 신생아를 어깨에 얹은 채 아기의 등을 두드리고 있다. 코르미트가 설명한다. "지난 3주 동안 병원에 있었답니다. 정말 악몽 같았어요."[72]

자신의 건강을 믿었던 아비탈은 거의 완벽한 임신과 자연 분만으로 아기를 낳았다. 하지만 임신 마지막 2주차에 기침을 하기 시작했다. 분만 직후에 그녀는 감염력이 높고 목숨을 앗아갈 수도 있는 박테리아성 질환, 백일해를 에바에게 물려줬다는 걸 알았다. 에바의 기침은 아주 무서운 공포영화로 변했다고 아비탈은 말한다. "에바가 숨을 너무 헐떡이는 나머지 아기의 몸이 제 손 안에서 퍼덕거렸어요." 심지어 3분 동안 숨을 멈추기까지 했고, 그사이 빨갛던 몸이 파랗게 변하고 급기야 검게 변했다. 죽을 수도 있다는 공포가 몇 번 찾아왔다. "이렇게 작고 예쁜 어린 것이 큰 고통을 겪고 있어요." 아비탈이 가여운 표정으로 말한다. 하지만 출산 전에 의사가 예방접종을 제안했을 때 그녀는 "그런 거 필요없다"면서 제안을 거부했었다. 그때 아비탈은 유행처럼 늘어나는 백신 회의론을 지지하고 있었다. 일명 '백신 거부자'들은 권장하는 백신을 맞을 수 있음에도 그 자신이나 자녀들은 접종을 하지 않기로 선택한 사람을 말한다. 하지만 아비탈은 에바의 고통스런 경험을 회고하면서 이렇게 결론짓는다. "그때로 다시 돌아갈 수 있다면, 주사를 맞아 나 자신과 딸을 보호할 겁니다."[73]

* *

목숨을 살리는 의학과 공중보건학이 크게 발전했지만, 그중에서도 예방접종의 중요성은 타의 추종을 불허한다. 8장에서도 언급했듯이, 백신은 이미 천연두를 박멸하고 소아마비 퇴치를 눈앞에 두고 있다. 홍역은 지난 세기에만 2억 명의 어린 목숨을 앗아간 만큼, 그 예방주사의 효과는 인류의 눈부신 성공 사례라 해도 손색이 없다. 홍역 백신이 미국에 도입된 해인 1963년 이전에는 해마다 이 병으로 50만 명 이상이 건강을 잃고, 500명이 목숨을 잃었다. 백신과 대중 교육이 보편화되고 예방접종이 입학의 필수 조건이 됨에 따라 2000년에 홍역은 자취를 감췄다. 2000년에서 2015년 사이에 홍역 사망자는 세계적으로 거의 80퍼센트 감소했다. 다시 말해, 홍역 백신은 2300만 건의 사망을 예방함으로써 공중보건의 효자로 등극했다.[74]

백신은 지금도 해마다 200만에서 300만 명의 어린이를 구한다. 자궁경부암과 간암을 일으키는 바이러스에 면역성을 가지면 그 병으로 사망할 확률이 극적으로 낮아진다. 계절성 독감 백신은 매년 수십만 명을 구조한다.[75] 대단히 치명적인 변종 인플루엔자가 퍼져 대규모 팬데믹이 세계적으로 유행할 경우, 집단 예방접종을 하면 수백만의 인명을 구하고 그런 재난이 흔히 야기하는 정치, 사회, 경제 혼란을 극적으로 줄일 수 있다.

백신의 예방 효과에도 불구하고 아비탈 같은 일부 부모는 백신이 위험하다는 과장된 주장에 이끌려 자녀에게 접종하기를 두려워한다. 2016년 세계 백신 신뢰도 조사를 통해 밝혀진 바에 따르면, 조사한 5개 나라 중 한 곳에서는 국민의 20퍼센트 이상이 백신의 안전성을 믿지 않았다.[76] 어떤 사람들은 백신을 의심하고, 또 어떤 사람들은 운 좋게 홍역에 걸리지 않았다는 이유로 안이함에 안주한다. 그 결과 2005년부터 2015년까지 미국에서 홍역 환자가 거의 2000명이나 발생했다.[77] 2011년 한 해에만 유럽 33개 나라에서 홍역 환자가 3만 명 이상 발생했다.[78] 2017년 초의 데이터에 따르면, 유럽 전역에서 홍역 발발이 급격히 증가했는데 이는 홍역 접종률이 급격히 떨어져 결정적 접종률인 95퍼센트에 못 미쳤다는 점과 관계가 있다.[79] 수십 년 동안 하락해오던 백일해 역시 1981년 미국에서 단 1248명이 발생했으나 2015년에는 2만 762명으로 급증했다.[80] 환자의 대다수는 예방접종을 하지 않은 사람들 사이에서 발생하고 있다.

이 추세는 걱정스럽다. 홍역을 생각해보자. 인플루엔자와 여타 많은 바이러스처럼 공기로 전파되는 홍역은 우리 의사들이 알고 있는 바이러스 중 감염력이 매우 높은 편에 속한다. 감염된 어린이 한 명이 최소 12명을 감염시킨다. 2015년 1월에 (추정상) 백신을 맞지 않은 단 한 명의 환자가 캘리포니아주 애너하임의 디즈니랜드에 홍역을 퍼뜨려 어린이 14명을 포함 35명을 감염시켰다.[81] 그로부터 홍역은 다시 미국에서 147명, 캐나다와 멕시코에서 약 159명에게 전파되었다.

우리가 걱정해야 하는 건 부모와 아이들만이 아니다. 모든 연령층의 성인이 계절성 독감에 노출되어 있지만 예방접종률이 낮은 탓에 예방할 수 있는 죽음이 해마다 수천 건 발생한다. 밀레니얼 세대는 백신을 특히 경계한다. 《포브스Forbes》 기자 모린 헨더슨Maureen Henderson은 퓨리서치센터Pew Research Center의 연구를 인용하여, 밀레니얼 세대의 5명 중 1명이 백신이 자폐증의 원인이라는 잘못된 이론을 믿는다고 밝혔다.[82] 2009 H1N1 돼지독감이 유행할 때 면역력을 가진 밀레니얼 세대는 20퍼센트 미만이었다.[83]

백신 회의론은 어디서 나오는가

백신 거부로 인해 발생하는 피해는 광범위하며, 그 원인은 앞서 얘기했듯이 주로 권위에 대한 불신이다. 파상풍톡소이드•에 살균 소독제가 함유돼있다거나 그 성분이 유산을 야기할 수 있다는 근거 없는 소문이 필리핀, 케냐 그리고 라틴아메리카의 몇몇 나라에서 힘을 발휘했고, 어떤 나라에서는 신생아 파상풍이 복귀하는 결과로 이어졌다. 백신 거부의 가장 위험한 사례는 2003년 나이지리아 북부의 5개 주에서 소아마비 백신을 거부한 사건으로, 그 결과 소아마비 환자가 4배 치솟고, 3개 대륙 17개 나라에 소아마비가 퍼져 환자 수가 1000명을 넘었으며, 소아마비 근절을 위한 전 세계의 노력을 10년 가까이 정체시키고, 만회 비용으로 5억 달러 이상이 들게 했다.[84]

백신을 거부하는 풍조 뒤에 무엇이 놓여 있을까? 그 요인은 나라, 문화, 시대에 따라 다양하다. 주로 자폐증을 비롯한 발달 장애에 대한 두려움, 현대 의학에 대한 불신, 독소가 있으리라는 추정, 종교적 믿음, 지역 정치 상황, 경제적 동기, 다양한 음모 이론(예를 들어, 백신을 맞으면 불임이 된다는 믿음)이 작용해왔다. 어떤 이들은 개개의 백신과 관련된 위험을 감수하지 않겠다는 이유로 백신을 거부한다. 또 어떤 이들은 개인적 예외주의에 의존하여 백신을 거부한다. "다른 아이들이 모두 예방접종을 했으니, 우리 아이는 할 필요가 없다"는 식이다.[85,86] 이 오해가 위험한 까닭은 예방접종을 하지 않은 단 한 명의 아이가 다른 아이 여러

• 파상풍균의 배양여과액 속 독소를 항원성이 현저하게 저하되지 않을 정도로 무독화시킨 것.

명을 감염시킬 수 있다는 진실을 외면하고 있기 때문이다.

미국과 서유럽에서 백신 거부를 조장하는 가장 선동적인 미꾸라지는 수은을 함유한 백신 보존제 티메로살과 홍역 백신이 각각 소아 자폐증을 유발한다는 유명한 주장이다. 하지만 과학 연구를 수백 건 진행했지만, 자폐증과 티메로살 또는 자폐증과 홍역 백신의 관련성은 드러나지 않았다. 하지만 경계하는 목소리가 워낙 거세 티메로살은 거의 모든 소아 백신에서 제거되었다.[87]

＊＊

자폐증과 홍역 백신의 근거 없는 관련성은 영국의 의사였던 앤드루 웨이크필드Andrew Wakefield가 1998년에 발표한 논문으로 거슬러 올라간다. 세계적으로 인정받는 의학지, 《란셋Lancet》에 그 기사가 실리자 미디어는 혈안이 되어 보도하고 적극적인 후속 기사들이 쏟아져 나왔다. 영국의 홍역 접종률은 급격히 감소했다.

2004년에 사기극의 전모가 밝혀졌다. 《선데이타임스Sunday Times》의 지적인 기자 브라이언 디어Brian Deer가 웨이크필드의 논문은 과학적 근거가 너무 부족할 뿐 아니라 자폐증과 관련된 주장으로 이득을 보는 변호사들로부터 상당한 자금을 받고 쓴 것이었다고 폭로한 것이다.[88] 이로부터 연쇄반응이 일어났다. 웨이크필드의 공저자들은 철회를 발표했으며, 편집자 리처드 호튼Richard Horton 박사는 《란셋》이 사기에 놀아나 완전히 잘못된 논문을 게재했다고 인정했다.[89] '필시 지난 100년을 통틀어 가장 큰 피해를 기록한 의료 사기'의 장본인으로 묘사된 웨이크필드는[90]

의료 사기의 대가로 면허를 취소당했다. 영국의 《가디언》은 다음과 같은 의견을 냈다. "많은 언론인이 부끄러움에 목을 매달아야 한다. 그들은 MMR(홍역, 볼거리, 풍진) 백신을 두려워하는 분위기에 편승했다. 그로 인해 접종률이 급감하고 거의 사라질 뻔했던 소아 질환이 다시 돌아오게 되었다."[91]

2004년에 백신 접종률이 80퍼센트에서 바닥을 친 뒤,[92] 영국은 웨이크필드 폭락에서 회복할 수 있었다. 영국 기자들은 웨이크필드의 논문이 거짓임을 널리 알렸다. 정부도 백신에 대한 신뢰를 만회하기 위해 열심히 노력했다. 하지만 슬프게도 1996년에 92퍼센트에 도달한 뒤, 영국이 목표하는 소아 접종률 95퍼센트에는 웨이크필드의 사기극으로부터 17년이 흘렀을 때인 2015년에야 도달할 수 있었다. 95퍼센트는 WHO 과학자들이 홍역 유행을 막으려면 달성해야 한다고 정한 수치다. 영국은 결국 반MMR 백신 운동의 영향을 되돌렸지만, 영국의 부모와 아이들이 홍역을 1만 2000건이나 치른 뒤였다. 그중 수백 명이 입원했고, 많은 어린이가 폐렴과 뇌수막염 같은 심각한 합병증을 앓았으며, 적어도 3명이 사망했다.[93] 그리고 다른 긴급한 보건 문제에 들어갈 소중한 시간과 돈이 불필요하게 소진되었다.

안타까운 것은, 객관적 사실에도 불구하고 그 파멸적인 논문은 계속 목숨을 유지하고 있다는 것이다. 백신 반대주의자들은 지금도 웨이크필드의 논문에 기대어 주장을 편다. 그리고 서글픈 아이러니가 있다. 웨이크필드의 사기로 수많은 어린이가 위기에 처해 있던 바로 그때, WHO는 2000년부터 2015년까지 홍역 예방접종이 전 세계에서 1710만 명을 구했다고 발표했다.[94]

탁월한 인류학자 겸 연구자 하이디 라슨Heidi Larson 박사는 과거에 유니세프에서 세계 면역 커뮤니케이션을 이끌었고 현재 빌앤멜린다게이츠재단이 후원하는 백신신뢰도프로젝트Vaccine Confidence Project를 지휘하고 있다. 이 지도자 역할과 함께 라슨은 백신에 대한 전 세계 사람들의 태도를 연구해왔다. 그녀는 거부자들에게 증거를 들이대고 더 크게 소리치는 것은 효과가 없음을 발견했다. 강한 믿음을 가진 사람들이 반대 증거에 직면할 때는 자신의 믿음을 더 굳히고 자신의 행동을 더욱 고수하고자 한다.

경제학자 브렌든 나이한Brendan Nyhan은 이것을 '역효과 현상Backfire Effect'이라 부른다.[95] 나이한은 2000년 선거운동을 할 때 정치에서 이 동역학Dynamics을 처음 목격했다. 그런 뒤 예방접종처럼 개인의 건강과 관련된 선택에도 그런 동역학이 작용하는지에 관심을 느끼게 되었다. 나이한과 동료들은 백신에 반대하는 부모들에게 백신을 받아들이라는 취지로 네 가지 다른 메시지를 시험했다. 이 메시지들은 자폐증 위험에 대한 부모들의 생각을 바꾸지 못했을 뿐 아니라, 심지어 자녀에게 예방접종을 할 수도 있다고 말하는 부모의 비율도 실제로 감소했다. 그가 독감 백신을 맞으면 독감에 걸릴 수 있다는 잘못된 생각을 믿는 성인들(미국 국민의 무려 43퍼센트) 사이에서 인플루엔자 백신 수용성을 높이고자 했을 때도 똑같은 일이 벌어졌다. 백신의 부작용을 가장 많이 걱정한 사람들은 실제로 독감 백신이 독감을 유발하지 않는다는 증거를 제시할 때 오히려 예방주사를 맞는 비율이 유의미하게 하락했다.[96]

이 연구 결과는 우리를 슬프게 한다. 나이한은 이렇게 말한다. "우리가 발견한 것은 사람들이 도전을 받으면 방어적인 태도로 나온다는 것이다." 웨이크필드의 논문이 나온 뒤에 전개된 상황처럼, 일단 가짜 정보가 두려움과 연결되어 믿음으로 변하면 그런 생각을 되돌리기는 정말로 어려워진다. "듣기 싫어하는 정보에 의심을 품을 때 사람들은 문제의 미신에 두 배로 집착한다." 합리적인 설명으로 거짓 정보에 맞서는 것은 효과적인 방법이 아닐 수 있다.[97,98] 따라서 증거와 권위에 기초한 정보로 회의론자들을 설득할 수 없다면 어떻게 해야 할까?

알고 보니, 그 해답은 객관적 사실과는 놀라우리만치 관계가 없고, 개인적 관계에 기초한 신뢰와 깊이 관련되어 있다. 나이한과 그의 연구팀은 대학생들의 인플루엔자 백신 수용성을 연구했다. 자신의 사회연결망(부모, 배우자, 친구)이 예방접종을 지지한 학생들이 설문조사에서 2배 가까이 높은 접종률을 보고했다(그리고 안전성을 더 신뢰했다).[99]

이 모든 것은 신뢰로 귀결된다

가정의로서 말하건대, 사람들에게 그들 자신과 사랑하는 사람의 건강을 지키라고 설득할 때는 대면 접촉을 하는 것이 가장 효과적이라고 나는 믿는다. 의자에 앉아 공감하는 마음으로 어떤 부모의 두려움에 그들의 관점에서 귀를 기울일 때, 모든 사람의 근심은 진지하게 반응할 가치가 있음을 알게 된다.

우리는 걱정하는 부모의 두려움을 있는 그대로 인정하는 데서 출발할 수 있다. 실제로 어떤 백신들은 문제가 있었다. 천연두 백신과 소아마비 백신의 초기 형태들이 그랬고, 돼지독감 백신이 그랬다(그 후로 개발, 생산, 품질 관리, 법규를 개선하여 위험성을 줄였다).[100]

우리는 또한 부모들이 실제로 무엇을 두려워하는지를 더 깊이 파헤쳐볼 수 있다. 어떤 경우에는 마음속에 감춰진 두려움이 밖으로 꺼내놓는 얘기와 다를 수 있기 때문이다. 예를 들어 인도에서는 소아마비 백신을 맞으면 불임이 된다는 소문이 돌았다. 연구자들이 더 깊이 조사했더니 사람들의 반대는 불임과는 아무 상관이 없었다. 어떤 사람들은 남자가 아닌 여자가 예방주사 놔주기를 원했고, 또 어떤 사람들은 백신을 주사하는 사람이 모르는 사람이 아니라 지역사회의 아는 사람이길 원했다. 보건 공무원들은 주민의 요청을 받아들여 사람들의 두려움을 달랬다. 그러자 더 많은 어린이가 예방주사를 맞았다.[101]

라슨 박사는 백신에 관해 대화할 때는 가르치려는 듯한 '전문가' 말투를 피하고, 인간적·개인적 관점에서 신뢰를 쌓아야 한다고 믿는다.[102] 이런 대화가 말처럼 쉬운 것은 아니다. 의사와 부모는 똑같이 사실에 기초하여 솔직하고 허심탄회하게 의견을 교환할 필요가 있다. 라슨은 특히 백신이 자폐증을 유발한다고 보는 부모들을 걱정한다. 이 부모들이 바라는 건 그저 자식의 안전뿐이라는 걸 알지만, 나이로비 공항에서 마주친 포스터("백신 때문에 당신의 자녀가 정신 장애를 겪고 있지 않은가?") 같은 의심 때문에 사람들이 생사가 걸린 예방접종을 회피하게 된다고 그녀는 우려한다. 라슨은 영국이 경험한 것처럼 한 나라에 널리 퍼진 백신 회의론이 역주행하는 경우는 드물다고 말한다. 영국이 MMR 백신 수용성을 만회할 수 있었던 것은 사람유두종바이러스HPV 백신의 접종률을 세계에서 가장 높은 수준으로 끌어올린 토대가 있기 때문이라는 것이다. 이 백신은 젊은 사람의 암을 예방해준다.[103]

백신 거부를 해결해야 하는 보건 지도자들에게 라슨은 단도직입적으로 충고한다. "당신의 레이더를 바깥쪽으로 펼쳐라. 망에 포착되는 근심에 귀를 기울여라. 터놓고 대화하라. 가장 먼저 해야 할 일은, 겉으로 표현된 걱정이 안전이나 자폐아 출산을 가리키는 것이 아님을 확인하는 것이다. 그럴 경우엔 걱정을 가라앉혀줄 필요가 있다. 절대로 사람들의 생각을 예측하고 단정짓지 말아라. 그리고 사람들이 변할 수 있다는 것을 절대로 잊지 말아라. 우리는 실시간으로 경청하고 대응하는 방식으로 전환할 필요가 있다. 이 문제는 롤러코스터처럼 움직인다."[104]

다시 한번, 신뢰(의료 제공자의 능력과 자격 그리고 동기에 대한 신뢰)가 결정적으로 중요하다고 그녀는 말한다. 무엇보다 백신에 대한 신뢰는 정부에 대한 신뢰를 반영한다는 것이다. 그 신뢰에는 정부가 과학적 정보에 기초하여 백신을 권장하고 있을 뿐 아니라 백신의 질과 안전성을 보장하고 있다는 든든함이 포함되어 있다.

여기에 딱 들어맞는 사례가 있다. 앞서 얘기했듯이, 나이지리아 북부 사람들은 소아마비 백신을 보이콧했다. 무슬림이 지배하는 북부는 기독교도가 지배하는 남부 사람을 믿지 않았는데, 이들은 소아마비 접종을 장려하고 있었다. 지역, 지방, 세계가 함께 개입하여 11개월 동안 노력한 끝에 보이콧을 종료시켰다. 결정적 요인으로, 양쪽 모두 신뢰하는 지역 지도자들과 양방향 대화를 시작하고, 이슬람국가기구Organization of Islamic States, 이집트의 유력한 이맘, 인도네시아의 백신 공급업자들로부터 후원을 받았다.

다행히 WHO, CDC, 국가 보건당국이 소통에 노력한 것 외에도 백신에 찬성하는 수많은 운동이 국민을 설득한다. 그중 몇몇은 규모가 큰 운동으로, 백신신뢰도프로젝트Vaccine Confidence Project, VCP와 면역화행동연합Immunization Action Coalition, IAC이 대표적이다.[105] VCP는 접종 프로그램에 대한 대중의 신뢰도를 모니터하고, IAC는 보건 전문가와 대중을 위해 백신에 관한 정보를 만들고 배포한다.[106] 이 소통망의 한쪽 끝에서 어떤 어머니들은 두 팔을 걷어붙이고서 '맘스 후 박스Moms Who Vax'•라는 블로그를 개설하여 교육적인 기사, 링크, 백신 회의론에 대한 반박을 포스팅한다.[107] '크런치 맘스 포 백신스Crunchy Moms for Vaccines'••라는 페이스북 페이지는 '젖을 먹이고, 함께 자고, 유기농 과일과 채소를 먹고, 과학과 백신을 믿는' 다른 엄마들을 불러들인다.

초등학교 보건 프로그램을 시작으로 자녀들에게 예방접종의 중요성을 가르치는 것 또한 중요하다. 많은 10대 아이가 진짜 뉴스와 가짜뉴스를 구별하지 못한다. 따라서 부모와 교사는 어린 나이부터 아이들에게 비판적으로 사고하면서 확실한 증거를 찾는 모습을 보여주는 것이 매우 중요하다.[108]

만일 개인적인 의료 제공자와 보건당국의 말, 신뢰하는 지역 지도자의 가르침이 모두 통하지 않는다면 어떻게 될까? 그래도 사람들이 예방접종의 필요성을 믿지 않는다면? 찬성하는 사람과 반대하는 사람은 계속해서 학교, 군대, 의료 기관, 그 밖의 다른 곳에서 의무적인 예방접종

• 동사로 쓰인 Vax은 '백신'과 '진공청소기'를 가리킨다.

•• Crunchy Moms는 비주류 문화에서 더 좋거나 유익한 것을 찾아내는 '신히피(Neo-Hippies)' 어머니를 말한다.

이 필요한가, 효과적인가, 윤리적인가를 두고 계속 열띤 논쟁을 벌일 것이다.[109] 국가, 정부 기관, 의료 기관들은 질병의 국지적 발발을 제압하는 데 필요한 의무 접종 요건을 수립해놓았다. 예를 들어 황열병, 홍역 같은 치명적인 소아 질환 등을 막고 의료 종사자, 환자, 군사 요원들을 보호하기 위해서다. 우리가 의무 접종에 찬성하든 반대하든 간에 미국에 그런 프로그램들이 있어서 천연두와 소아마비를 근절하고, 소아 예방접종률을 역사에 없는 높은 수준으로 끌어올릴 수 있었다.[110,111] 라슨은 이렇게 말한다. "나는 강압에 찬성하는 사람이 아니다. 하지만 법이 없다면 누가 안전벨트를 매려 하겠는가?"[112] 실제로 치명적인 전염병이 돌 땐 예방접종을 의무화할 필요가 있다는 생각에 많은 전문가가 동의한다.

공중보건 커뮤니케이션으로 인명을 구하고 공황을 예방하라[113]

예방과 대응에 필요한 건강한 행동 수칙을 홍보하는 일은 전염병이 발발할 때까지 기다릴 수 없는 일이다. 이는 발발 이전, 도중, 이후까지도 계속해야 하는 과정이다(다음 쪽의 요약을 보라). 정부 기관의 지도자들뿐만 아니라 민간 부문의 주요 기관과 지도자들도 공중보건 관리자들과 긴밀히 협력해야 하며, 능력 있는 대변인을 배치하여 현재 벌어지고 있는 상황과 그 상황에서 각자가 자신을 지켜낼 방법을 명확히 설명하게

끔 해야 한다.

성공은 다음 세 가지 요인에 달려 있다.

첫째, 지역, 국가, 세계의 모든 차원에서 공중보건 지도자는 커뮤니케이션을 자신의 가장 중요한 업무로 삼아야 한다. 위기 커뮤니케이션은 대충 상황을 봐가며 대처하는 땜질식 처방이 아니다. CDC의 바바라 레이놀즈가 말했듯이, 경험적으로 입증된 원칙과 절차가 담겨 있는 시나리오를 따른다.

둘째, 신뢰는 효과적인 커뮤니케이션의 필수 요소이다. 에볼라나 사스처럼 갑작스럽게나 알려지지 않은 위협에 직면했을 때는 더욱 그렇다. 기니에서 보건 종사자들이 살해된 예에서와 같이, 신뢰 부족은 치명적일 수 있다.

셋째, 대응할 때는 지역사회에 적극적으로 참여하는 것이 중요하다. 줄리엔 아노코와 모하마드 얄로가 확실히 증명했듯이, 커뮤니케이션의 가장 효과적인 전략과 메시지는 전염병이 유행하는 전 과정에 걸쳐 체계적으로 경청하고 학습하는 데서 나온다.

* *

이 장 첫머리에서 나는 신뢰를 얘기했다. 신뢰는 한 명 한 명과 대화하고, 하루하루 노력해야 쌓인다. 신뢰 쌓기는 또한 두려움이 증거와 논리를 억누르지 않도록 과학자, 국제기구, 정부, 미디어가 힘을 합쳐야 가능하다. 정치 지도자, 공중보건 종사자, 미디어는 헛소문을 신속히 격파하는 데 그치지 말고, 광범위하고 통합적인 소통 캠페인을 추진하여 모든 국민이 스스로와 서로를 보호할 수 있도록 올바른 방법을 알려야 한다. 만일 우리가 소문과 가짜뉴스를 격파하고, 과학에 의존하고, 신뢰를 구축하는 일을 더 잘 해낸다면, 전염병 발발이나 유행에 직면하여 사회적 격변을 막기가 한결 수월할 것이다.

전염병 예방과 대비를 위한 보건 행동 수칙

발발 이전

- 초등학교 이상의 보건 교육에 감염병 예방(개인위생, 손 씻기, 공중위생, 안전한 물)을 포함한다.
- 보건 전문가, 위기관리 담당자, 비즈니스 연속성 전문가 교육에 감염병 예방과 대비를 포함한다.
- 국가 정책을 통해 예방접종을 홍보하고, 누구나 예방주사를 맞을 수 있게 하고, 지속적인 대중 교육을 제공한다.

유행 도중

- 질병이 어떻게 전파되는지를 사람들에게 교육한다.
- 명확하고 사실적인 정보를 전달하여 두려움과 공포를 줄인다.
- 환자 발견을 위해 자원봉사자와 보건 인력을 모집한다.
- 발발한 질병을 예방하거나 치료할 수 있는 백신과 치료약을 공급한다.
- 학교와 직장을 폐쇄하여 사회적 거리 두기를 장려하거나 명령한다.
- 계절성 독감을 비롯하여 잠재적으로 위험한 감염병이 발발할 시기에는 자가 격리를 한다.

유행 이후

- 회복 중인 사람에게 지원을 해주고, 낙인을 찍지 않는다.

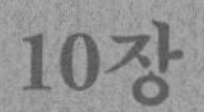

10장

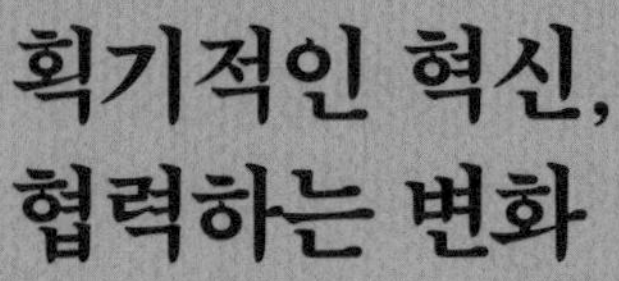

획기적인 혁신, 협력하는 변화

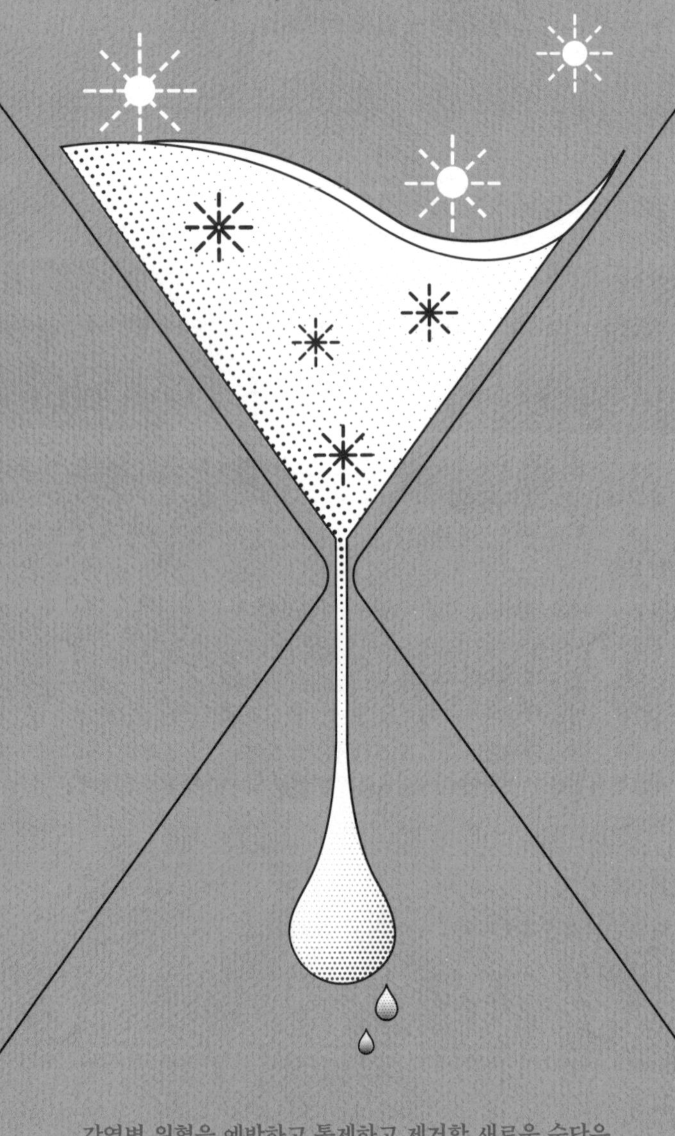

감염병 위협을 예방하고 통제하고 제거할 새로운 수단은
획기적인 혁신에서 나온다.

“

우리 모두 낡은 통념을 버리고 난관에 부딪힐 때마다 그 문제를 새롭게 본다면 전염병을 막을 수 있다. 예를 들어, 몇몇 선구적인 회사는 동물에서 인간으로 건너뛸 수 있는 미생물을 찾는 일에 혈액 채취와 디지털 기술을 활용하고 있다. 머지않아 전염병 예방에 이 기술이 적용될 수 있다. 다중언어 웹 크롤러 같은 기술을 널리 활용한다면 온라인에서 질병 발발을 빠르게 확인할 수도 있다. 또한 접근하기 어려운 곳에는 드론을 이용해 진단 장비와 백신을 보낼 수 있다. 마지막으로 무엇보다 믿음직한 기술은 현재 우리에게 가장 위협이 되는 팬데믹 인플루엔자로부터 우리를 지켜낼 새로운 백신을 개발하는 기술이다.

”

많은 뉴욕 시민에게 1916년 7월 4일•은 경축일이 아니었다. 야구장에 가거나 뉴욕의 수많은 명소를 찾는 대신에 시민들은 집에 틀어박혀 있었다. 소아마비가 아이들을 공격하고 도시를 장악했다. 부모들은 보건 공무원들이 아픈 아기를 빼앗아갈지 모른다고 두려워했다. 여름이 끝날

• 미국 독립기념일.

때까지 뉴욕시에서 어린이 약 9300명이 마비되고 최소 2200명이 사망했다. 소아마비에는 유명한 희생자가 여러 명 있다. 프랭클린 루스벨트 Franklin D. Roosevelt는 대중 앞에서는 부목을 착용했으며, 가수 겸 작곡가인 조니 미첼Joni Mitchell은 어릴 적 캐나다에서 소아마비에 걸리고 성년기에 병이 재발하는 불운을 겪었다.

소아마비는 장바이러스가 장에서 림프절로 이동하여 발생한다. 처음에는 열이 나고 배탈이 난다. 그러다 뇌간의 신경세포에 퍼지면 호흡과 삼킴이 어려워진다. 이때 많은 환자가 똑바로 누워 '철폐Iron Lung'라 불리는 인공호흡 보조장치에 의존한다. 소아마비는 척수와 팔, 다리, 복부의 근육도 공격해서 기능을 빼앗아간다. 바이러스는 옷, 목욕탕, 마시는 물을 통해 빠르게 퍼져나간다. 그리고 몸 밖에서 최대 60일까지 생존한다.[1]

조너스 소크Jonus Salk 박사와 앨버트 세이빈Albert Sabin 박사의 혁신적인 연구가 없었다면 소아마비는 더 많은 사람을 불구로 만들고, 훨씬 더 많은 사람을 사망케 했을 것이다. 두 과학자는 1955년에 불활성화 소아마비 백신을 개발하고, 뒤이어 1961년에는 경구 백신을 개발했다. 그후 이 백신이 널리 배포된 덕에 소아마비는 1994년에 서반구에서 완전히 사라지고, 전 세계에서도 사실상 근절되었다. 1988년에 WHO가 세계소아마비근절운동Global Polio Eradication Initiative을 출범시킨 이후로 소아마비 발병률은 99퍼센트 감소했으며, 2016년에는 전 세계에서 단 37건이 보고되었다.

이 병의 마지막 잔재를 제거하기까지는 조금 더 오래 걸릴 전망이다. 파키스탄과 아프가니스탄에 마지막 환자들이 잔존해 있는데 전쟁으로 피폐해져서 보건 인력의 접근이 어렵기 때문이다.[2] 하지만 세계는 해묵은 재앙을 하나 더 제거하는 길로 순조롭게 가고 있으니, 이는 분명 축하할 일이다. 백신 개발의 혁신과 그 밖의 많은 혁신이 무수히 많은 생명을 구해왔으니, 혁신은 일곱 가지 힘의 한 요소가 되기에 부족함이 없다.

자랑스러운 혁신의 역사

예로부터 필요는 발명의 어머니란 말이 있다. 천연두를 근절하는 고된 과정에서 대자연은 백신 개발자들에게 획기적인 혁신을 강요했다.

1798년에 에드워드 제너Edward Jenner가 천연두 백신을 개발한 뒤로 최초의 안전성 문제에도 불구하고 유럽과 미국은 그 백신을 널리 사용했다. 1803년 초에 프란시스코 자비에 드 발미스Francisco Javier de Balmis 박사는 현재의 중남미에서 주민 수백만 명에게 접종하는 사업에 착수했다.

이 세계 최초의 국제적인 백신 운동에서 발미스 박사는 현재의 콜롬비아, 에콰도르, 페루, 볼리비아, 칠레의 파타고니아에서 수천 명에게 성공적으로 종두를 접종했다. 하지만 액체 백신은 낮은 온도를 유지해야 해서 노새 등에 등유 냉장고를 싣고 다녀야 했고, 그 때문에 남미나 아프리카의 덥고 외진 마을은 예방접종이 불가능했다.

40년 후 영국의 바이러스학자 겸 세균학자인 레슬리 콜리어Leslie Collier 박사는 백신을 동결건조하는 방법을 고안했고, 그때부터 냉장고 없이 백신을 먼 열대 마을로 갖고 들어갈 수 있었다. 이제는 종두 백신 실시자 한 명이 간단한 키트를 들고 가서 파우더로 대량 제조를 한 뒤 즉석에서 주사를 놓는데, 그 양으로 마을 사람 200명을 접종할 수 있다.[3] 당연히 열대 지방의 백신 접종률이 크게 개선되었다.[4]

천연두와의 전쟁 초기에 드러난 또 다른 문제는 주사 그 자체였다. 일반적인 방법은 주삿바늘을 백신 유리병에 담근 뒤 환자의 팔에 여러 번 찌르는 것인데, 고통스럽고 시간도 오래 걸렸다. 결국 1961년에 벤저민 루빈Benjamin Rubin이라는 미국 미생물학자가 더 나은 방법을 고안했다. 재봉틀 바늘 끝을 실구멍이 드러날 때까지 갈아서 포크 형태의 두 갈래 바늘을 만든 것이다. 새로운 바늘은 양 갈래의 사이 공간에 백신을 충분히 함유해서 몇 번만 찌르면 접종이 끝날 수 있었다. 또한 백신도 적게 들어서 같은 양으로 더 많은 사람이 맞을 수 있었다.[5]

천연두와의 싸움에서 공을 세운 또 다른 혁신자는 6장에서 언급했던 창의적인 사색가이자 천연두 근절에 앞장섰던 전염병학자, 윌리엄 포지 박사다. 포지는 낡은 통념을 뒤집는 방법을 발견하여 중대한 문제를 해결했다. 이전에는 목표 인구의 80퍼센트가 접종을 받아야 확산을 막을 수 있다고 믿었다. 하지만 외진 지역에서 병이 발발하여 크게 번질 수 있는 상황인데, 백신이 부족해서 인구 전체에게 접종할 수 없다면 어찌 하겠는가?

포지는 젊은 시절 미국 북서부에서 소방관으로 일할 때 배운 개념을 이 문제에 적용했다. 불은 탈 물질이 없으면 살지 못하기 때문에 소방관들은 불 주위에 탈 물질을 제거한 둥근 고리를 만든다. 이 체계적인 접근법을 이용해서 포지는 천연두 환자 주변에 둥근 고리를 만들면 병이 더 빨리 사라질 거라고 추측했다. 그리고 1968년 나이지리아에서 이 이론을 시험했다. 먼저 그는 기존 환자들의 위치를 지도에 표시했다. 다음으로 양방향 무선통신을 이용하여 주변 마을들의 취약한 집단들과 24시간 동안 연락을 취했다. 이제 그는 전략적으로 적은 수의 백신만을 접종하여 병의 진원지를 둥글게 에워싸는 인간 면역 방패를 만들었다. 천연두는 더 이상 발발하지 않았고, 포지의 혁신적인 '감시와 봉쇄' 또는 '포위 백신Ring Vaccination' 방법은 천연두 근절의 주요 원칙이 되었다.[6] 그는 《워싱턴 포스트》에서 이렇게 말했다. "진짜 중요한 것은 사람들을 모두 보호하는 것이 아니다. 머리를 써서 바이러스를 앞지르는 것 그리고 누가 위험에 처했으며 바이러스가 어디에 있는지를 주시하는 것이다."[7]

여러 해가 흐른 뒤 포지의 접근법이 또다시 빛을 발휘했다. 이번에는 에볼라 백신을 시험하는 자리에서였다. 2015년 3월에 연구자들은 100명에 가까운 에볼라 환자의 접촉자들에게 새로 개발한 백신을 단 한 번 주입하고 평가했다. 그 환자들과 밀접 접촉한 주민 약 4000명이 시험에 참가했고, 기니의 에볼라 전선에서 일하는 보건 종사자 1200명도 백신을 맞았다. 백신을 맞은 사람은 아무도 에볼라에 걸리지 않아 그 백신은 100퍼센트의 예방 효과를 입증했다.[8]

다섯 가지 결정적인 혁신

소아마비 백신이 개발되고 천연두가 근절된 이후로 많은 것이 변했다. 오늘날 우리는 전문 기술, 의지력, 지도력, 투자금을 들인다면, 남아 있는 질병과 새로운 전염병을 어렵지 않게 물리칠 수 있는 과학적인 방법과 기술을 갖추고 있다. 획기적인 소아마비 백신은 수백만 명의 운명을 바꿔놓았다. 현재 우리는 많은 미생물을 아주 효과적으로 예방할 수 있는 백신을 갖고 있다. 그런 미생물에는 주요 소아 중증질환들, 몇 가지 인플루엔자 변종, 12종 이상의 열대병, 뇌수막염을 일으키는 원인들의 대부분, 경부암과 간암을 일으키는 바이러스들이 포함된다. 이 글을 쓰는 동안 과학자들은 지카 바이러스 백신 그리고 놀랍게도 모든 독감 변종에 효과가 있을지 모를 백신을 마무리하고 있다.[9]

선염병과의 싸움에 혁신을 적용하고자 할 때는 먼저 효과적인 혁신이 무엇인지를 생각해보는 것이 도움이 된다. 하버드경영대학원의 클레이튼 크리스텐슨Clayton Christensen 교수가 만든 용어, '와해성 혁신Disruptive Innovation'이란 표준적인 방법을 완전히 대체할 수 있는 새로운 접근법을 말하며, 아이팟과 음악 스트리밍이 레코드 가게를, 넷플릭스가 비디오 대여점을 '와해'시킨 것이 그 사례다.[10] 세이빈과 소크 박사가 새로운 접근법을 통해 소아마비 백신을 세상에 내놓은 것처럼, 오늘날 전 세계 과학자들과 보건 전문가들 역시 낡은 통념을 버리고 새로운 사고를 적용하여 신기술, 새로운 체계, 혁신적인 방법으로 백신 개발에 접근하고 있다. 전염병과 싸워 이기기 위해 그들은 난관에 부딪힐 때마다 새로운 눈으로 문제를 바라보고 있으며, 벡터 제어, 감시, 물류, 그 밖의 여러 가지 방식으로 새롭게 접근하여 잠재적 발발을 두뇌로 앞지르기 시작하고 있다.

나는 와해성 혁신이 다섯 분야에서 필요하다고 확신한다. (1)가장 교활한 병원균들을 무력화하는 새로운 백신. (2)정말 효과적인 모기 억제. (3)팬데믹을 일으킬 수 있는 광범위한 병원균들에 대한 저렴하고 신속한 진단. (4)허리케인 경보에 사용되는 것과 비슷한 세계적인 조기 경보

시스템. (5)세계바이러스유전체프로젝트Global Virome Project를 통해 질병을 일으킬 수 있는 바이러스 50만 개의 유전자를 지도화하는 일. 이 다섯 분야는 사업가와 연구자에겐 돌파구가 되고, 그 밖의 모든 사람에겐 희망이 될 것이다.

교활한 병원균들을 무력화하는 백신

그 무엇도 백신만큼 효과적으로 전염병을 차단하지 못한다. 기본적으로 백신은 우리 몸을 착각에 빠뜨리는 면역학적 속임수다. 비활동성 바이러스, 살아 있는 약독화weakened 바이러스 또는 바이러스 단백질을 사람 혈관에 주입해서 면역계를 자극하면 면역계는 병에 걸리지 않고 그 바이러스에 대한 항체를 형성한다. 정교하게 조율된 몸의 면역계는 그 침략자를 기억하고, 나중에 똑같은 바이러스가 다시 나타날 때 싸워 이기는 법을 안다.

죽은 소아마비 바이러스로 만든 소크의 백신은 1955년에 어린이 44만 명에게 투여되었다. 이 비활동성(죽은) 백신은 역사상 가장 큰 임상시험을 통해 안전하고 효과적이라고 입증된 최초의 사례다. 하지만 주사는 너무 고통스러워서 우리 자녀를 포함한 많은 아이가 절대 순순히 팔뚝을 내어주지 않았다. 5년 뒤 세이빈은 생백신을 경구로 투여하는 새로운 방법을 도입했다. 고통스러운 주사 대신에 생백신은 아이의 입에 직접 또는 각설탕에 한 방울 묻혀 투여할 수 있다. 이 방법은 설탕 한 숟가락이면 쓴 약을 쉽게 먹을 수 있다는 점에서 메리 포핀스Mary Poppins 유모가 옳았음을 증명해준다.• 이 면역법으로 아이들과 부모들은 훨씬 더 편해졌을 뿐 아니라(어린이들은 심지어 좋아했다), 살아 있는 바이러스가 실제로 약하게 전염되어 다른 사람들에게 면역력을 심어주기도 했다. 1950년대 세이빈의 획기적인 경구 백신은 오늘날 소아마비가 근절될 수 있는 길을 활짝 열었다.

현재 우리에겐 수십 가지 일반적인 감염병을 효과적으로 예방하는 백신이 있지만, 그럼에도 몇 가지 치명적인 바이러스에는 효과적인 백신이 없는 상태다.[11] 새로운 백신을 개발하는 일은 여전히 예측할 수 없고 수십 년이 걸릴 수 있는 시행착오 과정인데, 그런 이유에서 과학자들은 새로운 백신 개발 전략을 열심히 찾고 있다. 과학자들을 골탕 먹여온 중요한 목표 두 가지, 에이즈를 일으키는 인간면역결핍증 바이러스인 HIV와 인플루엔자 바이러스에 시선을 맞추면 몇 가지 희망적인 접근법이 눈에 들어온다.

* *

댄 바루치Dan Barouch 박사는 인내심이 있어 보이는 사람이지만, HIV와 지카 같은 바이러스 앞에서는 투철한 사명감을 발휘한다. 그는 26세에 면역학 박사 학위를 취득했고, 그로부터 단 4년 만에 의학박사 학위를 취득했다.(그리고 바이올린 연주에도 능숙하다.) 바루치 박사는 의과대

• 영국 동화에 등장하는 유모 메리 포핀스가 설탕 한 숟가락으로 아이들에게 약을 쉽게 먹였던 방법과 아주 유사하다.

학에서 감염병 전문의 레지던트 과정을 거칠 때 연구 논문들을 발표하기 시작했고, 29살에는 연구소를 직접 세우고 효과적인 HIV 백신을 개발하는 난제에 도전하기 시작했다. 그는 현재 40대 중반으로, 의학회에 가면 가장 젊은 축에 속한다.

처음에 바루치의 연구소는 전통적인 방법을 채택했다. 온전한 바이러스를 배양한 뒤 화학물질로 그것을 죽이는 방법이다. 하지만 연구소는 완전히 새로운 두 가지 방법을 개발했다. '벌거벗은 DNA 백신접종Naked DNA Vaccination' 방법에서 연구자들은 HIV 바이러스의 단일 유전자가 남도록 DNA 조각을 정제해서 사용한다. 주사 부위의 세포들이 그 DNA를 흡수하여 그 바이러스와 관련된 단백질들을 합성하기 시작한다. '바이러스 벡터Virus Vector' 방법에서는 감기 바이러스를 이용해 HIV 바이러스의 단일 유전자를 세포들 안으로 들여보낸다. 바루치가 말한다. "이 새로운 접근법을 이용하면, 어느 유전자가 투입될지를 정확히 통제할 수 있다. HIV 바이러스의 어느 부분, 어느 변종을 투입할지 아주 정확하게 조절하여 융통성을 완벽하게 끌어올릴 수 있는 것이다."[12]

이 새로운 방법들은 연구자에게 융통성을 많이 허락하기 때문에 백신 개발의 속도를 상당히 끌어올린다. 웨스트나일 바이러스의 DNA 백신은 말을 대상으로 효과가 있음이 밝혀졌다. 브라질과 보스턴의 과학자 연합 팀은 같은 기법을 적용해 지카 백신을 개발하고 있다. 만일 벌거벗은 DNA 기법이 사람에게도 효과가 있다면 백신 개발은 대변혁을 맞을 것이다.[13] DNA 백신과 바이러스 벡터 백신은 많은 병원균, 독감에서부터 HIV, 말라리아, 폐렴에 이르기까지 모든 병에 맞도록 연구되어 왔다고 바루치는 말한다.

백신 개발의 또 다른 혁신은 이른바 '레트로백신Retrovaccinology'으로, 이것을 이용하면 HIV를 한 수 앞서 제압할 수 있다. 이 기법은 백신 제조 과정을 역주행한다. 약독화 바이러스를 사람에게 주입하여 항체 형성을 유도하는 대신에, 이미 HIV에 걸린 사람에게서 항체를 얻어 이를 이용하는 것이다. 뉴욕에 본부를 둔 국제에이즈백신운동International Aids Vaccine Initiative, IAVI과 백신연합 가비의 현 회장, 세스 버클리Seth Berkeley 박사에 따르면, 이런 건 역사상 처음이라고 한다.

그 방법은 다음과 같다. 2장에서 이미 보았듯이 에이즈는 미꾸라지 같고, 빨리 변하는 바이러스다. 지금까지 과학자들은 우리 몸이 에이즈 항체를 만들어내게끔 유도했지만, 뜻대로 되지 않았다. 하지만 레트로백신을 통해 연구자들은 HIV 감염자의 혈액에서 이른바 '광범위 중화Broadly Neutralizing' 항체 몇 개를 고립시킬 수 있었으며, 그 항체는 원숭이들이 HIV에 감염되는 것을 완전히 차단했다. 연구자들은 HIV 바이러스상에서 새로운 항체가 달라붙을 수 있는 비교적 안정된 자리를 새로 발견했다. 항체로서는 암벽을 오르다 깎아지른 바위 표면에서 불쑥 튀어나온 단단한 바위 턱을 찾은 셈이다. 버클리는 2010년에 테드 강연에서 이렇게 말했다. "그건 마치 바이러스가 옷은 무수히 갈아입어도 양말은 그대로 신고 있는 꼴이에요. 이제 우리가 할 일은, 몸이 그 양말을 정말 싫어하게 만드는 겁니다."[14] 지금 과학자들이 바라는 것은 면역계가 바이러스에 맞서는 광범위 중화 항체를 만들어내도록 면역계를 자극하는 것이다. 이 글을 쓰는 시점까지 백신은 개발되지 않았지만, 과학자들은 감질나는 속도로나마 목표에 다가가고 있다고 확신한다.[15]

에이즈 바이러스처럼 독감 바이러스도 미꾸라지처럼 잽싼 데다가 백신 개발자에게 다른 난제들을 던져준다. 조너스 소크와 동료인 토머스 프랜시스 주니어Thomas Francis Jr. 박사는 1938년에 최초로 독감 백신을 개발했다.[16] 하지만 그건 썩 좋은 백신은 아니었다. 오늘날의 독감 백신은 약독화된 독감 바이러스를 주사 형태로 사용하거나, 독감을 일으킬 수 없는 약독화된 생바이러스를 비강 스프레이로 투여한다. 두 백신 모두 독감 바이러스의 두 단백질인 헤마글루티닌과 뉴라미니다제를 공격한다. 이 때문에 인플루엔자 바이러스의 명칭에 H와 N이 들어간다(예를 들어, H1N1). 문제는 이 단백질들이 버섯처럼 생긴 바이러스 머리의 외벽에 있고, 게다가 끊임없이 변이한다는 것이다. 독감 주사는 백신의 종류가 유행하는 바이러스와 딱 들어맞을 때 효과가 있다. 그때 우리의 면역계가 그 특정한 항원과 싸울 수 있는 항체를 만들어내기 때문이다. 애석하게도 바이러스의 머리가 변이할 땐 별 효과가 없다. 백신에 있는 바이러스가 그 머리와 더 이상 일치하지 않기 때문이다.

그렇게 본다면 백신 개발자들이 애타게 찾는 성배는 모든 종류의 독감을 제압할 수 있는 보편 백신일 것이다. 고무적인 소식이 있다. 기대만 있고 결실은 없는 연구가 여러 해 계속된 후 마침내 보편 백신을 테스트하는 임상시험이 진행되고 있다. 여기엔 유전자 지도가 효자 노릇을 하고 있다. 뉴욕에 있는 아이칸의과대학의 미생물학과장 피터 팔레스Peter Palese 박사는 A형, B형, C형 인플루엔자 바이러스의 유전자 지도를 최초로 완성했다. 그의 팀이 채택한 전략은 면역 반응의 방향을 머리 쪽 단백질에서 줄기 쪽 단백질로 바꿔, 시간적 일정성을 확보하는 것이었다. 다시 한 번, 깎아지른 암벽 표면에서 안정된 바위 턱을 찾아낸 셈이다.[17] 팔레스가 말한다. "A형 인플루엔자 H1 아형 바이러스에 걸리지 않은 사람은 없다. 우리가 가진 항체는 대부분 그 머리를 공격하지만, 어떤 항체는 줄기를 공격한다."[18] 생쥐, 흰족제비, 원숭이 같은 동물에게 투여하자 새로운 백신은 H5N1 조류독감과 H1N1 돼지독감 같은 독감 변종들을 막아냈다. 특히 이 새로운 백신은 한 번만 맞으면 여러 해 동안, 심지어 일생에 걸쳐 모든 독감 바이러스를 막을 수 있다. 만일 이 백신이 사람에게도 효과가 있다고 입증된다면 모든 감염병 전문가를 괴롭히는 시나리오의 끝이 성큼 다가올 것이다.

마이클 오스터홀름 박사는 《가장 치명적인 적Deadliest Enemy》의 저자이자 많은 사람이 존경하는 감염병연구정책센터Center for Infectious Disease Research and Policy의 설립자다. 그는 보편 독감 백신의 개발을 강하게 확신하고 이를 가리켜 '획기적인 인플루엔자 백신을 개발할 맨해튼 계획 같은 프로젝트'라고 불러왔다. 그런 노력은 7년에서 10년이 걸리고 1년에 10억 달러가 들어갈 것으로 그는 추산한다. 나는 진심으로 그의 견해에 동의하는데, 그가 보기에 그런 혁신은 전 세계를 파국으로 몰고 갈 인플루엔자 팬데믹을 제한하고 더 나아가 예방할 수도 있는 가장 중요한 단 하나의 행동일 것이다.[19]

모기를 진압하라

모기는 말라리아, 뎅기열, 웨스트나일 바이러스, 치쿤구니야열, 황열병, 모든 종류의 뇌염, 그리고 지카 등 많은 질병을 퍼뜨려 인간을 끝없이 괴롭혀왔다. 이 작은 질병 매개자는 번식력이 뛰어나다. 지카를 옮기는 이집트모기는 암컷 한 마리가 자식을 10억 마리까지 낳는다. 뉴욕 캐리생태계연구소Cary Institute of Ecosystems의 질병생태학자 바버라 한Barbara Han 박사와 동료들은 지카를 옮길 가능성이 있는 모기를 (알려진 3000종 중에서) 36종 확인했으며, 그중 7종은 미국에서 발견했다.[20]

찰싹 때려잡는 것 외에도 모기와 싸우는 방법은 여러 가지다. 고인물 제거하기, 잠재적 번식지 없애기, 방충망 확인하기, 모기 트랩 이용하기, 실내외 모기약 살포하기, 모기장 설치하기, 모기 퇴치제 사용하기, 옷으로 차단하기 등.[21,22] 하지만 과연 어떤 혁신이 있어야 이 해충을 더 잘 통제할 수 있을까?[23]

오늘날 일부 과학자들은 크리스퍼 유전자 변형 기술을 적용하고 있다. 4장에서 설명했듯이, 바이러스 전파를 차단하거나 모기 개체수를 줄이는 기술이 그것이다. 옥시테크Oxitec라는 생명공학 회사는 유전자를 변형한 수컷 모기를 이용해 지카의 매개인 이집트모기를 일소할 수 있는 기술을 개발했다. 암컷 모기의 알에 유전자 변형 DNA를 주입하면, 그 알에서 태어난 수컷들이 야생의 암컷들과 짝을 짓는다(모기는 암컷만 문다). 이 결혼의 행복으로부터 태어난 알들은 변형된 DNA를 가진 탓에 그 후손들은 성숙할 때까지 살지 못한다. 옥시테크에 따르면 브라질 피라시카바에서 현장 시험을 한 결과 8개월에 걸쳐 모기 개체수가 82퍼센트 감소했다.[24] 하지만 유전자 변형 접근법을 얼마나 널리 적용할 수 있는지는 아직 아무도 모른다. 대중은 대개 대자연을 흩뜨리는 행위에 우려를 표하기 때문이다.

분자유전학자 니나 페도로프Nina Fedoroff 박사와 존 블록John Block 전 농무부 장관은 이 점을 인정하면서도, 《뉴욕타임스》를 통해 유전자 변형

모기는 모기가 매개하는 지카 바이러스를 통제할 수 있는 가장 희망적인 수단이라고 주장했다.[25] 두 사람은 해충 박멸의 역사에서 인류가 거둔 가장 큰 성공을 인용했다. 동물의 열린 상처에 알을 낳아 가축을 죽이는 나선구더기•를 박멸한 일이다. 미국 농무부의 수석 곤충학자인 에드워드 니플링Edward Knipling은 고선량 엑스레이를 쬐면 나선구더기가 불임이 되는 것을 발견했다. 1951년에 대규모 시험을 거친 뒤 연구자들은 방사선을 쬔 검정파리 수백만 마리를 상자에 담아 소형 비행기에서 풀어주었다. 프로그램이 한창일 때는 불임 파리 3억 마리를 매주 방출했다. 프로그램은 효과가 있었다. 1982년이 되자 미국에서 나선구더기 피해 사례가 사라지고, 뒤이어 멕시코, 과테말라, 벨리즈에서도 자취를 감췄다.

조기 발견과 감시를 위한 신속 진단법

2014년 6월 23일 저녁, 열이 높은 중년 여성이 라이베리아 봉 카운티의 피비 병원Phebe Hospital의 출입구로 들어왔다. 그 나라에서 대단히 인정받는 시골 병원이었다. 의료진은 말라리아를 의심했다. 하지만 일주일 후 그 병원의 첫 번째 에볼라 환자는 사망했고, 그 여성을 돌본 간호사 6명이 몇 주 안에 사망했다.

피비 병원은 몇 달 전부터 에볼라가 창궐하고 있는 기니와의 분주한

• 검정파리의 애벌레.

국경에서 차로 몇 시간이면 닿는 거리에 있었지만, 의료진은 이 여성이 에볼라에 감염됐을 가능성은 고려하지 않았다. 설령 진단을 내렸다 할지라도, 에볼라를 탐지할 수 있는 가장 가까운 도시인 기니 코나크리의 실험실로 샘플을 보내고 결과를 받는 데에만 일주일 이상이 걸렸을 터였다.

과거에 에볼라가 발발하면 초진에서는 말라리아, 뎅기열, 황열병, 또는 수십 가지 질병 가운데 하나로 오진이 나오곤 했다. 정확한 진단법이 나오고, 그에 따라 에볼라에 맞는 통제법이 시행되기 전에는 평균적으로 오진이 지금의 두 배였다. 그 차이는 며칠이나 몇 주가 될 수 있는데, 이는 전염병이 퍼져나가 통제 불능이 되기에 충분한 시간이다.[26]

이 문제를 해결하는 방법은 에볼라를 신속하게 진단검사하는 것이다. 신속 진단법, 즉 현장진단검사는 일반적으로 몇 분이나 몇 시간 안에 감염 또는 무감염을 탐지할 수 있는 휴대용 장비를 말한다. 그런 장비는 능숙한 의료진이 관리하고 작동해야 하는 크고, 복잡하고, 값비싼 기계를 대신할 수 있다. 그 예로는 자가 임신 테스트, HIV 및 에이즈와 인플루엔자를 확인할 수 있는 현장진단검사, 심장마비가 왔을 때 혈중 포도당과 단백질 수치를 재는 검사법이 있다. 그런 장비는 대개 USB 드라이브보다 크지 않고, 때로는 지름 1인치(약 2.5센티미터)의 종이보다 크지 않다.[27]

신속 진단법은 질병 감시, 여행자 선별, 조기 발견에 유용할 수 있다.[28] 임페리얼 칼리지 런던Imperial College London의 감염병 전문가들에 따르면, 2014년 에볼라가 발발했을 때 빠르고 정확한 검사법이 있었다면 희생자가 3분의 1로 줄었을 거라고 한다.[29] 이 가정을 기니와 라이베리아에 적용하면 사망자 중 거의 4000명이 오늘도 살아 있을 것이다. 하지만 그런 진단법이 출현한 것은 1년 뒤인 2015년 3월이었다.[30]

피비 병원이 신속 진단법을 도입하자 결과를 기다리는 시간이 1주일에서 1시간으로 줄어들었다. 이 병원에서 열정적으로 일하는 의료 팀장 제퍼슨 시블리Jefferson Sibley 박사는 병원 입구에 배치된 선별 팀을 자랑스럽게 보여주었다. 에볼라 의심자가 오면 병원 구내에 들어오기 전에 검사를 받는다. 검사 결과가 양성인 사람은 즉시 격리되고, 그렇지 않은 사람은 외래나 응급실로 가서 진료를 받는다.

신속 진단법은 아주 큰 일을 할 수 있다.[31] 탄자니아 국민은 93퍼센트가 말라리아에 노출되어 있지만, 화학물질로 코팅된 작은 카드에 환자의 피 한 방울만 묻히면 15분 만에 바이러스를 탐지할 수 있다.[32] 신속 진단법과 조기 발견으로 말라리아 환자만 1년에 10만 명 이상을 구할 수 있다고 연구자들은 추산한다.[33] 신속 진단법은 또한 HIV가 지배하는 아프리카 빈곤한 지역에서 그 독재자를 몰아내는 데도 큰 몫을 하고 있다. 고작 5분에서 40분이면 지역 보건소나 조용한 집안에서 검사를 마칠 수 있으니 항바이러스 치료 환자를 늘리는 데 중요한 역할을 하는 셈이다.[34,35]

요즘 개발자들은 다수의 병원균을 탐지하는 신속 진단(다중 현장진단 검사)을 연구하고 있으며, 이 방법이 개발되면 질병 감시가 더 수월해질 전망이다. 비감염자로부터 감염자를 신속히 가려낼 수 있기 때문에 신속 진단법은 의료 현장이 붐비는 것을 막고 병원균이 새로운 숙주로 갈아탈 기회를 낮춰준다. 인플루엔자가 유행할 때 저렴한 자가 진단법을 사용한다면 사람들이 가정과 보건소에서 질병 전파율을 낮출 수 있고,

격리자 수를 줄일 수 있으며, 아픈 사람에게 자원을 집중할 수 있다.

하지만 안타깝게도 개발이 수요를 못 좇아가고 있다. 긴 역사에 가치도 입증되었지만, 사스, H5N1 조류독감, 에볼라에 신속 진단법이 널리 쓰이기까지는 수개월이 걸렸다.[36] 이 글을 쓰고 있는 지금에도 지카와 뎅기열 그리고 지역이나 세계를 팬데믹에 빠뜨릴 수 있는 몇몇 병원균에는 사용할 수 있는 신속 진단법이 없다. 말라리아나 그 밖의 질병에 대한 현장진단법은 과거와 같은 비싼 현미경 검사나 실험실에서 이루어지는 혈액 검사보다 정확성이 크게 떨어진다고 일부 비판자들은 경고한

적의 유전자로 적들과 싸우다[37]

에이즈에서 에볼라까지 신종 전염병들이 우리에게 깨닫게 해준 것이 있다. 새로운 병원균을 확인하고 유전자 지도를 만드는 시기가 빠르면 빠를수록 우리는 신속 검사법, 치료, 백신을 더 빨리 개발할 수 있고 더 많은 생명을 살릴 수 있다는 것이다. 새로운 인간 전염병을 일으킬 수 있는 바이러스는 약 50만 종으로 추산된다. 그리고 신종 바이러스 수백 종이 매년 목록에 새로 오르고 있다. 그 바이러스들은 닭, 야생조류, 돼지, 박쥐, 원숭이, 낙타, 개, 설치류 등과 같은 동물 숙주의 몸 안이나 피부에 잠복해 있다. 인간 세계를 위협하는 이 바이러스 가운데 단 1퍼센트만이 유전자 지도가 확인되었고, 백신, 치료제, 신속 검사법을 적용할 수 있는 수는 그보다 훨씬 적다. 하지만 과학자들이 이미 유전자 암호를 갖고 있어서 신종 인간 전염병을 일으키는 바이러스에 즉시 매치할 수 있다면, 귀중한 시간을 아껴 수많은 생명을 구하게 될 것이다.
이탈리아 벨라지오에 있는 록펠러재단센터에서 회의가 개최된 이후 2016년에 출범한 세계바이러스유전체프로젝트Global Virome Project는 이 모든 바이러스를 10년 안에 지도화하는 계획을 시작하여 '달 탐사 계획'에 비유되곤 한다. 10년 프로젝트에 들어갈 비용은 34억 달러지만 이 액수는 전염병과 싸우는 연간 비용의 극히 일부분에 불과하므로, 야생동물이나 축사에서 흘러나오는 팬데믹으로부터 우리 모두를 보호해줄 최고의 투자처가 될 것이다.

다. 그럼에도 우리의 혁신은 '속도의 필요성'에 봉사해야 하고, 기존 환경의 바깥에서 성공할 수 있는 접근법을 향해야 한다.[38] 정부-민간 협력이 공고할 때 우리는 생산 규모를 빠르게 늘릴 시스템을 구축할 수 있다. 우리는 할 수 있고, 해야만 한다.

세계적인 조기 경보와 데이터 분석학에 거는 기대

지난 50년에 걸쳐 기상 예보 및 모니터링 시스템은 극적인 발전을 거듭했다. 국가별·지역별 대비 대응과 맞물려 이 기술 혁신은 태풍, 홍수, 산불, 그 밖의 자연재해 사망자를 10배 감소시켰다. 1956년부터 1965년까지 거의 300만 명이었던 사망자를 1996년부터 2005년까지 25만 명 이하로 낮춘 것이다.[39] 팬데믹 예방 분야에서도 그와 같은 일이 일어날 수 있을까?

2장에서 소개한 네이선 울프가 생각하기엔 그 희망은 디지털 기술과 데이터 분석학에 있다. 두 기술을 도입하면 현장에서 모은 바이러스 정보를 예측할 수 있다. 패러다임을 변화시키는 이 매력적인 연구에 힘입어 울프와 그의 동료들은 새로운 질병이 동물에서 인간으로 건너뛰는지 그리고 어떻게 하면 발발하기 전에 전염병을 막을 수 있는지를 알아내고 있다.

울프는 10여 년째 덥고 울창한 아프리카 정글에 사는 동물의 혈액을 조사하고 있다. 거기서 들끓고 있는 바이러스들을 찾기 위해서다. 울프와 그의 팀들은 아프리카, 아시아, 중국 남부 등 사람들이 야생동물과 밀접하게 접촉하는 지역에서 일하며 생물학적인 위협을 조사할 새로운 방법을 개척했다. 그들은 동물에서 인간으로 갈아탄 새로운 바이러스를 찾겠다는 목표로 부시미트 사냥꾼들과 그들이 잡은 야생 고기의 혈액 샘플을 수집했다. 샘플 수집을 위해 연구자들은 현지 마을에 특별한 종이 필터를 나눠주었다. 사냥꾼들이 야생동물을 죽일 때 연구자들은 그 동물의 피 몇 방울을 짜서 종이에 떨어뜨리고, 어떤 종류의 동물이 어디에서 도살됐는지를 기록했다. 그 종이는 혈액 샘플을 몇 달간 보존할 수 있었다. "피 한 방울에서 얻을 수 있는 정보량은 엄청나다"고 울프가 말했다. 10여 년에 걸쳐 울프와 그의 팀들은 2만 개 이상의 혈액 샘플을 수집하고 분석했다. 그리고 동물에서 인간으로 건너뛴 바이러스 몇 종을 발견했는데, 그중에는 성체 T세포 백혈구와 관련된 바이러스도 있었다. 2011년 《타임》에서 울프는 이렇게 말했다. "전염병 분야에서 지금 우리는 1950년대에 심장병학이 있던 위치에 도달했다. 단지 팬데믹에 대응하는 것이 아니라 마침내 팬데믹이 왜 발발하는지를 이해하기 시작한 것이다."[40]

그후 울프와 그의 동료들은 신종감염병정보기술허브Emerging Infectious Disease Information Technoloty Hub, EIDITH를 개발했다. EIDTH는 야생동물 표본 그리고 그와 관련된 메가데이터를 USAID의 신종 팬데믹 위협Emerging Pandemic Threats과 PREDICT 프로그램에 공급한다.[41] PREDICT는 질병을 감시할 플랫폼을 구축하기 위해 31개 국가와 협력하는 프로그램으로, 신종 질병에 관한 데이터를 분석하고, 헬스맵HealthMap이 관리하는 데이터 공유 및 시각화 플랫폼을 통해 그 정보를 공개한다. 헬스맵은 전 세계를 아우르며 하루 평균 133개의 질병 경보를 처리하는 광대한 프로젝

트다.[42,43]

또한 과학자들은 다음 팬데믹이 습격할 사람과 장소를 정확히 예측하는 능력도 끌어올리고 있다. 뉴욕에 본부를 둔 기구, 에코헬스연합EcoHealth Alliance은 데이터 분석학을 통해 바이러스의 발생 원인, 바이러스 발견 방법, 바이러스의 예상 경로를 알아낸다. 검은 눈, 면도한 머리에 재기 넘치는 영국인이자 이 기구의 회장인 피터 다스작Peter Daszak은 이렇게 말한다. "이 일은 지진을 예측하는 것과 비슷해지고 있다. 과학이 발전한 덕에 이제는 가장 위험한 곳이 어디인지를 안다. 일단 발발해서 퍼지기 시작하면, 전염병이 덮칠 지역과 사람을 정확히 예측할 수 있다."[44]

일례로 다스탁은 웨스트나일 바이러스를 가리킨다. 모기 매개 질병인 이 바이러스는 1999년에 뉴욕을 공격하고 그런 뒤 미 대륙을 가로질렀다. 에코헬스연합은 그 병이 언제 어떻게 하와이로 건너갔을지를 결정해야 했다. 그리고 가능한 매개들(쥐, 철새, 가금, 비행기)에 관한 데이터를 조목조목 검토하고 분석한 끝에 그 바이러스가 비행기에 편승하지 않으면 그 섬에 갈 수 없다는 것을 발견했다.[45]

사실 에코헬스연합은 이전에도 기후 패턴, 여행 패턴, 사회경제적 요인을 활용하여 지카가 미국 어느 지역에서 출현할지를 정확히 예측한 바 있다. 2016년 여름 미국 남부에서 유행한 지카 바이러스는 그 병을 옮기는 이집트모기의 수 그리고 2016년이 기록적으로 더웠다는 사실과 관련이 있을 뿐 아니라, 지카에 감염된 푸에르토리코 같은 나라들에서 플로리다와 뉴욕으로 들어오는 항공 여행이 많았다는 사실과도 관련이 있었다.[46]

캐리생태계연구소의 바버라 한 박사는 인구, 동물, 환경 요인의 데이

지역에서 세계까지 포괄하는 조기 경보 시스템

국가와 세계 차원에서 지역 데이터를 추적하고 분석한다면 지역사회, 국가, 세계가 전염병을 예방하고, 발견하고, 대응하는 행동이 더 빠르고 더 효과적일 것이다.

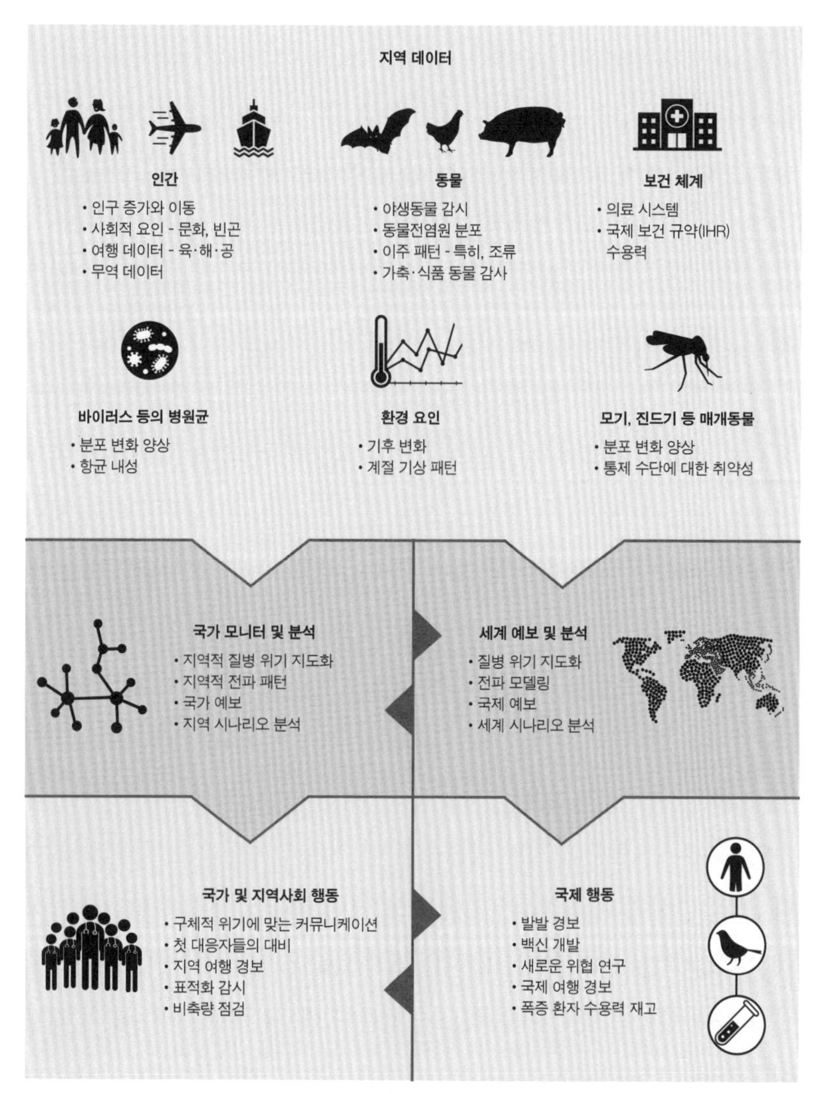

출처: Alexander K, Sanderson C, Marathe M et al. What factors might have led to the emergence of Ebola in West Africa? *PLOS Neglected Tropical Diseases* 2015; 9: e0003652. Han B, Drake J. Future directions in analytics for infectious disease intelligence. *EMBO Reports* 2016; 17: 78589. ProMED 우편에 관해서는, International Society for Infectious Diseases. 2010. http://www.promedmail.org/aboutus/(2017년 7월 7일 접속).

터를 조합하면 예방과 대비를 주도할 방법이 나온다고 확신한다. 《사이언스데일리Science Daily》에 그녀는 이렇게 말했다. "우리가 너무나 오랫동안 싸왔던 감염병을 공략하는 주요 전략은 발발 이후에 방어하는 것이었다. 그때가 되면 이미 수많은 사람이 고생한다. 우리는 과학기술과 빅데이터가 우리에게 다른 선택지를 내미는 흥미로운 시점에 서 있다. 그 방법은 선제적이며, 세계 보건안보를 끌어올릴 잠재력이 풍부하다."[47]

최후의 일 마일

혁신은 새로운 제품과 기술을 개발하는 일만이 아니다. 혁신은 기존의 자원을 새롭게 전달하는 방법을 찾는 일이기도 하다. 대중이 의료 서비스에 접근할 수 있는가가 큰 문제를 차지하는 나라에서 조달, 공급망, 배달 시스템은 성패를 가르는 엄청난 관건이 될 수 있다.

일례로, 르완다는 1100만 국민이 질병에 시달리면서도 대량학살의 어두운 역사를 딛고 힘겹게 일어서는 나라다. 이 나라에서 '최후의 일 마일' 문제를 새로운 방법으로 해결하고 있다. 아프리카 중동부의 내륙 국가인 르완다는 험준한 지형 때문에 '수천 개의 언덕이 있는 땅'이라 불린다. 만일 당신이 르완다의 우기에 어느 병원 침대에 누워 수혈을 절박하게 기다린다면, 안타깝지만 당신은 쉽게 목숨을 잃을 수 있다. 비포장도로가 물에 쓸리면 몇 주가 지나도 의약품이 병원에 도착할 수 없기 때문이다.

하지만 해결책이 떠오르고 있다. 드론 덕분이다. 드론을 생각할 때 우리는 전쟁을 떠올리거나 남들을 더 자세히 관찰하려고 하는 참견하기 좋아하는 이웃이 떠오를 것이다. 하지만 드론은 좋은 일에도 쓰이고 있다. 전염병이 발발한 곳에서 드론을 이용하면 파괴된 공급망을 유지하거나, 검사할 혈액 샘플을 운반하거나, 발발 요인을 가까이서 확인할 할 수 있다. 이미 드론은 응급 센터에 물자를 나르고, 가나와 동유럽의 벽지 여성들에게 피임 용구를 배달하는 일에 쓰이고 있다. 실리콘밸리의 회사 매터넷Matternet은 부탄과 말라위의 고립된 곳에서 혈액 샘플을 운송하여 드론의 가치를 입증했다. 또한 말레이시아의 외딴 지역에서도 특이한 형태의 말라리아를 더 잘 이해하고, 질병을 옮기는 짧은꼬리원숭이를 모니터하기 위해 드론을 띄워 지표면을 조사하고 있다.[48]

아프리카 대륙의 다른 곳에서 지프라인Zipline이라는 실리콘밸리 회사는 민간 기업인 UPS 그리고 공공-민간 기구인 백신연합 가비와 협력하여 르완다에 특화된 드론 부대를 배치하고 있다. 지프라인의 창업자이자 최고경영자인 켈러 리나우도Keller Rinaudo는 지프라인이 오토바이보다 더 빠르게 물건을 배달할 수 있다고 생각한다.

지프라인은 다음과 같은 방식으로 일한다. 의사가 의료 창고에 문자 메시지를 보낸다. 몇 분 안에 물건이 창고에서 근처의 허브로 배송된다. 이곳에서 드론 조종사가 물건을 판지 상자에 넣고 완충재로 보완한다. 그런 뒤 조종사는 우기에도 견딜 수 있게 특수 설계된 드론의 화물 홀더에 박스를 넣는다. 드론의 코에 새 건전지를 꽂은 뒤 조종사는 아이패드에서 비행 계획을 업로드하고 드론을 띄운다. 드론은 300~400피트(약 91~122미터) 상공에서 시속 60마일(약 97킬로미터)로 날아간다. 목적지에 도착한 드론은 화물(낙하산이 달려 있다)을 떨어뜨리고 나서 출발지로 돌아간다.

지프라인의 드론 배달 프로그램은 문제 해결에 전념하는 창의적인 사람들과 단체들의 모험적인 파트너십을 잘 보여준다. 그 파트너 중 하나인 UPS는 착수 비용으로 80만 달러와 자사의 물류 기술을 제공했다. 미래지향적이고 새로운 방법으로 문제를 해결하기를 열망하는 입장에서 르완다 정부가 큰 관심을 보였다고 리나우도는 말한다. "르완다는 일종의 스타트업 국가다. 지금은 세계 최빈국에 속하지만, 대단히 혁신적이고 기술에 집중하는 정부로서 미래에 과감히 투자하는 것을 꺼리지 않는다."[49,50]

* *

탄자니아 남부 루부마 지역을 가로지르는 뜨겁고 먼지 날리는 긴 황톳길을 걸어보라. 양철이나 짚으로 지붕을 인 시골집들, 도로변에서 보자기 위에 과일을 올려놓고 팔거나 달구지에서 옷을 파는 사람들, 가끔 자전거를 타고 지나가는 사람들, 색색의 화려한 옷에 머릿수건을 두른 여자들, 그 등에 매달려 있는 아기들이 보일 것이다. 여느 개발도상국에서처럼 루부마에서도 몸이 아프면 의사나 약사를 먼저 찾지 않는다. 이들은 비누, 아스피린, 여타 처방전 없이 파는 약을 취급하는 동네 판매점을 찾아간다. 과거에 그런 가게는 감기약 가게Duka La Dawa Baridi라 불렸는데, 처방약을 불법으로, 대개 소량을 비싼 가격에 팔았다. 가게 주인은 전문 교육을 받지 않았기에 종종 엉뚱한 약을 팔아 고객을 더 아프게 하거나 심지어 사망에 이르게 했다.

만일 오늘날 루부마에서 약을 구하러 간다면, 프리다 캄바Frieda Kamba라는 이름의 여자가 유니폼을 입고 미소 띤 얼굴로 당신을 맞을 것이다. 흰 모자와 셔츠 차림의 스마트한 모습으로 그녀는 작지만 깔끔한 그녀의 필수약 가게Duka La Dawa Muhimn로 당신을 안내할 것이다. 그리고 당신에게 이것저것을 물어 병을 예방하거나 대처할 수 있는 믿을만한 건강 정보를 끄집어낼 것이다. 그 병이 감기든, 에이즈 같은 심각한 병이든 간에.[51]

프리다는 새로운 유형의 보건 종사자로, 승인약제조점Accredited Drug Dispensing Outlet, ADDO이라는 간소한 사회적 기업을 운영한다. ADDO 프로그램은 탄자니아 정부, MSH, 게이츠 부부 재단, 탄자니아의 민간 부문이 함께 만들었다. 현재 프리다는 전문 교육을 받고 면허를 취득한 보건 조제사로 일하며 자신의 지역사회에서 보건을 향상하고 생명을 구하는 동시에 자신의 사업을 운영하며 재정적 안정을 누리고 있다.[52] 2015년 기준으로 탄자니아에는 1만 5000명 이상의 '프리다'가 있었고 우간다와 라이베리아에도 그런 종사자가 생겨서, 현재 모두 3600만여 아프리카인들에게 건강 정보, 예방, 흔한 질병의 치료를 제공하고 있다.[53]

ADDO 프로그램에 자극을 받고 게이츠 부부 재단과 MSH의 지원에 힘입어 우간다는 2009년에 승인약가게Accredited Drug Shops 프로그램을 시작했다. 우간다에서는 지역 조제사들이 1차 의료 제공자인 경우가 아주 많고, 원숭이를 비롯한 숲속 동물들에게 에볼라와 여타 감염병들이 잠복해 있다. 그런 이유로 훈련생들은 에볼라와 마르부르크병 같은 출혈열, 뎅기와 치쿤구니야 열병, 뇌수막염, 황열병, 그 밖의 전염병들을 예방하고, 확인하고, 보고하고, 대처하는 방법을 배웠다.[54]

2012년에 라이베리아 약품건강식품규제국Medicines and Health Products Regulatory Authority, 게이츠 부부 재단, MSH가 손을 잡고 탄자니아의 경험을 모방하여 승인약가게 프로그램을 만들었다. 2014년 에볼라가 유행할 때 라이베리아의 수도 몬로비아에 있는 몽세라도 카운티에서 500명에 가까운 조제사가 훈련을 마친 상태였다. 약품 판매점 600여 곳과 약국 112곳 대부분이 계속해서 예방 서비스 그리고 말라리아와 폐렴 같은 흔한 질병의 치료를 제공했다. 이들 판매점과 약국에 약학 대학생들이 동원되어 에볼라 식별법, 고객 상담법, 에볼라 의심 환자 안내법을 전파했다. 몬로비아의 모든 보건의료 시설이 직원과 환자들의 두려움 때문에 문을 닫았지만, 약품 판매점과 약국들은 문을 계속 열었을 뿐 아니라, 두 배가 넘는 고객을 처리했다.[55]

2016년에 나는 몬로비아에서 약품 판매점 주인과 운영자를 50명 남짓 만나고, 그들의 가게 몇 곳을 방문했다. 그들 모두 라이베리아의 휘청이는 의료 시스템을 지탱하는 데 일조했다는 데 자부심을 느끼고 있었다. 그들은 그들 자신의 건강이 위험한데도 위기가 끝날 때까지 문을 닫지 않았다. 그동안 내내 스스로를 신중하게 지키고, 희석한 염소액이 담긴 양동이를 가게 바깥에 내놓고 모든 손님에게 손을 씻으라고 요구했다. 그들은 카운터 뒤에서 장갑을 낀 채 비접촉 적외선 체온계로 고객의 체온을 재고, 가게 전체를 표백제로 반복해서 닦았다. 내가 방문한 한 가게의 주인인 모르코이 콜레Morkoi Kolleh는 다음과 같은 일을 소개했다. 많이 아파 보이는 여자가 가게의 작은 화장실에서 피를 토했다. 콜레는 가게를 소독한 뒤, 잠복기인 21일 동안 자신을 격리하고 가게 문을 닫았다. 안타깝게도 가게 주인 중 적어도 11명이 그들의 예방조치에도 불구하고 에볼라로 사망했다고 알려져 있다.

탄자니아, 우간다, 라이베리아의 ADDO 프로그램은 공공-민간 협력의 감동적인 사례다. 정부는 훈련, 승인, 모니터링을 제공하고, 게이츠 부부 재단은 자원과 감독을 제공하며, MSH 같은 비영리단체들은 노하우를 제공하고, 지역 민간 부문은 지속 가능한 사회적 기업이 된다. 현재 ADDO는 모기 퇴치망, 말라리아 치료제, 콘돔을 배급하고, HIV 환자를 지켜보고, 소견서를 작성한다.

우리가 가장 낮은 지역사회 차원에서 전염병에 대처해야 한다면, ADDO 같은 믿을 만한 지역 프로그램이 성패에 엄청난 영향을 미칠 것이다.

혁신을 만들어내는 협력

만에 하나 전염병이 발발한다 해도 그 위협을 극적으로 줄일 절호의 기회가 얼마든지 있다는 점은 이제 분명해졌다. 여기서 그치지 않고 더 나아가야 할 이유가 충분하다고 할 때, 그 기회를 적극 활용하기 위해서는 무엇이 더 필요할까?

지금까지 나는 결정적인 요소를 말하는 것을 미뤄왔다. 그건 바로, 통찰력과 전략을 겸비한 리더십이다. 지금까지 팬데믹의 위협을 추적하고 혁신 의제를 조율할 책임과 포괄적인 메커니즘은 어떤 조직에도 없었다. 리더십 문제가 다뤄진 것은 2014에 에볼라 유행을 경험한 국제 지도자, 정부 정책 담당자, 공중보건 공무원, 과학자들이 2015년 말과

2016년 초에 행동에 나서면서부터다.[56] 일련의 고위층 회의를 거쳐 국제 전문가들은 세계보건기구의 역할을 연구개발을 가속하고, 우선순위를 정하고, 자원을 동원하고 분배하는 것으로 규정했다.[57] 이에 화답하여 2016년 5월에 WHO는 '감염병 예방 행동의 청사진Blueprint for Action to Prevent Epidemics'이라는 연구개발에 돌입했다.[58]

최근에 전염병이 돌 때 몇 가지 실수를 하긴 했지만, WHO는 국제적인 명령을 발하고, 필요한 전문 기술에 접근하고, 그런 과제를 수행할 힘을 끌어모을 유일한 기구라는 결론에 나 역시 반대하지 않는다. 하지만 나는 그렇게 광범위하고 빨리 움직이는 분야에서 리더십을 발휘하려면 명령과 통제가 아닌 협력에 토대를 둔 역동적 체계가 필요하다고 믿는다. 2017년에 출범한 감염병예방혁신연합Coalition for Epidemic Preparedness Innovations, CEPI이 그런 협력의 좋은 사례다. 독일·일본·노르웨이·인도의 정부, 게이츠 부부 재단, 세계경제포럼World Economic Forum이 창설한 CEPI는 국제, 정부, 기업, 자선단체, 시민 사회 단체들의 협력체다. 그 목표는 위급한 병원균의 백신 개발을 촉진하고 연구개발을 가속하는 것이다.[59]

세계 최초의 에볼라 백신은 과학자들의 협력에서 나왔다. 캐나다 공중보건부Public Health Agency of Canada, PHAC의 과학자들이 2013년에 실험용 에볼라 백신을 개발하자, PHAC는 미국 바이오제약회사인 뉴링크제네틱스NewLink Genetics에게 백신의 생산을 허가했다. 2014년 에볼라가 서아프리카를 덮칠 때 두 기관은 즉시 능력을 총가동했다. 그들은 미국 국립보건원NIH과 WHO와 손을 잡고 임상시험에 돌입하여 사람을 대상으로 유효성과 안정성을 시험했다.[60] 2014년 11월에 뉴링크제네틱스는 드디어 시험용 백신을 독점 생산하도록 머크Merck사에 허가했다. 때맞춰 백신연합 가비는 에볼라 백신 1200만 회분을 생산하는 데 최대 3억 9000만 달러를 투입하기로 약속했다.[61]

다음은 현장 시험이었다. 2015년에 WHO는 기니 보건부, 국경없는 의사회, 에피센터연구소Epicentre Research Center, 노르웨이 공중보건학회, 그 밖의 파트너들과 협력하여 기니에서 백신 연구를 진행했다. 6000명에 가까운 사람이 백신을 맞았는데 단 한 명도 에볼라 바이러스에 걸리지 않았다.[62] 단 10개월 만에 백신은 100퍼센트 유효하고 안전하다고 입증되었다.[63,64]

한편 그랜드챌린지스Grand Challenges(USAID와 게이츠 부부 재단의 협력체)와 전 세계 정부들은 민간 기부자들과 협력하여 지역사회에서 쓸 수 있는 기술의 통로를 넓히는 일에 수백 달러를 지원하고 있다. 예를 들어, USAID의 그랜드챌린지스계획Grand Challenges Initiative은 진단검사법 같은 혁신적인 기술이 신속히 개발되어 지카와 싸울 수 있도록 전 세계 혁신가들을 지원한다.[65] 2016년 4월에 USAID는 전 세계 혁신가들에게 지카를 예방하고, 발견하고, 대응할 수 있는 최첨단 기술과 방법을 제출해달라고 요청했다. 미국 의회가 지카에 대항할 재원 조달에 대해 한창 논쟁하는 동안, 900명의 기업가가 각자의 아이디어를 내놓고 샤크탱크Shark Tank• 식으로 경쟁했다. 2016년 8월에 USAID는 혁신가 21명에게 1500만 달러를 시상했다. 구체적으로는 모기를 쫓는 전자력장, 모기가 바이러스를 옮기고 있는지의 여부를 탐지하는 모바일 앱, 푼돈으로 간단히 모기 침을 막을 수 있는 샌들 등이 있었다.[66]

• 비즈니스 아이디어를 겨루는 텔레비전 프로그램.

＊ ＊

지금까지 보았듯이 과학과 기술의 혁신을 통해 우리는 세계를 감염병으로부터 더 안전하게 지켜왔다. 하지만 감염병의 위험은 급속히 커지는 데 비해 혁신의 속도는 더디기만 하다. 나는 팬데믹의 위험을 크게 줄일 수 있는 획기적인 혁신 다섯 가지를 설명했다. (1)새로운 백신, (2)더 효과적인 모기 억제, (3)신속한 진단법의 선제적 개발, (4)세계적인 조기 경보 시스템, (5)위험한 바이러스의 유전자 지도화. 우리의 과학자, 공학자, 과학기술의 권위자, 현장 연구자들은 떠오르는 병원균을 예방하고, 예측하고, 발견하고, 대응하게 해줄 훨씬 더 강력한 도구를 개발할 능력이 있다. 이제 우리에게 필요한 것은 적극적인 투자 계획으로, 그것이 다음 장의 주제다.

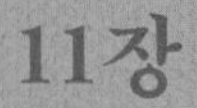

11장

현명한 투자로 생명을 살려라

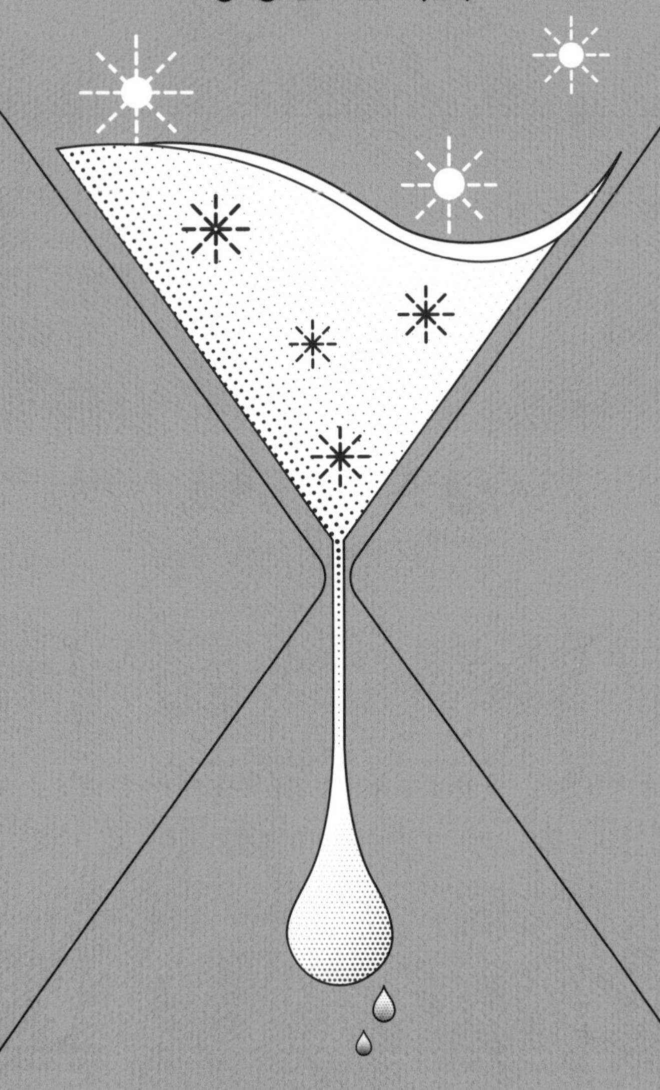

지구상의 모든 개인에게 1년에 1달러씩만(1년에 총 75억 달러) 쓴다면 많은 생명을 구하고, 비상사태 비용을 낮추고, 경기 침체를 막을 수 있다.

“

전염병은 사람에게 해롭고, 정부에 해로우며, 경제에도 해롭다. 돈으로 환산하여 몇 푼의 예방은 전염병을 막을 때 황금의 가치를 발휘한다. 지구상에 사는 모든 사람에게 1년에 1달러씩(1년에 총 75억 달러) 적절한 시기에 올바른 예방과 대비를 위해 투자한다면, 전염병의 가능성을 대폭 줄이고 그보다 훨씬 더 많은 이익을 거둘 것이다.

”

김용• 박사는 의사이자 인류학자로, 세계 보건의 전설인 폴 파머Paul Farmer 박사와 함께 비영리단체인 보건파트너Partners in Health, PIH를 창립한 인물이다. 2012년에 버락 오바마 대통령이 그를 세계은행 총재로 지명 추천했을 때에 김용은 아무도 예상하지 못한 깜짝 후보였다.[1,2] 2000년의 저서 《성장을 위한 죽음Dying for Growth》에서 그는 “성장을 향한 고삐 풀린 추구로 수많은 사람의 삶이 저하됐다”고 주장했다.[3] 그는 극심한 빈곤을 끝내고 모든 사람에게 기회를 돌리겠다는 꿈을 가지고 세계은행을

• 전 세계은행 총재. 2006년에는 개발도상국 등의 질병퇴치를 주도한 공로로 타임지가 선정한 ‘세계에서 가장 영향력 있는 인물’ 100인에 뽑히기도 했다. 한국계 미국인으로 미국 이름은 Jim Young Kim.

이끌었다.

나와 함께 에이즈와 결핵 치료법을 연구했던 2000년대 초부터 김용은 나의 친구이자 동료였으며, 영감과 통찰을 겸비한 활동가, 과학자, 인도주의자로서 변함이 없다. 살짝 벗어진 머리에 가는 테 안경과 은근한 유머 감각으로 무장한 그는 고등학교 시절 쿼터백과 포인트가드로 뛸 때 보여준 그 민첩함을 일에서도 유감없이 발휘한다.

그에게 어떤 일이 불가능하다고 말하는 것은 황소 앞에서 붉은 깃발을 흔드는 것과 같다. 폴 파머와 함께 그는 넘을 수 없을 것처럼 보이는 보건 문제를 하나씩 집요하게 물고 늘어졌다. 개발도상국에서 에이즈를 치료하는 것이 가능한지를 놓고 전 세계가 논쟁하고 있을 때 두 사람은 아이티 같은 현장에서 치료가 충분히 가능하다는 것을 몸소 증명하고 있었다. 약제 내성이 강한 폐렴에 대한 치료는 비현실적이라고 WHO가 말할 때 그들은 페루에서 성공적인 프로그램을 진행하고 있었다.

따라서 2014년 8월 서아프리카에서 에볼라가 발발했으나 전 세계가 움직이지 않고 있을 때, 김용의 세계은행이 국제 사회에서 가장 먼저 반응한 것도 놀라운 일이 아니었다. 세계은행은 에볼라와 싸울 수 있도록 전례 없는 긴급 지원금 200만 달러를 약속했다.[4] 그가 이사회에서 말했다. "단기적인 비상사태에 대응하는 것은 세계은행에서 하는 일은 아닙니다. 하지만 필요한 대규모 반응이 나오고 있지 않습니다. 우리가 메시지를 보내지 않는다면 아무 일도 일어나지 않을 것입니다."[5] 그는 빛의 속도로 일하도록 은행을 밀어붙였다. 지원금은 9일 만에 서아프리카로 흘러가기 시작했다. 2015년까지 세계은행은 에볼라 대응 및 회복 운동으로 모인 총 70억 달러 가운데 16억 달러 이상을 끌어모았다.[6]

전염병이 퍼질 기회를 잡기 전에 자금을 빨리 쓸 수 있게 하는 것은 매우 중요하다. 서아프리카에서 에볼라와 싸울 돈은 파멸이 시작되고 석 달이 지나도록 유통되지 않았고, 그사이 환자 수는 10배로 증가했다. 가난하고 소외된 사람일수록 더 적극적으로 치료할 필요가 있지만, 현실은 정반대다. 에볼라가 서아프리카를 유린하던 2014년 7월에 어떤 메커니즘이 있어서 초기 지원금 1억 달러를 제공했다면, 그 돈으로 보건 인력을 고용하고, 장비를 구입하고, 커뮤니케이션과 이동 제한 캠페인을 벌이는 등 전염병의 확산과 심각성을 크게 줄일 수 있는 일들을 해나갔을 것이다.[7]

이렇듯 아주 단순한 이유로, 투자는 일곱 가지 힘 가운데 가장 확실하고 중요한 닻에 해당한다. 5장에서 설명했듯이, 세계적 팬데믹이 발발하면 손실이 수조 달러에 이르는 반면, 사후에 들어갈 돈의 극히 일부분만 투자하면 수십억 달러를 아낄 수 있다. 지구상에 사는 모든 개인에게 1년에 1달러(1년에 총 75억 달러)만 쓴다 해도 공중보건이 크게 좋아져서 수많은 생명과 돈의 손실을 막을 것이다. 정부, 비정부기구, 민간부문이 푼돈을 들여 보건 체계를 강화할 때, 그 투자는 황금의 가치로 되돌아온다.

'지금'의 정치학

예방 효과를 목격해온 공중보건 지도자, 아픈 사람을 치료해온 가정의로서 나는 이런 의문에 휩싸인다. 왜 긴급 대응과 회복에 투입된 그 돈이 극히 일부분이라도 WHO의 세계적인 대응 능력을 유지하는 데는 쓰이지 않았을까? 왜 우리는 에볼라가 유행하기 이전에 취약한 나라들과 함께 세 가지 방어 전선을 구축하는 일에 투자하지 않았을까?

답은 간단하다. 그 모든 것이 지금의 경제와 정치학 때문이다. 김용은 이렇게 말한다. "팬데믹에 대응하는 태도는 공황, 나태, 공황, 나태의 순환이다. 매번 그렇게 돌고 돈다."[8] 팬데믹이 전 세계를 위협하면 그제서야 관심과 동정, 두려움과 자기 이익이 한꺼번에 뒤어나온다. 비로소 그때, 너무 천천히 돈이 흐른다.

국가 및 국제 지도자들은 공중보건 지식을 너무 늦게 실행하여 치명적 결과를 맞곤 했다. 전염병 대비는 공공 지출 가운데 약하기로 소문난 분야다. 재정은 위험이 명백할 때 밀물처럼 밀려들고 그렇지 않을 땐 썰물처럼 빠져나가기 때문이다. 사스가 유행한 뒤에 그리고 2009년 H1N1 돼지독감이 세계의 이목을 끌었을 때 팬데믹 예방에 대한 투자가 급증한 적이 있었다. 두 경우 모두 재정 지원은 오래가지 못했다. 언제나 그렇듯이 또 다른 전염병이 뉴스에 나오지 않으면 자원 유입은 금세 줄어들어 똑똑 떨어진다. 가슴 아픈 사실은 최근에 전염병을 겪어보지 않은 나라들은 보건 체계를 강화하는 데 써야 할 돈을 다른 일에 쓴다는 것이다.

2008년 세계 금융위기가 터졌을 때 세계보건기구는 계획했던 2년 예산에서 거의 10억 달러를 삭감해야만 했다. 회원국들이 내는 돈의 약 20퍼센트였다.[9] 어려운 선택에 직면하여 WHO 회원국들은 결국 심장마비 같은 만성질환에 대비할 돈은 그대로 유지하고 전염병 발발과 비상사태에 대응할 돈은(애초에 특별히 잘 지원하지도 않았으면서) 줄이기로 결정했다. WHO의 긴급대응국은 10분의 1로 줄어들어, 어느 고문의 표현을 빌리자면 '유령 마을처럼' 보였다. 전염병팬데믹국은 아예 해체되었다.[10] 이 삭감 때문에 WHO는 충분히 피할 수 있는 병이었음에도 에볼라 앞에서 무기력했고, 가장 피해가 큰 3개국, 시에라리온, 라이베리아, 기니에서 GDP가 22억 달러 감소하는 것을 바라볼 수밖에 없었다.[11] (5장에서 지적했듯이, 가벼운 병이 발발해도 막대한 재정적 결과에 이를 수 있다.[12])

미국에서 9/11 테러와 워싱턴 D.C. 탄저균 공격이 발생하자 의회는 생물방어 및 공중보건 비상사태 예산을 확대했다. 하지만 그후 2006년부터 2013년까지 예산 압박과 국민의 무관심에 힘입어 의회는 CDC의 공중보건 대비 예산을 50퍼센트 이상 삭감했다. 주와 지역 보건국에서 4만 5000여 개의 일자리가 사라졌다. '지금'의 정치와 경제는 그런 식으로 우리를 거듭 주요 전염병에 취약한 상태로 되돌려놓는다.[13]

2016년 여름에 미 의회는 일대 소란에 휩싸인 뒤 점점 더 광포해지고 있는 지카 바이러스로부터 미국 버진아일랜드, 푸에르토리코, 플로리다 그리고 미국 여러 주의 주민들을 보호하기로 결정했다.

지카가 공중보건을 위협하는 상황에서, 지카에 대항할 재정 지원이 필요하다는 점에는 모두가 공감하고 있었다. 문제는 정치였다. 공화당 의원들은 그들에게 소중한 몇 가지 의제(예를 들어, 가족계획Planned Parenthood)를 예산 승인과 연계시켰고, 민주당은 맹렬히 반대했다.[14] 의회는 교착 상태에 빠져 지카를 막을 재정을 지원하지 못했다. 국회가 여름 휴회에 들어간 동안 점점 더 많은 사람이 그 병에 노출되었다. 질병과 죽음이 국민을 위협할 때 이런 창피한 정치공방이 너무 흔하게 벌어진다.

전염병이 헤드라인을 차지할 때 돈을 쓰는 방식으로는 애초에 위기가 발생하는 것을 막지 못한다. 더 나쁜 것은 엉뚱한 시기에 엉뚱한 곳으로 너무 많은 돈이 흘러간다는 것이다. 전염병이 실험실에서 확인되면 미국 CDC와 WHO를 비롯한 다양한 기관들은 전문가를 불러들여 질병을 봉쇄하기 시작한다. 이 전략은 너무 늦고, 너무 느리다. 예방에 자금을 들이지 않는다는 건 돈이 부족하고 몇 년 동안 시내에서 화재가 나지 않았다고 해서 소방서 문을 닫고 화재보험을 취소하는 것과 같다. 아주 바보 같은 짓이다.

최신 편향의 덫: 망각은 몰락의 길이 될 수 있다

실수는 인간적이며, 우리 인간은 갖가지 심리적 결함으로 고생한다. 그중 하나가 '최신 편향Recency Bias'•이다. 다른 동물들처럼 기본적으로 우리 인간은 행동 패턴을 확립하고 그 패턴을 고수하는 습관의 동물이다. 최근의 경험이 미래의 결정을 좌우하는 기준선이 된다. 우리는 멀리 보면서 모든 가능성을 고려하지 못하고 습관적 행동에 빠진다.

에이즈, 사스. 지카 같은 나쁜 병으로부터 인류를 안전하게 지키는 일에 돈을 투자하고자 할 때, 최신 편향이 우리의 발목을 잡는다. 헤드라인이 희미해지고 일일 트윗 수가 급감하고 나면 우리는 그 위협을 까

• 과거의 정보보다 최신 정보를 더 중요하게 여기는 경향.

대중의 관심에 따라 오르내리는 재정 지원

개발도상국에 대한 팬데믹 예방 지원 약속은 2006년 조류독감과 2009년 H1N1 돼지독감이 유행할 때는 증가했고, 대중의 관심이 수그러들면 감소했다.

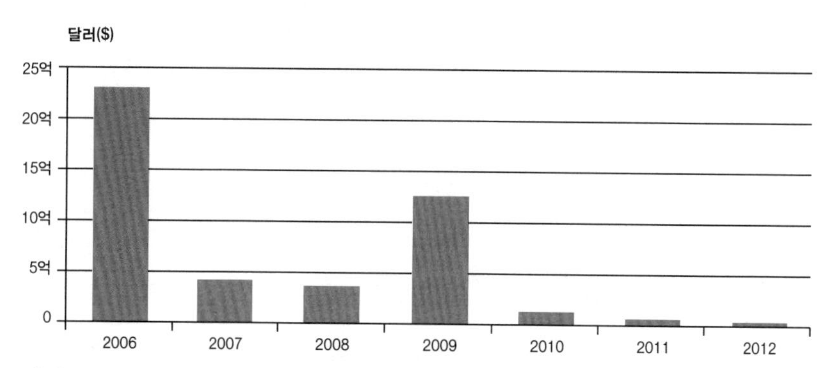

출처: Jonas O. Pandemic risk. *Finance & Development*. 2014, pp. 1617, based on United Nations and World Bank (2010) and World Bank (2012).

미국 CDC 공중보건 긴급 대응 예산은 9/11 이후로 감소했지만, 2006년 조류 인플루엔자가 대중의 관심을 끌어올렸다.

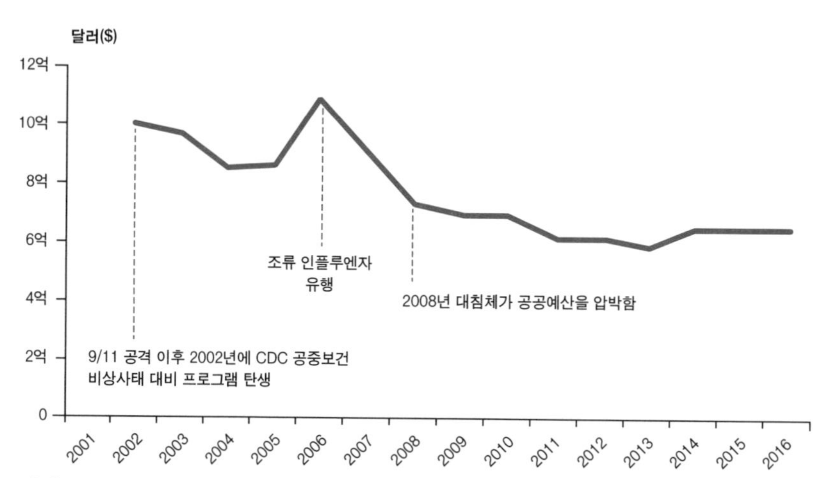

출처: Centers for Disease Control and Prevention. The 20132014 National Snapshot of Public Health Preparedness. Cdc.gov.2014. https://www.cdc.gov/phpr/pubs-links/2013/(2017년 5월 1일 접속). Trust for America's Health. Public Health Emergency Preparedness Cooperative Agreement (CDC) Hospital Preparedness Program (ASPR-PHSSEF). TFAH. 2017. http://healthyamericans.org/health-issues/wp-content/uploads/2016/02/FY17-PHEP-HPP.pdf(2017년 5월 1일 접속).

맞게 잊는다. 최신 기억이 말해주는 바에 따르면 우리는 여전히 괜찮다. 우리의 익숙한 패턴으로 돌아간다. 경계를 푼다. 수많은 경고를 들었음에도, 정글이나 축사에서 이상한 병이 흘러나와 우리를 쓰러뜨릴 가능성은 생각하지 않는다. 행동경제학자 댄 애리얼리가 내게 말했다. "전염병 같은 사건이 발생할 때마다 우리는 그 일이 특별하다고 생각합니다. 전염병의 성질을 조금도 모르는 거죠."[15]

세계경제포럼세계위기보고서World Economic Forum Global Risks Report는 최신 편향을 생생하게 밝혀준다. 이 연례 보고서는 세계 모든 지역에서 다양한 사업, 학문, 비정부기구에 종사하는 응답자 수백 명을 조사한다. 2007년에 조류 인플루엔자를 걱정하는 분위기가 널리 퍼진 후에 팬데믹은 국가와 산업을 위협하는 경제, 환경, 지정학, 사회, 기술의 46개 위기 중 4위를 기록했다. 2013년까지 감염병이 헤드라인에서 사라지자 펜데믹은 20위로 추락했다. 에볼라가 발발한 다음 해인 2015년에는 다시 2위로 급상승했다. 에볼라가 헤드라인에서 물러가고 불과 2년이 흐른 지금 팬데믹의 위기 순위는 어떻게 되었을까? 11위로 떨어졌다.[16]

하지만 잘 아는 전문가라면 누구나 이 시기에 팬데믹의 위험이 꾸준히 상승했다는 점에 동의할 것이다.

정부는 즉시 행동해야 한다

2001년 9월 11일에 세계무역센터와 펜타곤이 습격당하자 미국 국민은 공포에 떨었다. 3000명의 목숨을 앗아간 그 공격은 "예상할 수 없는 일은 아니었다"고 9/11 위원회는 결론지었다. 몇 년 전부터 명확한 경고들이 있었다. 공무원들이 그 음모를 분쇄했어야 했지만, 정부 전체에 상상력, 정책, 능력, 관리가 부재했다고 위원회는 지적했다.[17]

2008년에 대형 금융사 몇 개가 파산하자 금융위기와 경기 침체가 세계를 덮치고, 수많은 사람을 절망케 했다. 그건 갑작스러운 사건처럼 보였다. 하지만 2011년에 미국 금융위기조사위원회Financial Crisis Inquiry Commission는 다음과 같이 명료한 결론을 내렸다. 그 위기는 피할 수 있었으며, 그건 '인간의 행동과 무행동의 결과'였다고.[18] 투명성과 회계감사 그리고 국민을 보호해야 한다는 의무감이 없는 탓에 규제, 기업지배구조, 위기관리 상의 심각한 착오들이 발생한 것이다.

세계적인 팬데믹이 스페인 독감 같은 규모로 발생하면 9/11 테러와는 비교할 수 없이 많은 사람이 사망하고, 적어도 2008년 금융위기 때만큼 심각한 파멸이 닥칠 것이다. 완전한 재앙이 되기 전에 지도자들이 초기 문제를 다잡아 해결하지 않는다면 불행은 또다시 찾아올 것이다.

공중보건의 위기보다 국가 리더십의 우수성을 잘 밝혀주는 것은 없다. 어떤 대통령, 수상, 주지사나 지역 통치자도 예방할 수 있는 재난을 막지 않았다고 유권자로부터 비난당하고 싶어 하진 않을 것이다. 그리고 전염병이나 팬데믹이 발발할 때 지도자는 영웅처럼 행동하거나 아니면 애초에 그런 일과는 무관한 것처럼 행동할 수 있다. 둘 사이에 여지는 거의 없다. 정부의 대응이 미진할 때 파멸과 경제 손실은 눈덩이처럼 불어나고, 국민의 비난도 함께 불어난다. 감염병이 터진 상황에서 무능하게 대응할 때마다 지도자는 정치적 대가를 치른다. 다음을 생각해보자.

- 사스가 발발했을 때 중국 지도자들은 문제를 최대한 덮으려 했고, 그로 인해 중국은 정치적 위기를 맞았다. 6장에서 설명했듯이, 이후에 그들은 상황이 통제되고 있다는 걸 서둘러 보여주려고 했다. 사스가 한창 유행하던 때 중국의 최고 지도부가 바뀌었다. 2003년 4월 19일에 보건부 장관이자 개방적인 장쩌민 주석의 심복인 장원캉이 기자들에게 중국은 '완벽하게 안전한 곳'이라고 거짓을 말했다는 이유로 해고되었다. 다음에는 아마 정치적 보복이 포함된 듯, 차기 주석 후진타오를 지지하는 베이징 시장 멍쉐눙이 부정으로 해고되었다. 장쩌민과 연루되어 있다는 의혹을 받던 베이징 공산당 서기 리우치는 전염병을 은폐한 죄로 공개석상에서 '자아비판'을 해야 했다.[19]
- 멕시코에서는 2009년 돼지독감이 유행할 때 펠리페 칼데론Felipe Calderon 대통령의 머리 위에 비난이 빗발쳤다. 너무 늦은 대응과 두문불출이 그 이유였다. 로이터 통신은 이렇게 물었다. "멕시코가 독감 위기를 겪고 있는데 칼데론은 어디 있는가? 멕시코와 이 나라의 치명적인 돼지독감에 세계의 눈이 집중되고 있지만, 대통령은 지하에 숨어 위기가 발발한 뒤로 5일 동안 얼굴을 내밀지 않고 있다."[20] 위기 중에 지도력을 발휘하지 못한 탓에 정치적 대가가 뒤따랐다. 이후 선거에서 칼데론의 당은 심각한 타격을 입었다.[21]
- 미국에서 CDC 국장 톰 프리던Tom Frieden이 "우리는 에볼라를 막을 수 있다"고 선언한 뒤로 에볼라는 폭발적인 정치 이슈로 변했다. 오바마 행정부는 정부가 에볼라를 막는 일에 최선을 다하지 않는다고 따지는 공화당 대통령 후보들의 호된 공격에 시달렸다. 2014 퓨

리서치센터의 한 조사에서는 미국 국민의 41퍼센트가 부정적으로 생각한다는 것이 밝혀졌다. 그들은 미국에서 에볼라가 심각한 수준으로 발전할 때 정부가 그 병을 막을 수 있을까에 대해 "그리 확신하지 않는다"거나 "전혀 확신하지 않는다"고 답변했다.[22]

이와 정반대로 정부가 공중보건에 투자하면 그 정부는 자국뿐 아니라 전 세계의 인명과 돈을 지키게 된다. 정부가 빠르게, 분명하게, 책임감 있게 대응할 때 국민은 지지와 찬사로 화답한다.

홍콩이 훌륭한 사례다. 2003년 사스로 300명에 가까운 국민이 사망하자 홍콩은 그 교훈을 깊이 새겨 공중보건의 모범국이 되었다. 마닐라 WHO 대변인 피터 코딩리Peter Cordingley는 2009년 《타임》의 인터뷰에서 이렇게 말했다. "사스가 세계 어느 곳을 초토화했다 할지라도 우리는 교훈을 배웠다."[23]

잠재적 유행병이 홍콩 해안에 출현할 때마다 그 나라는 여행자 경고를 발령했다. 여행자 경고가 발령되면 여행자들을 스캐닝하고, 체온을 재고, 독감 같은 증상이 있는 사람들을 억류하는 과정이 강화된다. 병원 안팎에서 엄격한 감염통제 정책을 실시한다. 야생조류가 하늘에서 떨어지면 실험실에서 해부하여 질병을 추적한다. 홍콩 주민이 몸이 아프거나 혹시 병에 걸리지 않았나 하는 의심이 들면, 사회적 예절 차원에서 수술용 마스크를 쓰고 손을 잘 씻는다.[24] 모든 나라가 그렇게 현명하다면 얼마나 좋을까.

홍콩은 정부가 자국민과 방문자를 위해 올바르게 대처하고 있지만, 작은 나라다. 정반대로 미국처럼 크고 부유한 선진국들이 질병과 싸우겠다고 결정할 때는 말 그대로 세상이 변할 수 있다. 눈에 띄는 모델이 7장에서 언급했던 PEPFAR이다. PEPFAR 프로그램은 조지 부시가 2003년에 신년 국정 연설에서 발표했다. '충격과 공포'라는 잘못된 작전으로 이라크를 폭격한 해다. 전 세계 많은 사람이 부시를 싫어한다. 전쟁을 일으켜 중동을 갈가리 쪼개놓고 수백만 명을 죽음에 몰아넣었기 때문이다. 하지만 정말 잘한 건 하나 있다. 자칭 '온정적 보수주의자'로서 세계적인 에이즈 퇴치 전쟁에 성심을 다한 것이다.

아프리카의 에이즈 치료와 예방에 돈을 쓰자 아프리카 사람 사이에서 미국의 이미지가 높아지는 것에 그치지 않았다. 그 나라들의 사회 제도가 타락하고 붕괴하는 것을 막고, 그렇게 해서 안정과 효율적인 통치에 기여해왔다. 사실상 조지 부시의 유산을 탄탄하게 했을 뿐 아니라 아프리카의 정치도 한걸음 더 발전할 수 있게 한 것이다.

기업은 즉시 투자해야 한다

아프리카에서 에볼라가 발발했을 때 아무도 예상하지 못한 영웅이 등장했다. 의사나 간호사 또는 일선 종사자가 아니었다. 그 영웅은 온화한 교수처럼 보이는 베르나르 귀스탱Bernard Gustin로, 직업은 항공사 CEO였다. 짧은 기간 동안 브뤼셀 항공은 에볼라가 장악한 3개국 라이베리아, 시에라리온, 기니에 서비스를 제공하는 유일한 하늘길 역할을 했다. 《블룸버그뉴스Bloomberg News》에서 귀스탱은 이렇게 강조했다. "우린 인도주의 단체가 아닙니다. 하지만 그 지역이 세계와 완전히 단절된다면 문제가 훨씬 더 심각해질 것입니다."[25]

귀스탱은 멀리 떨어진 인간의 생명, 경제적 안녕, 투자, 민간 부분 참여를 하나로 이은 몇 안 되는 사람 중 한 명이었다. 객관적 사실을 분석하고 냉철한 이성을 사용하여 귀스탱은 공황이 어떻게 사태를 악화시킬 수 있는지를 적극적으로 증명했다. "에볼라는 아주 치료하기 힘든 병이지만, 아주 약한 바이러스입니다. 환자들의 모습은 충격적이지만, 우리는 이 병이 어떻게 전파되는지 아주 잘 알고 있습니다. 모두 이성을 유지하고, 객관적 사실을 분석하고, 공황에서 벗어나기를 바랍니다. 우리는 히스테리를 극복해야 합니다."

귀스탱은 많은 경영자들이 놓치고 있는 것을 알고 있었다. 전염병에 대한 인간의 전형적인 반응(두려움, 공황, 자기 이익)이 일반적으로 기업과 경제에 대단히 해롭다는 것을. 그리고 그가 전적으로 옳았다. 주요 전염병으로 발발할 인간적 희생은 명백하고 엄청나지만, 너무 많은 경

CEO는 무엇을 할 수 있는가?[26]

- 사업을 하는 나라의 정부가 국제보건규약IHR을 따르도록 권장하여 사업 위기를 줄인다.
- 정부 및 비정부기구와 협력하여 전염병 감시, 대비, 대응, 그 밖의 전략을 개발한다.
- 여러 부문이 통일적으로 전염병에 대응할 수 있도록 정부 및 파트너와 경험·자원을 공유하고, 그럼으로써 취약한 지역의 노동력과 지역사회를 보호한다.
- 경영 위기 평가와 연속성 계획에 전염병 발발과 유행을 요소로 포함시킨다.

영자들과 정책 담당자들이 전염병의 엄청난 경제적 충격을 제대로 고려하지 못한다.

이미 5장에서 지적했지만, 3분의 2가 넘는 기업이 공중보건 비상사태에 준비되어 있지 않다. 일반적으로 팬데믹은 비즈니스 연속성의 정상적인 위기가 아니라 아주 갑작스러운 위기이고, 사업과 경제 전반을 혼란에 빠뜨리며, 더 많은 사람에게 피해를 준다.

사업은 이윤을 내고, 주주 가치를 극대화하고, 투자 대비로 좋은 수익을 올리는 행위이므로, 기업은 병으로 초토화된 곳에서는 사업을 할 수가 없다. 아픈 직원은 일을 하지 못하고, 아픈 소비자는 쇼핑을 못한다. 전염병은 시장 지위를 위협하기도 한다.

그렇다면 전염병 앞에서 기업은 무엇을 할 수 있을까? 비정부기구에 수표를 써주기만 해서는 안 된다. 기업은 물류, 공급망, 보건, 기술, 데이터 수집, 이동통신, 관리, 그 밖의 여러 분야에서 자신의 전문성을 제공하여 약하고 충격을 입은 보건의료 시스템의 균열을 메울 수 있다. 기업은 통신 기술, 생물약제 연구개발, 데이터 분석, 금융 서비스(가령, 파이낸싱과 모바일 결제) 같은 전문 능력을 제공할 수 있다. 많은 회사가 전염병 발발 지역에 현지 인력과 장비를 두고 있으므로, 지역사회와 문화에 대한 현장 지식은 긴급 대응의 적절성과 효율성을 높일 수 있다.

에볼라가 유행하는 동안 아르셀로미탈 광산회사는 라이베리아에서 지역사회 인식 개선과 증상자 선별 프로그램을 시행하고 치료소들을 건설했다. 코카콜라는 병으로 고생하는 나라들에서 자사의 유통망을 이용해 약품과 의료 물자를 날랐다. 물류 회사들은 물건과 의료 인력을 운반했다. 제약 및 진단 회사들은 연구팀, 실험실, 능력을 동원해 에볼라 백신을 개발하고 시험했다. 존슨앤존슨Johnson & Johnson과 바바리안노르딕Bararian Nordic, 글락소스미스클라인과 미국 국립알레르기전염병연구소, 머크와 뉴링크제네틱스와 캐나다 공중보건부, 노바박스Novavax가 모두 에볼라 백신에 투자했다.[27]

다른 회사들 역시 의료 물자, 개인 보호 장비, 차량 같은 현물이나 돈을 제공했다. 예를 들어 의료기기를 생산하는 벡턴 디킨슨 앤 컴패니Becton, Dickinson and Company는 보건 종사자가 안전하게 혈액을 채취하고 정맥주사를 놓을 수 있는 바늘 보호 주사기를 기증했다. 유니레버Unilever는 비누 수백만 개를 기증하여 에볼라 대응을 도왔으며, 그 외에도 자사의 소비자 행동 전문팀을 동원해 영국 국제개발부가 지역사회와 손잡고 일할 때 더 좋은 전략을 창안할 수 있도록 워크샵을 개최했다.[28]

최고로 중요한 세 가지 투자 영역

분명 전염병에는 "몇 푼의 예방은 황금의 가치가 있다"는 금언이 완벽히 들어맞는다. 예를 들어, 극빈국에서 소아 질환에 대한 접종 프로그램을 적극적으로 시행할 때 얼마나 많은 돈이 절약될지를 생각해보자. 연구자들에 따르면, 세계에서 가장 가난한 나라 72개국에서 단 6개의 백신(폐렴, 뇌수막염, 로타바이러스, 백일해, 홍역, 말라리아 백신)을 지금보다 더 많이 사용하면, 10년 이내에 640만 명을 살리고, 4억 2600명의 발병을 예방하고, 뇌수막염으로 인한 장애로부터 어린이 6만 3000명을 구할 수 있다. 급성환자 치료를 예방하는 것만으로 74억 달러를 절약할 수 있고,

사람들이 아픈 몸으로 또는 가족을 간호하기 위해 집에 머물지 않고 계속 일을 할 수 있기 때문에 생산성 유지로 1억 4500만 달러를 회수할 수 있다. 국가당 치료 비용만으로 약 860만 달러, 생존하는 유아 1인당 약 7달러를 절약하게 되는데, 위의 병들이 자주 발발하는 고밀도 나라들(인도, 나이지리아, 인도네시아, 파키스탄)이 가장 많은 돈을 절약하게 된다.[29]

따라서 만일 전염병이 퍼질 때 정신없이 두더지 잡기를 하고, 종료된 뒤에 청소하느라 수십억 달러를 쓰는 대신에(이후에 만성질환을 앓는 사람과 고아가 된 아이들을 돌보기 위해 엄청난 비용을 지속적으로 들여야 하는 것은 말할 것도 없고), 의지와 상상력을 발휘하여 애초에 전염병을 피하는 것이 어떻겠는가?

2014년에 에코헬스연합, 와이오밍대학교, 미국국립보건원, 프린스턴대학교 연구자들은 다음과 같은 점을 입증했다. 만일 우리가 질병 감시와 추적 같은 예방 전략을 강화하고, 공중보건 체계를 개선하고, 삼림 파괴를 줄이고, 농장의 생물보안(차단방역)을 강화한다면, 전염병 발발을 50퍼센트나 줄일 수 있다는 것이다. 그러기 위해서는 27년에 걸쳐 총 3440억 달러(1년 평균 127억 4000만 달러, 현재의 지출이 이미 절반 이상을 충당한다)가 필요하다. 이런 예방 프로그램을 갖추고(사후에 전염병에 대처하는 기존의 방식과는 반대로) 지금 당장 시행한다면, 향후 100년에 걸쳐 3440억 달러에서 3600억 달러를 절약하게 된다고 연구자들은 말한다.[30]

2016년 초에 미국 국립과학아카데미National Academy of Sciences, NAS는 5개 대륙 12개 나라에서 의사, 과학자, 사회과학자, 정책 전문가, 경영자, 금융가, 지역사회 지도자를 모아 국제위원회를 꾸렸다. 그들은 물었다.

모든 나라에서 WHO의 국제보건규약 그리고 그와 함께 꼭 필요한 유엔식량농업기구의 기준을 이행하려면 무엇이 필요할까? 위원회는 1년에 45억 달러를 투자하면 개발도상국들의 공중보건 체계를 개선할 수 있다는 결론에 도달했다.[31] 또한 위원회는 보고서를 통해 WHO의 팬데믹 예방과 대응 능력을 강화하고 이를 위해 WHO와 세계은행에 각각 비상자금(1년에 1억 3000만 달러에서 1억 5500만 달러)을 조달하며, 연구개발을 위해 10억 달러를 따로 떼어놓으라고 제안했다. 이 모든 것의 비용을 계산해보니 지구 위에 사는 사람 1명당 1년에 65센트에 불과했다.

국립과학아카데미 위원회가 산출한 45억 달러에, 세계은행 팬데믹 긴급자금조달 프로그램과 10장에서 묘사한 획기적 혁신을 위한 연구개발 추산 비용을 합쳐보자. 세 가지 필수 투자 영역인 (1)보건 체계 강화, (2)예방에 중점을 둔 연구개발, (3)전염병과 팬데믹에 대한 긴급 대응에 들어가는 투자 총액은 연평균 75억 달러가 된다.

이렇게 투자하면 우리는 세계 경제와 국가 경제에서 수백만의 생명, 수백만 일자리, 수십억 달러를 지킬 수 있다. 직접 계산해보라. 연평균 투자액이 지구상의 개인 1사람당 1년에 1달러에도 못 미칠 것이다. 네 가지 모든 시나리오에서, 그 비용 1달러는 3달러에서 10달러의 이익으로 돌아온다.

위의 계산은 다른 분야에서 나온 증거와도 일치한다. 스탠퍼드와 로욜라메리마운트대학교의 연구자들에 따르면, 미국이 홍수, 산불, 가뭄 같은 재해 대비에 1달러를 더 쓸 때마다 미래에 재난 완화 비용이 15달러 절약된다고 한다. 2014년에 유니세프, 유엔 세계식량계획, 영국 국

세계를 더 안전하게 하는 비용

지구상의 모든 개인에게 1년에 1달러를 더 투자하면(연간 75억 달러), 팬데믹의 위협으로부터 세계를 훨씬 더 안전하게 지킬 수 있다.

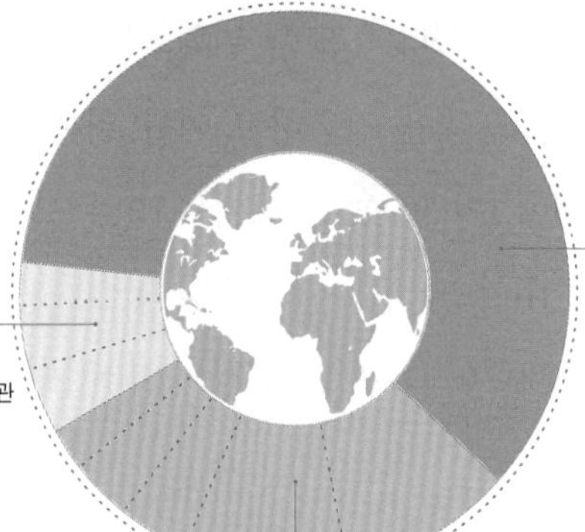

출처: 세계 안보의 방치된 차원들. National Academy of Medicine. 2016. https://www.nap.edu/catalog/21891/the-neglected-dimension-of-global-security-a-framework-to-counter(2017년 5월 1일 접속). Osterholm M, Olshaker M. *Deadliest enemy: Our war against killer germs*. Boston: Little, Brown and Company, 2017. Sands P, Mundaca-Shah C, Dzau V. The neglected dimension of global security—A framework for countering infectious-disease crises. *New England Journal of Medicine* 2016; 374: 12811287. R ttingen J, Regmi S, Eide M et al. Mapping of available health research and development data: What's there, what's missing, and what role is there for a global observatory? *The Lancet* 2013; 382: 1286307. Brende B, Farrar J, Gashumba D, Moedas C, Mundel T, Shiozaki Y, Vardhan H, Wanka J, R ttingen J. CEPI-a new global R&D organisation for epidemic preparedness and response. *The Lancet*. 21 Jan 2017; 389(10066): 23335. Wilder-Smith A, Gubler D, Weaver S, Monath T, Heymann D, Scott T. Epidemic arboviral diseases: priorities for research and public health. *The Lancet Infectious Diseases* 2017; 17: e101e106. 진단법은 저자의 추산.

네 가지 팬데믹 시나리오의 비용 대비 절약금액 비율

심각성의 경중에 기초한 다음 네 가지 시나리오를 통해 금전적인 절약을 추산해보자.

* 향후 100년에 걸쳐 GDP 감소와 빈도를 기준으로 함.

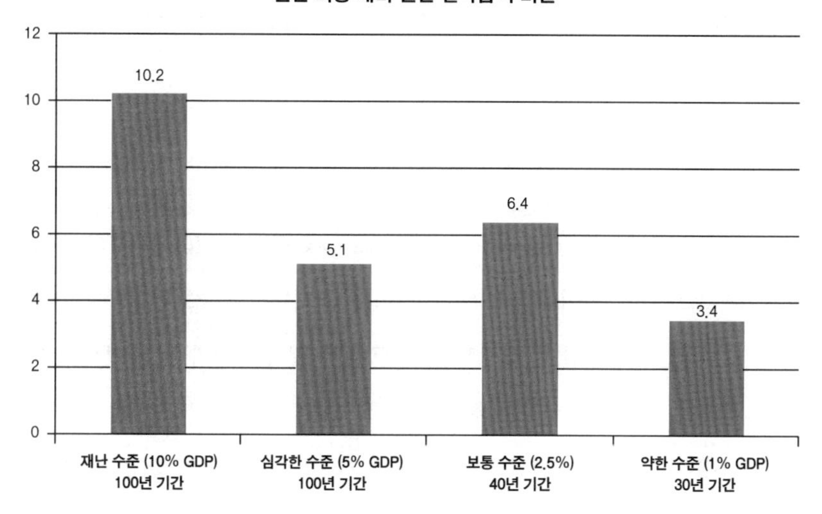

출처: 2016년 세계 GDP 75조 달러와 5장에 제시된 팬데믹 비용 데이터를 바탕으로 저자가 계산함.

제개발부가 실시한 연구에서는 인도주의적 비상사태를 대비하고 중재하는 일에 1달러를 투자하면 최소 2달러의 수익을 거둘 수 있다고 결론지었다.[32]

결국 1년에 80억 달러가 채 안 되는 돈을 투자하면 전염병과 팬데믹으로부터 세계를 더 안전하게 지킬 수 있다. 2016년 세계가 군사비로 지출한 1조 5700억 달러에 비하면 정말 적은 액수다.[33] 또한 같은 해 비디오게임에 쓴 910억 달러와도 확연히 대비된다.[34]

어디에 투자해야 하는가?

기본적으로 1년에 1인당 1달러를 전염병 예방에 쓰는 것, 이것이 우리가 할 수 있는 최고의 투자일 것이다. 이 자금을 어디서 조달해야 하는가?

1. 공중보건 체세 강화

멕시코 보건부 장관 훌리오 프렝크Julio Frenk 박사(WHO에서부터 나의 친구이자 동료이며, 마이애미대학교 총장이자 전 하버드 공중보건대학원 학장이다)는 멕시코 대통령과 재무부를 설득해서 공중보건과 보편의료보험에 투자하게 한 아주 탁월한 협상 경력을 갖고 있다. 그는 경제계 사람이 보건의료계 사람과 다르게 생각하고 결정한다는 것을 알고 있었다. 그가 내게 말했다. "나는 새로운 경제분석팀을 구성하고, 재무장관이 나온 일류 대학의 박사 학위를 가진 일류 경제학자를 채용해서는 우리의 주요 정책안을 하나하나 경제학적으로 엄밀히 분석하게 하고, 재무장관을 만날 때마다 그를 데려갔다네."[35]

국가, 주, 도, 지방의 정부는 전염병을 예방하고, 발견하고, 그에 대응하고, 그로부터 회복할 능력이 있는 공중보건 체계를 건설하는 일에 투철한 책임감을 갖고서 임해야 한다. 사회 전체가 대응할 필요가 있지만, 정부가 앞장서야 한다. 소득이 높거나 중간인 나라들은 비록 말보다 행동이 어려울 때가 많지만 자국 정부의 예산에서 이 비용을 확보해야 한다.(대부분의 나라에서는 국가 원수와 재무부 또는 재정부가 정부 예산을 주도한다. 보건은 종종 관리와 억제에 드는 비용으로 여겨지며, 보건 공무원들은 종종 투자를 더 강하고 능숙하게 주장하지 못한다.)

서아프리카의 국가 보건 체계에 자원, 인력, 장비가 턱없이 부족했기 때문에 에볼라 위기가 신속히 봉쇄되거나 역전 또는 완화되지 못했다는 점에 많은 사람이 동의한다. 예를 들어, 2012년에 라이베리아 정부는 국민보건에 1인당 20달러를 지출했다. 시에라리온은 1인당 16달러, 기니는 1인당 9달러를 지출해서, WHO가 필수 의료의 최소 비용으로 권장한 1인당 86달러에 크게 못 미쳤다. 그에 비해 노르웨이는 국민의 건강에 1인당 7704달러를 지출했다. 최빈국 40개 나라가 국민 한 사람에게 의료비로 쓰는 돈을 모두 합쳐도 52달러밖에 되지 않을 정도로 가난한 나라의 의료 서비스는 재원 부족에 시달린다.[36]

인적 자원 역시 비참한 수준이다. 최빈국 40개 나라는 보건 인력이 1만 명당 평균 10명에 그친다(WHO는 최소 인원으로 1만 명당 23명을 권장한다). 에볼라가 발발했을 때 긴급 대응에 쓸 수 있었던 의사, 간호사, 의원, 병원, 장비와 약제, 감시 시설의 수는 보건의료비 지출액과 직접적 관련이 있다. 라이베리아는 온 나라에 의사가 51명밖에 없었다. 시에라리온은 간호사와 조산사가 1017명뿐이었다. 영국은 의료계 종사자 1명이 88명을 담당하지만, 라이베리아는 3472명, 시에라리온은 5319명을 담당하고 있었다.[37] 결국 최빈국의 대부분은 전염병을 발견하고, 그에 대비하고 대응할 인력은 고사하고, 일상적인 건강 문제를 처리할 의료 종사자마저 부족한 것이다.

에볼라 위기가 던져준 중요한 교훈 하나는, 자금, 인력, 장비를 충분히 갖춘 포괄적인 의료 시스템을 구축하여 감염병 발발뿐 아니라 일상의 건강 문제에도 늘 대처해야 한다는 것이다. 모든 나라가 1인당 공공

의료비, 86달러를 향해 전진할 수 있다. 국내총생산의 20퍼센트를 세금으로 거둬들이고 예산의 15퍼센트를 국민 건강에 배정하면 그렇게 할 수 있다. 조세를 혁신하는 것 외에도 부정한 돈의 흐름을 막고 조세 회피와 싸운다면 간극은 더욱 좁혀질 것이다.[38]

2. 예방에 초점을 둔 연구개발

해마다 세계는 보건의료 분야의 연구개발에 2500억 달러 이상을 쓰며, 그 대부분은 고소득 국가에서 나온다. 이 액수 중 60퍼센트는 민간 부문에서 나오고, 30퍼센트는 공공 부문, 10퍼센트는 대학교, 재단, 그 밖의 출처에서 나온다. 말라리아 같은 이른바 '소외 질병Neglected Diseases'을 위한 연구개발은 주로 저소득 국가와 몇몇 중위소득 국가에서 이루어지는데, 다 합쳐도 전체 보건의료 연구개발의 1퍼센트에 불과하다.[39,40] 보건의료 연구개발에 공적 자금을 지원하는 순위는 미국 정부(국립보건원, 국방부, USAID), 유럽연합 집행위원회, 영국, 프랑스가 가장 높다. 자선 부문에서는 영국 웰컴트러스트Wellcome Trust, 게이츠 부부 재단, 프랑스 파스퇴르연구소가 높은 순위에 올라있다.[41]

민간 부문이 의료 제품을 개발하고 보급하는 일에 탁월한 실력을 보이는 것은 계절성 독감 백신, H1N1 돼지독감 백신, 항바이러스제처럼 크고 확실한 시장이 있을 때다. 공적 자금과 자선 자금이 촉매 역할을 할 수 있는데, 특히 보편 인플루엔자 백신이나 세계바이러스유전체프로젝트 같은 새로운 기초 분야가 대표적이다. 백신연합 가비와 말라리아 치료제벤처Medicine for Malaria Venture의 경우처럼, 어느 부문도 채우지 못하는 간극을 채울 때는 공공–민간 파트너십이 성공적임이 입증되었다.

10년짜리 공동 혁신 프로그램에 쓰이는 돈은 연간 2500억 달러로, 그중 1퍼센트만 세계의 주요 건강 연구개발에 투입된다면 팬데믹의 위협을 극적으로 줄일 수 있다. 그 최우선 순위는 보편적인 팬데믹 인플루엔자 백신이 될 것이다. 마이클 오스터홀름은 7년에서 10년에 걸쳐 연간 10억 달러를 투자한다면 그 목표를 이룰 거라고 추산한다.[42] 2017년 현재 실제로 그런 백신 개발에 거의 12개 연구팀이 전념하고 있지만, 성공 가능성을 최대화하는 데 필요한 자금 중 극히 일부분만 지원되고 있다.[43]

전염병대비혁신연합Coalition for Epidemic Preparedness Innovation은 첫해에 펜데믹의 잠재력이 높은 3종 바이러스 백신을 개발하는 데 필요한 10억 달러 중 4억 6000만 달러를 확보함으로써 예상보다 큰 성공을 거두었다. 독일, 일본, 노르웨이 정부와 함께 게이츠 부부 재단과 웰컴트러스트가 지원을 약속했다.

3. 긴급 대응

긴급 에볼라 대응을 시작하고 3주 만에 김용은 유니레버의 CEO 폴 폴먼Paul Polman과 거대 보험사인 무니치레Munich Re의 회장 니콜라우스 폰 봄하르트Nikolaus von Bomhard에게 손을 내밀었다. 그가 물었다. "우리가 이 상황을 개선할 순 없을까요? 상황(전염병)이 나빠질 때 자동으로 긴급 자금이 흘러나오도록 안전장치를 구축할 방법이 없을까요?"

그들의 답변은 가난한 88개 나라를 위한 5억 달러짜리 혁신적인 펜데믹긴급자금조달Pandemic Emergency Financing, PEF 보험이었다. 2017년 스콜세계포럼Skoll World Forum에서 김용이 청중에게 말했다.[44] "세계은행에 따르면, 일찍이 에볼라가 발발했을 때 이 새로운 보험이 있어서 1억 달러가 동원되었다면, 환자 수가 10분의 1로 줄어들었을 거라고 합니다."[45]

PEF는 역사상 처음으로, 팬데믹의 위기를 보험으로 극복하여 가난한 나라들이 감염병으로부터 자국민과 세계를 더 쉽게 보호할 수 있게 하자고 제안했다. 그렇게 된다면 가난한 나라들은 전염병이 발발할 때 몇 개월 심지어 몇 년씩 돈을 기다리지 않고 즉시 충분한 지원을 받아 전면적으로 대응할 수 있다. 이 보험은 가난한 나라에게 처음 3년 동안 5억 달러까지 지원한다.

보험은 다음과 같이 운용된다. G7 원조국과 세계은행이 세계은행 국제개발원조International Development Assistance의 기준에 맞는 88개 나라를 대신해서 보험증권을 매입하고 보험료를 낸다. 이 증권에는 재보험 시장(즉, 무니치레처럼 보험을 보험회사들에게 판매하는 회사들)의 자금과 세계은행이 발행하는 팬데믹(재난) 채권의 수익이 하나로 묶여 있다. 그런 채권은 보통 경기순환의 하락기에 발생하는 위험과는 무관한 위험을 떠안는 대가로 투자자들에게 높은 수익을 돌려준다.

경제학자이자 미국 재무장관을 역임한 래리 서머스Larry Summers는 이렇게 말한다. "이건 윈-윈-윈이 될 수 있다. 세계은행은 전 세계, 특히 가난한 나라에 대한 중대한 위협을 완화하는 일에 금융 혁신을 활용하고 있다. 세계 자본시장의 방대한 재원이 극히 중요한 보험으로 흘러 들어가, 팬데믹 대비와 대응에 대단히 필요한 재정적 숨통이 되어줄 것이다. 그리고 요즘과 같은 제로 금리 시대에 수익을 바라는 투자자들에겐 새로운 투자처가 되고 있다."[46]

전염병이 발발한 경우에 PEF는 즉시 당사국과 적당한 국제기구에 자금을 푼다. 그 돈은 가난한 나라들이 감염병을 봉쇄하게 하는 것 외에도 자국의 보건 체계를 지탱하는 데 쓰인다. 1억 달러 범위 안에서 개발 파트너국의 장기 담보로 만들어진 지불준비금이 저소득 국가에 추가로 지원되어, 보험에는 포함되어 있지만 더 일찍 더 많은 지원금을 써야 하는 전염병 발발에도 대처할 수 있다. 그 1억 달러는 또한 PEF 보험에 들어있지 않은 새롭거나 알려지지 않은 병원균(예를 들어, 지카)에 대응하는 일에 갈 수도 있고, 위급한 경우 개발 파트너국이 서지 펀딩•으로 돌려쓸 수도 있다.

기대에 부응하여 PEF가 팬데믹 보험이라는 새로운 시장을 형성한다면 그 투자액은 유례없이 빠르고 적절한 전염병 대응에 쓰일 것이다. 그 결과 PEF는 잠재적으로 수많은 사람의 생명을 구하고, 대응 비용을 수십억 달러가 아닌 수백만 달러로 묶을 수 있다.

지금 투자할 것인가, 나중에 대가를 치를 것인가

공중보건에 투자하는 것이 합리적인 까닭은 백만 가지 또는 현재 세계 인구수인 75억 가지나 되지만, 그 모든 이유의 핵심은 우리 자신, 우리 가족, 우리 사회에게 찾아올 위험을 피하는 것이다. 발발이 초기에 억제되지 않고 유행하게 되면, 병을 통제하기까지 더 오랜 시간이 걸리고, 사망자 수가 훨씬 더 늘어나며, 기업, 정부, 국가 경제, 세계 경제가 감

• Surge Funding. 난민 급증에 따른 두려움, 혐오, 과격화 유행에 대처하게 하는 자금 지원.

당할 2차적 충격이 훨씬 커진다.

전염병과 관련하여 우리가 선택할 방안은 둘뿐이다. 지금 예방과 대비에 투자하는 것과 나중에 인명손실, 기업 파산, 사회 격변으로 대가를 치르는 것. 각국의 보건 체계와 기업들은 대부분 팬데믹에 준비되어 있지 않다. 하루속히 준비해야 한다. 활발한 연구자이자 현재 영국 웰컴트러스트 이사장인 제레미 패러Jeremy Farrar는 말했다. "우리는 군사적 위협으로부터 우리 자신을 보호하기 위해 엄청난 돈을 쓰지만, 20세기 초 이후로는 훨씬 더 많은 사람이 감염병으로 사망했다. 공중보건의 관점에서 우리는 극히 취약하다."[47]

물론 모든 투자처가 성공으로 보답하진 않는다. 전염병의 정확한 규모와 빈도에 관해서는 불확실성이 존재한다. 하지만 우리가 더 일찍 돈을 쓸수록, 현재와 미래에 더 많은 생명과 돈을 지킬 수 있다는 것은 분명한 사실이다. 그리고 일곱 가지 힘 중 이 행동에는 경이로운 점이 있다. 설령 우리가 과잉 투자를 한다고 해도 어쨌든 세계를 훨씬 더 안전하고 부유하게 할 거라는 점이다. 이 행동은 모든 방면에서 윈-윈이며, 적당한 투자로 막대한 이익을 창조한다.

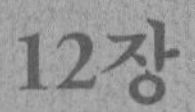

12장

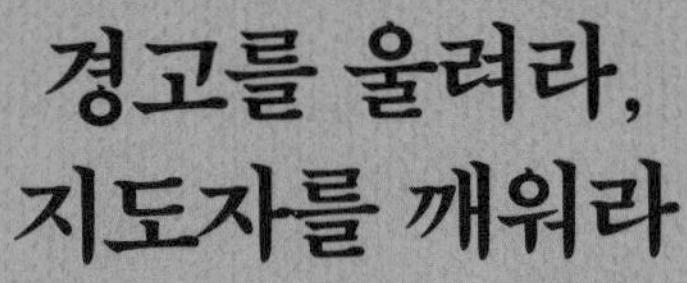

경고를 울려라, 지도자를 깨워라

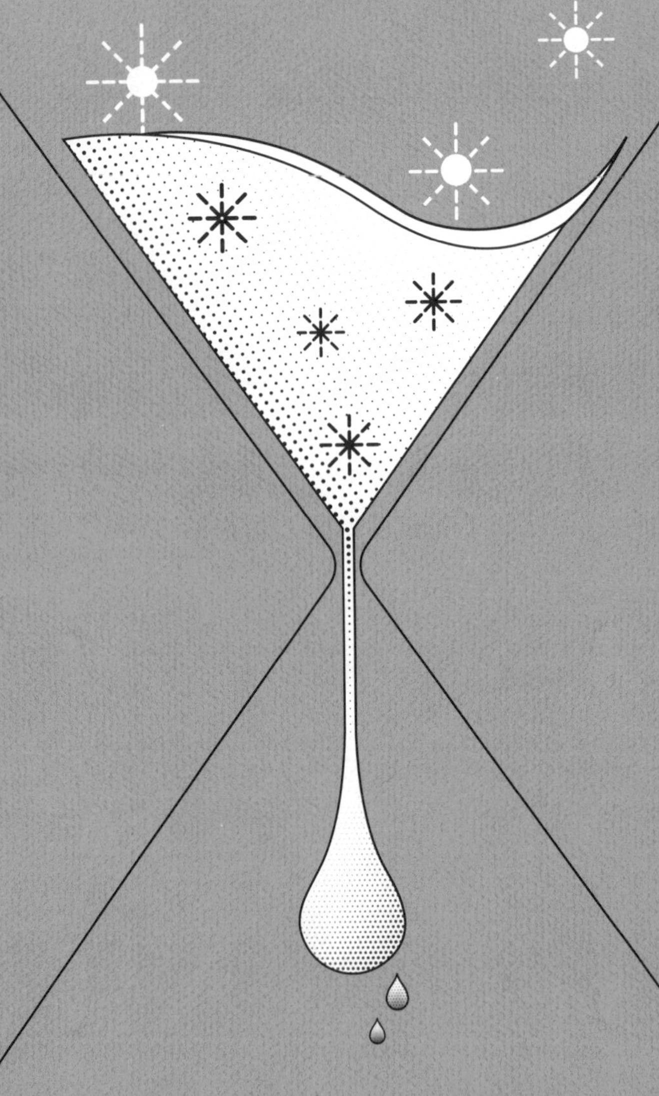

시민 활동가와 사회 운동 단체들이 국민을 움직이고
지도자들에게 압력을 넣어야 한다.

"

에이즈 퇴치 활동가 재키 아흐마트Zackie Achmat는 여러 해 동안 투쟁한 끝에 아프리카에 에이즈 치료를 안착시켰을 뿐더러, 전염병과 싸우는 일은 결국 사회 정의, 인권, 정치적 책임과 관련이 있음을 보여주었다. 에볼라 환자들을 돌본 노련한 미국 간호사, 케이시 히콕스Kaci Hickox를 비롯한 보건 종사자들은 간호하는 사람과 감염자들에게 낙인을 찍는 행위에 맞서 싸웠다. 글로벌시티즌Global Citizen과 ONE 캠페인 같은 단체를 이뤄 일하는 시민 활동가들은 대중을 동원하고, 지도자들에게 부인, 우유부단, 자기 이익과 맞서 싸울 책임을 지우는 일에 결정적인 역할을 한다. 팬데믹의 위협으로부터 세계를 안전하게 지키기 위해서는 보편적인 에이즈 치료나 소아마비 근절을 이뤘을 때와 똑같은 규모의 사회 운동이 필요할 것이다.

"

공중보건의 역사, 그리고 실제로 많은 분야의 사회 발전사는 더 건강하고 공정하고 좋은 사회, 나라, 세계를 주장한 사회 운동들로 가득하다. 그런 노력 덕분에 공중보건은 실제로 많이 향상되었는데, 도시 빈민의 건강을 개선하고자 한 19세기 운동들[1]에서부터, 흡연 관련 사망을 줄이고, 약물 남용을 통제하고, 여성의 출산권을 보호하고, 여성 할례를 종식하고, 소아마비를 퇴치하고, 에이즈 없는 세대를 달성하고, 막을 수 있는 유아 사망과 어머니 사망을 근절하는 최근의 운동에 이르기까지 그 위용은 실로 장대하다.[2,3,4]

정치학자 겸 작가이자 자칭 사회활동가인 피터 드라이어Peter Dreier는 20세기의 사회적 진보를 보면서 이렇게 말한다. "한 세대의 급진적 이념은 다음 세대의 상식이 되었다. 사회 운동은 이런 수많은 급진적 이념을 주변부에서 주류로, 논쟁에서 정책으로 변화시킨다." 20세기의 공중보건 이야기는 사회 운동이 압도적인 불리함을 극복하고 많은 것을 성취했음을 자랑스럽게 증명한다.[5]

사회 운동이 일곱 가지 힘의 한 요소인 것은, 그것이 없으면 정부는 항상 똑같이 최신 편향, 부인, 회피에 사로잡혀 국민을 고통과 죽음 앞에 내버려 둘 수 있기 때문이다. 일관된 행동주의가 필요한 이유는 겁쟁이를 일으켜 세우기 위해서가 아니다. 지도자가 부싯돌을 내밀고 몇몇 추종자가 불꽃을 일으킬 때 다른 모든 사람이 합류해야 모두에게 필요하고 모두가 누려야 하는 보건 정의를 위해 싸울 수 있기 때문이다.

지도자의 무지를 흔들어라

우리는 귀를 의심했다. 2000년 7월 9일 일요일 저녁, 아파르트헤이트를 무너뜨리기 위해 영웅적으로 투쟁했던 남아프리카공화국의 타보 음베키Thabo Mbeki 대통령이 더반의 국제 에이즈 회의에 참석한 1만 2000명 앞에서 그의 나라를 파괴하고 있는 에이즈 전염병은 CIA의 음모라고 대담하게 주장한 것이다. 그는, CIA가 '유독한' 항레트로바이러스제를 홍보하기 위해 HIV를 배양했고, 서양 제약회사들이 그 약제를 남아프리카공화국의 400만 감염자에게 팔아먹으려 한다고 단언했다.[6]

음베키는 머리가 좋은 사람이었지만, 나쁜 과학과 그릇된 신념에 사로잡혀 있었다. 항레트로바이러스 에이즈 치료제ARV가 '아파르트헤이트 시대의 세균전'이라고 확신한 음베키는 제약회사 이사들이 그의 국민을 기니피그처럼 취급하기로 마음먹은 백인 인종차별주의자라고 믿었다.[7] 그는 오직 아프리카인만이 아프리카의 문제를 해결해야 한다고 확신했으며, 결국 자국에서 개발되었다는 이유만으로 독성이 강하고 효과가 없으며 값이 싼 대체 의약, 비로딘Virodene(공업용 솔벤트가 주원료였다)에 희망을 걸었다.

마치 음베키가 드닷없이 지구는 평평하다고 선언한 것만 같았다. 그의 성명은 압도적인 과학적 합의에 부딪혀 가루가 됐을 뿐 아니라, 회의에 참석한 어느 전문가도 본 적이 없는 악성 전염병을 가장 충격적으로 부인한 사례가 되었다. 그의 비타협성이 낳은 결과는 이미 끔찍한 모습을 드러내고 있었다. 남아프리카공화국에서 이미 16만 명이 에이즈로 사망하고 고아들만 남아 마을을 이루고 있었다.

음베키는 올바른 에이즈 치료에 관해서는 완전히 틀렸지만, 그럼에도 한 가지에 대해서는 옳았다. 전염병이 돌면 가난한 사람들이 가장 먼저 쓰러지고, 개발도상국의 국민이 항상 더 많이 고통받는다는 점이다. 더반 회의가 열리기 불과 4년 전에 캐나다 밴쿠버에서 열린 1996년 국제 에이즈 회의에서 세계는 놀라운 뉴스를 듣게 되었다. ARV 치료법 덕분에 유럽과 북미에서 에이즈 환자들이 모두 퇴원하고 사망률이 극적으로 줄었으며, 심지어는 HIV 감염자 및 에이즈 환자들이 정상에 가까운 평균 수명을 누릴 수 있었다고 한다. 2000년에 지구 북쪽에서 에이즈는 빠르게 관리 가능한 만성질환이 되고 있었지만, 지구 남쪽에서는 여전히 사망 선고와 다름없었다. 아프리카에서 자신이 그 바이러스에 감염되었다는 것을 아는 감염자는 20명 중 한 명이 되지 않았고, 치료가 필요한 사람이 치료를 받고 있는 경우는 100명 중 한 명이 채 되지 않았다.[8]

재키 아흐마트, 에이즈 부인주의, HIV 치료를 위한 싸움

에이즈 팬데믹은 한 세대에 걸쳐 전 세계 많은 나라를 황폐하게 했다. 그러던 중 보건 교육, 예방 치료, 음베키가 비난했던 치료제가 맞물려 지구 북쪽에서는 통제되는 모양새로 돌아섰다. 하지만 남아프리카공화국의 에이즈 이야기는 특히 들어둘 만하다. 아프리카 빈민에게 ARV 치료제를 보급하기 위한 투쟁은 지극히 험난하고 낙심할 정도로 길었다.

이 싸움에서 위대한 영웅은 단연 재키 아흐마트였다. 따뜻하고 온화한 미소를 지닌 재키는 넬슨 만델라Nelson Mandela가 아파르트헤이트와 투쟁한 이후로 그 나라에서 가장 큰 저항운동을 이끌었다. 내가 재키를 처음 본 것은 음베키가 폭탄선언을 한 2000년 더반 회의에서였다. 그 자리에서 재키는 직접적이고, 사실적이고, 단호한 어조로 거대 제약회사의 치료제 가격과 음베키의 부인주의를 차례로 공격했다.

재키는 남아프리카공화국의 가난한 계층을 위해 평생 흔들리지 않고 싸웠다. 1960년대에 웨스턴케이프의 다인종 무슬림 동네에서 성장한 그는 한쪽이 말레이시아 혈통인 탓에 호박색 피부, 천진난만해 보이는 둥근 얼굴, 이제 희끗희끗해지기 시작하는 짙은 색 곱슬머리를 갖고 있었다. 자신이 만든 'HIV 양성' 티셔츠를 입은 그의 모습은 평생 거리에서 싸운 투사라기보다는 친절한 고등학교 선생님이나 축구 코치처럼 보였다. 재키는 아파르트헤이트 정책하에서 '유색인'으로 분류되어 백인의 특권을 인정받지 못했다. 백인들이 어머니와 같은 공장에서 일하는 흑인 친구와 이웃들을 차별하는 것에 그는 증오심을 느꼈다. 그리고 1976년 14살에 저항의 의미로 다니던 학교에 불을 질렀다.

그런 뒤 불의에 대한 투쟁의식이 뚜렷해지자 아파르트헤이트에 반대하는 아프리카민족회의African National Congress에 들어가 일하기 시작했다. 그는 구타를 견디고 단식 투쟁을 벌이며 감옥에서 15년을 보냈다.[9] 재키에겐 비밀이 있었다. 감옥에 가기 전에 남자 매춘부로 일한 것이다. 27세(감옥에서 나오고 몇 년 뒤이자 아파르트헤이트가 끝나기 전)에 그는 자신이 HIV에 감염되었고 에이즈로 죽어가고 있음을 알게 되었다. 남아프리카공화국에서 '게이 질환'에 걸리면 미국에서 환자들이 느끼는 그 모든 낙인은 물론이고 그 이상의 차별을 겪는다.[10,11]

1990년 말에 재키는 동성애자 인권 및 에이즈 활동가가 되었다. 그의 혈액에서 사는 HIV 바이러스가 결국 에이즈를 유발했을 때 그는 고가의 ARV 치료제가 가난한 남아프리카공화국 사람들에게 돌아갈 수 있게 하자는 운동을 시작했다. 운동의 표적은 거대 제약회사로, 유명 상표가 찍힌 치료제 가격이 1인당 1년에 1만 달러였다.[12] 가난한 국민은 치료제를 구입할 여력이 없었고, 국경없는의사회 같은 단체들은 필요한 돈을 모아 환자를 치료할 수가 없었다.

재키는 치료행동캠페인Treatment Action Campaign, TAC라는 운동을 시작했다. TAC는 즉시 관심을 사로잡아 활동가 수십 명을 끌어들이고, 이어 수십만 명을 끌어들였다. HIV 감염자들과 그 후원자들은 모두 'HIV 양성'이라고 써져 있는 티셔츠를 입기 시작했다. 예전 같았으면 구타나 죽임을 당할 수도 있는 일이었다. (이 영리한 티셔츠 전략 때문에 감염자를 비감염자와 구별하는 것이 불가능해졌다.) 재키의 캠페인은 돈이 없어 항바이러스제 네비라핀을 구입하지 못하는 어머니들의 HIV 양성 아기 4만 명을 위해서도 싸우는 셈이었다. 아기들을 죽인다는 비난은 원치 않았던 이 나라 보건부 장관은 마침내 고집을 꺾고 정부가 ARV 치료제의 복제약을 수입할 수 있도록 의약법을 개정했다.

하지만 복제약은 금방 들어오지 않았다. 39개 제약회사들이 남아프리카공화국을 상대로 새로운 법을 시행하지 못하게 하는 소송을 제기했다. 또한 클린턴 행정부도 제약회사의 로비에 굴복하여 처음에는 무역제재 카드로 남아프리카공화국을 위협했다. 하지만 TAC와 ACT UPAIDS Coalition To Unleash Power, 권력해방을위한에이즈연대 같은 단체들의 압력이 거세지고, 당시에 내가 이끌고 있던 WHO 필수약 프로그램을 통해 강한 합법적 방어가 가세하자 제약회사들은 2001년 4월에 백기를 들고 소송을 취하했다. 하지만 소송전에서 승리하고 3년이 흐른 뒤에도 저렴한 복제약을 손에 넣기에는 많은 난관이 남아 있었다.

한편 재키는 목숨을 걸고 사선에 서기로 마음을 정했다. 그는 정부가 모든 국민에게 에이즈 치료제를 제공하기로 약속할 때까지 스스로 값비싼 치료제를 모두 거부했다. 1999년에 그가 기자들에게 말했다. "어쩌면 내가 끔찍하게 죽을 수도 있을 겁니다. 의학이 발전해서 그럴 필요가 없는데도 말입니다." 그는 자신의 목숨이 걸려 있다는 걸 알고 있었지만, 그 일을 피해서는 안 된다고 느꼈다. 그가 말했다. "돈으로 생명을 살 수 있다니, 이건 잘못된 일입니다."[13]

음베키 정부에 맞서 오랜 투쟁을 이어가는 동안 재키의 절친한 친구이자 동맹자로서 그의 곁을 지킨 사람이 있었다. 헌법재판소 판사 에드윈 카메론Edwin Cameron이었다. 법은 징계와 교정 수단 이상이 되어야 한다는 것이 카메론의 강한 신념이었다. 1980년대에 동성애자임을 밝힌 카메론은 에이즈법프로젝트AIDS Law Project라는 변호단체를 만들었는데, 1990년대에 재키도 이 단체에서 일했다.[14] 카메론 역시 고등법원 판사로 일하던 시절에 에이즈에 걸렸지만, 가난한 대다수 국민과는 다르게 약값으로 1년에 1만 달러를 낼 여력이 있었다. 그는 또한 안전한 직업과 사랑하는 가족의 혜택을 누리고 있었다. 그는 이렇게 썼다. "우리가 가난하지 않을 수 있었던 것은 내가 백인이기 때문이었다."[15]

카메론은 재키의 용기를 목격한 뒤로 그 자신의 침묵이 점점 견딜 수 없게 되었다고 회고했다. 그래서 1999년에 그는 자신의 병을 세상에 알림으로써, 그의 나라에서 그런 사실을 밝힌 최초의 공인이 되었다. "털어놓고 나니 엄청난 위로가 몰려왔다."[16] 카메론에게 정의는 무엇보다 아파르트헤이트에 뿌리를 둔 인종주의와 차별에 맞써 싸우는 것을 의미했다. ARV를 국민 모두에게 제공하는 문제에 대해 그는 이렇게 말했다. "나는 하나의 공적 이슈보다 더 큰 것을 위해 싸우고 있었다. 나는 또한 나 자신을 위해 싸우고 있었다."[17]

일각에서는 카메론에게 욕을 하기도 했지만, 명망 있는 고등법원 판사이자 에이즈를 앓고 있는 남성 동성애자라는 지위 덕분에 그의 말과 글은 뜨거운 신뢰를 불러일으켰다. 치료제 보급을 위해 싸우는 동안 카메론은 판결을 내리는 사람으로서 불안정한 외줄타기를 해야 했다. 하지만 법과 정치를 세심하게 조율하던 그 시기에도 그는 도덕적으로 자신이 옳다고 생각하는 것을 옹호해야 한다고 느꼈다.

＊＊

TAC 활동가들은 치료제가 생명을 구할 수 있다는 말을 퍼뜨리기 위해 전력을 다했다. 음베키가 우리를 충격에 빠뜨리기 전날 오후에 수천 명이 구입 가능한 치료제를 요구하며 더반 거리를 행진했다.

2000년 에이즈 회의는 TAC에 결정적인 순간이 되었지만, 결국 전 세계가 에이즈 치료를 받을 수 있게 하는 운동에도 중요한 순간이 되었다. 음베키의 연설이 나간 다음 날 아침, 에이즈 회의는 카메론 판사의 강력하고 감동적인 탄원으로 시작했다. 연설 제목은 '에이즈에 대한 천둥 같은 침묵'이었다.[18] 그는 음베키의 무지한 입장을 비판하고, 남아프리카공화국에서 5000명의 아기가 HIV에 감염된 채 태어난다고 지적했다. 그는 공정한 약값을 요구했다.[19] "나의 조국에서 인권과 민주주의에 헌신해왔던 정부, 아프리카와 전 세계에 빛나는 모범이었던 정부가 거의 모든 기회마다 이 전염병을 잘못 취급해왔습니다." 그로부터 3년 뒤 카메론은 하버드법학대학원에서 신랄한 연설을 통해 남아프리카와 에이즈 부인주의와 홀로코스트 부인을 연결지었다.[20,21]

정부가 부인과 미루적거림을 계속할 때 TAC는 시골 마을과 붐비는 도시 거주지에 팀을 보내 (공급량이 부족한) ARV를 적절히 복용하는 법을 가르치며 투쟁을 이어나갔다. 그 약을 공급할 인프라가 병원에 없다고 음베키 행정부가 주장할 때도 TAC는 그 일을 계속했다. 그러는 동안 HIV 감염자는 더 많이 병에 걸리고, 더 많이 죽어갔다. 재키는 여전히 생명을 좌우하는 값비싼 치료제를 거부했다. 이 투약 거부가 알려지자 전 세계 사람들이 그 운동에 더 많은 관심을 쏟기 시작했다. 엘튼 존Elton John은 에이즈 재단의 연례 무도회에 재키를 명예 게스트로 초대했다. 《타임유럽Time Europe》은 그를 '올해의 영웅'으로 선정했다.[22] 마침내 길고 괴로운 침묵 끝에 넬슨 만델라 전 대통령이 텔레비전에 나와 TAC가 벌이고 있는 일을 공식적으로 수용했다. 대중 저항운동, 전 국민 치료제 보급 캠페인, 에이즈 교육 프로그램, 미디어의 지원을 하나로 연계한 것이 사람들의 마음과 생각을 바꾸는 데 결정적이었다. 넬슨 만델라의 협력을 얻어낸 것 외에도 TAC는 남아프리카의 명망 있는 여러 지도자에게서 에이즈 치료제에 찬성하는 연설을 이끌어냈다.

이 모든 노력과 국내 및 국제 사회의 외침에도 불구하고 음베키 대통령은 비타협을 고수했다. 투쟁 수위를 높여 법정으로 갈 때가 되었다. TAC의 치밀한 캠페인 전략가 네이선 게펜Nathan Geffen은 TAC 지도자들에게 에이즈 치료제 보편 공급이라는 최종 목표에 똑바로 접근하지 말라고 영리하게 조언했다. 대신에 작은 법률적 승리를 차곡차곡 쌓아야 전쟁에서 이길 수 있었다. 2002년에 TAC는 아기들이 바이러스에 감염되지 않도록 HIV 양성 임산부들이 네비라핀을 복용할 수 있게 해달라고 남아프리카 최고 법원에 요청했다. 게펜이 내게 말했다. "우린 이 프로그램을 시행하면 아이들이 감염되지 않으니 비용이 크게 줄어든다는 점을 증명했어요. 정책 변화에 대해서는 별로 요구하지 않았어요. 현재의 정책이 비합리적이라고 말한 것 외에는 말이죠. 그리고 아이들과 관련해서는 헌법적 권리가 어른보다는 훨씬 더 잘 시행됐지요."[23] 남아프리카공화국 법원은 승리를 넘겨주는 것 외에는 별다른 방도가 없었다. "너무 소박한 것을 요구하지 않느냐고 우릴 비판하는 사람도 있었지요. 하지만 그건 중요하지 않았어요. 그건 더 큰 프로그램을 쌓아 올릴 발판이었으니까요." 남아프리카공화국 최고 법원인 헌법재판소는 TAC의 주장에 동의했고, 마침내 여성들은 치료제를 받기 시작했다.[24]

게펜이 분석하기에 그 법률적 승리는 TAC의 네 가지 요점 전략 덕분이었다. (1)조사. 질병과 치료제 그리고 치료제 보급에 필요한 것을 이해한다. (2)동원. 치료제가 어떻게 생명을 구할 수 있는지를 사람들에게 말하고, 많은 사람이 행진하면서 치료제를 요구하는 함성을 내게 한다. (3)미디어 지원. 국민에게 치료제를 보급하는 것이 도덕적으로도 실용적으로도 옳다고 주장한다. (4)법률 전략. 법원을 이용하여 다른 방법으로는 꿈쩍하지 않을 경계를 밀어 넓힌다.[25]

나는 게펜에게 이렇게 물었다. 혹시 TAC가 대중 운동을 거치지 않고 즉시 법에 호소했다면 ARV가 임신한 여성들에게 더 빨리 당도하지 않았을까? 그러자 게펜이 분명하게 답했다. "다른 세 가지 요소가 없었다면, 법률 전략은 먹히지 않았을 겁니다." 그는 남아프리카공화국에서 불의와 싸워 승리한 사례는 적지 않았다고 설명했다. 하지만 가장 큰 승리도 법 집행이 없으면 공허했다. 그는 네비라핀 소송에서 승리했을 때 "보건부 장관은 자신은 판결을 이행할 뜻이 없다고 분명히 밝혔다"고 설명했다.

중국에서 사스 문제가 터졌을 때와는 정반대로 음베키와 그의 내각에는 대중적인 망신이 효험을 발하지 못했다. 더 큰 싸움이 필요했다. 2003년에 재키와 TAC는 거대한 시민 불복종 운동을 조직했다. 행동가들이 곳곳에 장관들의 얼굴이 들어간 '수배 중' 포스터를 붙였다. 전국에서 매일 수백 명이 경찰서와 공공건물을 가득 메웠다. 대중의 지지는 어마어마했다.

이 무렵 재키의 상태는 위중했다. 만델라를 비롯한 많은 사람이 투약 거부를 중단하라고 강력히 권유했다. 순교자보다는 살아 있는 지도자일 때 훨씬 더 빛을 발하는 사람이었다. TAC가 연례 회의에서 투약 거부를 중단하라고 요구하자 재키는 비로소 뜻을 굽혔다. ARV 치료제를 복용한 지 2주 만에 그의 에너지가 되살아났다.

당시 WHO의 에이즈 분과를 이끌며 사회 정의를 열렬히 옹호했던 김용이 그 싸움에 합류했다. 그는 처절한 투쟁 끝에 아파르트헤이트를 끝낸 바로 그 정부가 에이즈 치료제에 관해서는 국민의 복지를 완강하게 외면하고 있다는 사실에 경악을 금치 못했다. 그가 말했다. "승리하기 위해서는 최상부가 정치적으로 인정해야 한다. 대통령과 보건부 장관이 치료 확대를 망설이다니, 이건 있을 수 없는 일이다. 전염병이 기본적으로 이 나라 국민의 평균 수명을 갉아먹고 있지 않은가? 대통령이 직접 관여해서 국민을 책임져야 한다. 대통령은 이렇게 말해야 한다. '좋아, 이번 주에는 몇 명을 구했지? 우린 왜 이렇게 느리지?' 그렇게 한다면 남아프리카공화국은 몇 달 만에 50만 명을 치료할 수 있다. 아프리카의 다른 어떤 나라보다 더 큰 능력을 갖고 있기 때문이다."[26]

2004년에 음베키의 정부는 마침내 압력에 굴복하고 에이즈 치료제를 천천히 풀기 시작했다. 2008년에 음베키가 권력에서 물러난 뒤에야 비로소 새 보건부 장관 바버라 호건Barbara Hogan은 "남아프리카공화국에서 부인주의 시대가 완전히 끝났다"고 공식적으로 선언했다.[27] 보급은 아주 빨리 늘어나 2010년에는 100만 명이 치료 혜택을 누렸다. 이로써 남아프리카공화국의 프로그램은 세계에서 가장 큰 규모에 도달했으며,[28] 지금까지도 그 규모를 유지한다.[29]

아프리카에 에이즈 치료제를 들여오기 위한 재키의 투쟁은 전염병과의 싸움이 궁극적으로 공중보건보다 훨씬 더 큰 문제와 관련이 있음을 보여주었다. 미래에 팬데믹의 위협으로부터 세계를 안전하게 지키기 위해서는 전 세계에서 수백만 명이 공중보건뿐 아니라 사회 정의, 인권, 정치적 책임을 옹호할 필요가 있다.

지역 캠페인에서 세계적인 운동으로

음베키 대통령의 편집증적인 수사에도 불구하고 2000년은 결국 에이즈로 고생하는 사람들에게 긍정적인 티핑포인트가 되었다. 그해에 클린턴 행정부는 HIV 및 에이즈 옹호 단체인 ACT UP의 압박에 밀려 거대제약사의 로비스트들에게 "안 된다"라고 말했다. 그들은 특허권 그리고 탐욕을 내세워 남아프리카공화국이 ARV 복제약을 사용하지 못하게 가로막고 있었다. 9월에 에이즈와의 싸움은 세계 정상들이 선언한 8대 밀레니엄개발목표Millennium Development Goals 중 하나가 되었다. 코피 아난Kofi Annan 유엔 사무총장, 그로 브룬틀란트 WHO 사무총장, 피터 피오트Peter Piot

UNAIDS 이사, 아일랜드 록스타 출신의 활동가 보노Bono, 빌과 멜린다 부부, 그리고 모든 대륙의 열성적인 정부들이 주도하여 수십억 달러 규모의 에이즈, 폐렴, 말라리아 퇴치를 위한 세계 펀드Global Fund to Fight AIDS, Tuberculosis, and Malaria를 출범시켰다. 조지 부시는 2003년 신년 국정 연설에서 에이즈구호대통령비상계획을 발표했다. 이 프로그램들이 맞물리자 단 하나의 질병을 치료하기 위해 세계보건사상 가장 큰 공중보건 프로그램이 탄생했다.[30]

시작할 때는 ACT UP, TAC, 국경없는의사회, 전 세계 에이즈 활동가들의 캠페인이었던 것이 국제기구, 각국 정부, 대학, 비정부기구, 그 외 수많은 협력자가 공동으로 추진하는 눈부신 사회 운동이 되었다.[31,32,33] 에이즈는 1980년대 초에 처음 출현했고, 항레트로바이러스 치료제가 널리 보급되기까지 15년 이상이 걸렸는데, 그사이 수백만 명이 이 병으로 목숨을 잃었다.[34] 그러나 2000년부터 2015년까지 전 세계에서 생명과도 같은 에이즈 치료제에 접근할 수 있는 사람이 69만 명에서 1700만 명으로 25배 증가했다.[35,36]

물론 세계 곳곳에 우리의 생명과 건강을 크게 위협하는 것들이 아직 남아 있다. 그러나 HIV와 에이즈 분야에서만 얼마나 큰 변화가 일어났는지를 생각해본다면, 활동가들이 이끌어낸 성공은 눈이 부시다. 2013년 테드 강연에서 보노는 이렇게 말했다. "객관적인 눈으로 현실을 바라볼 때, 우리는 평등을 향한 인류의 길고 느린 여행이 실제로 빨라지고 있음을 알게 됩니다. 우리가 성취한 것들을 보세요. 2000년 이후, 밀레니엄이 시작된 이후로, 800만 이상의 에이즈 환자가 목숨과도 같은 항레트로바이러스 약을 복용하고 있습니다."[37]

지위와 무관하게, 병든 사람뿐 아니라 그들을 간호하는 사람까지도 가장 먼저 의심의 눈초리를 받는다. 질병과 관련된 모든 사람에게 낙인을 찍고 싶어 하는 인간의 두려움과 무지 때문이다. ACT UP이 훌륭하게 입증했듯이, 낙인과 정치적 무지에 맞서 싸우는 법은 행동주의뿐일 때가 있다.

30여 년 전에 처음 퍼진 에이즈, 그리고 마녀사냥, 정치적 과시, 비난, 인권의 문제가 다시 떠올랐던 서아프리카 에볼라 바이러스의 유사점들을 생각해보자. 에이즈에 대한 대중적 히스테리에 사로잡혀 사람들은 남성 동성애자와 헤로인 사용자를 비난하고 괴롭혔다. 언론인 활동가 로리 개럿은《신뢰의 배반: 세계 공중보건의 몰락Betrayal of Trust: The Collapse of Global Public Health》에서 HIV 감염자 및 에이즈 희생자에 대한 '타자화Othering'를 다음과 같이 요약했다. "혈우병 환자의 집이 불에 타고, 이성애자 사회의 관심을 거의 받지 못한 채 남성 동성애자들이 대량으로 죽어 나가고, 정맥주사로 마약을 사용하는 사람들에게 소독한 주사기가 지급되지 않고, 매춘부들이 감옥에 갇히거나 치료를 받지 못하고, 많은 의사와 치과의사들이 HIV 양성 환자에게 감염과 무관한 치료를 해주지 않았다."[38]

에볼라 환자와 그 간호자들이 겪은 사회적 낙인은 에이즈 환자들이 겪은 것과 놀라울 정도로 비슷했다. 라이베리아의 생존자들은 에볼라로 거의 죽을 뻔하다 살아났더니 그때부터 적의, 배척, 실업과 맞닥뜨렸다고 했다. 많은 생존자가 집에 돌아와 보니 재산이 파괴되어 있었다고 말했다.[39] 심지어 목숨을 걸고 에볼라 환자를 도왔던 사람들도 지독한 낙인에 시달렸으며, 몇몇 의료 종사자는 살해당했다. MSF의 의사와 함께 일하던 한 조수는 이렇게 물었다. "우리가 그 병에 희생되면, 고향 마을 사람들은 우리가 죽어 없어졌다고 즐거워하며 축하할까요?"[40]

낙인의 희생자 중에 35살의 간호사 케이시 히콕스가 있었다. 그녀는 시에라리온에서 MSF와 함께 에볼라 환자를 치료했고, 그전에는 콜레라, 홍역, 황열병 발발에 대응한 경험이 있었다. MSF의 모든 자원봉사자처럼 히콕스도 바이러스에 감염되지 않도록 극도로 주의하며 표준 규정을 준수했다. 2014년 10월에 그녀는 아프리카에서 육체적, 감정적으로 힘들게 몇 주를 보낸 뒤 메인주의 집으로 빨리 돌아가기를 고대하며 뉴어크 국제공항에 도착했다. 이틀간 여행을 한 터라 도착했을 땐 배고프고, 지치고, 시차증으로 피곤했다. 그녀는 이제 곧 훨씬 더 큰 시련을 겪게 되리라고는 조금도 예상하지 못했다. 뉴저지 주지사 크리스 크리스티Chris Christie의 호의로 말이다.

뉴욕, 일리노이, 플로리다 주지사들과 더불어 크리스티 역시 공중보건과 감염병 전문가들의 권고를 무시하고 서아프리카에서 입국하는 모든 사람에게 21일간 격리 명령을 발했다. 히콕스는 이미 에볼라 음성 판정을 받았지만, 뉴저지주 뉴어크의 유니버시티병원 주차장 한쪽에 설치된 차디찬 비닐 텐트에 격리되었다. 그녀의 격리는 연방 기준이 요구하는 것보다 더 엄격했다. 텐트 안에는 침대와 휴대용 변기가 있었고, 샤워 시설은 없었다. 방문객은 받을 수 없었고, 가족과 휴대전화로 통화만 할 수 있었다. 그녀는 이렇게 회고했다. "크리스티 주지사가 나에 대해 어떤 음모를 꾸미고 있는 것 같다고 느꼈다. 무섭고 외로웠다. 텐트의 창을 통해 사랑하는 사람들을 보고 얘기하는 것마저 할 수가 없다니 정말 어이가 없었다."[41]

의학적으로 정당한 상황에서는 격리하는 게 타당하다. 에볼라같이 전염력이 높은 병의 실질 확진자에겐 그런 조치가 필요하다. 하지만 과학적 증거가 아닌 두려움에 기초한 정책은 증상이 없는 사람도 은밀하게 병을 전파할 수 있다는 믿음을 퍼뜨리기 때문에 히스테리를 부추긴다. 결국 히콕스는 정치 편의석 수난이었다. 크리스티는 당시에 공화당 주지사 연합Republican Governors' Association의 회장으로 미국 대통령 출마를 계획하고 있었다. 그 상황에서 히콕스가 누구에게도 위험하지 않다는 사실을 알면서도 부당한 결단력을 온 나라에 과시한 것이다. 크리스티는 그녀의 상태가 확연히 안 좋았다고 거짓말했다.[42] 그는 〈폭스 뉴스〉에 나와 이렇게 말했다. "정부가 할 일은 시민의 안전과 건강을 지키는 것입니다. 그래서 우린 이렇게 조치했고, 그에 대해서는 재고의 여지가 없다고 생각합니다."[43] 이어 유언비어의 완벽한 사례가 그의 입에서 나왔다. 크리스티 의원은 《뉴스위크》에서, 그 격리 정책은 대중의 히스테리를 진정시키고 "에볼라에 걸렸을지 모르는 사람들이 이 동네 저 동네 돌아다니지 않을 거라는 확신을 국민에게 주고자 한 것이었다"고 말했다.[44] 하지만 그런 명령은 국민에게 더 큰 두려움만을 안긴다.

크리스티처럼 2016년 대통령 경선에서 패배한 루이지애나 주지사 바비 진달Bobby Jindal도 그와 비슷하게 에볼라 전염병을 이민 제한 캠페인의 구실로 삼았다. 진달은 미국이 서아프리카에서 들어오는 사람들에게 국경을 차단해야 한다고 주장했다. 이렇게 되면 재난 국가들이 더 고립되고, 그 나라에 필수 지원품을 전달하기가 더 어려워진다.[45] WHO의 부총장 브루스 애일워드Bruce Aylward가 언급했듯이, 그렇게 독단적으로 여행을 금지하면 세계가 더 안전해지는 것이 아니라 더 아프게 된다. 여행과 무역이 더 어려워질수록, 적절한 대응을 하기가 더 어려워진다는 것이다.[46] 실제로 극약 처방식 정책은 다른 면에서 예상치 못한 부작용들을 부른다. 2장에서 이야기했던 텍사스주의 에볼라 환자 토머스 던컨의 경우처럼, 전염병이 유행하는 나라에서 돌아오는 환자들은 자신의 여행 경로를 솔직하게 보고하지 않는 경향이 있다. 또한 돌아오는 것이 차갑고 샤워 시설도 없는 비닐 텐트와 사회적 낙인뿐이라면 어떤 의사나 간호사가 위험 지역으로 가서 자원봉사하려고 하겠는가?

격리가 풀린 후 히콕스는 메인주의 집으로 돌아갔다. 메인주에서도 지사가 그녀를 격리하고 싶어 했지만, 한 판사가 그 조치를 무효화했다.[47] 그 판사의 결정은 다른 공무원들이 그 뒤에 귀국하는 에볼라 의료진들을 격리하지 못하게 하는 법률적 선례가 되었다. ACLU미국시민자유연맹의 도움을 받아 히콕스는 불법 감금, 사생활 침해, 적법한 절차 위반 등을 근거로 크리스티와 뉴저지주 공무원들에게 25만 달러의 손해배상 소송을 제기했다. 다시 한번 에이즈 활동가 단체인 ACT UP이 도움에 나서, 페이스북에 반에볼라액트업ATC UP Against Ebola이라는 프로필을 만들고 에볼라에 과학에 기초하여 현명하게 반응할 것을 촉구했다. ACT UP은 에이즈 연구자, 활동가, 공중보건 전문가가 114명이 공동 서명한 편지를 뉴욕주 지사 앤드루 쿠오모Andrew Cuomo에게 보내 그 격리 명령이 비과학적이고 부끄러운 것이었다고 못 박았다. ACT UP 회원이자 TAC와 ACT UP의 이사인 마크 해링턴Mark Harrington은 《뉴스위크》를 통해 말했다. "우리가 에이즈 전염병을 겪으면서 알게 된 분명한 교훈은 정치인은 과학을 정말 못 한다는 것이다."[48]

다른 활동가들도 보건 종사자들이 낙인의 피해자가 되지 않고 안전하게 일하도록 도움의 손을 내밀었다. 휴먼라이츠워치Human Rights Watch, 국제앰네스티Amnesty International, 그 밖의 시민단체들은 보건 종사자들을 더 잘 보호해달라고 요구했다. 텍사스주 간호사 두 명이 에볼라에 감염됐을 때 회원이 1만 8000명에 달하는 전미간호사연합National Nurses United은 46개 주 병원의 간호사 수천 명을 대상으로 설문조사를 했다. 응답자의 85퍼센트가 지금 근무하는 병원에는 간호사들이 궁금한 점을 질문하고 배울 수 있는 교육 과정이 없다고 답변했다. 간호사들은 조사 결과를 언론에 공개하면서, 최상의 보호복과 교육을 제공하고 에볼라 전파를 그들 탓으로 돌리는 행위를 막아달라고 큰 목소리로 분명하게 요구했다.[49]

"정부 공무원들이 과학적으로 불확실한 정책을 만들어 국민의 건강을 지키지 못하는 것을 바라만 본다면, 우리는 질병이라는 적들에게 승리를 내주게 될 것"이라고 히콕스는 강조한다. "나는 간호사로서 대변자 역할을 하도록 훈련받았다. 하지만 우리 환자들을 대변하기 위해 나 자신과 동료들을 대변할 필요가 있으리라고는 단 한 번도 생각하지 않았다. 공중보건에 찾아올 다음 위기에 더 잘 준비하고, 두려움이 팽배한 시대에 정부의 과도한 정책으로부터 사람들을 보호하기 위해 우리는 실수로부터 교훈을 얻을 필요가 있다."[50]

글로벌시티즌과 ONE, 다수의 힘

위대한 인권 투쟁은 모두 압도적으로 많은 사람이 투쟁에 참여해서 지도자가 그들의 요구를 들어주지 않을 수 없을 때 성공한다. 오늘날 트위터, 페이스북, 그 밖의 대중적인 소셜미디어들이 유행하는 시대에, 변화를 요구하기는 그 어느 때보다 수월해졌다. 하지만 중요한 것은 사람들이 단지 링크를 클릭하게 만드는 것뿐만 아니라 그 이상을 하도록 유도하는 것이다.

글로벌시티즌Global Citizen은 우리 시대에 온라인 시민 행동을 대표하는 사례다. 《뉴욕타임스》는 이 단체를 창립한 33살의 휴 에반스Hugn Evans를 '자선의 천재'라고 불렀다. 호주의 이 '자선사업기업가Philanthropreneur'[51]는 14살에 마닐라 빈민가에 잠시 머물 때 소니 보이Sonny Boy라는 소년과 친구가 되었다. 소니는 연기가 피어오르는 쓰레기 산 위에서 살았다. "사람들은 그곳을 '연기가 피어오르는 산'이라 불렀지요." 2016년 2월 테드 강연에서 에반스가 말했다.[52] "하지만 낭만적인 이름에 속아서는 안 됩니다. 그곳은 고약한 냄새가 나는 매립지일 뿐이죠. 소니 보이 같은 아이들이 날마다 그 속을 뒤지면서 돈이 되는 물건을 찾습니다."

그 경험을 한 뒤로 에반스는 극빈을 끝장내는 일에 일생을 바치겠노라고 선언했다. 시민단체인 세계빈곤프로젝트Global Poverty Project를 공동 창립하고, 글로벌시티즌을 창립한 뒤로 에반스는 변함없이 그 일에 매진했는데, 영리하게도 목표 달성에 록 음악을 이용하고 있다. 에반스는 테드 청중에게 이렇게 말했다. "소니 보이 같은 아이들을 도우려 한다면, 그에게 몇 달러를 보내거나 그가 사는 쓰레기 처리장을 청소하는 건 별

소용이 없습니다. 문제의 핵심은 다른 곳에 있기 때문이죠. 자선은 필요하긴 해도 충분하진 않습니다. 우리는 세계적인 규모로, 체계적인 방법으로 이 문제에 도전해야 합니다. 따라서 내가 할 수 있는 최고의 일은 집에 있는 많은 시민을 조직해서 우리 지도자들에게 그 체계적인 변화에 힘써 달라고 촉구하게 하는 것입니다."

음악이 거부할 수 없는 마력을 지녔다는 전제하에 에반스는 2012년에 뉴욕 센트럴파크 그레이트 론에서 글로벌시티즌의 기대한 자선 음악회 중 첫 번째를 개최했다. 그는 행사를 허가해달라고 시 공무원들을 설득하고, 콘서트 제작자를 구해 무료 콘서트를 기획했다. 닐 영Neil Young 같은 록스타들이 시간을 기부하고, 푸 파이터스Foo Fighters와 블랙 키스Black Keys 같은 유명한 밴드들이 동참했다. 2015년에는 스티비 원더Stevie Wonder, 킹스 오브 리온Kings of Leon, 알리샤 키스Alicia Keys, 존 메이어John Mayer가 9월 말 축제를 이끌었다. 자신이 말한 대로 에반스는 돈만 모금하지 않고 사람들에게 행동을 촉구했다. 콘서트 관객은 티켓을 살 수 없었다. 대신 글로벌시티즌 홈페이지(globalcitizen.org)에 가입해서 세계 곳곳의 극빈과 질병에 관한 비디오를 시청하고, 소셜미디어에 정보를 포스팅하고, 디지털 청원에 서명하고, 자선단체에 돈을 기부해서 포인트를 쌓고 그 점수로 티켓을 사야 했다. 에반스가 《뉴욕타임스》에서 말했듯이, '경험 전체를 게임화'하고, '지속 가능한 운동'을 만들어내는 것이 그 목적이었다.[53]

2015년에는 매주 10만 명이라는 경이로운 수가 글로벌시티즌에 가입했다고 에반스는 말한다. 빈곤, 질병, 환경 파괴 등을 끝내고자 하는 사람이 그렇게 많았다. 글로벌시티즌의 수백만 회원이 설득하자 전 세계 정부들은 교육, 공중위생, 의료 서비스에 투자하지 않을 수 없었다.

정부 지도자들의 등을 떠미는 방법은 효과가 있었다. 글로벌시티즌 콘서트 무대에서 세계은행 총재 김용은 다양한 정부 기관에서 기부금 150억 달러가 들어왔다고 발표했다.

글로벌시티즌이 보건의 전선에서 힘쓰는 일 중에는 백신 접근성을 높이기 위해 헌신하는 백신연합 가비를 우회적으로 지원하는 노력이 있다. 2000년부터 가비는 5억 명 이상의 어린이가 예방접종을 받을 수 있도록 힘써왔다. 예를 들어, 2014년에 가비 회원 4만 6000명은 ONE 캠페인과 공동으로 청원서에 서명한 뒤 그것을 USAID 국장인 라지 샤Raj Shah에게 전달했다. 전 세계에서 쇄도한 기부 약속은 가비가 목표로 한 75억 달러를 초과했고, 그로써 개발도상국 어린이 3억 명 이상이 백신을 맞게 되었다.[54]

가비의 힘은 앞서 언급한 또 다른 시민단체, ONE 캠페인과 공조하는 데서 나온다. 그 이름이 'ONE'인 것은 전 세계 700만 회원이 특히 아프리카에서 빈곤과 질병을 끝내자고 한목소리를 내기 때문이다. ONE의 슬로건은 이렇다. "우리는 당신의 돈을 바라지 않는다. 우리는 당신의 목소리를 원한다." ONE은 박사들에게 의뢰해서 정책에 관한 논문을 작성하고, 연구조사를 하고, 정부에 로비 운동을 한다. 보건과 빈곤 문제에 대한 인식을 높이고, 정부의 비밀과 부패를 밝혀내 가난한 사람들에게 필요한 도움이 돌아가게 하려는 것이다.

글로벌시티즌처럼 ONE도 대중의 인식을 높이고 정치 지도자들을 압박하지만, 글로벌시티즌과는 달리 돈을 모아 현장을 지원하진 않는다. 그보다는 월드비전Wolrd Vision, 옥스팜Oxfam, 빌앤멜린다게이츠재단 같은 단체들과 협력하여 그들의 프로그램에 힘을 실어준다. ONE의 말에 따르면 그들의 정치적 압력으로 사하라 이남 아프리카에서 에이즈 치료를 받은 사람이 2002년 5만 2000명에서 현재 1040만 명으로 늘게 되었다 한다. 또한 캠페인 덕분에 사하라 이남 아프리카에서 2000년 이후로 말라리아 사망자가 66퍼센트 감소했으며, 2000년에 비해 초등학교에 다니는 어린이가 6000만 명이 늘어났다고 한다.[55]

글로벌시티즌처럼 ONE도 온라인 커뮤니티, 소셜미디어, 유튜브 광고, 그리고 당연히 록스타의 힘을 빌려서 회원들의 행동을 유도한다. ONE의 공동설립자인 보노 같은 유명 대변인들이 미디어에서 발언하고, ONE이 해결하고자 하는 문제를 생생히 보여주기 위해 빈곤으로 고통받는 지역을 직접 찾아가 화면으로 보여준다. 보노가 ONE의 대변인 역할을 잘 하는 이유는, 그가 유명인일 뿐 아니라 데이터를 좋아하고 자칫 낯설고 불쾌하게 받아들 수 있는 사람들에게 다가가 아주 천연덕스럽게 도와달라고 말하기 때문이다. PEPFAR 프로그램을 계속 지원해달라고 조지 부시를 설득하고자 할 때 그는 자신이 가진 수단을 모두 동원했다. 부시는 "보노가 들어와서는 그가 가진 지식, 에너지, 신념으로 나를 바닥에 때려눕혔다"고 말했다.[56] 부시는 의회를 설득했고, PEPFAR는 계속 지원받게 되었다.

활동가들의 활약 덕분에 이제 우리는 미루적거림, 안이함, 탐욕, 비밀에 맞서 개인과 지역사회 단체들이 어떻게 싸울 수 있는지를 훨씬 더 많이 알고 있다. 이제 우리는 개인이 과학, 법률, 미디어를 활용하면 공중보건을 위해 싸울 수 있다는 걸 알고 있으며, 시민이 단합해서 행동하고 저항하면 빈민과 난민을 보호할 능력이 없거나 보호하려 하지 않는 사람들을 각성시킬 수 있다는 것도 이미 알고 있다.

전염병 종식을 위해 사회 운동을 조직하다

강력하지만 잘못된 생각에 빠진 음베키 같은 지도자와 그에게 고개를 조아리는 앞잡이들이 대중의 무지, 두려움, 무기력과 맞물려 수많은 국민을 허망한 죽음으로 내몰 수 있다는 생각에 나는 항상 놀라곤 한다. 하지만 전염병 퇴치에 대해 내가 깨달은 것 하나는 바로 행동주의의 힘이다. 간디도 알고 있었듯이, 시민 행동이 체제 변화를 끌어내는 과정은 개인의 끔찍한 희생과 무한한 인내를 요구하기도 한다. 재키 아흐마트, 에드윈 카메론, 네이선 게펜, 그 밖의 수많은 TAC 회원들과 지지자들은 남아프리카공화국에서 HIV와 에이즈에 감염된 채 살아가는 사람들의 삶을 변화시켰다. 끝없이 바위를 때리는 파도처럼, 그들 같은 사람들 그리고 우리들 한 사람 한 사람이 계속 노력한다면 언젠가는 변화를 이룰 수 있다. 우리 같은 사람이 수천 또는 수백만 명씩 힘을 합쳐 무지한 지도자들과 안이한 정부를 압박할 때 우리는 이기게 되어 있다. 크고 열정적인 저항, 증거에 기초한 확실한 과학, 시민 지도자의 강력한 리더십, 미디어의 지속적 관심, 법률적 행동을 통해 그들이 올바른 일을 하게 할 수 있다.

TAC, ONE, 글로벌시티즌의 캠페인은 기초적인 운동이 국지적인 진보를 이끌어낼 수 있음을 보여주는 사례들이다. 하지만 큰 사회적 변화에는 개개의 캠페인보다 더 크고 더 성가신 대규모 사회 운동이 필요하다. 예를 들어, TAC는 누구나 에이즈 치료를 받아야 한다고 주장하는 운동의 한 부분이 되었다. ONE과 글로벌시티즌의 노력은 극빈을 끝내고자 하는 더 큰 사회 운동의 한 부분이다. 개개의 캠페인이 합쳐질 때 운동의 힘은 질풍에서 허리케인급으로 강해진다.

성공적인 사회 운동을 구축하라

대규모 사회적 변화와 영향을 위해서는

올바른 사람, 설득력 있는 주장, 구체적인 목표, 행동 전략이 필요하다.

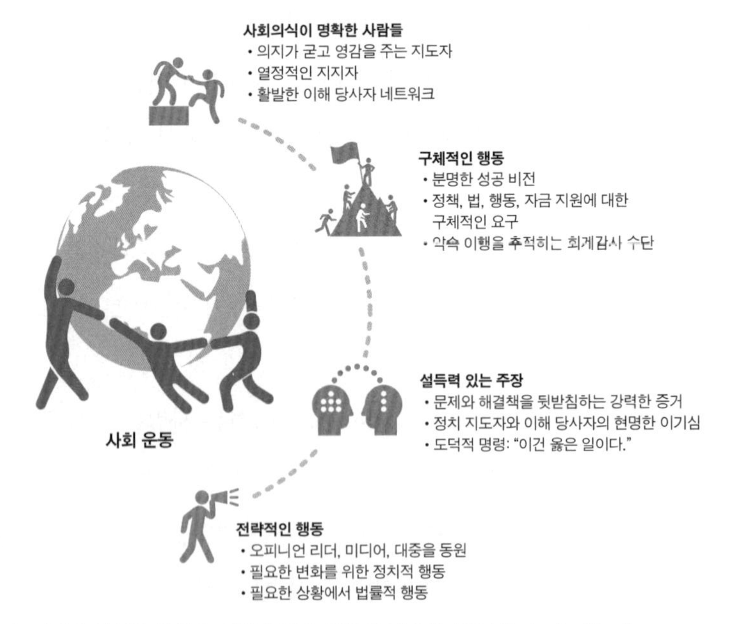

출처: 저자가 종합한 공식은 다음과 같은 문헌에 기초해 있다: Busby J. *Moral movements and foreign policy*. Cambridge: Cambridge University Press, 2010. Berridge V. Public health activism: lessons from history? *British Medical Journal* 2007; 335(7633): 13102. Dreier P. Social Movements: How People Make History. Mobilizing Ideas. 2012. https://mobilizingideas.wordpress.com/2012/08/01/socialmovementshowpeoplemakehistory/(2017년 3월 6일 접속)/ Quick J. Smith F. 15 March 2017; by email. Fryer B. Coe J. 2016년 6월 17일, 이메일.

우리가 전염병을 끝내고자 그런 사회 운동을 구축한다면 그로부터 무엇을 기대할 수 있을까? 나는 그것이 아주 좋은 미래라고 말하고 싶다. 앞서 네이선 게펜이 설명한 에이즈치료행동캠페인의 네 가지 요점 전략 그리고 연구자들과 그에 준하는 지지자들의 관찰을 결합하면 아주 강력한 사회 운동의 네 가지 결정적 요소가 시야에 들어온다. 사회의식을 가진 사람들, 구체적인 목표, 설득력 있는 주장, 전략적인 행동.

실제로 전염병을 종식하고자 하는 운동은 내가 앞에서 묘사한 성공과 리더십의 사례들이 말해주듯이, 진즉에 돛을 올렸다. 세계의 지도자, 경영자, WHO, 세계은행, 수많은 나라의 정부, 대학과 시민 단체는 커지는 팬데믹의 위협에 더 큰 관심과 적극적인 행동을 보여주고 있다. 이에 대해서는 후기에서 설명하고자 한다. 오늘날 전염병 종식 운동은 전염병을 억제하기 위해 우리가 해야 하는 일에 대해서 공중보건 지도자와 과학자들이 대부분 동의한다는 사실로 그 성공을 가늠해볼 수 있다.[57,58] 중요한 여러 분야에서 가슴 설레는 성취가 이루어졌지만, 앞서 지적했듯이 아직은 메워야 할 간극이 존재한다. 그럼에도 정치, 법, 자금 지원에 대한 구체적인 요구가 점점 더 명확해지고, 약속 이행을 추적하는 회계감사 수단도 존재하는데, 이에 대해서도 후기에서 설명하고자 한다.

사회 운동에는 대개 성공의 구체적 기준이 있다. 에이즈 치료에서 그 기준은 사람들이 비싸지 않은 약을 이용할 수 있느냐다. 소아마비의 경우는 야생 소아마비 바이러스의 환자가 제로인 것이다. 빈곤의 경우는 전 세계에서 1인당 하루에 1.25달러 미만으로 살아가는 사람이 감소했는가이다. 기후 변화 같은 복잡한 문제에서도 지구 온실가스의 배출량 감소 같은 양적 기준이 존재한다.[59] 전염병 예방과 대비 분야에서 지속적이고 안정적인 진보가 이루어지려면 시간이 걸린다. 에이즈와의 싸움이 그랬고, 치료제 보급을 위한 투쟁, 소아마비 근절이 그랬다. 전염병과의 싸움은 궁극적으로 사회 정의, 인권, 책임과 관련되어 있다. 우리는 무엇이 효과적인지를 안다. 21세기에 전염병을 종식하고자 한다면 우리는 그 앎을 깊이 받아들여 행동의 토대로 삼아야 한다.

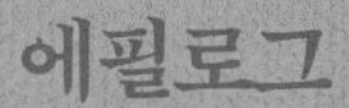

에필로그

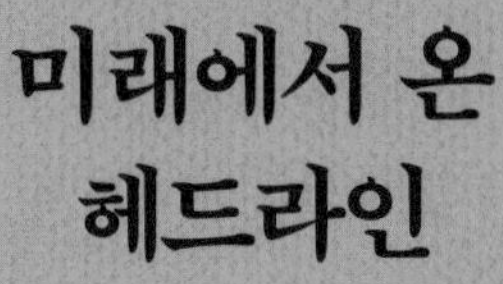

미래에서 온 헤드라인

눈앞에 위협이 있다. 방법은 알고 있다.
행동할 때가 되었다.

"

보건 종사자로서 지금까지 나는 충분한 참사를 목격했기에 이 세계 그리고 우리 아이들과 손자들의 세계에 얼마나 중요한 것이 걸려 있는지를 알고 있다. 나는 또한 전염병이 근절되는 것을 보았고, 몇 년 전만 해도 해결이 불가능한 듯했던 세계 보건 문제가 끝나는 것을 보았다. 무서운 전염병의 위험에서 세계를 구하는 일은 우리 힘으로 가능하다.

"

건강한 12세 소년이 어느 날 갑자기 열이 나기 시작하더니 며칠 후 사망한다는 건 받아들이기 힘든 이야기다. 1918 스페인 독감이 유행할 때 에드워드 맥닐이 그랬다. 에볼라 환자들을 돌보는 간호사들이 그 병에 노출된다는 건 참을 수 없는 이야기다. 텍사스주 댈러스의 병원에서 일하다 병이 든 니나 팜Nina Pham과 앰버 빈슨Amber Vinson 이야기다. 일가족과 온 마을이 흔적도 없이 사라진다는 건 비극이다. 에볼라가 휩쓸고 간 서아프리카 이야기다. 도시 전체가 전염병 때문에 여행자에게 문을 닫는다는 건 말이 안 되는 이야기다. 2003년 사스가 발발했을 때 토론토와 중국의 몇몇 도시가 그랬다.

에볼라가 발발하자 공중보건 공무원들도 긴장했지만, 국제 사회, 국가, 지방정부 역시 촉각을 곤두세웠다. 에볼라는 국가와 세계의 예방대응 능력을 테스트하는 실기 시험이었고, 성적은 좋지 않았다. 우린 꼼짝없이 당했다. 서아프리카 나라들의 보건 체계는 위기를 맞을 준비가 되어 있지 않았다. 그들은 자원이 부족해서라 한다 쳐도, 똑같이 무방비로 지켜본 세계보건기구는 어떠했는가? CDC는 어떠했는가? 그리고 똑같이 무방비였던 전 세계 사람들은 어떠했는가?

들려오는 좋은 소식

이 책 1장에서 나는 팬데믹의 위협이 진짜이고, 세계를 폐허로 만들 수 있고, 계속 커지고 있다는 강력한 증거를 제시했다. 세계적인 팬데믹이 수백만 명을 쓰러뜨리는 빌 게이츠의 악몽은 공상과학 소설이 아니다. 그 위협이 어느 때보다 강하다. 인구 증가, 도시화, 국제 여행, 축산 실태, 삼림 파괴, 급속히 더워지는 기후 등 모든 요인이 우리 인류의 위기를 앞당기고 있다. 국제적인 바이오테러나 실험실에서의 바이오에러의 가능성도 우리의 근심을 깊게 한다.

역설적인 것은 위험의 크기가 증가하는 동안 전염병을 예방하고 물리치는 우리의 힘도 그 어느 때보다 강해졌다는 것이다. 지난 50년 동안 우리는 천연두 근절을 시작으로 감염병을 통제하는 분야에서 극적인 발전을 이뤘다. 전 세계에서 잘 훈련된 공중보건 전문가들이 해마다 전염병 발발을 수백 차례 성공적으로 진압하고 있다. 서아프리카 에볼라가 발발한 처음 몇 달 동안 라이베리아, 기니, 시에라리온의 공중보건 체계는 완전히 멈춰버렸지만, 이웃한 세 나라(나이지리아, 말리, 세네갈)는 에볼라를 잘 막아냈다. 백신, 치료제, 웹 크롤러를 비롯한 21세기의 기술에 더 영리해진 대중이 가세한 결과 좋은 해결책이 현실화하고 있다.

2부에서 나는 결정적인 행동 분야로서 일곱 가지 힘을 설명했다. 모든 사람이 이 행동들을 실천하면 수백만의 생명을 구할 수 있다. 지구상의 모든 거주자에게 1년에 1달러라는 적은 돈을 투자하면 3달러에서 10달러의 비용을 절약할 것이다. 집단행동을 뒷받침하는 가장 강한 주장은 다음과 같은 도덕적 명령이다. 우리는 치명적인 전염병과 팬데믹의 위험이 점점 커지는 세계를 우리 가족과 아이들에게 물려줘서는 안 된다.

이 책을 쓰기 시작한 이후로 팬데믹 예방 분야에 큰 변화가 찾아왔다. 꽤 좋은 소식이다. 2015년에 에볼라가 정점을 지난 뒤로 국제기구, 각국의 정부, 경제 부문, 시민 사회, 학계, 여타 이해 당사자들이 세계 보건안보에 훨씬 더 심혈을 기울인다는 것이다. 나는 6장에서 용감하고 결단력 있는 지도자들이 치명적인 바이러스를 어떻게 막아냈는지를 이야기했다. 7장에서는 60여 개 나라가 어떻게 WHO의 합동 외부 평가에 참여하여 자국의 전염병 예방 및 대응 능력을 국제적인 수준으로 끌어올렸는지를 이야기했다. 8장에서는 백신, 모기 방제, 그 밖의 예방 노력을 통해 어떻게 치명적인 전염병을 조기에 막았는지를 이야기했다. 9장에서는 공감과 경청, 사실에 기초한 커뮤니케이션, 주민 참여가 전염병과 싸우고 공황을 예방하는 과정에서 얼마나 중요한 역할을 하는지를 입증했다. 10장에서는 감염병예방혁신연합 같은 새로운 프로그램이 백신, 치료제, 진단법, 기타 필수 분야들에서 어떻게 혁신의 속도를 높이는지를 이야기했다. 11장에서는 각국 정부, 세계은행, 민간 부문, 재단들이 세계 보건안보에 더 많이 투자할 때 전염병 발발 위험이 극적으로 낮아질 수 있음을 이야기했다. 그리고 12장에서는 시민 활동가들이 어떻게 정부로 하여금 옳은 일을 하게 할 수 있는지를 이야기했다.

하지만 신종질환 팀들이 땀 흘리며 일하는 것에 비해 우리는 아직 필요한 수준에 도달하지 못했다. 전염병의 위협으로부터 세계를 지키기 위해서는 더 큰 참여와 헌신이 필요하다. 브라질리아에서 브라사빌, 베를린, 베이징에 이르기까지 전 세계에서 정치적 재정적 지원을 계속할 필요가 있다. 재단과 민간 부문의 자금 지원도 더 활발해져야 한다. 그런 지원 약속은 집권당이 누구인가에 의존해서는 안 된다. 어떤 나라들은 지원하고 다른 나라들은 지켜만 봐서는 안 되고, 전염병이 발발할 때만 지원해서도 안 된다. 우리가 필요한 수준에 도달하려면 앞으로 10년에서 20년 동안 국제적인 지원이 꾸준히 이뤄질 필요가 있다.

그런 약속은 요란하고 시끄러운 사회 운동이 없으면 지켜지지 않는다고 나는 확신한다. 정부, 기업, 연구 기관에 쏟아지는 그 모든 요구를 생각해보라. 인도주의적인 외침, 난민의 외침, 자연재해, 사이버 범죄, 지구 온난화, 기아 등등. 이 모든 문제가 제각기 관심과 자원을 달라고 요구한다. 지도자들에게 가해지는 압력을 고려할 때, 파괴적인 전염병이나 세계적인 팬데믹 위기에 충분한 관심을 끌어오기 위해서는 우리 모두 힘을 합쳐 큰 압력을 만들어낼 필요가 있다.

무엇을 할 수 있는가?

나는 여러분이 이 책을 통해 무언가를 알게 되었다면 그 앎을 여러분의 위생 습관, 가족, 지역사회, 정치 참여와 사회 참여, 일에 적용하길 바란다.

당신이 지역이나 국가의 정치 지도자라면, 전염병에 대한 관심을 우선순위에 넣길 바란다. 당신의 공중보건 팀이 현재 싸우고 있는 전염병의 위험에 대해 당신에게 계속 알리게 하라. 위협을 예방하고 발견하고 그에 대응하도록 그들이 어떻게 대처하고 있는지를 물어라. 그들은 자신들의 준비 상태를 어떻게 평가하고 있는가? 당신이 책임지고 있는 사람들을 보호할 수 있는 자원이 그들에게 부족하진 않은가?

당신이 경영자라면, 당신 자신과 당신의 임원들에게 이렇게 물어보라. 세계적인 팬데믹이 몰려왔을 때 우리의 사업을 유지할 전략이 있는가? 우리 직원들을 안전하게 지킬 계획이 서 있는가? 팬데믹과 싸우고 주주들에게 힘이 되기 위해 우리의 전문성과 능력을 어떻게 활용할 수 있는가?

당신이 과학자라면, 전염병 예방과 대응에 관한 주제를 가르치거나 연구할 수 있는가? 우리가 전염병과 팬데믹에 대비할 때 그와 관련된 지식, 경험, 혁신에 당신의 연구를 연결지을 수 있는가?

당신이 의료 전문가라면, 인플루엔자, 지카, 신종 병원균들 같은 전염병 위협에 관해 충분히 알고 있는가? 당신은 소아 및 성인 예방접종의 유익함에 관해 환자와 그 가족들의 질문에 답하고 설명할 수 있는가? 그들에게 믿을 만한 정보의 출처를 안내해주고, 잘못된 주장과 옳은 주장을 철저히 구분해줄 수 있는가? 해마다 독감 예방주사를 맞고 여행할 때 주의를 기울임으로써 당신이 권장하는 것을 몸소 실천하는가?

당신이 자기 자신의 건강에 유의하는 사람이라면, 또는 당신의 가족과 친구의 건강, 미래 세대들의 건강에 신경 쓰는 사람이라면, 철저한 개인위생, 예방접종, 깨끗한 물, 안전한 식품, 건강한 지역 환경으로 감염병을 막아낼 수 있다는 것을 알고 있는가? 당신의 지역사회에 전염병 예방과 대비에 쓸 수 있는 자원이 얼마나 되는지 알고 있는가? 당신의 지역사회와 나라가 필요한 조처를 통해 전염병 위협으로부터 당신을 지켜주고 있는지 아닌지를 알고 있는가? 전염병을 끝낼 행동에 지지를 보내고 싶다면 어느 쪽을 향해야 하는지 알고 있는가?

누구라도 전염병과 싸우는 운동에 동참한다면 좋은 동지들을 만날 것이다. 전염병을 끝낼 필요와 가능성에 이끌려 이미 훌륭한 투사가 많이 합류했다. 빌 게이츠, 국경없는의사회 회장 조앤 리우 박사, 전 세계은행 총재 김용, 유니레버 CEO 폴 폴먼, 그리고 앞에서 소개한 많은 사람이다. 다양한 단체와 부문의 이해 당사자들이 정치, 전문 분야, 지리, 세대, 문화, 사회의 경계를 넘나들며 자신의 일에 종사하고 있는 만큼, 당신은 빠르게 팽창하고 있는 네트워크에 즉시 합류할 수 있다.

예를 들어, 내가 이끄는 비영리단체, 보건관리과학(www.msh.org)은 아프리카, 아시아, 라틴아메리카의 수십 개 나라가 건강한 보건 체계를 구축하고 지역별로 운영할 수 있게 힘쓰고 있다. 또한 우리는 미국 정부, G7과 G20 국가들이 팬데믹에 대한 싸움에 더 많이 지원하도록 주장하고 있다. 당신은 글로벌시티즌(www.gloalcitizen.org) 같은 단체에 가입할 수 있다. 그런 단체들은 전 세계, 모든 나이의 사람을 동원하여 빈곤과 팬데믹 같은 거대한 문제들와 힘을 겨룬다. 그리고 《전염병의 종말》 웹사이트(www.endofepidemics.com)에 가면 당신이 함께 할 수 있는 기회를 더 많이 보게 것이다.

미래에서 온 헤드라인

우리가 효과적인 행동을 10년이나 20년 동안 꾸준히 해나간다면 어떤 성공을 만나게 될까? 언젠가는 다음과 같은 헤드라인이 실현되지 않을까?

'거의 완벽한' 대응으로 SARS-M4를 막아내다

2026년 9월 2일 이탈리아 벨라지오(AP 통신)

보건 공무원들과 과학자들이 신속하고 단호하게 행동해서 치명적인 신종 바이러스 SARS-M4가 세계적으로 유행하는 것을 막았다. 이 결론은 세계보건기구의 사무총장 데이비드 콜린스David Collins 박사가 이탈리아의 록펠러재단 벨라지오 센터에서 사흘 동안 전문가들과 머리를 맞대고 논의한 끝에 내려졌다.

콜린스에 따르면 2025년에 발발한 고전염성 조류독감 SARS-M4(2003년 사스 바이러스와 유전적 사촌이다)이 유행했다면 지난 몇 개월 동안 수십 개 나라에서 500만 명 이상을 쉽게 감염시켰을 거라 한다. 다행히 SARS-M4는 8주도 안 되어 진정되었다. 15개 나라에서 환자 5065명과 사망자 570명이 보고되었다.

작년 3월에 SARS-M4는 아시아와 라틴아메리카의 박쥐 개체군에서 발견되었다. 6월 첫째 주에 브라질과 중국에서 최초의 환자가 거의 동시에 보고되었다. 6월 30일에 새로 탄생한 세계전염병조기경보체계Global Outbreak Early Warning System, GOEWS는 케냐의 나이로비, 탄자니아의 다르에스살람, 우간다의 캄팔라, 브라질의 리우데자네이루에서 SARS-M4를 확인했다. 나이로비를 방문한 중국 사업가와 리우데자네이루에서 돌아온 미국인 관광객 2명이 이 병으로 사망했다.

7월 3일에 콜린스는 WHO의 공중보건 비상사태 위원들에게 회의를 통보하고 즉시 PHEIC(국제공중보건비상사태)를 선포했다. 24시간 안에 중국과 브라질 그리고 감염된 동아프리카 3개국이 응급대응센터를 가동했다. 7월 7일에 유엔 보건안보위원회Health Security Council는 바이러스 위협에 대처하고 경기 침체를 완화하기 위해 국가 지도자와 경영자들의 회의를 소집했다.

7월 20일에 동아프리카에서 500명 이상의 SARS-M4 환자가 보고되었다. 병원들은 즉시 고도 격리를 요하는 환자로 붐볐지만, 세계전염병경보대응네트워크Global Outbreak Alert and Response Network, GOARN를 통해 자발적으로 나선 전문가 팀들이 영국, 미국, 스웨덴, 중국, 이스라엘에서 동아프리카에 도착했다. 한편 과학자들이 즉시 신속 진단법을 개발한 덕분에 환자 및 여행자 검사가 간소해졌다.

댈러스 프레스비테리언 병원의 응급실 간호사 에리카 미첼Erika Mitchell은 브라질을 다녀온 여행자 중에서 최초의 미국 환자들을 확인했다. 환자들은 즉시 격리 병동에 입원했다. 미첼도 바이러스에 감염되었지만, 신속히 치료받고 완전히 회복했다.

2003년 사스 팬데믹을 경험한 노련한 콜린스는 벨라지오 회의에서, SARS-M4 봉쇄는 "새로운 세계 감염병 예방대응 전략이 어떻게 작동하는지를 거의 완벽하게 보여준 사례"라고 말했다.

치명적인 조류독감을 예방하는 고효율 신종 백신

2028년 4월 15일 조지아주 애틀랜타(로이터)

지난달 광둥에서 발발한 치명적인 H7N9 조류독감에 대하여 보편 인플루엔자 백신(UIV)이 고효율성을 입증했다고 오늘 CDC가 발표했다. CDC 국장 바버라 프라이Barbara Frye에 따르면, 전 세계에서 발생한 환자는 600만 명 이하, 사망자는 200만 명 이하로, 이는 2020년 팬데믹으로 인한 환자 1억 5000만여 명, 사망자 5000만여 명과 뚜렷이 대비된다.

2027년에 도입된 보편 백신은 전 세계 83억 인구의 83퍼센트가 접종을 마친 상태다. 각 나라에서 일하는 150개 팬데믹 대응팀이 백신을 배포했다.

보편 백신 UIV는 국립보건원이 10년 기한으로 주도한 미대통령팬데믹계획의 자금 120억 달러로 생산되었다. 국립보건원장 테드 셔스터Ted Shuster 박사는 백신을 개발하고 충분한 백신을 신속히 생산할 수 있었던 것은 "전 세계 대학 연구팀, 규제 기관, 제약회사들의 긴밀히 협조가 있었기 때문"이라고 설명했다.

지구상에서 홍역을 퇴치하다

2038년 5월 25일 스위스 제네바(도이치 신문)

세계보건기구 사무총장 아툴 판자비Atul Panjabi는 세계보건회의에서, 지금까지 어린이를 가장 많이 희생시킨 질병으로 꼽히는 홍역이 지구상에서 사라졌다고 발표했다. 마지막으로 보고된 홍역 환자는 2037년 중앙아프리카공화국 그리고 백신을 믿지 않는 미네소타주의 한 마을에서 발생했다. 그 이후로 홍역 환자는 더 이상 보고되지 않고 있다.

1977년 천연두 근절에 힘입어, 2024년에 기니아충, 2028년에 소아마비, 2034년에 수면병, 2037년에 말라리아가 근절되었으며, 이번에는 홍역마저 퇴치된 것이다.

홍역 퇴치 전쟁은 가난하고 정부와 예방접종 프로그램이 허약한 나라에서 처음 시작되었다. 보건 체계와 10년에 걸친 공중보건 교육을 강화하는 협력 사업을 통해 접종률 95퍼센트라는 성과를 만들어냈다.

홍역 퇴치의 두 번째 전선은 유럽과 북아메리카에서 형성되었다. 이곳에서 백신의 효과를 의심하는 이론들이 접종률을 끌어내리고 있었다. 이탈리아, 루마니아, 미국 미네소타주의 캘리포니아주에서 홍역이 발발해 어린이 수천 명이 병에 걸리고 사망하자 홍역으로 자식을 잃은 모건 맥컬로Morgan McCulloh의 풀뿌리 운동이 세계적인 캠페인으로 확대되었다. '백신 찬성 어머니Mothers for Vaccines'는 수많은 지역사회 모임을 통해 백신반대 흐름을 돌려세웠다.

판자비는 회의에서 이렇게 말했다. "백신 수용 덕분에 우리는 오늘 이 자리에서 수백 년 동안 어린이를 죽이거나 불구로 만든 또 하나의 질병이 종료된 것을 축하하게 되었습니다."

* *

용감한 리더십, 건강한 보건 체계, 적극적인 예방, 효과적인 소통, 획기적인 혁신, 아주 소박한 연간 투자가 있다면 우리는 다음 팬데믹이 끔찍한 사망자를 내기 전에 올바른 길로 들어설 수 있다고 나는 진심으로 믿는다. 위에서 묘사한 '미래에서 온 헤드라인'이 현실이 되기 위해서는 우리 모두의 노력이 필요하다. 우린 해낼 수 있다. 우리는 다음 팬데믹을 멈춰 세울 방법을 알고 있다. 무방비를 변명하는 말은 존재하지 않는다. 우리 자신과 우리 아이들을 구하려면 우리는 단호하게 행동해야 한다. 눈앞에 위협이 있다. 우리는 방법을 알고 있다. 이제 행동할 때다.

감사의 말

책을 쓴다는 것은 언제나 사람, 장소, 생각을 여행하는 일이다. 이 책을 완성하기까지 모든 단계에서 적절한 길동무를 만났다니, 나는 정말 복이 많기도 하다. 여행을 시작할 땐 당시 MSH 이사장이었던 짐 스톤과 MSH 이사이자 베스트셀러 저자 밈 넬슨이 있었다. 단번에 핵심을 꿰뚫어 본 짐은 나에게 팬데믹 예방에 관한 글을 쓰라고 강하게 권유했다. 그 덕에 나는 다른 전문서나 교과서는 쓰지 않고, 대신 더 광범위한 독자에게 영향을 미칠 책을 쓰겠다고 일찍부터 결심했다. 밈 넬슨은 출판 과정을 진행할 때 조언과 격려를 해주었다.

이 책의 청사진은 2015년 가을 MSH를 잠시 떠나 4개월간 휴식할 때 모습을 갖추었다. 나는 록펠러재단으로부터 거주 자격을 얻어 이탈리아 코모 호수의 벨라지오 센터에서 대부분의 시간을 보냈다. 나를 격려해준 마이클 마이어스와 로버트 마튼 그리고 자격을 신청할 때 중요한 도움을 준 훌리오 프렝크, 데이비드 헤이만, 아리엘 파블로스-멘데스에게 감사드린다.

보스턴 차트하우스에서 처음 대화했을 때 나의 에이전트인 토드 셔스터는 감염병 유행이라는 문제의 긴급성과 이 책에 대한 나의 비전을 꿰뚫어 보았다. 그는 출판 제안서를 여러 번 검토하면서 전염병 위협의 성격을 추출하고 설득력 있는 증거가 있는 흥미로운 이야기를 계획하도록 나를 이끌었다.

토드는 나의 공저자 브라운윈 프라이어를 연결시켜주었다. 그녀는 더 공정하고 나은 세상을 만드는 일에 깊은 관심을 가진 열정적인 작가다. 그녀는 밀알과 쭉정이를 구분하는 재능을 발휘하여, 나에게 문제의 핵심을 놓치지 않도록 끊임없이 요구했다. 그녀가 면밀한 질문과 솔직한 피드백을 줄 때마다 이 책은 항상 더 좋아졌다. 나에게 책을 쓴다는 것은 매번 산과 계곡을 여행하는 것이었다. 브라운윈은 나를 계곡 밖으로 인도하고 정상에서 마주칠 풍경을 축하해줄 준비가 항상 되어 있었다.

세인트마틴프레스의 편집장 조지 화이트와 공동경영자 로라 클라크는 야생동물, 축사, 바이오테러의 위협에 대한 묘사를 크게 늘릴 필요가 있음을 알아보았다. 조지의 명확하고 일관되고 사무적인 방식에 보조 편집자 사라 드웨이트와 제작 편집자 도나 체리의 밝고 협력적인 방식이 합쳐지자 출판 과정은 더없이 순조로웠다.

이 책을 쓸 때 운이 좋게도 MSH의 능력 있는 직원들과 동료들에게 도움을 받았다. 조 엘렌 워너는 뛰어난 글쓰기 기술, 전염병과 위기 커뮤니케이션의 경험, 현명한 조언, 체계적인 기술을 통해 너무나도 값진 도움을 주었다. 존 로드와 프레드 하트먼은 초고에 대하여 극히 도움이 되는 비평을 해주었다. 인포그래픽을 담당한 미아 로카 앨코버는 전 과정에서 경이로운 통찰력, 창의성, 호의적인 반응을 보여주었다. 크리스틴 로저스, 니란잔 콘두리, 조앤 패러디스, 맥킨지 앨런은 인포그래픽

초안을 보고 아주 유용한 평가를 제공해주었다. 이 책의 초기 단계에서 주의 깊은 제안과 심도 있는 조사를 제공해준 첼시 캐너번, 훌륭한 편집과 날카로운 질문으로 놀라움을 준 일레인 애플턴그랜트와 셰리 크네히트, 주석을 정교하게 편집하고 사실을 확인하고 만들어준 아만다 커크, 훌륭하고 신속하게 조사해준 레아 퍼킨슨에게 깊이 감사한다.

여행하는 내내 개념에서부터 이 책의 완성에 이르기까지 MSH의 전현직 동료들은 사무실과 현장에서 말할 수 없이 큰 용기와 도움을 보내주었다. MSH 이사장 래리 피시와 모든 이사, 현 MSH 회장이자 CEO인 매리언 웬트워스, MSH 지도자인 캐서린 테일러, 더글러스 키니, 팻 니클린, 비키 배로 클라인, 폴 옥실라, 활기차고 한결같은 재원인 바버라 에이오트가 이끄는 MSH의 커뮤니케이션 팀, MSH의 노모어에피데믹 캠페인 직원 프랭크 스미스와 애실리 아라바사디에게 영원히 감사할 것이다.

무엇보다 나는 시에라리온과 라이베리아의 에볼라 대응 담당자, 의료 종사자, 생존자들에게 감사한다. 그들은 사무실, 병원, 마을에서 나를 기꺼이 맞아주고 그 힘든 경험을 숨김없이 얘기해주었다. 그들은 파괴적인 전염병을 영원히 끝낼 필요성과 가능성을 알려 세계를 일깨웠고, 이 책을 내도록 내 가슴에 불을 지폈다. MSH의 라이베리아 지부와 시에라리온 지부에서 쇼어트 포스트마, 무르타다 세사이, 가피 윌리엄스, 아서 로리언이 그런 방문을 허락해주었다.

마지막으로 내가 놓쳤을지 모르는 사람들에게 용서를 구하면서, 나는 아래와 같은 개인들에게 깊은 감사를 표한다. 격려, 인터뷰, 개인적 변화, 공식 프리젠테이션을 통해 그들의 비전, 통찰, 경험으로 이 책에 도움을 준 이들이다. 케세테비르한 아드마수, 제임스 앨런, 낸시 아오시, 댄 애리얼리, 데이비드 바라시, 댄 바루치, 케니스 버나드, 래리 브릴리언트, 바버라 브릴리언트, 그로 할렘 브룬틀란트, 샬런 버크, 에드윈 카메론, 데니스 캐럴, 로버트 클라크, 버니스 댄, 피터 다스작, 닐스 덜레어, 호세 에스파르자, 폴 파머, 론 푸시에, 도널드 프랜시스, 마리아 프레이어, 훌리오 프렝크, 스테피니 프리드호프, 로리 개릿, 빌 게이츠, 네이선 게펜, 래리 고스틴, 리처드 그린, 데이비드 헤이만, 케이시 히콕스, 모하마드 얄로, 조너선 제이, 보니 젠킨스, 아시스 자, 밥 카들렉, 올리비아 카셍, 리베카 카츠, 일로나 킥부시, 마리-폴 키어니, 김용, 앤 마리 킴볼, 데이비드 커비, 미니스터 클린지, 앨런 나이트, 아이린 코크, 오티 퀴바스니에미, 스티븐(스티브) 쿠니츠, 랜디 라슨, 하이디 라슨, 존 리단, 마크 립시치, 조앤 리우, 캐서린 마차라바, 리베카 마모트, 조나 마제트, 캐롤린 마일스, 마이클 마이어스, 데이비드 나바로, 톨버트 은옌스와, 마이클 오스터홀름, 아리엘 파블로스-멘데스, 라지 판자비, 아니발 페루, 피터 피오트, 쇼어트 포스트마, 마크 포톡, 스코트 파찬, 바버라 레이놀즈, 데이비드 로페이크, 피터 샌즈, 기어리 시키치, 마크 스몰린스키, 제프 스터키오, 앨런 테넨버그, 딕 톰슨, 오예왈레 토모리, 엘리오다 툼베시계, 수위트 위불폴프라세르트, 데스먼드 윌리엄스, 네이선 울프, 프라샨트 야다브.

이 책에 대한 자금 지원은 주식회사 보건관리과학과 제임스앤캐슬린 스톤 재단James M. and Cathleen D. Stone Foundation이 해주었다.

보건관리과학을 창립한 론 오코너 박사에게 깊이 감사드린다. 그는 40년 전에 위험을 무릅쓰고 젊은 의대생인 나를 세계로 내보내 8개 나라에서 필수 의학 프로그램을 공부하게 했다.

그는 우리 동료들이 보건의 최전선에서 성공하고자 한다면 사람들과 협력해서 일해야 한다는 '고우더피플Go the People' 철학으로 세계 보건을 위해 일해온 나에게 항상 감동과 영감을 주었다.

산과 계곡을 여행하는 삶은 내 아내와 딸들에게 가장 힘들었을 것이다. 내가 마감 시간에 쫓길 때마다 휴가를 미루고 휴일을 빼앗겼지만, 그럼에도 프로젝트가 끝날 때까지 변함없이 나를 지지해주었다. 그들에게 가장 큰 감사를 바친다. 우리가 삶의 여정에서 만났던 소중한 길동무들에게 사랑과 경의를 드린다. 가장 큰 나의 바람은 이 책을 통해 내 딸들, 그들의 가족, 그리고 다가올 세대의 모든 사람과 그들이 사랑하는 가족이 행복할 수 있도록 이 세계가 더욱 안전해지는 것이다.

주

프롤로그

1 Brown M. Bill Gates' greatest fear for humanity is absolutely terrifying—and likely to happen. GeekWire. 2016. http://www.geekwire.com/2015/bill-gates-greatest-fear-for-humanity-is-absolutely-terrifying-and-likely-to-happen/(2016년 11월 18일 접속).

2 Nahal S, Ma B. Be prepared! Global pandemics primer. Bank of America Merrill Lynch. 2014. http://www.actuaries.org/CTTEES_TFM/Documents/BankofAmerica PandemicArticle.pdf.

3 Henderson D, Klepac P. Lessons from the eradication of smallpox: An interview with D. A. Henderson. The Royal Society. 2013. http://rstb.royalsocietypublishing.org/content/368/1623/20130113.short(2016년 11월 18일 접속).

4 Sars: Mission impossible? News24. 2003. http://www.news24.com/SouthAfrica/News/Sars-Mission-impossible-20030425(2016년 11월 18일 접속).

1장

1 Worobey M, Han G, Rambaut A. Genesis and pathogenesis of the 1918 pandemic H1N1 influenza A virus. *Proceedings of the National Academy of Sciences* 2014; 111: 8107-12.

2 Influenza (flu) including seasnal, avian, swine, pandemic, and other. Centers for Disease Control and Prevention. 2016. http://www.flu.gov/pandemic/history/1918/thepandemic/influenza/(2016년 11월 18일 접속).

3 Lynch E. *Pennsylvania Gazette*: The flu of 1918. Upenn.edu. 1998. http://www.

upenn.edu/gazette/1198/lynch.html(2016년 11월 18일 접속).
4 Shilts R. *And the band played on*. New York: St. Martin's Press, 1987.
5 Owen J. AIDS origin traced to chimp group in Cameroon. *National Geographic*. 2006. http://news.nationalgeographic.com/news/2006/05/060525-aids-chimps.html(2016년 11월 18일 접속).
6 Chin J. Global estimates of AIDS cases and HIV infections. AIDS 1990; 4: S277-83. 더 자세한 정보는 다음을 보라. http://www.avert.org/history-aids-1987-1992.htm#footnote940jqce8s.
7 Smith E, Yan H. Ebola: Patient zero was a toddler in Guinea. CNN. 2014. http://www.cnn.com/2014/10/28/health/ebola-patient-zero/(2016년 11월 18일 접속).
8 Ebola: Mapping the outbreak. BBC News. 2016. http://www.bbc.com/news/world-africa-28755033(2016년 11월 18일 접속).
9 Forbes Profile: Bill Gates. *Forbes*. 2014. http://www.forbes.com/profile/bill-gates/(2016년 11월 18일 접속).
10 Nahal S, Ma B. Be prepared! Global pandemics primer. Bank of America Merrill Lynch. 2014. http://www.actuaries.org/CTTEESTFM/Documents/BankofAmericaPandemicArticle.pdf.
11 Ibid.
12 Mutume G. In fact and fiction, U.S. officials play games with AIDS in Africa. Third World Network. 2001. http://www.twn.my/title/games.htm(2016년 11월 18일 접속).

2장

1 오늘날 기니의 시장에서 부시미트 요리를 보기가 더 어려워졌다. 에볼라의 여파로 행정 당국이 금지 명령을 내렸기 때문이다. 시행은 다소 어렵다. Samb S, Toweh A. Beware of bats: Guinea issues bushmeat warning after Ebola outbreak. Reuters. 2014. http://www.reuters.com/article/us-ebola-bushmeat-idUSBREA2Q19N20140327(2016년 11월 18일 접속).
2 Roberts M. First Ebola boy likely infected by playing in bat tree. BBC News. 2014. http://www.bbc.com/news/health-30632453(2016년 11월 18일 접속).
3 Stern J. Why a massive international effort has failed to contain the Ebola epidemic. The Hive. 2014. http://www.vanityfair.com/news/2014/10/ebola-virus-epidemic-containment(2016년 11월 18일 접속).
4 Dabbous W. Ebola outbreak. *Frontline*. PBS. 2014. http://www.pbs.org/wgbh/frontline/film/ebola-outbreak/(2016년 11월 18일 접속).
5 에볼라는 에볼라강 이름을 따서 명명되었다. 그 지역에서 에볼라가 처음 확인되었다.

6 MacDougall C, Suakoko L. In West Africa, medical workers risk becoming victims in Ebola fight.*Time*. 2014. http://time.com/3137012/liberia-west-africa/(2016년 11월 18일 접속)

7 Achenbach J, Sun L, Dennis B, Bernstein L. How Ebola sped out of control. *Washington Post*. 2014. http://www.washingtonpost.com/sf/national/2014/10/04/how-ebola-sped-out-of-control/(2016년 11월 18일 접속).

8 Quick J, Liu J. 2016년 6월 7일; 전화 통화.

9 Roland D. Experts criticize World Health Organization's "slow" Ebola outbreak response. *Wall Street Journal*. 2015. http://www.wsj.com/articles/experts-criticize-world-health-organizations-slow-ebola-outbreak-response-1431344306(2016년 11월 18일 접속).

10 Elliott L. Ebola crisis: Global response has "failed miserably," says World Bank chief. *The Guardian*. 2014. http://www.theguardian.com/world/2014/oct/08/ebola-crisis-world-bank-president-jim-kim-failure(2016년 11월 18일 접속).

11 Dabbous. Ebola outbreak.

12 Stern. Why a massive international effort.

13 Botelho G. 2 Americans infected with Ebola in Liberia coming to Atlanta hospital. CNN. 2014. http://www.cnn.com/2014/08/01/health/ebola-outbreak/(2016년 11월 18일 접속).

14 Winter M. Timeline details missteps with Ebola patient who died. *USA Today*. 2014. http://www.usatoday.com/story/news/nation/2014/10/17/ebola-duncan-congress-timeline/17456825/(2016년 11월 18일 접속).

15 Ibid.

16 Jacobson S. Rick Perry, health officials offer reassurances on Dallas Ebola case. *Dallas News*. 2014. http://www.dallasnews.com/news/metro/20141002-perry-health-officials-seek-to-reassure-public-about-ebola-case.ece(2016년 11월 18일 접속).

17 Schwartz I. Bill Maher: "I'm pissed off" about Ebola, "People are nervous and I don't blame them." Real Clear Politics. 2014. https://www.realclearpolitics.com/video/2014/10/17/bill_maher_im_pissed_off_about_ebola_people_are_nervous_and_i_dont_blame_them.html(2016년 11월 12일 접속).

18 Carmichael M. How it began: HIV before the age of AIDS. *Frontline*. PBS. 2006. http://www.pbs.org/wgbh/pages/frontline/aids/virus/origins.html(2016년 11월 18일 접속).

19 발발의 규모는 '1차적인' 신종 감염자(종 점프)의 수와 새로운 숙주에서 다른 숙주(예를 들어, 사람 간 전파)로 바이러스가 확산할 가능성에 달려 있다.

20 Hobbes M. Why was the AIDS crisis so much worse in the U.S. than Western

Europe? *NewRepublic*. 2015. https://newrepublic.com/article/121270/aids-crisis-video-why-it-was-so-much-worse-us-w-europe(2016년 11월 18일 접속).

21 미국의 보수주의자들만 잘못한 건 아니었다. 많은 리버럴들과 남성 동성애자들도 예를 들어 검사와 파트너 통지 같은 입증된 공중보건 행동에 반대했다. 미국의 혼란과는 대조적으로 호주의 보수 정부는 재빨리 과학에 기초한 확실한 관행을 정착시켰다.

22 Engel J. *The epidemic: A global history of AIDS*. New York: Smithsonian Books/HarperCollins, 2006.

23 Ghiasi M. The origins of AIDS by Jacques Pepin—book review. Ghiasi. 2013. http://ghiasi.org/2013/03/the-origins-of-aids-jacques-pepin/(2016년 11월 18일 접속).

24 1985년 이전에 태어난 모든 혈우병환자가 HIV에 감염되었다. 그때 HIV 바이러스가 마침내 응혈 인자에서 제거되었다. Who was Ryan White? HIV/AIDS Bureau. 2016. http://hab.hrsa.gov/abouthab/ryanwhite.html#how (2016년 11월 18일 접속).

25 Hobbes, M. Why did AIDS ravage the U.S. more than any other developed country? *New Republic*. 2014. https://newrepublic.com/article/117691/aids-hit-united-states-harder-other-developed-countries-why(2016년 11월 18일 접속).

26 Francis D. Interview. The Age of AIDS. Frontline. PBS. 2006. http://www.pbs.org/wgbh/pages/frontline/aids/interviews/francis.html(2016년 11월 18일 접속).

27 Ibid.

28 Romero S. After living Brazil's dream, family confronts microcephaly and economic crisis. *New York Times*. 2016. http://www.nytimes.com/2016/03/09/world/americas/after-living-brazils-dream-family-confronts-microcephaly-and-economic-crisis.html(2016년 11월 18일 접속).

29 지카 바이러스 자료표. World Health Organization. 2016. http://www.who.int/mediacentre/factsheets/zika/en/(2016년 11월 18일 접속).

30 Olivares P. Where did Zika virus come from and why is it a problem in Brazil? FLScience. 2016. http://www.iflscience .com/health-and-medicine/where-did-zika-virus-come-and-why-it-problem-brazil(2016년 11월 18일 접속).

31 Ibid.

32 Zika cases and congenital syndrome associated with Zika virus reported by countries and territories in the Americas, 2015–2017: Cumulative cases. Pan American Health Organization/World Health Organization. 2017. http://www2.paho.org/hq/index.php?option=com_docman&task doc_view&Itemid=270&gid=39692&lang=en(2016년 11월 18일 접속).

33 Cumming-Bruce N. Zika vaccine still years away, W.H.O. says. *New York Times*. 2016. http://www.nytimes.com/2016/03/10/world/americas/zika-vaccine-still-years-away-who-says.html?mabReward=R4&action=click&pgtype=Homepage®ion=CC

olumn&module=Recommendation&src=rechp&WT.nav=RecEngine(2016년 11월 18일 접속).

34 당시 서양에서 임신중절은 불법이었지만 일부 의사는 임신 중 풍진에 걸린 여성에게 임신중절 수술을 해주었다. Lowy I. Zika and microcephaly: Can we learn from history? *Physis: Revista de Saúde Coletiva* 2016; 26: 11-21.

35 How scientists misread the threat of zika virus NPR. 2016. http://www.npr.org/sections/health-shots/2016/02/19/467340791/how-scientists-misread-the-threat-of-zika-virus(2016년 11월 18일 접속).

36 de Vogel N. The facts on Brazilian income inequality. ICCO International. 2016. http://www.icco-international.com/int/news/blogs/nadine-de-vogel/the-facts-on-brazilian-income-inequality/(2016년 11월 18일 접속).

37 가난한 북동부는 뎅기열이 가장 많이 발발하는 지역은 아니지만, 지카가 가장 많이 발발하는 지역이다.(이 글을 쓰는 지금 연구자들은 왜 뎅기열은 특히 브라질 남동부에서 유행하고, 지카는 북동부에서 가장 유행하는지를 알아내기 위해 애쓰고 있다.)

38 Romero. After living Brazil's dream.

39 지카 여행 정보. Centers for Disease Control and Prevention. 2016. http://wwwnc.cdc.gov/travel/page/zika-information(2016년 11월 18일 접속).

40 지카 전염병 업데이트. PAHO/WHO. 2017. http://www.paho.org/hq/index.php?option=comdocman&task=docview&Itemid=270&gid =39706&lang=en(2017년 7월 7일 접속).

41 Wolfe N. The jungle search for viruses. TED. 2009. https://www.ted.com/talks/nathan_wolfe_hunts_for_the_next_aids?language=en(2016년 11월 18일 접속)

42 아프리카 기아 및 빈곤 현황. World Hunger. 2016. http://www.worldhunger.org/articles/Learn/africa_hunger_facts.htm(2016년 11월 18일 접속).

43 Friedman T. *Hot, flat, and crowded: Why we need a green revolution—and how it can renew America*. New York: Farrar, Straus and Giroux, 2008.

44 Mirkin B. World population trends signal dangers ahead. YaleGlobal Online. 2014. http://yaleglobal.yale.edu/content/world-population-trends-signal-dangers-ahead(2016년 11월 18일 접속).

45 Baer, D. "The biggest change of our time" is happening right now in Africa. *Business Insider*. 2015. http://www.techinsider.io/africas-population-explosion-will-change-humanity-2015-8(2016년 11월 18일 접속).

46 2010 세계 삼림 자원 평가. FAO. 2010. http://www.fao.org/docrep/013/i1757e/i1757e.pdf(2016년 11월 18일 접속).

47 Muyembe-Tamfum J, Mulangu S, Masumu J, Kayembe J, Kemp A, Paweska J. Ebola virus outbreaks in Africa: Past and present. *Onderstepoort Journal of Veterinary*

Research 2012; 79: 6–13.

48 온난화 현상으로 텍사스주에서는 뎅기열, 캐나다에서는 라임병, 슬로바키아에서는 진드기 매개 뇌염이 확산하고 있다. 다음을 보라. Lukan M, Bullova E, Petko B. Climate warming and tick-borne encephalitis, Slovakia. *Emerging Infectious Diseases* 2010; 16: 524–526. DOI: 10.3201/eid1603.081364.

49 Annual review 2015. International Air Transport Association. 2015. https://www.iata.org/about/Documents/iata-annual-review-2015.pdf(2016년 11월 18일 접속).

50 Factors that contributed to undetected spread of the Ebola virus and impeded rapid containment. World Health Organization. 2015. http://www.who.int/csr/disease/ebola/one-year-report/factors/en/(2016년 11월 18일 접속).

51 Jones K, Patel N, Levy M et al. Global trends in emerging infectious diseases. *Nature* 2008; 451: 990–93.

3장

1 Jones K, Patel N, Levy M et al. Global trends in emerging infectious diseases. Nature 2008; 451: 990–93.

2 인플루엔자(계절성) 자료표. World Health Organization. 2016. http://www.who.int/mediacentre/factsheets/fs211/en/ (2016년 11월 18일 접속).

3 이른바 '스페인 독감'이 언제 또는 어디서 시작되었는지는 아무도 확실히 모르지만, 1차 세계대전 때 스페인은 중립국이었으며, 그 독감이 거기서 발발했다는 뉴스 때문에 그런 이름이 붙은 것이 분명하다. 다음을 보라. Appenzeller T. Tracking the next killer flu. *National Geographic Magazine*. 2005. http://ngm.nationalgeographic.com/features/world/asia/vietnam/killer-flu-text/2 (2016년 11월 18일 접속).

4 Byerly C. *Fever of war: The influenza epidemic in the U.S. Army during World War I.* New York: New York University Press, 2005.

5 Garrett은 *The Coming Plague*의 저자이며, *New York Newsday*에 에볼라 바이러스에 대한 취재 기사를 실어 퓰리처상을 받았다.

6 Appenzeller. Tracking the next killer flu.

7 Schmitz R. The Chinese lake that's ground zero for the bird flu. *Marketplace*. 2016. http://www.marketplace.org/2016/03/03/world/chinese-lake-has-become-ground-zero-bird-flu (2016년 11월 18일 접속).

8 중국에서 고기에 대한 수요가 올라가면 그만큼 독감 변종이 나올 위험도 높아진다. 다음을 보라. Ibid.

9 Greger M. *Bird flu: A virus of our own hatching.* New York: Lantern Books, 2006. http://www.birdflubook.org/a.php?id=15.

10 또한 홍콩은 세계에서 가장 붐비는 도시에 속하기 때문에 병에 걸릴 가능성이 높다. 그런 이유로 영화 〈컨테이젼〉에서 그 바이러스가 홍콩에서 가장 먼저 전파된다.

11 인플루엔자 바이러스의 유형. Centers for Disease Control and Prevention. 2016. https://www.cdc.gov/flu/about/viruses/types.htm.

12 Drexler M. Secret agents: The menace of emerging infections. Washington, DC: Joseph Henry Press, 2002: 174.

13 Zitzow L, Rowe T, Morken T, Shieh W, Zaki S, Katz J. Pathogenesis of avian influenza A (H5N1) viruses in ferrets. *Journal of Virology* 2002; 76: 4420-29. Cited in Greger, Bird flu.

14 증거에 따르면 H1N1이 인간에게 전파된 것은 감염된 가금의 피나 체액이 도축, 삶기, 털 뽑기, 자르기, 내장 제거 및 손질 같은 요리 과정을 통해서, 또는 요리되지 않은 가금을 먹거나(예를 들어, 오리 피), 가금을 돌보는 과정(상업적으로 또는 가정에서)을 통해서일 것이다. Van Kerkhove M, Mumford E, Mounts A et al. Highly pathogenic avian influenza (H5N1): Pathways of exposure at the animal-human interface, a systematic review. PLOS ONE. 2011: 6: e14582. http://journals.plos.org/plosone/article?id=10.1371/journal.pone.0014582#pone .0014582-Vong2 (2016년 11월 18일 접속).

15 Claas E, Osterhaus A, van Beek R et al. Human influenza A H5N1 virus related to a highly pathogenic avian influenza virus. *The Lancet* 1998; 351: 472-77.

16 Specter M. The deadliest virus. *New Yorker*. 2012. http://www.newyorker.com/magazine/2012/03/12/the-deadliest-virus (2016년 11월 18일 접속).

17 Appenzeller. Tracking the next killer flu.

18 조류 인플루엔자 A형(H5N1)의 확진자로 WHO에 보고된 사람 수의 누계. World Health Organization. 2017. http://www.who.int/influenza/human_animal_interface/2017_04_20_tableH5N1.pdf?ua=1 (2016년 11월 18일 접속).

19 Specter. The deadliest virus.

20 지금까지 인간 환자를 가장 많이 보고한 나라는 인도네시아, 베트남, 이집트다. 그 병이 아시아와 이집트 지역의 가금에 전염되어 있다는 사실은 인간의 감염 사례가 계속 늘어날 수 있으며, 인간 사이에서 더 빠르고 더 효과적인 전파가 계속될 가능성이 있음을 시사한다. Van Kerkhove et al. Pathways of exposure.

21 Sandoval E, Melago C. Queens educator felled by swine flu mourned by hundreds. *New York Daily News*. 2009. http://www.nydailynews.com/new-york/queens-assistant-principal-mitchell-wiener-swine-flu-city-victim-mourned-hundreds-article-1.410561 (2016년 11월 18일 접속).

22 발열이나 기침 등 독감과 비슷한 증상이 있는 어린이가 많았기 때문에 뉴욕시는 약 1달 동안 15개 학교를 휴교했다. 다음을 보라. Hartocollis A. Swine flu kills Queens school official; first in New York State. *New York Times*. 2009. http://www.nytimes.

com/2009/05/18/nyregion/18swine.html (2016년 11월 18일 접속).

23 Taylor V. Family of woman who died from H1N1 urges flu shots. *New York Daily News*. 2014. http://www.nydailynews.com/life-style/health/family-woman-died-h1n1-urges-flu -shots-article-1.1598023 (2016년 11월 18일 접속).

24 Dawood F, Iuliano A, Reed C et al. Estimated global mortality associated with the first 12 months of 2009 pandemic influenza A H1N1 virus circulation: A modelling study. *The Lancet Infectious Diseases* 2012; 12: 687–95. DOI: 10.1016/S1473-3099 12, 70121-4.

25 Kirby D. *Animal factory*. New York: St. Martin's Press, 2010.

26 축산과 환경의 실태. *One Green Planet*. 2012. http://www.onegreenplanet .org/animalsandnature/facts-on-animal-farming-and-the-environment/ (2016년 11월 18일 접속).

27 *Animal Factory*를 쓴 David Kirby에 따르면, 미국의 CAFO는 농축산업 로비스트와 공중보건보다는 호주머니에 더 관심이 있는 정치인들이 잘 보호하고 있다고 한다. Fryer B, Kirby D. 16 March 2016; 전화 통화. 다음을 보라. Paarlberg R. The changing politics of CAFOs. Farm Foundation Ag Challenge 2050. 2015. http://www.agchallenge2050.org/farm-and-food-policy/2013/02/the-changing-politics-of-cafos/ (2016년 11월 18일 접속).

28 이 글을 쓰고 있는 2016년 현재 멕시코 보건부는 H1N1 환자 945명, 사망자 68명을 보고했는데, 지난 시즌의 환자 4명과 사망자 0명과 크게 대비된다. 2015년에 이란 남동부 2개 주에서 돼지독감이 발발하여 3주 안에 적어도 33명이 사망했다. 코스타리카에서 보건 담당자는 2015년에 그 바이러스가 3살 된 소년을 포함하여 14명의 목숨을 빼앗았다고 보고했다. 그리고 2016년 2월에 캘리포니아주 프레스노 카운티는 일주일 간격으로 H1N1 사망자 2명을 보고했다. 다음을 보라. H1N1 deaths reported in Fresno County. ABC News. 2016. http://abc30.com/news/2-h1n1-deaths-reported-in-fresno-county/1199290/ (2016년 11월 18일 접속).

29 이 사용장 세 곳의 상태는 끔찍하다. 나는 그 사육시설을 없애고 싶어 하는 사람들에게 공감하지만, 이 책의 목적은 거기 사는 동물들의 복지를 주장하는 것이 아니다. 이 책의 목적은 그 시설에서 흘러나오는 병원성 질병의 위험에 똑바로 초점을 맞추는 것이다. CAFO는 엄청난 이익에 비해 규제가 적은 시설로, 미국에서만 소비되는 고기 제품의 50퍼센트 이상을 생산한다. 고기용 가축은 엄청나게 먹고 엄청나게 배설하는데, 젖소 한 마리가 사람보다 하루에 20배나 많은 폐기물을 배설해서, 1000마리를 사육하는 CAFO는 2만 명이 사는 도시와 같은 양을 배출한다. 그 배설물이 수많은 파리를 끌어들인다. 파리는 병균을 옮기는 일에 둘째가라면 서러워한다. 사람 배설물은 대부분 하수 시스템으로 처리되지만, CAFO에는 그런 시스템이 전혀 없다. 농부들은 그 배설물을 퇴비로 사용하거나, 라군을 만들어 오수를 저장했다가 용수로나 강의 지류에 조금

씩 흘려보내 물고기를 중독시킨다. 또한 CAFO 노동자들은 축사에서 긁어 모은 폐기물을 침전지로 보내 고체를 분리한다. 경작철에는 이 라군의 물이 작물에 주는 담수와 섞인다. CAFO 인근에 사는 사람은 악취로도 고생하지만, 가려움증과 두통에서부터 메스꺼움과 폐질환에 이르기까지 갖은 건강 문제에 시달린다. 수천 마리의 동물이 분뇨로 가득한 사육장을 가득 메우면, 박테리아가 그 가죽과 털에 묻어 도살장으로 들어갈 수 있다. 오염된 한 마리가 도살장 안의 고기 수천 파운드를 오염시킬 수 있다. CAFO는 미국에서 탄생했지만, CAFO식 운영은 전 세계, 특히 동유럽으로 퍼져나가고 있다. 다음을 보라. Rising number of farm animals poses environmental and public health risks. Worldwatch Institute. 2016. http://www.worldwatch.org/rising-number-farm-animals-poses-environmental-and-public-health-risks-0 (2016년 11월 18일 접속). 또한 Kirby, *Animal Factory*를 보라.

30 Bittman M, Hermanns S, Weathers S. Health leaders must focus on the threats from factory farms. *New York Times*. 2017. https://nyti.ms/2qISgrc (2017년 7월 7일 접속).

31 Weathers S, Hermanns S. Open letter urges WHO to take action on industrial animal farming. *The Lancet* 2017; 389: e9. http://dx.doi.org/10.1016/S0140-6736 17, 31358-2.

32 Grillo I. Inside Mexico's hospitals, a struggle to cope. Public Radio International. 2009. https://www.pri.org/stories/2009-04-30/inside-mexicos-hospitals-struggle-cope (2017년 7월 7일 접속).

33 Arkell H. "Find out who did this to me, mum": Mother reveals agony of watching. *Daily Mail*. 2013. http://www.dailymail.co.uk/news/article-2413564/Who-killed-son-Mothers-year-battle-truth-mad-cow-disease-24-year-olds-deathbed-plea-justice.html (2016년 11월 18일 접속).

34 미국에서는 소들에게 콩 단백질을 먹였기 때문에 광우병이 돌지 않았다. 다음을 보라. Mad Cow Disease—Bovine Spongiform Encephalopathy (BSE). EHA. 2017. http://www.ehagroup.com/food-safety/bse-mad-cow/ (2017년 7월 7일 접속).

35 영국 정부의 조사 보고서는 집약 축산법(동물 단백질을 반추동물 사료에 재활용하는 것) 때문에 BSE가 전염병으로 발전했다고 지적했다. 그 조사를 담당한 고등법원 판사 Nicholas Phillips는 어떤 것으로도 BSE를 막을 수 없었을 것이라고 결론지었다. 다음을 보라. The Report, Executive Summary, Key Conclusions. Encyclopedia.com.2017. http://www.encyclopedia.com/science/medical-magazines/bse-inquiry-report-executive-summary-key-conclusions (2017년 7월 7일 접속).
그 보고서에 대해 통렬한 반응이 쏟아져 나왔다. Richard Tyler는 World Socialist 웹사이트에 다음과 같이 올렸다. "우리는 그 보고서에 담긴 많은 데이터에서, 농장 일꾼들에게 MBM의 양을 대폭 늘리도록 장려하는 경제적 고려를 발견할 수 있다. 우유 증산을 강조한 것이 그때까지 주요 단백질원이었던 더 저렴한 식물 단백질의 일부를 대신하여 MBM을 사용하게 된 원인이었다. 1982년경부터 젖소용으로 만든 최소 비용 급식법은 MBM을 상당량 포함하라고 권유했다."
Prosper De Mulder(PDM)라는 단 하나의 회사가 영국과 웨일스에서 나오는 붉은 고기 폐기물의 약 64퍼센트, 가금 폐기물의 80퍼센트를 처리하면서 영국의 육골분 생산 산업을 지배했다. 스코틀랜드에서는 William Forrest and Son(Paisley) 사가 붉은 고기 폐기물 공급의 약 71퍼센트를 담당했다. 사료 생산업체들(거의 독점적으로 운영한다)은 MBM을 다른 성분과 섞는 식으로 복합 사료를 만들어 농부들에게 팔았다. 이 산업에서도 최소 비용 최대 이익을 강조했다. 다음을 보라. Tyler R. Britain's official inquiry into BSE/Mad Cow Disease finds no one to blame. World Socialist Web Site. 2000. https://www.wsws.org/en/articles/2000/10/bse-o31.html (2017년 7월 7일 접속).

36 1998년 공직을 떠난 직후에 캘먼 박사는 영국 정부 BSE 조사에서, 자신이 U.K. Ministry of Agriculture, Fisheries and Food(MAFF) 때문에 식품 안전법이 시행되고 있지 않은데도 시행되고 있는 것으로 잘못 알고 있었다고 말했다. BBC Health Background Briefings. Public "misled over BSE." BBC News. 1998. http://news.bbc.co.uk/2/hi/health/backgroundbriefings/bse/191356.stm (2017년 7월 3일 접속).

37 Ibid.

38 Tran M, Glover J. The threat to humans from BSE. *The Guardian*. 2000. http://www.theguardian.com/world/2000/oct/26/qanda.bse (2016년 11월 18일 접속).

39 Tyler R. Britain's official inquiry into BSE/mad cow disease finds no one to blame. World Socialist Web Site. 2000. https://www.wsws.org/en/articles/2000/10/bse-o31.html (2016 11월 18일 접속)

40 Tagliabue J. Mad Cow Disease (and anxiety). *New York Times*. 2001. http://www.nytimes.com/2001/02/01/business/mad-cow-disease-and-anxiety.html (2017년 7월 7일 접속).

41 Houston C. Regulations for cattle and beef. Harvard Law School. 2004. https://dash.harvard.edu/bitstream/handle/1/8852126/regulationsbeef3.html?sequence=2 (2017년 7월 7일 접속).

42 Beef war turns bloody. CNN Money. 1999. http://money.cnn.com/1999/10/22/europe/beef/ (2016년 11월 18일 접속).

43 Presley J. Mad cow to cost firms almost $6 billion. *Spokane Review*. 2004. https://www.organicconsumers.org/old_articles/madcow/billion225-4.php (2017년 7월 7일 접속).

44 Nunez C. Mad cow disease still menaces U.K. blood supply. National Geographic. 2015. http://news .nationalgeographic.com/news/2015/02/150215-mad-cow-disease-vcjd-blood-supply-health/ (2016년 11월 18일 접속).

45 다음을 보라. Justice for Andy—Human BSE, VCJD, mad cow disease, who killed my son? Justice4andy.2016. http://justice4andy.com/ (2016년 11월 18일 접속).

46 Fryer B, Kirby D. 16 March 2016; 전화 통화.

47 Higgs S. "Manure flu" and other CAFO maladies. *Bloomington Alternative*. 2008. http://www.bloomingtonalternative.com/articles/2008/03/23/9196 (2016년 11월 18일 접속).

48 다음을 보라. Kirby. *Animal factory*.

49 Food & Water Watch의 추산에 따르면, 2012년 가장 큰 축산 공장의 가축과 가금은 분뇨 3억 6900만 톤을 배출했는데, 이는 3억 1200만 미국인의 거의 13배에 이른다. 이 139억 제곱피트의 분뇨는 댈러스 카우보이의 경기장 133개를 채울 양이다. 미국 가정에서 나오는 폐기물은 각 도시의 하수처리장에서 처리된다. 하지만 축산 공장의 분뇨는 라군에 저장되다가 결국 처리되지 않은 채 밭에 비료로 쓰인다. What's Wrong With Factory Farms?—actoryFarm Map. Food and Water Watch. 2017. https://factoryfarmmap.org/problems/ (2017년 7월 7일 접속)

50 Mellon M, Benbrook C, Benbrook K. Hogging it! Estimates of antimicrobial abuse in livestock(2001). Union of Concerned Scientists. 2004. http://www.ucsusa.org/foodandagriculture/our-failing-food-system/industrial-agriculture/hogging-it-estimates-of.html#.Vu6mlxIrKRs (2016년 11월 18일 접속).

51 McEachran A, Blackwell B, Delton Hanson J et al. Antibiotics, bacteria, and antibiotic resistance genes: Aerial transport from cattle feed yards via particulate matter. National Institutes of Health. 2015. http://ehp.niehs.nih.gov/wpcontent/uploads/advpub/2015/1/ehp.1408555.acco.pdf (2016년 11월 18일 접속).

52 Klein E, Smith D, Laxminarayan R. Hospitalizations and deaths caused by methicillin-resistant Staphylococcus aureus, United States, 1999-2005. *Emerging Infectious Diseases* 2007; 13(12):1840-46.

53 Ibid.

54 McKenna M. Almost three times the risk of carrying MRSA from living near a mega-farm. Wired. 2014. http://www.wired.com/2014/01/mrsa-col-cafo/ (2016년 11월 18일 접속).

55 Human vs superbug: Too late to turn the tide? BBC Guides. 2014. http://www.bbc.co.uk/guides/z8kccdm (2016년 11월 18일 접속).

56 Baer D. Bill Gates just described his biggest fear—and it could kill 33 million people in less than a year. *Business Insider*. 2015. http://www.businessinsider.com/bill-gates-biggest-fear-is-a-killer-flu-2015-5 (2016년 1월 18일 접속).

57 Fryer B, Kirby D. 16 March 2016; 전화 통화.

58 Barnett A. Feed banned in Britain dumped on Third World. The Guardian. 2000. http://www.theguardian.com/uk/2000/oct/29/bse.focus (2016년 11월 18일 접속).

59 Ungchusak K, Auewarakul P, Dowell S et al. Probable person-to-person transmission

of avian influenza A (H5N1). *New England Journal of Medicine* 2005; 352(4): 333-40.

60 H5N1가 인간에게 확산되는 것을 예방하는 가장 좋은 방법은 가금류에서 그 바이러스를 뿌리 뽑는 것이다. 하지만 그 일에는 인프라와 자원이 들고, 공중보건과 개인위생 서비스 이용은 세계적으로 불균등하다. 홍콩에서는 모든 닭에 H5N1 예방주사, 닭, 애완조류, 심지어 야생조류를 정기 검사하기, 한 달에 두 번씩 수많은 양계장을 소독하기, 농장과 시장을 철저하게 조사하기로 인간 감염을 예방한다. 이런 공격적인 방법이 가능할 정도로 자원이 풍부한 섬의 사례는 베트남 같은 곳에서는 가능하지 않을 것이다. 베트남 정부는 조류의 시장 가격의 절반도 안 되는 돈밖에 보상금을 지급할 여력이 없어, 농부들은 병든 조류의 보고를 망설이게 된다. 다음을 보라. Appenzeller. Tracking the next killer flu.

4장

1 훌륭한 바이오테러 전문가가 제시한 그럴듯한 시나리오가 눈길을 사로잡는다. 다음을 보라. Osterholm M, Schwartz J. Living terrors: What America needs to know to survive the coming bioterrorist catastrophe. *New York*: Delacorte Press, 2000.

2 Snyder-Beattie A, Cotton-Barratt O, Farquhar S, Halstead J, Schubert S. Global catastrophic risks 2016. Global Priorities Project. 2016. http://globalprioritiesproject.org/2016/04/global-catastrophic-risks-2016/ (2016년 11월 30일 접속).

3 탄저병은 양과 가축의 세균성 질병으로, 대개 피부와 폐에 침범한다. 사람에게 전파되어 심각한 피부 궤양이나 폐렴의 한 종류(비탈저라고도 한다)를 일으킨다. 주로 무리 짓는 동물에서 발견되는 탄저병은 영구 동토층이 녹아 오래된 사체가 드러나고 있는 북극권에서 발견되어 과학자들을 놀라게 한다.

4 Immenkamp B. ISIL/Da'esh and "non-conventional" weapons of terror. European Parliamentary Research Service. 2015. http://www.europarl.europa.eu/RegData/etudes/BRIE/2015/572806/EPRSBRI(2015)572806 EN.pdf (2016년 11월 30일 접속).

5 무서운 것이긴 해도 화학무기를 이 목록에서 제외했다. 생물 무기처럼 시간과 대륙에 걸쳐 번식하면서 팬데믹의 위협을 가하진 않기 때문이다. 다음을 보라. Riedel S. Biological warfare and bioterrorism: A historical review. *Proceedings Baylor University Medical Center*. 2004. Oct; 17, 4: 400-6.

6 Wheelis M. Biological warfare at the 1346 siege of Caffa. Centers for Disease Control and Prevention. 2016. http://wwwnc.cdc.gov/eid/article/8/9/01-0536 article (2016년 11월 30일 접속).

7 Peck M. Don't forget, Japan used biological weapons on China. War Is Boring. 2013. https://warisboring.com/dont-forget-japan-used-biological-weapons-on-china-71ce4a8a303a (2016년 11월 30일 접속).

8 Garner M. 2 North Georgia men sentenced for terrorism plot. *Atlanta Journal-Constitution*. 2012.http://www.ajc.com/news/news/local/2-north-georgia-men-sentenced-for-terrorism-plot/nRMNj/ (2016년 5월 10일 접속).

9 Jury finds 2 Georgia men guilty in ricin plot. *USA Today*. 2014. http://www.usatoday.com/story/news/nation/2014/01/17/ricin-georgia-guilty/4592157/(2016년 11월 30일 접속).

10 Fryer B, Potok M. 24 May 2016; 전화 통화.

11 Mohr H. "The perfect poison": Ricin used in 3 recent cases. Yahoo! News. 2013. https://www.yahoo.com/news/perfect-poison-ricin-used-3-recent-cases-204805812.html?ref=gs (2016년 11월 30일 접속).

12 Bioterrorism overview. Centers for Disease Control and Prevention. 2007. http://emergency.cdc.gov/bioterrorism/overview.asp (2016년 11월 30일 접속).

13 Ibid.

14 Coleman K, Ishisoko N, Trounce M, Bernard K. Hitting a moving target: A strategic tool for analyzing terrorist threats. *Health Security* 2016; 14: 409-18. DOI:10.1089/hs.2016.0062.

15 그의 연설은 10만 9000회가 넘게 시청되었다. 다음을 보라. MEMRI TV. Kuwaiti Professor Anthrax.2009. https://www.youtube.com/watch?v=M32M-2B2mz8 (2016년 11월 30일 접속).

16 Inglesby T. Plague as a biological weapon. The JAMA Network. 2000. http://jamanetwork.com/journals/jama/fullarticle/192665 (2016년 11월 30일 접속).

17 페스트는 바이러스성이 아니라 세균성 질환이다. 하지만 의도는 똑같다.

18 "이 모든 무기의 가장 큰 문제는 수많은 사람을 죽일 수 있는 효과적인 배포 시스템이 있다는 것이다. 하지만 아주 무서운 무기를 만드는 것은 이슬람 국가가 충분히 할 수 있는 일이다." Magnus Ranstorp, research director of the Center for Asymmetric Threat Studies at the Swedish National Defence College, told *Foreign Affairs*. Doornbos H, Moussa J. Found: The Islamic State's terror laptop of doom. Foreign Policy. 2014. http://foreignpolicy.com/2014/08/28/found-the-islamic-states-terror-laptop-of-doom/ (2016년 11월 30일 접속).

19 Said-Moorhouse L. Iraq stops would-be child bomber for ISIS. CNN. 2016. http://www.cnn.com/2016/08/22/middleeast/would-be-child-suicide-bomber-iraq/ (2016년 11월 30일 접속).

20 Allen P, Webb S. Terrorist's backpack searched for bomb—utcops found something revolting. *Mirror*. 2016. http://www.mirror.co.uk/news/world-news/isis-feared-planning-crude-biological-7715046 (2016년 11월 30일 접속).

21 Immenkamp. ISIL/Da'esh.

22 Colonel Randall Larsen, USAF (Retired). UPMC Center for Health Security. 2016. http://www.upmchealthsecurity.org/our-staff/profiles/larsen/ (2016년 11월 30일 접속).

23 Levine B. Chasing ground zero: Preparing for the unpredictable. North Carolina Biotech Center. 2016. http://www.ncbiotech.org/article/chasing-ground-zero-preparing-unpredictable/171511 (2016년 11월 30일 접속).

24 바실루스 글로비기 균은 탄저 가루와 유전적으로 동일하다. 그 물질은 기본적으로 무해하지만, 탄저균을 무기화하려고 마음먹은 사람은 처음에 바실루스 글로비기를 가지고 실험을 할 것이다. 탄저균을 무기화한다는 것은 분자 크기를 3미크론으로 줄이는 것을 의미한다. 그러면 즉시 혈관에 도달한다.

25 Quick J, Larsen R. 2 September 2016; 전화 통화.

26 2009년부터 2013년까지 오툴 박사는 국토안보부 과학기술 차관으로 일했다. 다음을 보라. http://www.upmchealthsecurity.org/our-staff/profiles/otoole/.

27 다음을 보라. Hylton W. How ready are we for bioterrorism? *New York Times*. 2011. http://www.nytimes.com/2011/10/30/magazine/how-ready-are-we-for-bioterrorism.html?r=0 (2016년 11월 30일 접속).

28 Garrett L. *Betrayal of trust: The collapse of global public health*. New York: Hyperion, 2000: 350.

29 Ibid, 358. 생물 무기 공장에 관한 더 자세한 내용에 대해서는 다음을 보라. Tucker J. Bioweapons from Russia: stemming the flow. *Issues in Science and Technology* 1999; 15 3. http://issues.org/15-3/ptucker/.

30 2015년 6월 6일에 한 북한 과학자는 15기가바이트의 데이터를 가지고 핀란드로 망명해서는, 북한이 자국 국민에게 화학 및 생물 작용제를 시험하고 있는 증거라고 주장했다. 북한 독재자 김정은은 표면상 살충제를 만들고 있는 공장을 시찰했다. 사진들을 분석한 결과 평양 생물기술연구소는 일상적으로 군사적인 규모의 탄저균을 생산하고 있음이 밝혀졌다. 소문에 따르면 같은 날 다른 망명자도 인간 실험 데이터를 가지고 그 나라를 탈출했다고 한다. Hanham M. Kim Jong Un tours pesticide facility capable of producing biological weapons. 38 North: Informed Analysis of North Korea. 2016. http://38north.org/2015/07/mhanham070915/ (2016년 11월 30일 접속).

31 Russia, Iraq, and other potential sources of anthrax, smallpox and other bioterrorist weapons. Commdocs.house.gov.2001. http://commdocs.house.gov/committees/intlrel/hfa76481.000/hfa764810.htm (2016년 11월 30일 접속).

32 President Bush signs Project Bioshield Act of 2004. The White House. 2004. http://georgewbush-whitehouse.archives.gov/news/releases/2004/07/20040721-2.html (2016년 11월 30일 접속).

33 《로스앤젤레스 타임스》의 2007년 7월의 한 기사에 따르면, 알리베코프는 "연방 보상금 그리고 개인적으로 활동하거나 기업에 고용되어 약 2800만 달러를 벌었다"고 한다.

Willman D. Selling the threat of bioterrorism. Los Angeles Times. 2007. http://articles.latimes.com/2007/jul/01/nation/na-alibek1 (2016년 11월 30일 접속).

34 Ibid.

35 Garrett. Betrayal of trust.

36 Scutti S. The cure could kill you. Newsweek. 2014. http://www.newsweek.com/2014/03/21/only-thing-scarier-bio-warfare-antidote-247993.html (2016년 11월 30일 접속).

37 Adapted from Biosafety in microbiological and biomedical laboratories. 5th edition. U.S. Department of Health and Human Services, 2009: 30-59. http://www.cdc.gov/biosafety/publications/bmbl5/BMBL.pdf.

38 이건 전적으로 소프트웨어 결함 때문이었다. CDC의 몇몇 사람은 그 사건을 연방 감독 기구에 보고하지 않으려고 했다. 《USA 투데이》는 Freedom of Information Act를 통해 이 사건을 알았는데, 신문사의 요청이 충족되기까지 3년 이상이 걸렸다. Young A. Newly disclosed CDC biolab failures "like a screenplay for a disaster movie." *USA Today*. 2016. http://www.usatoday.com/story/news/2016/06/02/newly-disclosed-cdc-lab-incidents-fuel-concerns-safety-transparency/84978860/ (2016년 11월 30일 접속).

39 Biolabs in your backyard. *USA Today*. 2015. http://www.usatoday.com/pages/interactives/biolabs/ (2016년 11월 30일 접속).

40 Christensen J. CDC: Smallpox found in NIH storage room is alive. CNN. 2014. http://www.cnn.com/2014/07/11/health/smallpox-found-nih-alive/ (2016년 11월 30일 접속).

41 Harris R. Feds tighten lab security after anthrax, bird flu blunders. NPR. 2014. http://www.npr.org/sections/health-shots/2014/07/11/330725773/feds-tighten-lab-security-after-anthrax-bird-flu-blunders (2016년 11월 30일 접속).

42 Neuman S. CDC says more workers potentially exposed to live anthrax. NPR. 2014. http://www.npr.org/sections/thetwo-way/2014/06/20/324077444/cdc-says-more-workers-potentially-exposed-to-live-anthrax (2016년 11월 30일 접속).

43 《뉴스위크》는 다음과 같이 보도했다. "또한 인간의 통제를 벗어난 사건 때문에도 사고가 일어난다. 2008년 여름 애틀랜타에서는 새 한 마리가 변압기 속으로 날아들어 CDC 신종감염병연구소에 한 시간 동안 정전을 일으켰다. 기본 발전기뿐 아니라 예비 발전기까지 일시적으로 다운되었고, 위험한 작용제를 봉쇄구역 밖으로 나가지 못하게 하는 음압 장치도 가동을 멈췄다. BSL-3 실험실(과학자들이 치명적인 조류독감 변종을 연구한다고 알려진 실험실)이 있는 건물도 함께 정전되었다. 아무도 감염되지 않은 건 순전한 우연이었다. 한 시간은 그리 긴 시간처럼 들리지 않지만, H5N1 독감 같은 바이러스가 숙주를 발견하고 퍼져나가는 데 필요한 시간이 약 59분이다. 다음을 보라. Scutti. Cure could kill you.

44 2015 annual report of the Federal Select Agent Program. Federal Select Agent Program. 2015. http://www.selectagents.gov/annualreport2015.html (2016년 11월 30일 접속).

45 Young A. GAO finds more gaps in oversight of bioterror germs studied in U.S. labs. *USA Today*. 2016. http://www.usatoday.com/story/news/2016/09/21/gao-inactivation-failures-high-containment -labs/90776218/ (2016년 11월 30일 접속).

46 Ibid.

47 European lab accidents raise biosecurity concerns. Reuters. 2009. http://www.reuters.com/article/health-biohazards-idUSLJ55693920090319 (2016년 8월 10일 접속).

48 Ibid.

49 Sample I. Revealed: 100 safety breaches at U.K. labs handling potentially deadly diseases. *The Guardian*. 2014. https://www.theguardian.com/science/2014/dec/04/-sp-100-safety-breaches-uk-labs-potentially-deadly-diseases (2016년 11월 30일 접속).

50 European lab accidents. Reuters.

51 1971년에 소비에트연방은 무기화한 천연두와 그 밖의 생물무기를 어느 섬에서 실험했다. 그 섬은 플랑크톤 샘플을 채취하고 있던 연구선에서 그리 멀지 않았다. 섬에서 천연두 분말이 폭발하여 반경 약 150마일 구역이 오염되었다. 아랄해 거주자 약 5만 명이 긴급히 대피한 덕에 단 10명이 병들고 3명이 죽었다. A bug's life. Economist. 2011. http://www.economist.com/node/17849189/print (2016년 9월 9일 접속).

52 Young A. Deadly bacteria release sparks concern at Louisiana lab. USA Today. 2015. http://www.usatoday.com/story/news/2015/03/01/tulane-primate-bio-lab-bacteria-release/24137053/ (2016년 11월 30일 접속).

53 2009년에 미국에만 1356개의 고도안전 생물 무기 실험실이 있었다. 2013년에 미국 국세청은 실험실 수가 늘었다고 발표했지만, 2014년에 《뉴스위크》는 다음과 같이 보도했다. "국세청은 집계 및 등록 기준이 없기 때문에 정확한 집계는 어렵다고 경고했다." Scutti. Cure could kill you.

54 Young A. Hundreds of safety incidents with bioterror germs reported by secretive labs. *USA Today*. 2016. https://www.usatoday.com/story/news/2016/06/30/lab-safety-transparency-report/86577070/ (2016년 11월 30일 접속).

55 Quick J. and Fryer B. Fouchier R. 31 August 2016; 전화 통화.

56 예를 들어 다음을 보라. Specter M. The deadliest virus. *New Yorker*. 2012.

57 Enserik M. Fight over Dutch H5N1 paper enters endgame. *Science*. 2012. http://www.sciencemag.org/news/2012/04/fight-over-dutch-h5n1-paper-enters-endgame (2016년 9월 12일 접속).

58 Roos R. Experts call for alternatives to "gain-of-function" flu studies. Center for Infectious Disease Research and Policy. 2014. http://www.cidrap.umn.edu/news-

perspective/2014/05/experts-call-alternatives-gain-function-flu-studies (2016년 11월 30일 접속).

59 2014년 10월 백악관은 고문들이 안전도 문제를 철저히 고려할 수 있을 때까지는 이런 종류의 실험에 대한 자금 지원(푸시에의 실험에 대한 지원을 포함하여)을 유예하는 드문 조치를 내렸다.

60 Fouchier interview.

61 Fryer B. Lipsitch M. 22 September 2016; 전화 통화.

62 Greenfield-Boyce N. Biologists choose sides in safety debate over lab-made pathogens. NPR.org. 2014. http://www.npr.org/sections/health-shots/2014/08/13/339854400/biologists-choose-sides-in-safety-debate-over-lab-made-pathogens; National Academies of Sciences, Engineering, and Medicine. *Gain-of-function research: Summary of the second symposium*, March 10-11, 2016. Washington, DC: The National Academies Press, 2016. DOI: 10.17226/23484.

63 Shelley M. *Frankenstein, or, the modern Prometheus*. Revised edition. London: Penguin Books. 1992 (first published 1818): 29.

64 Garrett L. CRISPR: Transformative and troubling. Council on Foreign Relations. 2016. http://www.cfr.org/biotechnology/crispr-transformative-troubling/p37768 (2016년 11월 30일 접속).

65 Venter C, Goetz T. Unlocking the mysteries of genetics with Dr. Craig Venter. City Arts & Lectures. 2012. http://www.cityarts.net/event/unlocking-the-mysteries-of-genetics/ (2016년 11월 30일 접속).

66 벤터 박사는 1990년대에 논쟁적인 인물이 되었다. 그는 공공 자금이 지원되는 인간 유전체 규명 계획을 놓고 예전 직장인 Celera Genomics와 경쟁을 했다. 벤터는 이미 더 많은 생명의 기본 재료에 대한 특허를 신청한 상태였다. 다음을 보라. Sample I. Craig Venter creates synthetic life form. *The Guardian*. 2010. https://www.theguardian.com/science/2010/may/20/craig-venter-synthetic-life-form (2016년 11월 30일 접속).

67 2016년 여름에 뉴욕에서 3개의 특허를 가진 아기가 태어났다. 다음을 보라. Kolata G. Birth of baby with three parents' DNA marks success for banned technique. *New York Times*. 2016. http://www.nytimes.com/2016/09/28/health/birth-of-3-parent-baby-a-success-for-controversial-procedure.html (2016년 11월 30일 접속).

68 Garrett. CRISPR: Transformative and troubling.

69 Gronvall G. Hindsight not 20/20 for smallpox research. Start: National Consortium for the Study of Terrorism and Responses to Terrorism. 2015. http://www.start.umd.edu/news/hindsight-not-2020-smallpox-research (2016년 11월 30일 접속).

70 Bioterrorism, public health, superbug, biolabs, epidemics, biosurveillance, outbreaks, DNA sequencing. Homeland Security News Wire. 2015. http://www.

homelandsecuritynewswire.com/dr20150224-dna-synthesis-creates-risk-of-resurrecting-deadly-viruses (2016년 11월 30일 접속).

71 Cotton-Barratt O, Farquhar S, Snyder-Beattie A. Beyond risk-benefit analysis: Pricing externalities for gain-of-function research of concern—working policy paper (revision 0.9). Global Priorities Project. 2016. http://globalprioritiesproject.org/wp-content/uploads/2016/03/GoFv9-3.pdf (2016년 11월 30일 접속).

72 Church G. Synthetic biohazard non-proliferation. Arep.med.harvard.edu.2005. http://arep.med.harvard.edu/SBP/ChurchBiohazard04c.htm (2016년 11월 30일 접속).

73 Chyba C. Biotechnology and bioterrorism: An unprecedented world. Survival 2004; 46: 143-61.

74 Yuhas A, Kelkar K. "Rogue scientists" could exploit gene editing technology, experts warn. *The Guardian*. 2016. https://www.theguardian.com/science/2016/feb/12/rogue-scientists-could-exploit-gene-editing-technology-experts-warn (2016년 11월 30일 접속).

75 Ibid.

76 Araki M, Ishii T. International regulatory landscape and integration of corrective genome editing into in vitro fertilization. Reproductive Biology and Endocrinology 2014; 12: 108.

77 2015년에 《네이처》는 생물학 연구와 지원이 잘 이뤄지고 있는 나라 12개국을 대상으로 유전체 규명에 대한 규제가 잘 이루어지고 있는지를 조사했다. 어떤 나라에서 인간 배아 실험은 범죄 수준으로 취급하는 반면에 다른 나라에서는 거의 모든 것을 허용한다. 일본, 중국, 인도, 아일랜드는 인간 배아 유전체 조작을 금지하는 지침이 있긴 하나, 강제력이 없다. 영국은 인간 유전체 편집을 연구에서는 허용하고 임상에서는 금지한다. 반면에 독일은 인간 배아를 보조 생식술에 사용하는 것을 엄격하게 금지하고 인간 배아를 연구하는 것마저도 법으로 제한하며, 이를 위반하면 형사 고발을 당할 수 있다. 아르헨티나도 독일처럼 생식적 복제를 금지하지만, 인간 유전체 편집을 명확히 규제하진 않는다. 미국은 인간 배아를 조작하는 일에 연방 자금을 지원하진 않지만, 유전체 편집 규제가 아예 없다. 다음을 보라. Ledford H. Where in the world could the first CRISPR baby be born? *Nature*. 2015. http://www.nature.com/news/where-in-the-world-could-the-first-crispr-baby-be-born-1.18542 (2016년 11월 30일 접속).

78 National Academies of Sciences, Engineering, and Medicine. *Human genome editing: Science, ethics, and governance*. Washington, DC: The National Academies Press, 2017.

79 Quick J and Fryer B. Bernard K. 1 August 2016; 개인 면담.

80 Scientific advice and evidence in emergencies, third report of session 2010-11, volume II, additional written evidence. House of Commons. 2011. http://www.publications.parliament.uk/pa/cm201011/cmselect/cmsctech/498/498vw.pdf.

81 Quick J and Fryer B. Bernard K. 1 August 2016; 개인 면담.

82 A national blueprint for biodefense: Leadership and major reform needed to optimize. Hudson Institute. 2015. http://www.hudson.org/research/11824-a-national-blueprint-for-biodefense-leadership-and-major-reform-needed-to-optimize-efforts (2016년 11월 30일 접속).

83 Mackler N, Wilkerson W, Cinti S. Will first-responders show up for work during a pandemic? Lessons from a smallpox vaccination survey of paramedics. *Disaster Management & Response* 2007; 5: 45-48.

84 A national blueprint for biodefense: Leadership and major reform needed to optimize. Hudson Institute. 2015. http://www.hudson.org/research/11824-a-national-blueprint-for-biodefense-leadership-and-major-reform-needed-to-optimize-efforts (2016년 11월 30일 접속).

85 Countering bioterrorism: Lessons from 2010 Israeli exercise, US perspectives, & international efforts. Center for Cyber & Homeland Security, George Washington University. 2010. https://cchs.gwu.edu/countering-bioterrorism-lessons-2010-israeli-exercise-us-perspectives-international-efforts (2016년 11월 30일 접속). 내가 버나드에게 미국을 제외하고 이 대비를 잘하는 나라가 있느냐고 묻자, 그는 영국이 위기 배분(기본적으로 핵전쟁, 허리케인, 지진 등과 같은 다른 재난과 다르게 바이오테러 위험을 규정하는 것)에 최고라고 말했다.

5장

1 Homepage. Carlo Urbani Center. 2011. http://carlo-urbani-center.com/en/modules.php?name=Thongtin&go=page&pid=1 (2017년 6월 9일 접속).

2 McNeil D. Disease's pioneer is mourned as a victim. *New York Times*. 2003. http://www.nytimes.com/2003/04/08/science/disease-s-pioneer-is-mourned-as-a-victim.html (2015년 12월 19일 접속).

3 Korea Centers for Disease Control and Prevention. Middle East Respiratory Syndrome Coronavirus Outbreak in the Republic of Korea, 2015. *Osong Public Health and Research Perspectives* 2015; 6(4): 269-278.

4 Frangoul A. Counting the costs of a global epidemic. CNBC. 2014. http://www.cnbc.com/2014/02/05/counting-the-costs-of-a-global-epidemic.html (2016년 3월 15일 접속).

5 SARS fallout to cost Toronto economy about $1 billion: Conference board. CBC News. 2003. http://www.cbc.ca/news/business/sars-fallout-to-cost-toronto-economy-about-1-billion-conference-board-1.363576 (2015년 12월 19일 접속).

6 Lee E. Ali Fedotowsky canceled her wedding in Mexico because of Zika: Details. The Knot News. 2016. http://www.theknotnews.com/ali-fedotowsky-canceled-her-wedding-in-mexico-because-of-zika-it-was-such-a-huge-disappointment-10037 (2016년 3월 12일 접속).

7 Keogh-Brown M, Smith R. The economic impact of SARS: How does the reality match the predictions? *Health Policy* 2008; 88: 110-20.

8 Nahal S, Ma B. Be prepared! Global pandemics primer. Bank of America Merrill Lynch. 2014. http://www.actuaries.org/CTTEESTFM/Documents/BankofAmericaPandemicArticle.pdf.

9 Ibid.

10 Much worse to come. *Economist*. 2014. http://www.economist.com/news/international/21625813-ebola-epidemic-west-africa-poses-catastrophic-threat-region-and-could-yet (2016년 12월 19일 접속).

11 Fox M. Cost to treat Ebola: $1 million for two patients. *NBC News*. 2014. http://www.nbcnews.com/storyline/ebola-virus-outbreak/cost-treat-ebola-1-million-two-patients-n250986 (2016년 12월 19일 접속).

12 Nahal and Ma. Be prepared!

13 Parpia AS, Ndeffo-Mbah ML, Wenzel NS, et al. Effects of Response to 2014-2015 Ebola Outbreak on Deaths from Malaria, HIV/AIDS, and Tuberculosis, West Africa. *Emerging Infectious Diseases* 2016;22(3): 433-441.

14 UNDP. 2014. "Assessing the socio-economic impacts of Ebola Virus Disease in Guinea, Liberia and Sierra Leone: The Road to Recovery."(2017년 3월 22일 접속). http://www.africa.undp.org/content/dam/rba/docs/Reports/EVD%20Synthesis%20Report%2023Dec2014 .pdf.

15 Long H. Stock market scare as Dow drops 460 points. CNN Money. 2014. http://money.cnn.com/2014/10/14/investing/stocks-market-3-key-numbers-to-watch/index.html?iid=EL (2016년 12월 10일 접속).

16 Nahal and Ma. Be prepared!, 41.

17 Ighobor K. Ebola threatens economic gains in affected countries. Africa Renewal Online. 2014. http://www.un.org/africarenewal/magazine/december-2014/ebola-threatens-economic-gains-affected-countries (2017년 1월 4일 접속).

18 News article: Ebola, food security and FAO's response. FAO. 2016. http://www.fao.org/news/story/en/item/270716/icode/ (2015년 10월 24일 접속).

19 Chavez D. The socio-economic impacts of Ebola in Sierra Leone. World Bank Group. 2015. http://www.worldbank.org/en/topic/poverty/publication/so-cio-economic-impacts-ebola-sierra-leone (2015년 10월 20일 접속).

20 Thomas A, Nkunzimana T, Hoyos A, Kayitakere F. Impact of West Africa Ebola outbreak on food security. European Commission. 2014. file:///C:/Users/npersaud/Downloads/JRC94257_ebola_impact_on_food_securi-ty_jrc_h04_final_report.pdf (2015년 10월 25일 접속).

21 Fry E. Business in the hot zone: How one global corporation has managed the Ebola epidemic. *Fortune*. 2015. http://fortune.com/2014/10/30/arcelormittal-business-liberia-ebola-outbreak/ (2015년 11월 2일 접속).

22 Ibid.

23 HIV and AIDS cost $17 per employee for one Kenyan car manufacturer and $300 per employee for the Ugandan Railway Corporation. Dixon S, McDonald S, Roberts J. The impact of HIV and AIDS on Africa's economic development. *British Medical Journal* 2002; 324(7331): 232-34. http://www.ncbi.nlm.nih.gov/pmc/articles/PMC1122139/ (2015년 11월 2일 접속).

24 Fryer B. Ariely D. 7 September 2016; 개인 면담. 더 자세한 내용은 다음을 보라: Ariely D. *The upside of irrationality: The unexpected benefits of defying logic*. New York: Harper, 2010: chap. 9, "On Empathy and Emotion."

25 Kraft D. AIDS ravaging the teachers, education systems of Africa. Los Angeles Times. 2002. http://articles.latimes.com/2002/dec/01/news/adfg-nomore1 (2015년 12월 20일 접속).

26 United Nations. *The impact of AIDS*. New York: United Nations, 2004.

27 Think piece prepared for the Education for All Global Monitoring Report 2011. The hidden crisis: Armed conflict and education; The quantitative impact of conflict on education. UNESCO Institute for Statistics. 2010. http://www.uis.unesco.org/Library/Documents/QuantImp.pdf (2015년 12월 20일 접속).

28 An AIDS orphan's story. BBC. 2002. http://news.bbc.co.uk/2/hi/africa/2511829.stm (2015년 12월 20일 접속.

29 We have nothing: The human cost of Ebola. Sky News. 2014. http://news.sky.com/story/we-have-nothing-the-human-cost-of-ebola-10386164 (2015년 12월 20일 접속).

30 Bell C, Devarajan S, Gersbach H. The long-run economic costs of AIDS: Theory and an application to South Africa. SSRN. 2016. http://papers.ssrn.com/sol3/Papers.cfm?abstractid=636571.

31 Epidemics and economics. *Economist*. 2003. http://www.economist.com/node/1698814 (2015년 12월 15일 접속).

32 Baker A. Liberian Ebola fighter, a TIME Person of the Year, dies in childbirth. TIME Health. 2017. http://time.com/4683873/ebola-fighter-time-person-of-the-year-salome-karwah/ (2017년 7월 9일 접속).

33 더 자세한 내용은 다음을 보라: Ariely. *The upside of irrationality.*

34 Slovic P. "If I look at the mass I will never act": Psychic numbing and genocide. *Judgment and Decision Making* 2007; 2: 79-95. http://journal.sjdm.org/7303a/jdm7303a.htm (2015년 12월 20일 접속).

35 WHO Global Malaria Programme. Guidance on temporary malaria control measures in Ebola-affected Countries. World Health Organization. 2014. http://apps.who.int/iris/bitstream/10665/141493/1/WHOHTMGMP2014.10_eng.pdf?ua=1 (2015년 3월 31일 접속).

36 Kieny M, Evans D, Schmets G, Kadandale S. Health-system resilience: Reflections on the Ebola crisis in western Africa. *Bulletin of the World Health Organization* 2014; 92: 850.

37 Walker P, White M, Griffin J, Reynolds A, Ferguson N, Ghani A. Malaria morbidity and mortality in Ebola-affected countries caused by decreased health-care capacity, and the potential effect of mitigation strategies: a modelling analysis. *The Lancet Infectious Diseases* 2015, 15: 825-32. http://dx.doi.org/10.1016/S1473-3099(15)70124-6.

38 The impact of HIV/AIDS on food security. June 2001. http://www.fao.org/docrep/meeting/003/Y0310E.htm (2015년 12월 20일 접속).

39 HIV Cost-effectiveness. Centers for Disease Control and Prevention. 2015. https://www.cdc.gov/hiv/programresources/guidance/costeffectiveness/index.html (2015년 3월 31일 접속).

40 Leefeldt E. The true cost of Zika in the U.S. could be staggering. CBS News. 2016. http://wwwlcbsnews.com/news/the-true-cost-of-zika-in-the-u-s-could-be-staggering/ (2015년 3월 31일 접속).

41 Ubelacker S. SARS survivors struggle with symptoms years later. *Toronto Star*. 2010. https://www.thestar.com/life/health_wellness/2010/09/02/sars_survivors_struggle_with_symptoms_years_later.html (2015년 3월 31일 접속).

42 Rettner R. What are the long-term effects of Ebola? Live Science. 2015. http://www.livescience.com/50039-ebola-survivors-health-problems.html (2015년 3월 31일 접속).

43 Discussion adapted from Nahal and Ma. Be prepared!

44 Cooper H. Liberian president pleads with Obama for assistance in combating Ebola. *New York Times*. 2014. https://www.nytimes.com/2014/09/13/world/africa/liberian-president-pleads-with-obama-for-assistance-in-combating-ebola.html?r=0 (2017년 7월 7일 접속).

45 McNeil D. Starvation timetable in a pandemic. New York Times. 2015. http://www.nytimes.com/2015/06/23/health/starvation-timetable-in-a-pandemic.html (2015년 3월

31일 접속).

46 The twentieth century saw three of them, all of them influenzas (Spanish flu, Asian flu, and Hong Kong flu). Taubenberger J, Morens D. 1918 influenza: The mother of all pandemics. *Emerging Infectious Diseases* 2006. http://wwwnc.cdc.gov/eid/article/12/1/pdfs/05-0979.pdf (2017년 1월 2일 접속).

47 Most deaths from seasonal influenza are attributable not to the flu virus itself but to complications of bacterial pneumonia. Some medical experts believe that ensuring antibiotic treatment for such pneumonias would reduce pandemic influenza deaths. Seasonal flu is a different virus, however. Michael Osterholm, author of *Deadliest Enemy* and director of the Center for Infectious Disease Research and Policy based at the University of Minnesota, points out that with pandemic influenza viruses, the most common cause of death is an acute respiratory distress syndrome whose treatment requires respirators and intensive-care units. Such treatment is simply not available to most of the world's population and will not be available in adequate numbers even in the U.S., Europe, and other high-income countries if a big pandemic were to strike.

48 Pike J, Bogich T, Elwood S, Finnoff D, Daszak P. Economic optimization of a global strategy to address the pandemic threat. *Proceedings of the National Academy of Sciences* 2014; 111: 18519-23. http://www.pnas.org/content/111/52/18519.abstract.

49 Quick J. Marmot R. 2016년 10월 27일, 개인 면담.

6장

1 Neustadt R, Fineberg H. *The epidemic that never was: Policy-making and the swine flu scare*. New York: Random House, 1983.

2 Roan S. Swine flu "debacle" of 1976 is recalled. *Los Angeles Times*. 2009. http://articles.latimes.com/2009/apr/27/science/sci-swine-history27 (2016년 12월 13일 접속).

3 Hamburg, David A. in Neustadt and Fineberg. *The epidemic that never was*.

4 Troy T. *Shall we wake the president?*: Two centuries of disaster management from the Oval Office. Guilford: Lyons Press, 2016: p. 5 and appendix 3.

5 Barry J. *The great influenza: The story of the greatest pandemic in history*. New York: Penguin Books, 2005.

6 Dickens C. *Bleak House*. London: Bradbury & Evans, 1853: 344-45.

7 White M. Necrometrics: Estimated totals for the entire 20th century. Necrometrics. 2010. http://necrometrics.com/all20c.htm (2015년 6월 9일 접속).

8 Riedel S. Edward Jenner and the history of smallpox and vaccination. PubMed

Central (PMC). 2005. https://www.ncbi.nlm.nih.gov/pmc/articles/PMC1200696/ (2016년 12월 13일 접속).
9 Langer E. D. A. Henderson, "disease detective" who eradicated smallpox, dies at 87. *Washington Post*. 2016. https://www.washingtonpost.com/local/obituaries/da-henderson-disease-detective-who-eradicated-smallpox-dies-at-87/2016/08/20/b270406e-63dd-11e6-96c0-37533479f3f5_story.html (2016년 12월 13일 접속).
10 Ibid.
11 Ibid.
12 Quick J. Henderson D. 8 August 2015; 개인 면담.
13 Langer. D. A. Henderson.
14 Ibid.
15 Quick J. Henderson D. 8 August 2015; 개인 면담.
16 History and epidemiology of global smallpox eradication. Centers for Disease Control and Prevention. 1999. https://emergency.cdc.gov/agent/smallpox/training/overview/pdf/eradicationhistory.pdf (2016년 12월 13일 접속).
17 Seymour J. Case 1: Eradicating smallpox. Center for Global Development. http://www.cgdev.org/doc/millions/MScase1.pdf (2016년 12월 13일 접속).
18 Stolberg S. Threats and responses; New fight for an old warrior. *New York Times*. 2002. http://www.nytimes.com/2002/12/14/us/threats-and-responses-new-fight-for-an-old-warrior.html (2016년 12월 13일 접속).
19 Langer. D. A. Henderson.
20 Brown B. The virus detective who discovered Ebola in 1976. BBC News. 2014. http://www.bbc.com/news/magazine-28262541 (2016년 12월 13일 접속).
21 Salter J. Professor Peter Piot: "As long as there is even one case left, Ebola could still reignite." *Telegraph*. 2015. http://www.telegraph.co.uk/news/worldnews/ebola/11475881/Professor-Peter-Piot-As-long-as-there-is-even-one-case-left-Ebola-could-still-reignite.html (2016년 12월 13일 접속).
22 이 글을 쓰는 지금 이것이 가장 최근에 나온 통계수치다.
23 2007년에 브룬틀란트 박사는 넬슨 만델라가 초대 회장을 지낸 전 세계 지도자 원로 모임에 초청을 받아 합류했다. 그 모임의 목표는 세계에서 가장 고질적인 문제들에 대한 해법을 제공하는 것이며, 특히 인권을 강조한다. 같은 해 그녀는 유엔 기후 변화 특사로 임명되어 지구 온난화를 억제하는 국제 협약을 체결할 때 정부 간 협상을 지원했다. 현재 그녀는 유엔재단(United Nations Foundation)의 임원이자 여성세계지도자위원회(Council of Women World Leaders) 이사다. 이 위원회는 그녀가 공직에 첫발을 디딘 34년 전 이후 회원이 거의 40개에 달하는 규모로 성장했다. Langton J. Norway's iron lady Gro Harlem Brundtland honoured with Zayed Future Energy Prize. *The National*.

2016. http://www.thenational.ae/uae/environment/norways-iron-lady-gro-harlem-brundtland-honoured-with-zayed-future-energy-prize#full (2016년 12월 13일 접속).

24 The Skoll Foundation. Gro Harlem Brundtland: I'm a lucky person. 2014. https://www.youtube.com/watch?v=3_6cL71L870 (2016년 12월 13일 접속).

25 Brundtland G. *Madam prime minister: A life in power and politics*. New York: Farrar, Straus and Giroux, 2002.

26 Langton. Norway's iron lady.

27 Lewington J. Lastman's on-air gaffes add to Toronto's woes. *The Globe and Mail*. 2003. http://www .theglobeandmail.com/news/national/lastmans-on-air-gaffes-add-to-torontos-woes/article1013974/ (2016년 12월 13일 접속).

28 Chinoy M. SARS "stopped dead in its tracks." CNN. 2003. http://www.cnn.com/2003/HEALTH/06/17/sars.wrapup/ (2016년 12월 13일 접속).

29 Ibid.

30 이 요소들이 에볼라 바이러스의 은밀한 확산에 일조하고 신속한 봉쇄를 방해하는 역할을 했다. Ebola one year report. World Health Organization. 2015. http://www.who.int/csr/disease/ebola/one-year-report/factors/en/ (2016년 12월 13일 접속).

31 Quick J. Liu J. 7 June 2016; 개인 면담.

32 Boseley S. World Health Organisation admits botching response to Ebola outbreak. *The Guardian*. 2014. https://www.theguardian.com/world/2014/oct/17/world-health-organisation-botched-ebola-outbreak (2016년 12월 14일 접속).

33 MSF international president United Nations special briefing on Ebola. Medecins Sans Frontieres(MSF) International. 2014. http://www.msf.org/en/article/msf-international-president-united-nations-special-briefing-ebola (2016년 12월 13일 접속).

34 Miles T. WHO leadership admits failings over Ebola, promises reform. Reuters. 2015. http://www.reuters.com/article/us-health-ebola-who-idUSKBN0NA12J20150419 (2016년 12월 13일 접속).

35 Onishi N. Clashes erupt as Liberia sets an Ebola quarantine. *New York Times*. 2014. http://www.nytimes.com/2014/08/21/world/africa/ebola-outbreak-Liberia-quarantine.html (2016년 12월 13일 접속).

36 Gladstone R. Liberian leader concedes errors in response to Ebola. *New York Times*. 2015. http://www.nytimes.com/2015/03/12/world/africa/liberian-leader-concedes-errors-in-response-to-ebola.html (2016년 12월 13일 접속).

37 Nyenswah T, Kateh F, Bawo L et al. Ebola and its control in Liberia, 2014-2015. Centers for Disease Control and Prevention. 2016. http://wwwnc.cdc.gov/eid/article/22/2/15-1456_article (2016년 12월 13일 접속).

38 Kerecman Myers D. Tolbert Nyenswah: A Liberian perspective on Ebola. Global

Health NOW. 2014. https://www.globalhealthnow.org/2014-08/tolbert-nyenswah-liberian-perspective-ebola (2016년 12월 13일 접속).
39 Nyenswah et al. Ebola and its control.

7장

1 Gall C. Afghans consider rebuilding Bamiyan Buddhas. *New York Times*. 2006. http://www.nytimes.com/2006/12/05/world/asia/05iht-buddhas.3793036.html?pagewanted=all (2017년 5월 1일 접속).
2 Dubitsky S. The health care crisis facing women under Taliban rule in Afghanistan. *Human Rights Brief* 1999; 6, 2: 10-11. https://www.wcl.american.edu/hrbrief/06/2dubitsky.pdf.
3 Golden J. Starting from zero: Dr. Ihsanullah Shahir on leadership and management in Afghanistan. Management Sciences for Health. 2015. http://www.msh.org/news-events/stories/starting-from-zero-dr-ihsanullah-shahir-on-leadership-and-management-in (2017년 5월 1일 접속).
4 Rasooly M, Govindasamy P, Aqil A et al. Success in reducing maternal and child mortality in Afghanistan. *Global Public Health* 2013; 9: S29-42. DOI: 10.1080/17441692.2013.827733.
5 Akseer N, Salehi A, Hossain S et al. Achieving maternal and child health gains in Afghanistan: A countdown to 2015 country case study. *Lancet Global Health* 2016; 4: e395-413. DOI: 10.1016/S2214-109X(16)30002-X.
6 Waldman R, Newbrander W. Afghanistan's health system: Moving forward in challenging circumstances 2002-2013. Global Public Health 2014; 9: S1-5. DOI: 10.1080/17441692.2014.924188.
7 Rodin J. *The resilience dividend: Being strong in a world where things go wrong*. New York: Public Affairs, 2014.
8 Masten A. Ordinary magic: Resilience processes in development. *American Psychologist* 2001; 56: 227-38.
9 Garvin D, Edmondson A, Gino F. Is yours a learning organization? *Harvard Business Review* 2008; 86, 3: 109-16.
10 Quick J. Stop AIDS, stop Zika, stop them all. *Huffington Post*. 2016. http://www.huffingtonpost.com/jonathan-d-quick/stop-aids-stop-zika-stop-b10941172.html (2017년 7월 7일 접속).
11 Lynch D. How to stop an Ebola outbreak: Lessons from Nigeria And Senegal. *International Business Times*. 2014. http://www.ibtimes.com/how-stop-ebola-

outbreak-lessons-nigeria-senegal-1706297 (2017년 5월 1일 접속).

12 솔레예는 친절하게도 내게 이모 이야기를 들려주었고, 내가 왜 이안 슬리니와 그의 팀을 그 위험한 라이베리아에 보냈었는지에 대한 나의 설명을 돕기 위해 우리 직원들에게 2014년 10월의 그 무서운 날에 관한 우리의 대화를 다시 얘기해주었다.

13 Lynch. How to stop.

14 Quick J. Wubneh H. March 26, 2009; 개인 면담.

15 Partnering to achieve epidemic control in Ethiopia. PEPFAR. 2015. http://www.pepfar.gov/countries/ethiopia/index.htm (2017년 5월 1일 접속).

16 Antiretroviral therapy coverage in sub-Saharan Africa. World Health Organization. 2017. http://www.who.int/hiv/data/artcoverage/en/ (2017년 5월 1일 접속).

17 Countries offering free access to HIV treatment. World Health Organization. 2017. http://www.who.int/hiv/countriesfreeaccess.pdf (2017년 5월 25일 접속).

18 GDP per capita, PPP (current international $). World Bank. 2017. http://data.worldbank.org/indicator/NY.GDP.PCAP.PP.CD?locations=ET&view=chart (2017년 5월 25일 접속).

19 항레트로바이러스 치료 병동은 또한 산모 관리와 결핵 검사 같은 전통적인 의료와 구분되어 있어서, HIV 치료를 받으러 오는 환자를 알아보기가 쉬웠다.

20 ENHAT-CS Partners. From emergency response to a comprehensive country-owned system for HIV care and treatment 2011–2014. Management Sciences for Health. 2012. https://www.msh.org/sites/msh.org/files/eth_enhat_eop_finalproof_nov12.pdf (2017년 5월 25일 접속).

21 Stories of success from Ethiopia: The Tsadkane holy water well. I-TECH. 2014. http://news.go2itech.org/2014/09/stories-of-success-from-ethiopia-the-tsadkane-holy-water-well/ (2017년 5월 1일 접속).

22 Mekonnen G. Ethiopia: One teacher can save thousands of lives. Management Sciences for Health. 2015. https://www.msh.org/news-events/stories/ethiopia-one-teacher-can-save-thousands-of-lives (2017년 5월 1일 접속).

23 새로운 체제도 기본적인 결함이 없진 않았다. 독재 정부는 반대자를 처벌했고, 이전 정부와 마찬가지로 인권 위반을 계속했다. 그럼에도 새로운 정부는 많은 희망을 불러일으키고, 부정부패가 거의 없었으며, 보건과 교육을 개선하는 일에 전력했다.

24 Strategic plan for intensifying multi-sectoral HIV/AIDS response (2004–2008). International Labour Organisation. 2004. http://www.ilo.org/wcmsp5/groups/public/—ed protect/—protrav /—ilo aids/documents/legaldocument/wcms125381.pdf (2017년 5월 25일 접속).

25 Countries offering free access to HIV treatment. World Health Organization. 2017. http://www.who.int/hiv/countries_freeaccess.pdf (2017년 5월 25일 접속).

26 Ethiopia network for HIV/AIDS treatment, care, & support. Management Sciences

for Health. 2015. https://www.msh.org/our-work/projects/ethiopia-network-for-hivaids-treatment-care-support (2017년 5월 1일 접속).

27 Integration of HIV and other health services. Management Sciences for Health. 2017. https://www.msh.org/our-work/health-areas/hiv-aids/integration-of-hiv-and-other-health-services (2017년 5월 1일 접속).

28 Bradley E. et al. Grand strategy and global health: the case of Ethiopia. *Global Health Governance* 2011; 5, 1: 1–11.

29 Partnering to achieve epidemic control in Ethiopia. PEPFAR. 2017. https://www.pepfar.gov/documents/organization/199586.pdf.

30 여성환자에티오피아전국네트워크(National Network of Positive Women Ethiopia)가 출범하여 HIV 감염 여성들을 치료, 말기 환자 병동, 지역사회 지원 서비스 등과 연결해주었다. 다음을 보라. ENHAT-CS Partners. From emergency response to a comprehensive country-owned system for HIV care and treatment 2011–2014. Management Sciences for Health. 2012. https://www.msh.org/sites/msh.org/files/eth_enhat_eop_finalproof_nov12.pdf (2017년 5월 25일 접속).

31 Mother Mentor/mother support group strategy for expansion of peer support for mothers living with HIV. Management Sciences for Health. 2017. https://www.msh.org/resources/mother-mentormother-support-group-strategy-for-expansion-of-peer-support-for-mothers (2017년 5월 1일 접속).

32 이 그룹이 시작된 것은 HIV에 감염된 여성에게서 태어나는 아이의 30퍼센트 내지 35퍼센트가 HIV에 걸리기 때문이다. 이 바이러스는 출산 도중이나 수유 중에 수직으로 감염된다. 하지만 HIV에 감염된 채 임신한 여성들은 대부분 그 사실을 모르거나, 알고도 임신 중에 ARV 치료제를 받지 못하거나, 임산 중에 약을 복용하다가 출산 후에 약을 중단한다. Assessment of the care and treatment of HIV-exposed infants born at ENHAT-CS-supported health centers. Management Sciences for Health. 2017. https://www.msh.org/resources/%EF%BF%BCassessment-of-the-care-and-treatment-of-hi-exposed-infants-born-at-enhat-cs-supported (2017년 5월 1일 접속).

33 티그라이주의 보건소에서 마더 멘토로 일하는 Jember는 1년짜리 동배집단 모임을 통해 임신한 여성과 수유하는 여성, 그리고 그들의 남편 중 몇 명을 지도하고 있다. 젬버를 비롯한 마더 멘토들은 거의 1만 명에 달하는 HIV 양성 어머니들에게 지원과 서비스를 제공해왔다. Eshetu G. So that no child be born with HIV: Ethiopia. Management Sciences for Health. 2014. https://www.msh.org/news-events/stories/so-that-no-child-be-born-with-hiv-ethiopia (2017년 5월 1일 접속).

34 Kahssaye M. Ethiopian mothers' support groups mentor HIV-positive moms. Management Sciences for Health. 2013. https://www.msh.org/news-events/stories/ethiopian-mothers-support-groups-mentor-hiv-positive-moms (2017년 5월 1일 접속).

35 Beaubien J. Firestone did what governments have not: Stopped Ebola in its tracks. NPR. 2014. http://www.npr.org/sections/goatsandsoda/2014/10/06/354054915/firestone-did-what-governments-have-not-stopped-ebola-in-its-tracks (2017년 5월 1일 접속).
36 Panoc N. How corporations helped stop the Ebola crisis. *Wilson Quarterly*. 2014. https://wilsonquarterly.com/stories/how-corporations-helped-stop-ebola-crisis/ (2017년 5월 1일 접속).
37 Quick J and Fryer B. Knight A. 24 March 2017; 전화 통화.
38 Quick J. Brilliant B. 27 October 2016; 개인 면담.
39 Lidman M. Sisters in Liberia fight Ebola. Global Sisters Report. 2014. http://globalsistersreport.org/news/ministry/sisters-liberia-fight-ebola-12196 (2017년 5월 1일 접속).
40 'One Health'는 의사, 치과의사, 전염병학자, 수의사, 환경 전문가, NGO, 민간 부분, 종교 단체 등 다양한 분야의 전문가가 모인 단체로, 가축, 조류, 인간에게 잠재적으로 위험한 병원균들이 교배하고 건너뛰는 현상에 주시하면서 그에 대한 감시를 장려하고 조율한다. 다음을 보라. http://www.onehealthinitiative.com.
41 여러 국가가 주인 의식을 느낄 수 있도록 하는 핵심 원칙으로, 회원국들은 GHSA 안에서 리더십 역할을 한다는 조항이 있다. 그 역할에는 GHSA 서기를 돌아가면서 맡는 것(처음 4년은 핀란드, 인도네시아, 한국, 우간다가 맡았다), 그리고 특정한 행동 분야의 발전에 기여하는 것이 있다. 다음을 보라. https://www.GHSAgenda.org/.
42 2016년 초에 WHO가 발표한 합동 외부 평가 방법은 WHO가 사용하는 IHR 평가 방법 그리고 GHSA 행동 프로그램을 수행하는 국가의 경험에 직접 기초한다. 독립적인 관점을 더하기 위해 평가팀에는 자국의 전문가들뿐 아니라 다른 나라의 전문가들이 포함된다. 자국의 보건 공무원들이 검토한 뒤 그 결과 보고서가 온라인에 게시된다. 그 방법은 다음에서 볼 수 있다. GHSAgenda.org and JeeAlliance.org.
43 Frieden T. President Obama cements global health security agenda as a national priority. Centers for Disease Control and Prevention. 2016. https://blogs.cdc.gov/global/2016/11/04/president-obama-cements-global-health-security-agenda-as-a-national/priority/ (2017년 5월 1일 접속).
44 Joint external evaluation of core IHR capacities of the United States of America. World Health Organization. 2016. http://apps.who.int/iris/bitstream/10665/254701/1/WHO-WHE-CPI-2017.13-eng.pdf?ua=1 (2017년 5월 25일 접속).
45 The National Health Security Preparedness Index: Summary of key findings. 2017. http://nhspi.org/wp-content/uploads/2017/04/2017-NHSPI-Key-Findings.pdf. The US NHSPI was developed through the initiative and support of the Robert Woods Johnson Foundation.

46 이들 나라에는 캐나다, 이탈리아, 영국, 미국뿐 아니라 수많은 개발도상국이 포함되어 보건안보의 세계적 성격을 강화한다. 지금까지 미국, 영국, 유럽연합, 세계은행을 비롯한 12개 이상의 자금 제공자가 지원을 약속했다.

8장

1 Mathur P. Hand hygiene: Back to the basics of infection control. *Indian Journal of Medical Research*. 2011; 134, 5: 611–20. DOI:10.4103/0971-5916.90985. http://www.ncbi.nlm.nih.gov/pmc/articles/PMC3249958/ (2017년 1월 10일 접속).

2 Situation report: Zika virus, microcephaly, Guillain-Barre syndrome. World Health Organization. 2017. http://www.who.int/emergencies/zika-virus/situation-report/10-march-2017/en/ (2017년 1월 11일 접속).

3 Wilder-Smith A, Gubler D, Weaver S, Monath T, Heymann D, Scott T. Epidemic arboviral diseases: Priorities for research and public health. *The Lancet Infectious Diseases* 2017; 17: e101–6.

4 Andersson N, Arostegui J, Nava-Aguilera E et al. Evidence based community mobilization for dengue prevention in Nicaragua and Mexico (Camino Verde, the Green Way): Cluster randomized controlled trial. *British Medical Journal*. 2015; 351:h3267. DOI: 10.1136/bmj.h3267.

5 위험이 없는 건 아니지만, 사람과 동물이 살고 일하는 곳에 모기가 알을 낳지 못하도록 DDT를 적절히 사용하면, 농부들이 토양에 대량 살포했을 때처럼 환경과 건강을 위협하진 않는다. 1980년대 초까지 WHO는 말라리아 통제를 위해 실내에 DDT를 잔류하도록 뿌리라고 권장했다. 잔류성 살포는 가정과 축사의 벽에서 DDT가 오래 작용하도록 뿌리는 것이다. 말라리아를 옮기는 모기가 그 표면에 앉으면 살아남지 못한다. 건강과 환경을 고려하여 WHO는 말라리아 예방에 이 사용법을 권장하는 대신에 다른 예방법에 초점을 맞췄다. 실내에 DDT를 뿌려도 야생동물이나 인간에게 해가 되지 않는다는 것이 연구를 통해 입증되자, 2006년에 WHO는 다시 말라리아 통제를 위해 다른 살충제 12종과 더불어 DDT를 실내에서 사용해도 건강에 문제가 없다고 발표했다 다음을 보라. WHO gives indoor use of DDT a clean bill of health for controlling malaria. World Health Organization. 2006. http://www.who.int/mediacentre/news/releases/2006/pr50/en/ (2017년 4월 14일 접속).

6 McNeil D. "Big success story": Sri Lanka is declared free of malaria. *New York Times*. 2016.http://www.nytimes.com/2016/09/13/health/sri-lanka-declared-free-of-malaria.html?r=0 (2017년 4월 14일 접속).

7 Elimination of malaria in the United States (1947–1951). Centers for Disease Control and Prevention. 2010. https://www.cdc.gov/malaria/about/history/eliminationus.html

(2017년 4월 13일 접속).

8 Malaria Transmission in the United States. Centers for Disease Control and Prevention. 2015. https://www.cdc.gov/malaria/about/ustransmission.html (2017년 4월 14일 접속).

9 Achieving the malaria MDG target. World Health Organization/UNICEF. 2015. http://www.who.int/malaria/publications/atoz/9789241509442/en/.

10 Gething P, Casey D, Weiss D et al. Mapping *Plasmodium falciparum* mortality in Africa between 1990 and 2015. New England Journal of Medicine. 2016; 375: 2435-45: 10.1056/NEJMoa1606701. http://www.nejm.org/doi/full/10.1056/NEJMoa1606701#t =article.

11 Gates B, Chambers R. From aspiration to action: What will it take to end malaria? Bill & Melinda Gates Foundation/Office of the UN Secretary-General's Special Envoy for Financing the Health Millennium Development Goals for Malaria/Malaria No More. Endmalaria2040.org. 2015. http://endmalaria2040.org/assets/Aspiration-to-Action.pdf (2017년 4월 14일 접속).

12 End Malaria Council. Global leaders launch council to help end malaria. Cision PR Newswire. 2017. http://www.prnewswire.com/news-releases/global-leaders-launch-council-to-help-end-malaria-300393873.html (2017년 4월 13일 접속).

13 Wilder-Smith A et al. Epidemic arboviral diseases.

14 11장에서 나는 과학자들이 질병을 발견하는 훌륭한 수단들을 개발하고 활용하는 방식들을 자세히 살펴볼 것이다. 대표적인 예가 구글과 네이선 울프가 자금을 지원하는 Global Viral Forecasting Initiative(GVFI)이다.

15 About us. Wildlife Works. 2017. http://www.wildlifeworks.com/company/aboutus.php (2017년 4월 13일 접속).

16 Home-bushmeat crisis task force. Bushmeat Crisis Task Force. 2017. http://www.bushmeat.org/ (2017년 4월 13일 접속).

17 Union of Concerned Scientists(UCS)의 보고에 따르면 4개 대륙 17개 나라에서 이런 프로그램과 정책이 큰 성공을 앞두고 있다고 한다. Deforestation success stories. Union of Concerned Scientists. 2014. http://www.ucsusa.org/globalwarming/solutions/stop-deforestation/deforestation-success-stories.html (2017년 4월 14일 접속).

18 Venter O, Koh L. Reducing emissions from deforestation and forest degradation (REDD+): Game changer or just another quick fix? *Annals of the New York Academy of Sciences* 2012; 1249: 137-50. DOI:10.1111/j.1749-6632.2011.06306.x.http://www.un-redd.org/ (2017년 4월 12일 접속).

19 Influenza A(H1N1) update 38. World Health Organization. 2009. http://www.who.int/csr/don/20090525/en/ (2017년 4월 14일 접속).

20 Swine influenza statement. World Health Organization. 2009. http://www.who.int/mediacentre/news/statements/2009/h1n120090425/en/ (2017년 4월 13일 접속).

21 Report of the WHO influenza H1N1 vaccine deployment initiative. World Health Organization. 2012. http://www.who.int/influenza_vaccines_plan/resources/h1n1_deployment_report.pdf (2017년 4월 14일 접속).

22 Borse R, Shrestha S, Fiore A et al. Effects of vaccine program against pandemic influenza A(H1N1) virus, United States, 2009–2010. *Emerging Infectious Diseases* 2013; 19. DOI:10.3201/eid1903.120394.

23 백신의 개발과 생산이 전례 없이 빨라지고 규모도 커진 덕에 보급에 변화가 일어났다. 예를 들어, 유럽 27개 나라에서 의료 종사자에게 보급된 양은 3퍼센트에서 68퍼센트로, 임신한 여성에게 보급된 양은 0퍼센트에서 58퍼센트로 증가했다(가장 위험도가 높은 두 집단이다). Mereckiene J, Cotter S, Weber J et al. Influenza A(H1N1) pdm09 vaccination policies and overage in Europe. *European Surveillance* 2012; 17, 4: 1–10 pii=20064. http://www.eurosurveillance.org/ViewArticle.aspx?ArticleId=20064 (2017년 3월 15일 접속).

24 First global estimates of 2009 H1N1 pandemic mortality released by CDC-led collaboration. Centers for Disease Control and Prevention. 2012. https://www.cdc.gov/flu/spotlights/pandemic-global-estimates.htm (2017년 4월 14일 접속).

25 Health and Human Services. An HHS retrospective on the 2009 H1N1 influenza pandemic to advance all hazards preparedness. Homeland Security Digital Library. 2012. http://www.hsdl.org/?view&did =714799 (2017년 4월 14일 접속).

26 MacKenzie D. Swine flu myth: This is just mild flu. The death rates are even lower than for normal flu. *New Scientist*. 2009. https://www.newscientist.com/article/dn18056-swine-flu-myth-this-is-just-mild-flu-the-death-rates-are-even-lower-than-for-normal-flu/ (2017년 4월 14일 접속).

27 Recommended vaccinations by age. Centers for Disease Control and Prevention. 2016. https://www.cdc.gov/vaccines/vpd/vaccines-diseases.html (2017년 4월 13일 접속).

28 Khazeni N, Hutton DW, Garber AM, Hupert N, Owens DK. Effectiveness and cost-effectiveness of vaccination against pandemic inf luenza (H1N1) 2009. *Annals of Internal Medicine* 2009 Dec 15; 151(12): 829–39.

29 다행히 몇몇 제약회사는 대규모 생산능력을 갖추고 있어서, 계절성 인플루엔자에서 팬데믹 인플루엔자로 전환할 수 있다. 하지만 새로운 생산 라인을 준비하고 실제로 백신 생산을 늘리는 데는 시간이 걸린다.

30 Fox M. Pricey vaccines hurt poor countries, doctors group says. NBC News. 2015. http://www.nbcnews.com/health/health-news/pricey-vaccines-hurt-poor-countries-doctors-group-says-n289926 (2017년 4월 13일 접속).

31 Osterholm M, Kelley N, Manske J et al. The compelling need for game-changing influenza vaccines: An analysis of the influenza vaccine enterprise and recommendations for the future. Center for Infectious Disease Research and Policy. 2012. http://www.cidrap.umn.edu/sites/default/files/public/downloads/ccivireport.pdf (2017년 4월 14일 접속).

32 미국 소비자가 할 수 있는 일 하나는, 제약회사를 대표하는 국회의원들을 통해 그들에게 압력을 가하는 것이다. Rosenthal E. The price of prevention: Vaccine costs are soaring. *New York Times*. 2014. http://www.nytimes.com/2014/07/03/health/Vaccine-Costs-Soaring-Paying-Till-It-Hurts.html?r=0 (2017년 4월 14일 접속).

33 Ibid.

34 Health and Human Services. How to pay. Vaccines.gov.2016. https://www.vaccines.gov/getting/pay/ (2017년 4월 14일 접속).

35 Pagliusi S, Leite L, Datla M et al. Developing Countries Vaccine Manufacturers Network: Doing good by making high-quality vaccines affordable for all. *Vaccine* 2013; 31: B176-83.

36 The Global Alliance for Vaccine and Immunization (GAVI). Alleviating system wide barriers to immunization: Issues and conclusions from the second GAVI consultation with country representatives and global partners. Norad. Oslo: 2004.

37 McLean K, Goldin S, Nannei C, Sparrow E, Torelli G. The 2015 global production capacity of seasonal and pandemic influenza vaccine. Vaccine 2016; 34: 5410-13.

38 Africa takes second "step" toward strengthening supply chain management. The Global Alliance for Vaccine and Immunization. 2016. http://www.gavi.org/library/news/gavi-features/2016/africa-takes-second-step-toward-strengthening-supply-chain-management/ (2017년 4월 14일 접속).

39 Ibid.

40 Yogi Berra Quotes … Famous Quotes and Quotations. 2017. http://www.famous-quotes-and-quotations.com/yogi-berra-quotes.html (2017년 4월 14일 접속).

41 Epidemic Intelligence Service. Centers for Disease Control and Prevention. 2014. http://www.cdc.gov/EIS/downloads/factsheet.pdf (2017년 4월 14일 접속).

42 Pendergrast M. An interview with Mark Pendergrast. Mark Pendergrast. 2017. http://markpendergrast.com/an-interview-with-mark-pendergrast (2017년 4월 14일 접속).

43 About ProMED-mail. International Society for Infectious Diseases. 2010. http://www.promedmail.org/aboutus/ (2017년 7월 7일 접속).

44 테드(TED)상은 창의적이고 대담한 소망을 가지고 세계 변화에 불을 붙이는 지도자에게 매년 주어진다.

45 Global Public Health Intelligence Network. About GPHIN. Government of Canada.

2016. https://gphin.canada.ca/cepr/aboutgphin-rmispenbref.jsp?language=enCA (2017년 4월 16일 접속).

46 Chapter 5: SARS: lessons from a new disease. World Health Organization. 2003. http://www.who.int/whr/2003/chapter5/en/index3.html (2017년 4월 14일 접속).

47 Galaz V. Pandemic 2.0: Can information technology help save the planet? *Environment Magazine*. 2009. http://www.environmentmagazine.org/Archives/Back%20Issues/November-December%202009/Pandemic-full.html (2017년 4월 13일 접속). 또한 다음을 보라. Quick J. Heymann D. 25 March 2008; 전화 통화.

48 Wojcik O, Brownstein J, Chunara R, Johansson M. Public health for the people: Participatory infectious disease surveillance in the digital age. *Emerging Themes in Epidemiology* 2014; 11: 7. http://www.ete-online.com/content/11/1/7EMERGINGTHEMES (2017년 4월 14일 접속).

49 About HealthMap. HealthMap. 2017. http://www.healthmap.org/site/about (2017년 4월 14일 접속).

50 Resnick G. "Flu Near You" wants to track influenza trends in U.S., save lives. Daily Beast. 2014. http://www.thedailybeast.com/articles/2014/01/12/flu-near-you-wants-to-track-influenza-trends-in-u-s-save-lives.html (2017년 4월 14일 접속).

51 Williams G. Larry Brilliant is humanity's best hope against the next pandemic. *Wired UK*. 2014. http://www.wired.co.uk/article/pandemic-hunter (2017년 4월 14일 접속).

52 Experts call showing up to work sick "presenteeism," the opposite of absenteeism, and it is an epidemic in itself. Mason M. Sniffling, sneezing and turning cubicles into sick bays. *New York Times*. 2006. http://www.nytimes.com/2006/12/26/health/26cons.html (2017년 4월 19일 접속).

53 Information about social distancing. Santa Clara County Health and Hospital System. http://www.cidrap.umn.edu/sites/default/files/public/php/185/185_factsheet_social_distancing.pdf (accessed 8 July 2017).

54 Earn D, He D, Loeb M et al. Effects of school closure on incidence of pandemic influenza in Alberta, Canada. *Annals of Internal Medicine* 2012; 156: 173-81. DOI: 10.7326/0003-4819-156-3-201202070-00005. http://annals.org/aim/article/1033342/effects-school-closure-incidence-pandemic-influenza-alberta-canada (2017년 4월 14일 접속).

55 Tognotti E. Lessons from the history of quarantine, from plague to influenza A. *Emerging Infectious Diseases* 2013; 19: 254-59. https://wwwnc.cdc.gov/eid/article/19/2/12-0312article (2017년 4월 14일 접속).

56 Werner E. Do quarantines actually work? Experts question effectiveness. PBS NewsHour. 2014. http://www.pbs.org/newshour/rundown/quarantines-rarely-used-

effectiveness-questioned/ (2017년 4월 14일 접속).
57 Tognotti. Lessons from the history.
58 Ibid.
59 Civil War "medicine." Civil War Trust. http://www.civilwar.org/education/pdfs/civil-was-curriculum-medicine.pdf (2017년 4월 14일 접속).
60 Hall J. One in seven women could die in childbirth in Ebola hit countries. *Daily Mail*. 2014. http://www.dailymail.co.uk/health/article-2829867/One-seven-pregnant-women-die-childbirth-Ebola-hit-countries-medical-facilities-overwhelmed-say-charities.html (2017년 4월 14일 접속).
61 Bernstein L. Ebola has crippled the health system. Now Liberians are dying of common illnesses too. *Washington Post*. 2014. https://www.washingtonpost.com/world/africa/with-ebola-crippling-the-health-system-liberians-die-of-routine-medical-problems/2014/09/20/727dcfbe-400b-11e4-b03f-de718edeb2fstory.html?utmterm=.215ee1d33c89 (2017년 4월 14일 접속).
62 이런 훈련은 환자 이송, 의료용품, 위생, 원격통신, 그 밖의 필수 서비스의 긴급사태 계획을 수립하는 데도 도움이 된다. World Health Organization. 다음을 보라: WHO guidelines for pandemic preparedness and response in the non-health sector. World Health Organization. 2009.
63 IHR Procedures concerning public health emergencies of international concern (PHEIC). World Health Organization. 2017. http://www.who.int/ihr/procedures/pheic/en/ (2017년 4월 14일 접속).
64 다음은 WHO가 선언한 PHEIC의 내용이다. WHO 사무총장은 세계 공중보건 전문가들로 비상사태위원회를 소집한다. 이 위원회는 감염된 나라나 그 밖의 나라에서 시행되어야 하는 일시적인 권고나 보건상의 조처를 마련한다. 그러나 그 권고는 질병의 확산을 봉쇄하고 줄이기 위해 무엇에 집중해야 하는지에 대한 전 세계적인 참고사항으로서만 유효하다. 비상사태위원회는 PHEIC를 선포해야 할 시점, 회원국들에 대한 권고, PHEIC를 종료할 시점에 대하여 사무총장에게 조언한다. 비상사태위원회 중 적어도 한 명은 감염된 국가에서 나와야 한다. Kreuder-Sonnen C, Hanrieder T. The WHO's new emergency powers—from SARS to Ebola. Volkerrechtsblog. 2014. http://voelkerrechtsblog.org/the-whos-new-emergency-powers-from-sars-to-ebola/ (2017년 4월 14일 접속).
65 사무총장은 PHEIC를 선포하지 않고서도 전염병 발발에 대해 전 세계의 주의를 환기할 수 있다. 실제로 사무총장은 메르스와 관련하여 비상사태위원회를 아홉 차례 만났다. 이 모임들로 사스가 심각한 질병으로 세계적인 감시를 받게 되었고, 위원들이 WHO와 함께 숙고했다. Fidler D. Ebola report misses mark on international health regulations. Chatham House, The Royal Institute of International Affairs. 2015.

https://www.chathamhouse.org/expert/comment/ebola-report-misses-mark-international-health-regulations# (2017년 4월 14일 접속).

66 Swine influenza statement. World Health Organization. 2009. http://www.who.int/mediacentre/news/statements/2009/h1n120090425/en/ (2017년 4월 14일 접속); WHO statement on the meeting of the International Health Regulations Emergency Committee concerning the international spread of wild poliovirus. World Health Organization. 2014. http://www.who.int/mediacentre/news/statements/2014/polio-20140505/en/ (2017년 4월 14일 접속); Statement on the 1st meeting of the IHR Emergency Committee on the 2014 Ebola outbreak in West Africa. World Health Organization. 2014. http://www.who.int/mediacentre/news/statements/2014/ebola-20140808/en/ (2017년 4월 14일 접속).

67 Fourth meeting of the Emergency Committee under the International Health Regulations(2005) regarding microcephaly, other neurological disorders and Zika virus. World Health Organization. 2016. http://www.who.int/mediacentre/news/statements/2016/zika-fourth-ec/en/ (2017년 4월 14일 접속).

68 여행자 선별은 국가와 구체적인 질병에 따라, 면역 및 여행 이력, 증상 질문서, 체온, 그 밖의 수단을 적절히 조합한다. Rhymer W, Speare R. Countries' response to WHO's travel recommendations during the 2013-2016 Ebola outbreak. *Bull World Health Organization* 2017; 95, 1: 10-17. DOI: 10.2471/BLT.16.171579. Epub 18 October 2016.

69 Travelers' health. Centers for Disease Control and Prevention. 2017. https://wwwnc.cdc.gov/travel/ (2017년 4월 14일 접속); European Centre for Disease Prevention and Control. 2017. http://ecdc.europa.eu/en/Pages/home.aspx (2017년 4월 13일 접속).

70 Osterholm M. Preparing for the next pandemic. *New England Journal of Medicine* 2005; 352, 18: 1839-42.

71 "EIS 프로그램은 해마다 자금이 부족하다. 레이건 행정부 시절에는 심각한 곤란을 겪었다. 그의 행정부가 여러 해 동안 에이즈를 무시했고, 그런 뒤에는 콘돔에 관한 이야기를 피했기 때문이다. 보수적인 공화당만 그런 게 아니었다. EIS 프로그램은 클린턴 행정부의 '정부의 재발명' 개혁 기간에는 거의 고사할 뻔했다. 우리나라는 예방, 감시, 질병 발견에 자금을 지원하기보다는 환자 치료에 돈을 집중하길 더 좋아한다." Pendergrast. Interview with Mark Pendergrast.

9장

1 Ebola outbreak: Guinea health team killed. BBC News. 2014. http://www.bbc.com/news/world-africa-29256443 (2017년 3월 23일 접속).

2 Phillip A. Eight dead in attack on Ebola team in Guinea. "Killed in cold blood." *Washington Post*. 2014. https://www.washingtonpost.com/news/to-your-health/wp/2014/09/18/missing-health-workers-in-guinea-were-educating-villagers-about-ebola-when-they-were-attacked/ (2017년 3월 23일 접속).

3 Bavier J. Crowds attack Ebola facility, health workers in Guinea. Reuters. 2015. http://www.reuters.com/article/2015/02/14/us-health-ebola-guinea-idUSKBN0LI0G920150214 (2017년 3월 23일 접속).

4 Leavitt J. The public as an asset, not a problem. UPMC Center for Health Security. 2003. http://www.upmchealthsecurity.org/our-work/events/2003public-as-asset/Transcripts/leavitt.html (2017년 3월 23일 접속).

5 Sugg C. Coming of age: Communication's role in powering global health. Policy briefing. BBC. 2016. http://www.bbc.co.uk/mediaaction/publications-and-resources/policy/briefings/role-of-communication-in-global-health (2017년 3월 23일 접속).

6 Working Group on "Governance Dilemmas" in Bioterrorism Response. Leading during bioattacks and epidemics with the public's trust and help. *Biosecurity and Bioterrorism: Biodefense Strategy, Practice, and Science* 2004; 2(1): 25–40.

7 Covey S. The speed of trust: The one thing that changes everything. New York: Free Press, 2006; and Quick J. Reynolds B. 28 November 2016; 전화 통화.

8 Kahneman D. *Thinking, fast and slow*. New York: Farrar, Straus & Giroux, 2011; and Ariely D. *Predictably irrational: The hidden forces that shape our decisions*. Revised and expanded edition. New York: HarperCollins e-Books, 2014.

9 인간의 뇌는 다른 어떤 장기보다 에너지를 많이 소비한다. 뇌는 체중의 3퍼센트를 차지하면서도 에너지의 20퍼센트를 소비한다.

10 Peretti J. SUVs, handwash and FOMO: How the advertising industry embraced fear. *The Guardian*. 2014. https://www.theguardian.com/media/2014/jul/06/how-advertising-industry-concept-fear (2017년 3월 23일 접속).

11 Ibid.

12 Crowley M, Grunwald M. The Hottest Zone. *Politico*. 2014. http://www.politico.com/magazine/story/2014/10/how-the-media-stoked-ebola-panic-112095 (2017년 3월 23일 접속).

13 Hedgecock S. 5 crazy U.S. outbreaks of Ebola paranoia. *Forbes*. 2014. http://www.forbes.com/sites/sarahhedgecock/2014/10/29/5-crazy-u-s-outbreaks-of-ebola-paranoia/#4520340a4067 (2017년 3월 23일 접속).

14 Golston H. Bridal shop closes where nurse with Ebola visited. *USA Today*. 2015. https://www.usatoday.com/story/news/nation-now/2015/01/08/bridal-shop-closes-after-visit-by-ebola-nurse/21448393/# (2017년 3월 23일 접속).

15 McKenna M. Ebolanoia: The only thing we have to fear is Ebola fear itself. *Wired*. 2014. https://www.wired.com/2014/10/ebolanoia/ (2017년 3월 23일 접속).
16 Mulholland Q. Be very afraid: How the media failed in covering Ebola. *Harvard Political Review*. 2014. http://harvardpolitics.com/covers/afraid-media-failed-coverage-ebola/ (2017년 3월 23일 접속).
17 American Public Health Association. Learning from the experiences of Red Crossvolunteers in Guinea. 2014. https://apha.confex.com/recording/apha/142am/mp4/free/4db77adf5df9fff0d3caf5cafe28f496/paper315977_1.mp4 (2017년 3월 23일 접속).
18 Lee J. *An epidemic of rumors: How stories shape our perception of disease*. Boulder, CO: Utah State University Press, 2014.
19 Hogan C. "There is no such thing as Ebola." *Washington Post*. 2014. https://www.washingtonpost.com/news/morning-mix/wp/2014/07/18/there-is-no-such-thing-as-ebola/?tid=ainl (2017년 3월 23일 접속).
20 Whipps H. How smallpox changed the world. Live Science. 2008. http://www.livescience.com/7509-smallpox-changed-world.html (2017년 3월 23일 접속).
21 Wisconsin Historical Society. Odd Wisconsin: Smallpox outbreak of 1894 led to battles in Milwaukee streets. *Wisconsin State Journal*. 2013. http://host.madison.com/wsj/news/local/health_medfit/odd-wisconsin-smallpox-outbreak-of-led-to-battles-in-milwaukee/article63e02acc-649f-11e2-9692-001a4bcf887a.html (2017년 3월 23일 접속).
22 Ibid.
23 세계적인 홍보회사 Edelman이 수행한 2015년 연구에 따르면, 일반적으로 응답자 중 50퍼센트가 그들의 정부를 불신하고(지역적 편차가 크다), 모든 나라의 국민 60퍼센트가 미디어를 불신한다. Trust around the world. Edelman. 2015. http://www.edelman.com/insights/intellectual-property/2015-edelman-trust-barometer/trust-around-world/ (2017년 3월 23일 접속).
24 Outbreak communication: Best practices for communicating with the public during an outbreak. World Health Organization. 2004. http://www.who.int/csr/resources/publications/WHO_CDS200532/en/ (2017년 3월 23일 접속).
25 Fryer B. Ropeik D. 12 April 2016; 전화 통화.
26 Fischhoff B. Scientifically sound pandemic risk communication. U.S. House Science Committee briefing: Gaps in the national flu preparedness plan, social science planning and response. 2005: 2. http://www.apa.org/about/gr/science/advocacy/2005/fischhoff.pdf.
27 선출 공무원과 정부 지도자는 보건 위기가 닥쳤을 때, 그것이 자연적으로 발생한 전염

병이든 바이오테러 행위든 간에, 어떻게 소통하는지를 알 수 있고, 알아야 한다. 사람들이 주위에서 이상한 공격자 때문에 병들고 죽어가는데도 자신은 "자연에 순응한다"고 생각하는 지도자에겐 화가 미칠진저! 독감 팬데믹에 대한 CDC의 위기, 비상사태, 위기커뮤니케이션 훈련 및 계획은 비상사태 도중에 효과적으로 소통하고자 하는 노력의 좋은 사례다(https://emergency.cdc.gov/cerc/). 공중보건 전문가와 공보관들이 그 원칙을 잘 지키면 개인, 이해 당사자, 지역사회 전체가 그들 자신과 그들이 사랑하는 사람을 위해 최선의 결정을 내릴 수 있다. 훌륭한 지침의 또 다른 예로, 피츠버그대학병원 보건안보센터(Center for Health Security)의 《생물 공격이 있는 동안 대중의 신뢰와 도움을 받으며 지휘하는 법(How to Lead During Bioattacks with the Public's Trust and Help)》이다. 지도자가 이 지침을 준수한다면 큰 공중보건 위기에 직면할 때 통치의 딜레마(질병, 고통, 사망을 어떻게 막을 것인가, 무역과 국경을 어떻게 관리할 것인가, 시민의 자유를 어떻게 유지할 것인가, 24/7 뉴스 사이클을 어떻게 관리할 것인가 등등)에 대비할 수 있다. How to lead during bioattacks with the public's trust and help. UPMC Center for Biosecurity. 2004. http://www.upmchealthsecurity.org/our-work/interactives/leadership-guide/curriculum/leadership_manual.pdf (2017년 3월 23일 접속).

28 레이놀즈는 홍콩 외에도 프랑스, 호주, 캐나다, 구소련 국가들, NATO, WHO에서 보건 문제에 대한 국제 위기 커뮤니케이션 고문으로 일했다. 그녀가 쓴 책은 현재 전미에서 그리고 국제적으로 여러 대학과 그 밖의 장소에서 교재로 쓰인다. Crisis and Emergency Risk Communication. *Crisis emergency and risk communication*. Centers for Disease Control and Prevention. 2014. https://emergency.cdc.gov/cerc/resources/pdf/cerc2014edition.pdf (2017년 3월 23일 접속).

29 Quick J. Reynolds B. 28 November 2016; 전화 통화. 에볼라가 유행할 때 CDC 국장이었던 토머스 프리던 박사는 레이놀즈의 충고를 모델로 삼았다. 서아프리카에서 돌아왔을 때 그의 손에는 분명한 메시지가 있었다. 이건 긴급 사태다, 이건 우리가 해야 할 일이다. 그는 에볼라를 '비극의 바이러스'라 부르고, 그 전파를 막고 생명을 구하는 데 필요한 조처를 명확히 설명했다. 적극적인 감시, 신속한 발병 조사, 에볼라로 의심되는 환자에 대한 응급 치료, 접촉자 추적 및 후속 조치, 광범위한 감염 통제, 안전한 장례. CDC chief on West African Ebola: "We know what to do, but it's not easy." NPR. 2014. http://www.npr.org/2014/08/01/337034361/cdc-chief-on-west-african-ebola-we-know-what-to-do-but-its-not-easy (2017년 3월 23일 접속).

30 Crisis emergency and risk communication: Basic guide. Centers for Disease Control and Prevention. 2008. https://emergency.cdc.gov/cerc/resources/pdf/cercguidebasic.pdf (2017년 3월 23일 접속).

31 Quick J. Rohde H. 22 May 2017; email communication.

32 Outbreak of West Nile-like viral encephalitis—New York, 1999. Centers for Disease Control and Prevention. 1999. https://www.cdc.gov/mmwr/preview/mmwrhtml/

mm4838a1.htm (2017년 3월 23일 접속).

33 American Public Health Association. Learning from the experiences.

34 Anoko J. Communication with rebellious communities during an outbreak of Ebola virus disease in Guinea: An anthropological approach. Ebola Response Anthropology Platform. 2014. http://www.ebola-anthropology.net/case_studies/communication-with-rebellious-communities-during-an-outbreak-of-ebola-virus-disease-in-guinea-an-anthropological-approach/ (2017년 3월 23일 접속).

35 아노코는 일종의 '긍정적 일탈'을 통해, 주의 깊은 경청에 기초해서 행동을 변화시키고 그런 뒤 사람들한테서 직접 알게 된 성공적인 관습을 적용했다. 여러 해 전에 부부 영양학자인 제리(Jerry)와 모니크 스터닌(Monique Sternin)은 베트남에 가서 현지 관찰을 수행했다. 그들은 각각, 어떤 지역의 어린이는 굶주리지만 다른 곳의 아이들은 잘 자라는 것을 간파했다. 어떤 차이 때문에 그럴까? 어떤 마을 주민들은 답을 알고 있었다. 알고 보니, 잘 자라는 아이들은 음식에 새우가 약간씩 들어있었는데, 이는 지배적인 관행이 아니었다. 전 세계에서 스터닌 부부는 '긍정적 일탈'이 지역사회의 문화적 규범을 어기고, 조용히 돌면서 규칙을 위반한다는 것을 발견했다. 이제 스터닌 부부는 지역 차원에서 이 본능적이고 긍정적인 관행을 증폭시킬 만한(지역사회 안에서 잘못되고 있는 것에 초점을 맞추고 그것을 '바로잡으려는' 것이 아니라) 긍정적 일탈자를 확인하기 시작했다. 그렇게 하면 가난한 사람들의 생활이 개선될 수 있다는 것을 알았기 때문이다. 최적의 해결책은 이미 아이들에게 잘 먹이고 있는 사람들이 나머지 주민들에게 멘토와 지도자가 되는 것이었다. (긍정적 일탈에 관한 더 자세한 정보는 다음을 보라. http://www.positivedeviance.org/aboutpdi/.)

36 Hussain M. MSF says lack of public health messages on Ebola "big mistake." Reuters. 2015. http://www.reuters.com/article/us-health-ebola-msf-idUSKBN0L81QF20150204 (2017년 3월 23일 접속).

37 Quick J. Jalloh MB. 8 November 2016; 개인 면담.

38 About Sierra Leone. UNDP in Sierra Leone. 2016. http://www.sl.undp.org/content/sierraleone/en/home/countryinfo.html (2017년 3월 23일 접속).

39 2014 Ebola outbreak in West Africa—case counts. Centers for Disease Control and Prevention. 2016. https://www.cdc.gov/vhf/ebola/outbreaks/2014-west-africa/case-counts.html (accessed 16 November 2016).

40 Lessons from the response to the Ebola virus disease outbreak in Sierra Leone May 2014-November 2015, summary report. National Ebola Response Centre. 2016. http://nerc.sl/sites/default/files/docs/EVD%20Lessons%20Learned%20Summary%20A5%20FINAL .pdf (accessed 16 November 2016).

41 Operational Manual. National Ebola Response Centre. 2014. http://nerc.sl/?q=pillarclusters (accessed13 November 2016).

42 Mohammad B. Jalloh. Focus 1000. 2017. http://www.focus1000.org/index.php/mohammad-bailor-jalloh (2017년 3월 23일 접속).

43 SMAC의 다른 회원 중에는 BBC미디어액션(BBCMedia Action)과 미국 CDC 외에도 2개의 지역 NGO(Goal과 Restless Development)가 더 있었다.

44 Hogan C. "There is no such thing as Ebola."

45 Surviving Ebola: Our champions fight stigma. Restless Development. 2014. http://restlessdevelopment.org/news/2014/12/09/ebola-champions-survivors (2017년 3월 23일 접속).

46 Get-to-zero Ebola campaign underway in Sierra Leone. Global Ebola Response. 2015. http://ebolaresponse.un.org/get-zero-ebola-campaign-underway-sierra-leone (2017년 3월 23일 접속).

47 Traditional healers union hold 1 day workshop to support reaching zero Ebola in Sierra Leone. Focus 1000. 2015. http://focus1000.org/index.php/nw/119-traditional-healers-union-hold-1-day-workshop-to-support-reaching-zero-ebola-in-sierra-leone (2017년 3월 23일 접속).

48 다음에 보고된 데이터로 계산했다. Ebola situation report 30 December 2015. World Health Organization. 2015. http://apps.who.int/ebola/current-situation/ebola-situation-report-30-december-2015 (2017년 7월 7일 접속).

49 Lessons from the response to the Ebola virus disease outbreak in Sierra Leone May 2014-November 2015, summary report. National Ebola Response Centre. 2016. http://nerc.sl/sites/default/files/docs/EVD%20Lessons%20Learned%20Summary%20A5%20 FINAL.pdf (accessed 14 November 2016).

50 Goodchild van Hilten L. Should the media take more responsibility in epidemics? Elsevier Connect. 2016. https://www.elsevier.com/connect/should-the-media-take-more-responsibility-in-epidemics (2017년 3월 23일 접속).

51 Yan Q, Tang S, Gabriele S, Wu J. Media coverage and hospital notifications: Correlation analysis and optimal media impact duration to manage a pandemic. *Journal of Theoretical Biology* 2016; 390: 1-13.

52 Lai A, Tan T. Combating SARS and H1N1: Insights and lessons from Singapore's public health control measures. *Austrian Journal of South-East Asian Studies* 2012; 5, 1: 74-101. http://www.seas.at/aseas/51/ASEAS51A5.pdf.

53 Pulitzer Prize winners by year. The Pulitzer Prizes. 2015. http://www.pulitzer.org/prize-winners-by-year/2015.

54 그들의 헤드라인에는 다음과 같은 것들이 있다. Ebola turns loving care into deadly risk; Those who serve Ebola victims soldier on; Ebola's mystery: One boy lives, another dies; Ambulance work in Liberia is a busy and lonely business; How Ebola

roared back; Village frozen by fear and death; Liberia's Ebola crisis puts president in harsh light; Fear of Ebola breeds a terror of physicians; Cuts at W.H.O. hurt response to Ebola crisis. *New York Times*. https://www.nytimes.com/interactive/2015/04/20/world/africa/ebola-coverage-pulitzer.html (2017년 3월 23일 접속).

55 Sugg. Coming of age.

56 Wilkinson S. Practice briefing: Using media and communication to respond to public health emergencies. BBC. 2016. http://www.bbc.co.uk/mediaaction/publications-and-resources/policy/practice-briefings/ebola (2017년 3월 23일 접속).

57 알았는지 몰랐는지 모르겠으나, 트웨인은 런던의 유명한 목사 Charles Haddon Spurgeon이 1855년에 설교할 때 사용한 속담을 인용했다. "진실이 세계를 돌길 바란다면, 특급열차를 빌려 진실을 태워야 한다. 거짓말이 세계를 돌길 바란다면, 그건 그냥 날아다닌다. 거짓말은 깃털처럼 가볍고, 숨 한 번에 쉬이 날아간다. 오랜 속담에 이런 말이 있다. '진실이 장화를 신는 동안 거짓말은 세계를 돈다.'" Spurgeon C. *Spurgeon's gems: Being brilliant passages from the discourses of the Rev. C. H. Spurgeon*. London: Alabaster & Passmore, 1859: 154–55.

58 Oyeyemi S, Gabarron E, Wynn R. Ebola, Twitter, and misinformation: A dangerous combination? *British Medical Journal* 2014; 349: g6178.

59 Ebola situation report 8 April 2015. World Health Organization. 2015. http://apps.who.int/ebola/current-situation/ebola-situation-report-8-april-2015 (2017년 3월 23일 접속).

60 Ebola: Experimental therapies and rumored remedies. World Health Organization. 2014. http://www.who.int/mediacentre/news/ebola/15-august-2014/en/ (2017년 3월 23일 접속).

61 Henderson M. Why millennials believe vaccines cause autism. *Forbes*. 2015. http://www.forbes.com/sites/jmaureenhenderson/2015/02/10/why-millennials-believe-vaccines-cause-autism/#66bb7b003a1d (2017년 3월 23일 접속).

62 Sarmah S. Fighting the endless spread of Ebola misinformation on social media. *Fast Company*. 2014. http://www.fastcompany.com/3034380/fighting-the-endless-spread-of-ebola-misinformation-on-social-media (2017년 3월 23일 접속).

63 Hogan. "There is no such thing as Ebola."

64 Ibid.

65 Carter M. How Twitter may have helped Nigeria contain Ebola. *British Medical Journal* 2014;349: g6946.

66 The health communicator's social media toolkit. Centers for Disease Control and Prevention. 2011. http://www.cdc.gov/socialmedia/tools/guidelines/pdf/socialmediatoolkitbm.pdf (2017년 3월 23일 접속).

67 Sarmah. Fighting the endless spread.

68 Fung I, Tse Z, Cheung C, Miu A, Fu K. Ebola and the social media. The Lancet 2014; 384: 2207.

69 Lu S. An epidemic of fear. *American Psychological Association* 2014; 46, 3: 46. http://www.apa.org/monitor/2015/03/fear.aspx.

70 PMC는 인권, 환경, 인구 억제도 옹호한다. 다음을 보라. https://www.populationmedia.org/.

71 Center P. Sex, soap operas, and social change: Kriss Barker teaches sabido and changes the world. GlobeNewswire News Room. 2014. https://globenewswire.com/news-release/2014/05/19/637601/10082326/en/Sex-Soap-Operas-and-Social-Change-Kriss-Barker-Teaches-Sabido-and-Changes-the-World.html (2017년 3월 23일 접속).

72 Gold Coast Hospital and Health Service. Cormit Avital says she thought she was bulletproof. Gold Coast Health. 2016. https://www.youtube.com/watch?v=vRsHkDWm2EM (2017년 3월 23일 접속).

73 Cormit Avital says she thought she was bulletproof. *ABC News*. 2016. http://www.abc.net.au/news/2016-04-06/cormit-avital-says-she-thought-she-was-bulletproof/7304378 (2017년 3월 23일 접속).

74 Fact sheet: Measles. World Health Organization. 2017. http://who.int/mediacentre/factsheets/fs286/en/ (2017년 1월 31일 접속).

75 Foppa I, Cheng P, Reynolds S et al. Deaths averted by influenza vaccination in the U.S. during the seasons 2005/06 through 2013/14. *Vaccine* 2015; 33: 3003-9.

76 Larson H, de Figueiredo A, Xiahong Z et al. The state of vaccine confidence 2016: Global insights through a 67-country survey. *EBioMedicine* 2016; 12: 295-301.

77 Poland G, Jacobson R. The re-emergence of measles in developed countries: Time to develop the next-generation measles vaccines? Vaccine 2012; 30: 103-4. Data for 2012-15 from www.cdc.gov/measles/cases-outbreaks.html (2017년 2월 27일 접속).

78 Measles Outbreaks in Europe. World Health Organization. 2011. http://www.who.int/csr/don/20110421/en/ (accessed 7 July 2017). Epidemiological update on measles in EU and EEA/EFTA member states. European Centre for Disease Prevention and Control. 2011. http://ecdc.europa.eu/en/activities/sciadvice/layouts/forms/ReviewDispForm.aspx?ID=526&List=a3216f4c-f040-4f51-9f77-a96046dbfd72 (2017년 3월 23일 접속).

79 Measles outbreaks across Europe threaten progress of elimination. Press release. World Health Organization. 2017. http://www.euro.who.int/en/media-centre/sections/press-releases/2017/measles-outbreaks-across-europe-threaten-progress-towards-elimination (2017년 3월 23일 접속).

80 다음을 보라. Pertussis cases by year (1922-2015). Centers for Disease Control and

Prevention. 2017. https://www.cdc.gov/pertussis/surv-reporting/cases-by-year.html (accessed 7 July 2017) and Phadke V, Bednarczyk R, Salmon D, Omer S. Association between vaccine refusal and vaccine-preventable diseases in the United States. *JAMA* 2016; 315: 1149.

81 Parker L. The anti-vaccine generation: How movement against shots got its start. *National Geographic*. 2015. http://news.nationalgeographic.com/news/2015/02/150206-measles-vaccine-disney-outbreak-polio-health-science-infocus/ (2017년 3월 23일 접속). 지역 보건 공무원들에 따르면 어린이 14명 중 2명은 너무 어려서 접종을 맞지 못했고, 다른 한 명은 권장량 2회 중 한 번밖에 맞지 못했다고 한다.

82 Henderson. Why millennials believe.

83 Nyhan B, Reifler J, Richey S. The role of social networks in influenza vaccine attitudes and intentions among college students in the southeastern United States. *Journal of Adolescent Health* 2012; 51: 302-4. http://cpj.sagepub.com/content/18/3/155.abstract?ijkey=a20de7e74fce454c6392f0fefb1ce9090c881c46&keytype2=tfipsecsha (2017년 3월 23일 접속).

84 Vaccine Confidence Project. The state of vaccine confidence. London School of Hygiene and Tropical Medicine. 2015. http://www.vaccineconfidence.org/The-State-of-Vaccine-Confidence-2015.pdf (2017년 3월 23일 접속).

85 Larson H. Vaccines and public behavior. 2014. https://www.youtube.com/watch?v=-94ldp9MoMA (2017년 3월 23일 접속).

86 Majewski S, Afsar O. Tracking anti-vaccination sentiment in Eastern European social media networks. UNICEF. 2013. https://www.unicef.org/ceecis/Tracking_anti-vaccine_sentiment_in_Eastern_European_social_media_networks.pdf (2017년 3월 23일 접속).

87 U.S. Food and Drug Administration. Thimerosol and vaccines. 2017. https://www.fda.gov/biologicsbloodvaccines/safetyavailability/vaccinesafety/ucm096228 (2017년 3월 23일 접속).

88 Deer B. Revealed: MMR research scandal. 2004. *Sunday Times*. http://briandeer.com/mmr/lancet-deer-1.htm (2017년 3월 23일 접속).

89 MMR timeline. *The Guardian*. 2010. https://www.theguardian.com/society/2010/jan/28/mmr-doctor-timeline (2017년 3월 23일 접속).

90 Flaherty DK. The vaccine-autism connection: A public health crisis caused by unethical medical practices and fraudulent science. *Annals of Pharmacotherapy* 2011; 45, 10: 1302-4. DOI:10.1345/aph.1Q318. PMID 21917556.

91 O'Neill B. The media's MMR shame. *The Guardian*. 2006. https://www.theguardian.com/commentisfree/2006/jun/16/whenjournalismkills (2017년 3월 23일 접속).

92 Boseley S. MMR vaccinations fall to new low. *The Guardian*. 2004. https://www.theguardian.com/uk/2004/sep/24/society.politics (2017년 3월 23일 접속).

93 Data from Public Health England published by the Vaccine Knowledge Project, University of Oxford. http://vk.ovg.ox.ac.uk/measles (2017년 2월 20일 접속).

94 Measles vaccination has saved an estimated 17.1 million lives since 2000. World Health Organization. 2015. http://www.who.int/mediacentre/news/releases/2015/measles-vaccination/en/ (2017년 3월 23일 접속).

95 Nyhan B, Reifler J. When corrections fail: The persistence of political misperceptions. *Political Behavior* 2010; 32, 2: 303–30. DOI: 10.1007/s11109-010-9112-2 (2010년 3월 30일 접속).

96 Nyhan B, Reifler J. Does correcting myths about the flu vaccine work? An experimental evaluation of the effects of corrective information. *Vaccine* 2015; 33: 459–64.

97 Mooney C. Study: You can't change an anti-vaxxer's mind. *Mother Jones*. 2014. http://www.motherjones.com/environment/2014/02/vaccine-denial-psychology-backfire-effect (2017년 3월 23일 접속).

98 Nyhan B. Infectious messaging. 2015. http://www.youtube.com/watch?v=JRHZCju5Tc (2017년 3월 23일 접속).

99 Ibid.

100 Hayden G. Clinical review: Measles vaccine failure. *Clinical Pediatrics* 1979; 18: 155–56. http://journals.sagepub.com/doi/abs/10.1177/000992287901800308 (2016년 11월 19일 접속).

101 Obregon R, Waisbord S. The complexity of social mobilization in health communication: Top-down and bottom-up experiences in polio eradication. Journal of Health Communication 2010; 15: 25–47.

102 Vaccine Confidence Project. Dangerous liaisons confidence commentary: Blog archive. London School of Hygiene and Tropical Medicine. http://www.vaccineconfidence.org/ (2016년 11월 19일 접속).

103 Quick J. Larson H. 25 November 2016; 전화 통화.

104 Ibid.

105 About us. Vaccine Confidence Project. London School of Hygiene and Tropical Medicine. http://www.vaccineconfidence.org/about/ (2016년 11월 19일 접속).

106 About us. Immunization Action Coalition. 2017. http://www.immunize.org/aboutus/ (2016년 11월 19일 접속).

107 Moms Who Vax. http://momswhovax.blogspot.com/ (2016년 11월 19일 접속).

108 Shellenbarger S. Most students don't know when news is fake, Stanford study finds.

Wall Street Journal. 2016. https://www.wsj.com/articles/most-students-dont-know-when-news-is-fake-stanford-study-finds-1479752576 (2016년 11월 19일 접속).

109 치명률이 여전히 높고 보건 서비스를 충분히 이용할 수 없는 나라와 인구에서는 의무 예방접종을 찬성하는 경향이 더 강할 것이다. 유럽 국가에서 의무 예방접종 정책은 더 높은 접종률과 연결되지 않는다. 주민이 정부의 권유에 자발적으로 따르지 않을 때 국가가 예방접종을 의무화하는 역학(力學) 때문일 것이다. Compulsory vaccination and rates of coverage immunisation in Europe. ASSET Reports. 2014. http://www.asset-scienceinsociety.eu/reports/page1.html (2017년 4월 15일 접속).

110 미국의 모든 주에는 공립학교 입학에 예방접종 조건이 있다. 다수의 주는 입학을 위한 의무 접종에 의학적 또는 종교적 예외만을 인정한다. 면제 과정은 주마다 다르고, 추가적인 면제 사유도 주마다 다르다. 다음을 보라. State school immunization requirements and vaccine exemption laws. Centers for Disease Control and Prevention. 2017. https://www.cdc.gov/phlp/docs/school-vaccinations.pdf (2017년 6월 1일 접속).

111 Saint-Victor D, Omer S. Vaccine refusal and the endgame: Walking the last mile first. *Philosophical Transactions of the Royal Society B: Biological Sciences* 2013; 368: 20120148.

112 Quick J. Larson H. 25 November 2016; 전화 통화.

113 Lin L, Savoia E, Agboola F, Viswanath K. What have we learned about communication inequalities during the H1N1 pandemic: A systematic review of the literature. *BMC Public Health* 2014; 14. DOI:10.1186/1471-2458-14-484.

10장

1 개황 보고서(Fact Sheet: Poliomyelitis. World Health Organization). 2017. http://www.who.int/mediacentre/factsheets/fs114/en/ (2017년 7월 7일 접속).

2 세계소아마비근절운동에 따르면 취약한 나라는 카메룬, 에티오피아, 이라크, 나이지리아, 소말리아, 남수단, 시리아다. 다음을 보라. Where we work. Global Polio Eradication Initiative. 2017. http://www.polioeradication.org/Keycountries.aspx (2017년 4월 23일 접속).

3 Oxford J. Leslie Collier obituary. *The Guardian.* 2011. https://www.theguardian.com/science/2011/may/09/leslie-collier-obituary (2017년 4월 23일 접속).

4 Fenner F, Henderson D, Arita I et al. Smallpox and its eradication. World Health Organization. 1988. http://www.who.int/iris/handle/10665/39485 (2017년 4월 23일 접속).

5 Ibid.

6 Foege W, Millar J, Lane J. Selective epidemiologic control in smallpox eradication.

American Journal of Epidemiology 1971; 94, 4: 311–15. pmid:5110547.

7 Brittain A. How a method used to wipe out smallpox is making a comeback in the fight against Ebola. *Washington Post.* 2015. https://www.washingtonpost.com/news/worldviews/wp/2015/02/14/how-a-method-used-to-wipe-out-smallpox-is-making-a-comeback-in-the-fight-against-ebola/ (2017년 4월 23일 접속).

8 Schnirring L, Roos R. High effectiveness found in Guinea Ebola ring vaccination trial. Center for Infectious Disease Research and Policy. 2015. http://www.cidrap.umn.edu/news-perspective/2015/07/high-effectiveness-found-guinea-ebola-ring-vaccination-trial (2017년 4월 23일 접속).

9 2014년 에볼라가 발발했을 때 승인된 백신은 없었고, 그래서 심지어 보건 종사자들도 감염 예방을 위해 접종을 받지 못했다. 신속한 검사는 치료에 아무 의미가 없었기 때문에 노출된 사람들은 고립된 채로 지내야 했으며, 감염된 지역에서 돌아오는 사람들은 검사를 받을 수 없었다. 그와 마찬가지로 2015년 말에 라틴아메리카에서 지카 바이러스가 폭발했을 땐 신속 검사법도 백신도 없었다. 2000년대 초 이후로 학질모기가 야간에 무는 것을 막는 새로운 기술이 개발되어 여러 나라에서 특히 어린이들의 말라리아를 극적으로 줄였다. 그에 비해 주간에 무는 것을 통제하는 기술은 별로 발전하지 않았다. urban-dwelling Aedes aegypti mosquito that carries dengue, chikungunya, Zika, and yellow fever viruses. .

10 Bower J, Christensen C. Disruptive technologies: Catching the wave. *Harvard Business Review* 1995; Jan/Feb: 53–54. https://hbr.org/1995/01/disruptive-technologies-catching-the-wave.

11 2016년에 지카 바이러스가 새로운 위협으로 떠올라 서반구 전체의 지역사회에 출몰하고, 다른 곳의 나라들도 위협하기 시작하고 있었다. 그 병은 빠르게 이동하고 있었다. 이 글을 쓰는 지금에도 지카, 뎅기열, 메르스, 기타 팬데믹 가능성이 있는 몇 가지 질병에는 백신이 없다. 에볼라의 흔한 변종 몇 가지를 유효하게 막는 백신이 2016년에 나왔지만, 서아프리카에는 너무 늦었다.

12 Fryer. B. Barouch, D. 7 September 2017; 전화 통화.

13 Mukherjee S. The race for a Zika vaccine. *New Yorker.* 2016. http://www.newyorker.com/magazine/2016/08/22/the-race-for-a-zika-vaccine (2017년 4월 23일 접속).

14 Berkley S. Transcript of "HIV and flu—he vaccine strategy." TED Talk. 2010. https://www.ted.com/talks/seth_berkley_hiv_and_flu_the_vaccine_strategy/transcript?language=en (2017년 4월 24일 접속).

15 Lincoff N. Researchers closer now to HIV vaccine than ever before. Healthline. 2016. http://www.healthline.com/health-news/researchers-closer-now-to-hiv-vaccine-than-ever-before-072415 (2017년 4월 24일 접속).

16 인플루엔자 백신은 미군이 1945년에 최초로 허가를 받았다.

17 Waring B. Palese points way to universal influenza virus vaccine. *NIH Record*. 2014. https://nihrecord.nih.gov/newsletters/2014/06202014/story1.htm (2017년 4월 24일 접속).

18 Osterweil N. Universal flu vaccine in the works. Coverage from the American Society for Microbiology (ASM). *Microbe*. 2016. http://www.medscape.com/viewarticle/865154#vp 2 (login required).

19 Osterholm M, Olshaker M. *Deadliest enemy: Our war against killer germs*. Boston: Little, Brown and Company, 2017.

20 Han B, Drake J. Future directions in analytics for infectious disease intelligence. *EMBO Reports* 2016; 17: 785–89.

21 살충제를 분무하는 방식은 체인톱으로 못을 박는 것과 같다. 그 자체로 몇 가지 문제가 있다. 곤충이 분무에 저항성을 갖게 될 뿐 아니라 기술 자체가 낡아서 공공장소를 효과적으로 분무하려면 시간과 인력, 화학물질, 정교한 통제가 필요하다. 다음을 보라. Knapp J, Macdonald M, Malone D, Hamon N, Richardson J. Disruptive technology for vector control: the Innovative Vector Control Consortium and the U.S. Military join forces to explore transformative insecticide application technology for mosquito control programmes. *Malaria Journal* 2015; 14. DOI:10.1186/s12936-015-0907-9.

22 Wilder-Smith A, Gubler D, Weaver S et al. Epidemic arboviral diseases: Priorities for research and public health. *The Lancet*. 2016. DOI: 10.1016/S1473-3099 (16)30518-7.

23 질병 전파 모기를 통제하는 방법은 여러 가지지만, 기존의 모기 통제법이나 앞으로 개발될 방법 중 어떤 조합이 각기 다른 환경과 각기 다른 종에게 가장 효과적이고, 확장 가능하고, 지속 가능 가능한지에 대해서는 과학계와 공중보건계가 거의 합의하지 않았다.

24 Oxitec: Innovative Insect Control. 2017. http://www.oxitec.com/ (2017년 4월 24일 접속).

25 Fedoroff N, Block J. Mosquito vs. mosquito in the battle over the Zika virus. *New York Times*. 2016. http://www.nytimes.com/2016/04/06/opinion/mosquito-vs-mosquito-in-the-battle-over-the-zika-virus.html (2017년 4월 24일 접속).

26 Deshpande A, McMahon B, Daughton A et al. Surveillance for emerging diseases with multiplexed point-of-care diagnostics. *Health Security* 2016; 14: 111–21. DOI: 10.1089/hs.2016.0005.

27 Mu X, Zhang L, Chang S, Cui W, Zheng Z. Multiplex microfluidic paper-based immunoassay for the diagnosis of hepatitis C virus infection. *Analytical Chemistry* 2015; 87: 8033. DOI: 10.1021/ac500247f.

28 Deshpande et al. Surveillance for emerging diseases.

29 Nouvellet P, Garske T, Mills H et al. The role of rapid diagnostics in managing Ebola epidemics. *Nature* 2015; 528: S109–16. http://www.nature.com/nature/journal/v528/n7580suppcustom/full/nature16041.html?WT.ec_id=NATURE-20151203&spMailin

gID=50159890&spUserID=MjA1NzcwMjE4MQS2&spJobID=820348363&spReport Id=ODIwMzQ4MzYzS0 (2017년 4월 24일 접속).

30 First antigen rapid test for Ebola through emergency assessment and eligible for procurement. World Health Organization. 2017. http://www.who.int/medicines/ebola-treatment/1stantigen_RTEbola/en/ (2017년 4월 24일 접속).

31 2016년에 지카가 본거지인 라틴아메리카에서 수그러들지 않고 세계 전역으로 퍼져나가 60개에 이르는 나라와 보호령을 감염시키고 있었다. 브라질 보건 공무원들에게 지카를 신속하게 진단하는 수단이 있었다면, 지카가 모기들 속에서 세력을 넓히기 전에 그 출현을 추적하고 통제 조처를 취했을 것이다. 그렇게 했다면 점점 더 많은 나라로 퍼져나가 세계 보건을 크게 위협하는 일은 없었을지 모른다.

32 President's Malaria Initiative—anzania: Malaria operational plan FY 2015. USAID. 2015. https://www.pmi.gov/docs/default-source/default-document-library/malaria-operational-plans/fy-15/fy-2015-tanzania-malaria-operational-plan.pdf:14.

33 Nosal L. Point-of-care diagnostics and living "integrated innovation." Grand Challenges Canada. 2013. http://www.grandchallenges.ca/grand-challenges/point-of-care-diagnostics/ (2017년 4월 24일 접속).

34 Bartlett J. Patient education: Testing for HIV (beyond the basics). UpToDate. 2015. http://www.uptodate.com/contents/testing-for-hiv-beyond-the-basics (2017년 4월 24일 접속).

35 UNAIDS. Global AIDS update. World Health Organization. 2016. http://www.who.int/hiv/pub/arv/global-aids-update-2016-pub/en/ (2017년 4월 24일 접속).

36 Fedorko D, Nelson N. Performance of rapid tests for detection of avian influenza A virus types H5N1 and H9N2. *Journal of Clinical Microbiology* 2006; 44, 4: 1596-97. DOI: 10.1128/JCM .44.4.1596-1597.2006.

37 Global Virome Project. http://www.globalviromeproject.org/ (2017년 4월 24일 접속).

38 Bissonnette L, Bergeron M. Diagnosing infections—current and anticipated technologies for point-of-care diagnostics and home-based testing. *Clinical Microbiology and Infection* 2010; 16: 1044-53.

39 WMO factsheet: Early warning systems saves millions of lives. World Meteorological Organization. 2012. https://www.wmo.int/pages/prog/drr/events/GPDRR-IV/Documents/FactSheets /FSnhews.pdf (2017년 4월 24일 접속).

40 Walsh B. Virus hunter. *Time*. 2011. http://content.time.com/time/magazine/article/0,9171, 2097962,00 .html (2017년 4월 24일 접속).

41 USAID PREDICT. UC Davis Veterinary Medicine. 2017. http://www.vetmed.ucdavis.edu/ohi/predict/ (2017년 4월 24일 접속).

42 Reducing pandemic risk, promoting global health: Executive summary. USAID. 2017.

www.vetmed.ucdavis.edu/ohi/localresources/pdfs/chapters/2predictexecutivesummary.pdf (2017년 4월 24일 접속).

43 2006년 7월에 유엔식량농업기구(FAO), 세계동물보건기구(OIE), 세계보건기구(WHO)는 동물원성 감염증과 그 밖의 동물 질병에 대한 조기 경보 및 대응 시스템을 공동으로 출범시켰다. 다음을 보라: Launch of global early warning system for animal diseases transmissible to humans. Press release. World Health Organization. http://www.who.int/mediacentre/news/new/2006/nw02/en/ (2017년 5월 28일 접속).

44 Quick J and Fryer B. Daszak P. 10 March 2016; 개인 면담.

45 Ibid.

46 Monaghan A, Morin C, Steinhoff D et al. On the seasonal occurrence and abundance of the Zika virus vector mosquito Aedes aegypti in the contiguous United States. *PLOS Currents*. 2016. DOI:10.1371/currents.outbreaks.50dfc7f46798675fc63e7d7da563da76.

47 Cary Institute of Ecosystem Studies. Global early warning system for infectious diseases: Technology possible, data-driven, and worthy of our investment. *Science Daily*. 2016. https://www.sciencedaily.com/releases/2016/05/160520101029.htm (2017년 4월 24일 접속).

48 Sachan D. The age of drones: What might it mean for health? *The Lancet* 2016; 387, 10030: 1803-4. DOI: 10.1016/S0140-6736(16)30361-0.

49 Stewart J. Drop blood, not bombs! *Wired*. 2016. https://www.wired.com/2016/05/zipline-drones-rwanda/ (2017년 4월 24일 접속).

50 Nambiar R. How Rwanda is using drones to deliver medical aid. CNBC. 2016. http://www.cnbc.com/2016/05/27/how-rwanda-is-using-drones-to-save-millions-of-lives.html (2017년 4월 24일 접속).

51 2000년부터 2016 사이에 우간다에서는 에볼라가 다섯 차례 발발했다. 2014년 서아프리카에서 발발하기 이전에는 가장 규모가 컸을 때도 확진자 425명에 사망자 224명이었다. Outbreaks chronology: Ebola virus disease. Centers for Disease Control and Prevention. 2016. https://www.cdc.gov/vhf/ebola/outbreaks/history/chronology.html (2017년 4월 24일 접속).

52 ADDO는 서비스의 질, 접근성, 비용을 개선하고 있다. 또한 모기장, 항말라리아제, 콘돔을 배포할 뿐 아니라, HIV 환자의 상태를 추적하고 소견서를 써준다. 자격을 인정받기 전인 2003년에는 말라리아로 도움을 구한 사람 중 6퍼센트만이 정확히 그 약으로 치료를 받았지만, 2010년에는 그 수가 63퍼센트로 급증했다. ADDO는 확장 가능하고 지속 가능하다고 입증되었다. 국민이 열렬히 환영하고, 사업가적인 가게 주인들에게 자격을 취득하도록 장려하며, 추적과 모니터링이 더 쉬워졌고, 새로운 제품과 서비스가 계속 추가되기 때문이다. Rutta E, Liana J, Embrey M et al. Accrediting retail drug

shops to strengthen Tanzania's public health system: An ADDO case study. *Journal of Pharmaceutical Policy and Practice* 2015; 8: 23. DOI: 10.1186/s40545-015-0044-4. eCollection 2015. Erratum in: *Journal of Pharmaceutical Policy and Practice* 2015; 8: 29.

53 Quick J. Accredited medicines shops and Ebola. 2014. https://www.youtube.com/watch?v=OwKb8cwuAyo&t=1s (2017년 4월 23일 접속).

54 Rutta E. et al. Accrediting retail drug shops.

55 Loryoun A. The accredited medicine stores in Liberia: Their role in the Ebola crisis. Impatient Optimists. 2015. http://www.impatientoptimists.org/Posts/2015/12/The-Accredited-Medicine-Stores-in-Liberia-Their-Role-in-the-Ebola-Crisis (2017년 4월 4일 접속).

56 다양한 4개 기관에서 수준 높은 보고를 주도했다. 하버드대학교/런던위생및열대의학대학원, 미국 국립의학아카데미, 유엔, 세계보건기구.

57 Chapter 5, Recommendation 2.1, NAM report, 2016.

58 A research and development blueprint for action to prevent epidemics. World Health Organization. 2017. http://www.who.int/blueprint/en/ (accessed 4 May 2017).

59 CEPI는 다음과 같은 요점들을 중심으로 세심하게 설계되었다. 다 함께 참여하여 우선순위 정하기, 민간 부문의 속도와 유연성 활용하기. (이미 5억 달러에 이르는)자체 재원으로 중요한 간극을 메우기. 다음을 보라: http://cepi.net.

60 Fact sheet on Canada's experimental vaccine for Ebola. Public Health Agency of Canada. 2015. http://www.phac-aspc.gc.ca/id-mi/vsv-ebov-fs-eng.php (2017년 4월 23일 접속).

61 McNeil D. New Ebola vaccine gives 100 percent protection. *New York Times*. 2016. https://www.nytimes.com/2016/12/22/health/ebola-vaccine.html (2017년 4월 23일 접속).

62 Final trial results confirm Ebola vaccine provides high protection against disease. World Health Organization. 2016. http://www.who.int/mediacentre/news/releases/2016/ebola-vaccine-results/en/ (2017년 4월 23일 접속).

63 머크는 미국 식품의약청에서 '혁신적 치료법 지정'을 받고, 유럽 의약청에서 최고 상태 등급을 받았다. 이는 규제 검토가 빨라지고 백신이 최대한 널리 보급될 수 있는 조건이다.

64 Kresge K. An interview with Mark Feinberg. *IAVI Report*. 2015. http://www.iavireport.org/index.php?option=comcontent&view=article&id=1850&Itemid=884 (2017년 4월 23일 접속).

65 예를 들어 게이츠 부부 재단은 세계 보건 프로그램에서 그랜드챌린지(Grand Challenges)라는 경연을 열어 의학의 혁신적 진보를 발굴한다. 다음을 보라. http://gcgh.

grandchallenges.org/grants?f[0]=field_challenge%253Afield_initiative%3A37072&f[1]=funding_year%3A2005&items_per_page=50.
66 USAID announces initial results of Grand Challenge to combat Zika. USAID. 2016. https://www.usaid.gov/news-information/press-releases/aug-10-2016-usaid-announces-initial-results-grand-challenge-combat-zika (2017년 4월 23일 접속).

11장

1 김용을 추천할 때 오바마 대통령은 이렇게 말했다. "그는 아시아, 아프리카, 남북 아메리카에서, 수도와 작은 마을을 가리지 않고 일해왔다. 세계은행은 가장 강력한 기구 중 하나로, 우리는 전 세계에서 빈곤을 줄이고, 생활 수준을 높여야 하는데, 개인적인 경험과 오랜 봉사 경력이 있는 그야말로 이 일에 최고 적임자다." Three in running for World Bank job. Al Jazeera. 2012. http://www.aljazeera.com/news/americas/2012/03/201232454653902871.html (2017년 5월 1일 접속).
2 세계은행 총재가 되기 전에 김용은 세계보건기구에서 보편적인 에이즈 치료 운동을 이끌고, 하버드대학교의 선구적인 세계 보건 배달 프로그램을 창안했으며, 다트머스대학교 총장을 역임했다. 보건관리과학 이사회도 그를 이사로 맞는 특권을 누렸다.
3 Kim J, Millen J, Irwin A, Gershman J. *Dying for growth: Global inequality and the health of the poor. Monroe*, ME: Common Courage Press, 2000.
4 Ebola: World Bank group mobilizes emergency funding to fight epidemic in West Africa. World Bank. 2014. http://www.worldbank.org/en/news/press-release/2014/08/04/ebola-world-bank-group-mobilizes-emergency-funding-for-guinea-liberia-and-sierra-leone-to-fight-epidemic (2017년 5월 1일 접속).
5 Skoll World Forum 2017에서 제프 스콜(Jeff Skoll)이 김용 박사와 함께 연설했다. #SkollWF 2017. 2017. https://www.youtube.com/watch?v=FM3ejHNv6Y (2017년 5월 1일 접속).
6 World Bank group launches groundbreaking financing facility to protect poorest countries against pandemics. World Bank. 2016. http://www.worldbank.org/en/news/press-release/2016/05/21/world-bank-group-launches-groundbreaking-financing-facility-to-protect-poorest-countries-against-pandemics (2017년 5월 1일 접속).
7 Pandemic emergency financing facility: Frequently asked questions. World Bank. 2017. http://www.worldbank.org/en/topic/pandemics/brief/pandemic-emergency-facility-frequently-asked-questions (2017년 5월 1일 접속).
8 제프 스콜과 김용의 연설.
9 이 글을 쓰는 지금 그 액수는 43억 달러에 도달했다. Budget. World Health Organization. 2017. http://www.who.int/about/finances-accountability/budget/en/

(2017년 5월 1일 접속).

10 Fink S. Cuts at W.H.O. hurt response to Ebola crisis. *New York Times*. 2014. http://www.nytimes.com/2014/09/04/world/africa/cuts-at-who-hurt-response-to-ebola-crisis.html (2017년 5월 1일 접속).

11 World Bank estimates Ebola could cost West Africa 32.6 billion dollars. Euronews. 2014. http://www.euronews.com/2014/10/10/world-bank-estimates-ebola-cost-in-west-africa-at-326-billion-dollars (2017년 5월 1일 접속).

12 에코헬스연합(EcoHealthAlliance)이 2014년에 발표한 보고서에 따르면, 인플루엔자 팬데믹의 비용은 약할 경우 3740억 달러에서 심할 경우 7조 3000억 달러에 이른다. 국내총생산이 12.6퍼센트 하락하고 수백만 명이 사망한 결과다. 이 시나리오는 최악이지만, 에볼라에 2만 4000여 명이 감염되었으며 심지어 공기매개 바이러스가 아니라는 점을 고려할 때, 상상할 수 없는 일은 아니다. 다음을 보라. Pike J, Bogich T, Elwood S, Finnoff D, Daszak P. Economic optimization of a global strategy to address the pandemic threat. *Proceedings of the National Academy of Sciences* 2014; 111: 18519-23.

13 The 2013-2014 national snapshot of public health preparedness. Centers for Disease Control and Prevention. 2014. https://www.cdc.gov/phpr/pubs-links/2013/ (2017년 5월 1일 접속).

14 그 법안에 편승한 것 중 하나는 임신한 여성을 포함한 여성들에게 의료 서비스를 제공하는 비정부기구, 가족계획에 대한 자금 지원을 중단하는 것이었다. 다음을 보라. Huetteman E. Funding planned parenthood, or not, may be key to keeping the government open. *New York Times*. 2016. http://www.nytimes.com/2016/09/13/us/politics/planned-parenthood-republicans-spending.html (2017년 5월 1일 접속).

15 Fryer B. Ariely D. 7 September 2016; 전화 통화.

16 World economic global risks reports, annual reports from 2007 through 2017. World Economic Forum. 2017. https://www.weforum.org/reports/the-global-risks-report-2017 (2017년 5월 1일 접속).

17 9-11 Commission Report. National Commission on Terrorist Attacks Upon the United States. 2004. https://www.9-11commission.gov/report/911Report.pdf.

18 Final Report of the National Commission on the Causes of the Financial and Economic Crisis in the United States. Financial Crisis Enquiry Commission. 2011. https://www.gpo.gov/fdsys/pkg/GPO-FCIC/pdf/GPO-FCIC.pdf.

19 Fewsmith J. China's response to SARS. *China Leadership Monitor*. 2003. http://www.hoover.org/sites/default/files/uploads/documents/clm7jf.pdf (2017년 5월 1일 접속).

20 Bremer C. In Mexico's flu crisis, where is Calderon? Reuters UK. 2009. http://uk.reuters.com/article/uk-flu-mexico-calderon-analysis-sb-idUKTRE53S9

DO20090429 (2017년 5월 1일 접속).

21 Bell A. Calderon's party loses Congress vote in Mexico. Reuters. 2009. http://www.reuters.com/article/us-mexico-election-idUSTRE56417W20090706 (2017년 5월 1일 접속).

22 Walsh K. Ebola becoming political issue. U.S. News. 2014. http://www.usnews.com/news/blogs/ken-walshs-washington/2014/10/10/ebola-becoming-political-issue (2017년 5월 1일 접속).

23 Webley K. The lessons from SARS. *Time*. 2009. http://content.time.com/time/health/article/0,8599,1894072,00.html (2017년 5월 1일 접속).

24 Ibid.

25 Weiss R. Ebola zone keeps Brussels Air lifeline after CEO's visit. Bloomberg. 2014. https://www.bloomberg.com/news/articles/2014-10-15/ebola-zone-keeps-brussels-air-lifeline-after-ceo-s-visit (2017년 5월 1일 접속).

26 No More Epidemics: A call to action. No More Epidemics. 2016. Nomoreepidemics.org. (2017년 1월 15일 접속).

27 다른 종류의 협력자, 예를 들어 웰컴트러스트나 게이츠 부부 재단 같은 국제적인 재단도 연구를 앞당기는 자금을 제공하고, 전화기를 기증하여 현지 소통을 도왔다. 또한 커뮤니케이션 솔루션에 집중하는 비영리단체, 네트호프(NetHope), 시스코, 페이스북, 유엔 비상사태텔레콤클러스터(Emergency Telecom Culster)도 음성과 데이터 서비스 범위를 확대할 수 있는 위성 단발기를 100개 이상 설치했다. Managing the risk and impact of future epidemics: Options for public-private cooperation. World Economic Forum. 2015. http://www3.weforum.org/docs/WEF_Managing_Risk_Epidemics_report_2015.pdf (2017년 5월 1일 접속).

28 Ibid.

29 Stack M, Ozawa S, Bishai D et al. Estimated economic benefits during the "decade of vaccines" include treatment savings, gains in labor productivity. *Health Affairs* 2011; 30: 1021-28.

30 Pike et al. Economic optimization.

31 The neglected dimensions of global security. National Academy of Medicine. 2016. https://www.nap.edu/catalog/21891/the-neglected-dimension-of-global-security-a-framework-to-counter (2017년 5월 1일 접속).

32 Return on investment for emergency preparedness study. World Food Programme. 2014. https://www.wfp.org/content/unicefwfp-return-investment-emergency-preparedness-study (2017년 5월 1일 접속).

33 2016's $1.57 trillion global defence spend to kick off decade of growth, IHS Markit says. IHS Markit. 2016. http://news.ihsmarkit.com/press-release/2016s-15-trillion-

global-defence-spend-kick-decade-growth-ihs-markit-says (2017년 5월 1일 접속).

34 Takahashi D. Worldwide game industry hits $91 billion in revenues in 2016, with mobile the clear leader. VentureBeat. 2016. https://venturebeat.com/2016/12/21/worldwide-game-industry-hits-91-billion-in-revenues-in-2016-with-mobile-the-clear-leader/ (2017년 5월 1일 접속).

35 Quick J. Frenk J. 2000; 개인 면담.

36 Wright S, Hanna L, Mailfert M. A wake up call: Lessons from Ebola for the world's health systems. Save the Children. 2015. https://www.savethechildren.net/sites/default/files/libraries/WAKE%20UP%20CALL%20REPORT%20PDF.pdf (accessed 29 October 2015).

37 No more epidemics: A call to action. No More Epidemics. 2016. http://nomoreepidemics.org/wp-content/uploads/2016/12/A-Call-to-Action.pdf (accessed 23 May 2016).

38 Financing global health 2012: The end of the golden age? Institute for Health Metrics and Evaluation. 2012. http://www.healthdata.org/sites/default/files/files/policy_report/2012/FGH/ IHME_FGH2012_ FullReport_HighResolution.pdf. (2016년 5월 26일 접속).

39 Røttingen J, Regmi S, Eide M et al. Mapping of available health research and development data: What's there, what's missing, and what role is there for a global observatory? *The Lancet* 2013; 382: 1286-307.

40 미국 내에서 민간 부분이 의료 연구개발 자금의 70퍼센트를 차지한다. Strengthening private sector R&D. Research!America. 2017. http://www.researchamerica.org/advocacy-action/issues-researchamerica-advocates/strengthening-private-sector-rd (2017년 5월 1일 접속).

41 Viergever R, Hendriks T. The 10 largest public and philanthropic funders of health research in the world: What they fund and how they distribute their funds. Health Research Policy and Systems 2016; 14. DOI:10.1186/s12961-015-0074-z.

42 Osterholm and Olshaker. *Deadliest enemy*: 297.

43 Walsh B. A miracle within Trump's reach: Universal flu vaccine. Bloomberg. 2017. https://www.bloomberg.com/view/articles/2017-03-10/a-miracle-within-trump-s-reach-universal-flu-vaccine (2017년 5월 1일 접속).

44 Jeff Skoll speaks with Dr. Jim Yong Kim.

45 World Bank group launches groundbreaking financing facility to protect poorest countries against pandemics. World Bank. 2016. http://www.worldbank.org/en/news/press-release/2016/05/21/world-bank-group-launches-groundbreaking-financing-facility-to-protect-poorest-countries-against-pandemics (2017년 5월 1일 접속).

46 Summers L. How finance can fight disease epidemics. *Washington Post*. 2015. https://www.washingtonpost.com/news/wonk/wp/2015/10/14/larry-summers-how-finance-can-fight-disease-epidemics//(2017년 5월 1일 접속).
47 Solon O. Fighting pandemics should be funded "like the military." *Wired UK*. 2016. http://www.wired.co.uk/article/pandemic-threat-wellcome-trust-zika-ebola (2017년 5월 1일 접속).

12장

1 Brown T, Fee E. Social movements in health. *Annual Review of Public Health* 2014; 35: 385-98. DOI: 10.1146/annurev-publhealth-031912-114356.
2 Financing framework to end preventable child and maternal deaths (EPCMD). USAID. 2016. https://www.usaid.gov/cii/financing-framework-end-preventable-child-and-maternal-deaths-epcmd (2017년 3월 22일 접속).
3 Busby J. *Moral movements and foreign policy*. Cambridge: Cambridge University Press, 2010.
4 Berridge V. Public health activism: Lessons from history? *British Medical Journal* 2007; 335, 7633: 1310-12.
5 Dreier P. Social movements: How people make history. Mobilizing Ideas. 2012. https://mobilizingideas .wordpress.com/2012/08/01/socialmovementshowpeoplemakehistory/ (2017년 3월 6일 접속).
6 Mbeki accuses CIA over Aids. BBC News. 2000. http://news.bbc.co.uk/2/hi/africa/959579.stm (2017년 3월 22일 접속).
7 Power S. The AIDS rebel. *New Yorker*. 2003. http://www.newyorker.com/magazine/2003/05/19/the-aids-rebel (2017년 3월 22일 접속).
8 Report on the global HIV/AIDS epidemic. UNAIDS. 2000. http://data.unaids.org/pub/report/2000/2000gren.pdf (2017년 3월 22일 접속).
9 이 부분의 배경 자료는 다음 두 출처에서 나왔다. Nolen S. *28: Stories of AIDS in Africa*. London: Bloomsbury, 2009; and Power. The AIDS rebel.
10 McNeil J. A history of official government HIV/AIDS policy in South Africa. South African History Online. 2012. http://www.sahistory.org.za/topic/history-official-government-hivaids-policy-south-africa (2017년 3월 22일 접속).
11 에이즈가 최초로 보고된 것은 1982년 남아프리카공화국에서였고, 그 환자는 캘리포니아에서 온 남성 동성애자였다. 최초 사망자는 1985년에 보고되었다.
12 Himschall G. Generic antiretroviral therapy is safe and effective. World Health Organization. 2013. http://www.who.int/hiv/mediacentre/featurestory/

commentarygenericARVs/en/ (2017년 3월 22일 접속).
13 Power. The AIDS rebel.
14 Mbali M. TAC in the history of rights-based, patient driven HIV/AIDS activism in South Africa. University of Michigan Library, Digital Collections. 2005. http://quod.lib.umich.edu/p/passages/4761530.0010.011/—tac-in-the-history-of-rights-based-patient-driven-hivaids?rgn=main;view=fulltext (2017년 3월 22일 접속).
15 Cameron E. *Witness to AIDS*. London: I. B. Tauris & Co., 2007: 23.
16 아프리카를 비롯한 남반구에서 ARV 치료제를 위한 전쟁에 기여한 카메론의 결정적인 역할은 수상 다큐멘터리, 〈Fire in the Blood〉에 묘사되었다. http://fireintheblood.com/.
17 Steyn, R. Justice Edwin Cameron: An activist. *Financial Mail*. 2014. https://archive.is/j7HiU (2017년 3월 22일 접속).
18 Cameron E. The deafening silence of AIDS. Harvard University. 2000. https://cdn2.sph.harvard.edu/wp-content/uploads/sites/13/2014/04/3-Cameron.pdf (2017년 3월 22일 접속).
19 Cameron E. Plenary presentation by Justice Edwin Cameron. ACT UP. 2000. http://www.actupny.org/reports/durban-cameron.html (2017년 3월 22일 접속).
20 만델라가 마침내 입을 열기 전에 카메론은 그를 만나게 해달라고 간청했다. "만델라는 도덕적 권위와 함께, 에이즈에 대한 현실적인 중재 효과가 나오게끔 이야기할 수 있는 사람이었다. 하지만 그러지 않았다. 그는 침묵을 지켰다." 2009년에 카메론은 PBS 〈프론트라인〉에서 이렇게 말했다. 그리고 스파이스걸스가 남아프리카공화국에 왔을 때 만델라가 그보다 스파이스걸스와 에이즈에 대해 더 오래 이야기한 것을 씁쓸하게 회고했다. 카메론은 결국 음베키에 맞선 만델라를 칭송했지만, 그가 더 일찍 입을 열었다면 수천 명이 사망하지 않았을 거라고 확신한다. 다음을 보라. The long walk of Nelson Mandela—Mandela & AIDS: Justice Edwin Cameron. *Frontline*. PBS. 2009. http://www.pbs.org/wgbh/pages/frontline/shows/mandela/aids/cameron.html (2017년 3월 22일 접속).
21 Cameron E. The dead hand of denialism. *Africa Action: Africa Policy e-Journal*. University of Pennsylvania African Studies Center. 2003. https://www.africa.upenn.edu/UrgentAction/apic-90503.html (2017년 3월 22일 접속).
22 Ibid.
23 Quick J. Geffen N. 5 May 2016; 전화 통화.
24 거대 제약회사가 거둬들인 높은 약값은 과도한 가격 책정을 금지하는 법률과 남아프리카공화국이 보장하는 '생명권'에 위배된다는 또 다른 주장도 성공적이었다. Laverack G. Health activism. *Health Promotion International* 2012; 27, 4: 429-34. http://heapro.oxfordjournals.org/content/early/2012/08/24/heapro.das044.short (2017년 3월 22일 접속).

25 Quick J. Geffen N. 5 May 2016; 전화 통화.

26 Nolen. *28: Stories of AIDS in Africa.*

27 Dugger C. Harvard study finds heavy costs for South Africa's misguided AIDS policies. *New York Times*. 2008. http://www.nytimes.com/2008/11/26/world/africa/26aids.html (2017년 3월 7일 접속).

28 Mbali. TAC in the history.

29 Global AIDS Update 2016. UNAIDS. 2016. http://www.unaids.org/en/resources/documents/2016/Global-AIDS-update-2016 (2017년 3월 10일 접속).

30 Schwartlander B, Grubb I, Perriens J. The 10-year struggle to provide antiretroviral treatment to people with HIV in the developing world. *The Lancet* 2006; 368: 541-46.

31 Kapstein E, Busby J. *AIDS drugs for all: Social movements and market transformations.* Cambridge: Cambridge University Press, 2013.

32 Busby. *Moral movements and foreign policy.*

33 Quick J, Olawolu Moore E. Global access to essential medicines past, present and future. In: Parker R, Sommer M, eds. *Routledge handbook of global public health.* New York: Routledge, 2011.

34 Palmisano L, Vella S. A brief history of antiretroviral therapy of HIV infection: Success and challenges. *Annali dell'Istituto Superiore Di Sanita* 2011; 47, 1: 44-48. DOI: 10.4415/ANN_11_01_10. Review.

35 Global AIDS Update 2016. UNAIDS. 2016. http://www.unaids.org/en/resources/documents/2016/Global-AIDS-update-2016 (2017년 3월 10일 접속).

36 Antiretroviral therapy (ART) coverage among all age groups. World Health Organization. 2015. http://www.who.int/gho/hiv/epidemicresponse/ARTtext/en/ (2017년 3월 22일 접속).

37 Bono. The good news on poverty (Yes, there's good news). TED Talk. 2013. https://www.ted.com/talks/bono_the_good_news_on_poverty_yes_there_s_good_news (2017년 3월 22일 접속).

38 Garrett L. *Betrayal of trust: The collapse of global public health.* New York: Hachette Books, 2000.

39 Hessou C. Ebola survivors facing stigma, unemployment, exclusion. United Nations Population Fund. 2015. http://www.unfpa.org/news/ebola-survivors-facing-stigma-unemployment-exclusion (2017년 3월 22일 접속).

40 Naimah J. The stigma that comes with fighting Ebola. Medecins Sans Frontieres USA. 2015. http://www.doctorswithoutborders.org/article/stigma-comes-fighting-ebola (2017년 3월 22일 접속).

41 Fryer B. Hickox K. 13 September 2016; 전화 통화.

42 케이시 히콕스의 이야기를 더 자세히 알고 싶다면, 다음을 보라. Hickox K. Caught between civil liberties and public safety fears: Personal reflections from a healthcare provider treating Ebola. *Journal of Health and Biomedical Law* 2015; 11: 9-23. http://www.suffolk.edu/documents/LawJournals/KaciHickox_SuffolkLawJHBL.pdf (2017년 3월 22일 접속). 이 기사에서, 히콕스는 CDC의 격리 지침 또한 명확해져야 한다고 제안한다.

43 Schwartz I. Christie on mandatory quarantines: We can't count on a voluntary system. Real Clear Politics. 2014. http://www.realclearpolitics.com/video/2014/10/26/christie_on_mandatory_quarantines_we_cant_count_on_a_voluntary_system.html (2017년 3월 22일 접속).

44 Maxman A. Ebola panic looks familiar to AIDS activists. *Newsweek*. 2014. http://www.newsweek.com/2014/11/14/ebola-panic-looks-familiar-aids-activists-281545.html (accessed 10 March 2017).

45 Cohen D, Grunwald M. Jindal: Ban travel from Ebola nations. *Politico*. 2014. http://www.politico.com/story/2014/10/ebola-travel-bobby-jindal-comments-111592 (2017년 3월 22일 접속).

46 Crouch I, Battan C, Larson S et al. Ebola's fear factor. *New Yorker*. 2014. http://www.newyorker.com/magazine/2014/10/20/fear-equation (2017년 3월 22일 접속).

47 Moyer W. Kaci Hickox, rebel Ebola nurse loathed by conservatives, sues Chris Christie over quarantine. *Washington Post*. 2015. https://www.washingtonpost.com/news/morning-mix/wp/2015/10/23/kaci-hickox-rebel-ebola-nurse-loathed-by-conservatives-sues-chris-christie-over-quarantine/?utmterm=.6b06301850fd (2017년 7월 1일 접속). 찰스 라베르디에(Charles LaVerdiere) 판사는 히콕스를 자택에 격리하게 해달라는 메인주의 요청을 기각하면서 이렇게 말했다. "주는 자가 격리를 요구할 정도로 히콕스의 이동을 제한해야만 다른 사람들을 감염의 위험에서 보호할 수 있다는 명백하고 설득력 있는 증거 제시의 의무를 이 시점까지 이행하지 않았다." http://www.courts.maine.gov/news_reference/high_profile/hickox/order_pending_hearing.pdf. Maine settled the lawsuit.

48 Ibid.

49 How to advocate on Ebola. National Nurses United. 2014. http://www.nationalnursesunited.org/news/entry/how-to-advocate-on-ebola-national-nurses-united/ (2017년 3월 22일 접속).

50 Fryer B. Hickox K. 13 September 2016; 전화 통화.

51 '자선사업기업가(Philanthropreneur)'는 기금 모금이나 자선단체 운영을 위해 비즈니스 원칙 및 기법을 이용하는 기업가로, philanthropy와 entrepreneur의 합성어다. 다음을 보

라: Chandy R. Welcome to the new age of philanthropy—philanthropreneurship. *The Guardian*. 2014. https://www.theguardian.com/sustainable-business/2014/dec/08/new-age-of-philanthropy-philanthropreneurship (2017년 3월 22일 접속).

52 Evans H. What does it mean to be a citizen of the world? TED. 2016. https://www.ted.com/talks/hugh_evans_what_does_it_mean_to_be_a_citizen_of_the_world (2017년 3월 22일 접속).

53 McKinley J. Hugh Evans, 29, force behind global festival on Great Lawn. *New York Times*. 2012. http://www.nytimes.com/2012/08/23/arts/music/hugh-evans-29-force-behind-global-festival-on-great-lawn.html?r=5&pagewanted=all (2017년 3월 22일 접속).

54 About GAVI, the Vaccine Alliance. GAVI. 2017. http://www.gavi.org/about/ (2017년 3월 22일 접속).

55 About ONE. ONE. 2017. https://www.one.org/us/about/ (2017년 3월 22일 접속).

56 Kreps D. Watch George W. Bush praise Bono's AIDS efforts. *Rolling Stone*. 2015. http://www.rollingstone.com/music/news/watch-george-w-bush-praise-bonos-aids-efforts-20151202 (2017년 3월 22일 접속).

57 Gostin LO, Tomori O, Wibulpolprasert S et al. Toward a common secure future: Four global commissions in the wake of Ebola. 2016. *PLoS Medicine* 2016: 13(5): e1002042. doi:10.1371/journal.pmed.1002042.

58 Moon S, Leigh J, Woskie L et al. Post-Ebola reforms: Ample analysis, inadequate action. *British Medical Journal* 2017; j280.

59 Global greenhouse gas emissions data. U.S. Environmental Protection Agency. 2015. https://www.epa.gov/ghgemissions/global-greenhouse-gas-emissions-data (2017년 3월 22일 접속).